华为"1+X"职业技能
等级证书配套系列教材

移动应用开发

中级

华为软件技术有限公司 ◎ 编著

清华大学出版社

北京

内 容 简 介

本书全面论述华为移动服务(HUAWEI Mobile Services,HMS)生态以及 HMS Core 所提供的各种能力,并详细介绍如何通过 HMS Core 集成各种能力进行移动应用开发。全书内容涵盖 Java 编程基础、前端基础(HTML、CSS、JavaScript 等)、Java Web 开发、Android 开发基础和鸿蒙操作系统(HarmonyOS)开发,以及 HMS 应用开发基础和扩展,并通过一个 HMS Core 综合开发应用案例,利用实际代码介绍华为账号服务(Account Kit)、应用内支付服务(IAP Kit)、消息推送服务(Push Kit)和定位服务(Location Kit)等多个能力的集成和使用方法,提高读者的综合应用开发能力。

全书共分 8 章。第 1 章主要介绍 Android 的主要编程语言 Java 的相关要点,为 Android 开发奠定基础;第 2 章介绍前端开发基础,即与浏览器进行交互的 HTML 语言以及 CSS 和 JavaScript 等内容;第 3 章介绍如何使用 Java 语言对 Web 应用进行开发;第 4 章介绍 Android 开发基础,涉及各种控件和机制;第 5 章介绍华为针对全场景多生态设计的统一操作系统 HarmonyOS;第 6 章与第 7 章介绍华为 HMS 应用开发基础及其应用开发扩展;第 8 章为综合案例讲解。全书提供了大量应用实例,每章后均附有习题。

本书适合作为华为移动应用开发"1+X"证书试点院校"课证融合"教材,同时可为对华为 HarmonyOS 及 HMS 感兴趣的广大科技工作者和研究人员提供参考。

图书在版编目(CIP)数据

移动应用开发:中级/华为软件技术有限公司编著.—北京:清华大学出版社,2021.8(2023.1重印)

华为"1+X"职业技能等级证书配套系列教材

ISBN 978-7-302-58654-8

Ⅰ.①移… Ⅱ.①华… Ⅲ.①移动终端-应用程序-程序设计-教材 Ⅳ.①TN929.53

中国版本图书馆 CIP 数据核字(2021)第 142449 号

责任编辑:刘 星 李 晔
封面设计:刘 键
责任校对:李建庄
责任印制:朱雨萌

出版发行:清华大学出版社
　　　　　网　　　址:http://www.tup.com.cn,http://www.wqbook.com
　　　　　地　　　址:北京清华大学学研大厦 A 座　　　邮　　编:100084
　　　　　社 总 机:010-83470000　　　　　　　　　邮　　购:010-62786544
　　　　　投稿与读者服务:010-62776969,c-service@tup.tsinghua.edu.cn
　　　　　质量反馈:010-62772015,zhiliang@tup.tsinghua.edu.cn
　　　　　课件下载:http://www.tup.com.cn,010-83470236
印 装 者:三河市人民印务有限公司
经　　销:全国新华书店
开　　本:186mm×240mm　　印　张:23　　　　　字　　数:517 千字
版　　次:2021 年 9 月第 1 版　　　　　　　　　印　　次:2023 年 1 月第 3 次印刷
印　　数:2701~3900
定　　价:79.00 元

产品编号:091807-01

本书编委会

前言
PREFACE

　　随着大数据、人工智能和互联网+的不断发展,移动应用技术也在随之不断进步。当下,我们正处在一个移动互联网产业向万物互联转型的时代,同时也是智能终端广泛普及,应用异常丰富的时代。华为移动服务及鸿蒙操作系统生态就是在这个背景下逐渐发展并完善的。

　　HMS 生态是一个开放的生态,该生态通过 HMS Core(华为移动核心服务)全面开放"芯-端-云"能力,使能开发者应用创新,共同加速万物感知、万物互联、万物智能,打造全场景智慧体验。2020 年 9 月,HMS Core 5.0 正式发布,开放了云、软件、硬件以及芯片积攒的能力,还开放了图形、人工智能、媒体、安全、系统、硬件设备等领域的应用。HamonyOS 作为新一代的智能终端操作系统,是基于微内核的全场景分布式操作系统,可以支持大量智能终端设备,为移动 App 开发定义了全新的模式。

　　2019 年 2 月,国务院发布了《国务院关于印发国家职业教育改革实施方案的通知》(国发〔2019〕4 号),提出"从 2019 年开始,在职业院校、应用型本科高校启动'学历证书＋若干职业技能等级证书'制度试点(以下称'1＋X'证书制度试点)工作"。"1＋X"证书制度对于解决长期以来职业教育与经济社会发展联系不够紧密的问题,调动社会力量参与职业教育的积极性,深化复合型技术技能人才培养模式和评价模式改革,畅通技术技能人才成长通道,促进就业创业等方面都具有重要作用。

　　为了帮助更多对移动应用开发感兴趣的人进一步了解这一领域中的技术与现状,同时也为了更好地落实"1＋X"的证书制度,华为技术有限公司联合深圳信息职业技术学院对移动应用领域当下最前沿的技术方法进行了总结,编写了这本深入浅出的教材。本书内容紧扣读者需求,采用循序渐进的叙述方式,带领读者掌握从基础到 HMS 移动应用开发的相关技术能力;此外,本书还分享了大量的程序源代码并附有详细的注解。

一、内容特色

　　与同类书籍相比,本书有如下特色。

例程丰富,解释翔实

　　本书以编者多年从事移动应用的开发与教学工作经验为基础,书中列举了近 200 个关于 HamonyOS 与 HMS 移动开发的 Java 源代码实例,并附有详细注解。通过对源代码的解析,不但可以加深读者对相关理论的理解,而且可以有效地提高读者在移动应用开发方面的编程能力。

原理透彻，注重应用

将理论和实践有机结合是进行移动应用开发研究的关键。本书将移动终端应用开发的相关技术分门别类、层层递进地进行了详细的叙述和透彻的分析，既体现了各知识点之间的联系，又兼顾了其渐进性。本书在介绍每个知识点时都给出了相应的应用方向和实例；同时，在书中第 8 章给出了移动应用开发的综合实例，该综合实例不但可以加深读者对所学知识的理解，而且能帮助读者融会贯通、举一反三。

图文并茂，语言生动

为了更加生动地诠释知识要点，本书配备了大量图片，以便提升读者的兴趣，加深读者对相关理论的理解。在文字叙述上，本书摒弃了枯燥的平铺直叙，采用案例与问题引导结合的方式；同时，本书提供配套习题与答案，彰显了以读者为本的特点。

二、配套资源，超值服务

本书提供以下教学相关资料，读者可扫描下方二维码获取下载方式。

- 教学课件
- 习题答案
- MOOC 视频
- 程序源码
- 教学大纲
- 考试大纲
- 模拟考试题

配套资源

三、结构安排

本书主要介绍移动应用开发的相关知识，本书共分 8 章。第 1 章为 Java 编程介绍，第 2 章介绍移动应用的前端开发，第 3 章介绍 Java Web 基础知识，第 4 章介绍 Android 开发基础，第 5 章介绍 HarmonyOS，第 6 章与第 7 章介绍 HMS 应用开发基础及其应用开发扩展，第 8 章为综合案例讲解。本书所有示例和案例都有详细说明。

四、读者对象

- 对移动应用技术感兴趣的读者；
- 信息工程、计算机科学与技术相关专业的高职专科、高职本科及应用本科生；
- 相关工程技术人员。

五、致谢

感谢深圳信息职业技术学院信息与通信学院罗德安、邹海鑫、范金坪、易勋、赵志力老师参与编写本书的具体内容，华为技术有限公司王希海、童得力、吴海亮、张莹莹、孙思源、张嘉涛、崔春、王碧波、吕军涛、陈斌、范瑞群、侯伟龙、翁新瑜、蔡晓权、曹立波为本书的编写提供技术支持，并审校全书。限于编者的水平和经验，加之时间比较仓促，疏漏或者错误之处在所难免，敬请读者批评指正，联系邮箱 workemail6@163.com。

编　者

2021 年 6 月于深圳

目 录
CONTENTS

第1章

Java 编程

Java 是一种跨平台的、面向对象的程序设计语言。本章将简单介绍 Java 语言的由来、相关特性、开发环境的搭建等,然后对 Java 程序设计中涉及的基础知识点进行详细讲解,配合丰富多样的实例,帮助读者体会每一个知识点的运用,逐渐走进 Java 编程世界,为后面章节内容的学习打下坚实的基础。

1.1 Java 语言概述

1.1.1 Java 名字的由来

Java 是印度尼西亚爪哇岛的英文名称,因盛产咖啡而闻名。Java 的标识是一杯正冒着热气的咖啡。Java 的前身是 Sun 公司开发的一种名为 Oak(橡树)的面向对象语言。Oak 是按照嵌入式系统硬件平台的体系结构编写的,精简,程序非常小,适合在网络上传输。Java 的取名也有一个趣闻,在申请注册商标时,Oak 已经被一家显卡制造商注册。有一天,几位团队成员正在讨论给这个新的语言取什么名字,当时他们正在咖啡馆喝着 Java(爪哇)咖啡,有人灵机一动说:就叫 Java 怎样? 得到了其他人的赞赏。于是,Oak 就被改名为 Java。

Java 发展至今,按应用范围分为 3 个版本:Java SE、Java EE 和 Java ME。

Java SE 是 Java 的标准版,主要用于桌面应用程序的开发,同时也是 Java 的基础,它包含 Java 语言基础、JDBC(Java 数据库连接)操作、I/O(输入/输出)、多线程等技术。

Java EE 是 Java 的企业版,主要用于开发企业级分布式的网络程序,如电子商务网址和 ERP(企业资源规划)系统,其核心是 EJB(企业 Java 组件模型)。

Java ME 主要应用于嵌入式系统开发,如掌上电脑、手机等移动通信设备。因为 Java ME 开发不仅需要虚拟机,还需要底层操作系统支持,所以 Java ME 逐渐被淘汰,Android 应运而生。

1.1.2 Java 语言的特性

Sun 公司对 Java 的描述为:Java is a simple,object-oriented, distributed, interpreted, robust，secure，architecture neutral，portable，high-performance，multithreaded，and dynamic language。翻译成中文就是："Java 是一门简单的、面向对象的、分布式的、解释性的、健壮的、安全的、结构中立的、便捷的、高性能的、多线程的、动态的语言"。

Java 语言主要有以下 10 个基本特性。

1. 简单

Java 语言的语法简单明了，容易掌握，而且是纯面向对象的语言。语法规则和 C++ 类似，从某种意义上讲，Java 语言是由 C 和 C++ 语言转变而来的，所以 C 程序设计人员可以很容易地掌握 Java 语言的语法。Java 语言对 C++ 进行了简化和提高。Java 语言还通过实现垃圾自动收集，大大简化了程序设计人员的资源释放管理工作。Java 提供了丰富的类库和 API 文档以及第三方开发包，另外还有大量的基于 Java 的开源项目，JDK(Java 开发者工具箱)已经开放源代码，读者可以通过分析项目的源代码，提高自己的编程水平。

2. 面向对象

面向对象是 Java 语言的基础，也是 Java 语言的重要特性，它本身就是一种纯面向对象的程序设计语言。Java 提倡万物皆对象，语法中不能在类外面定义单独的数据和函数，也就是说，Java 语言最外部的数据类型是对象，所有的元素都要通过类和对象来访问。

3. 分布式

Java 的分布性包括操作分布和数据分布，其中操作分布是指在多个不同的主机上布置相关操作，而数据分布是将数据分别存放在多个不同的主机上，这些主机是网络中的不同成员。Java 可以凭借 URL(统一资源定位符)对象访问网络对象，访问方式与访问本地系统相同。

4. 解释性

运行 Java 程序需要解释器。任何移植了 Java 解释器的计算机或其他设备都可以用 Java 字节码进行解释执行。字节码独立于平台，它本身携带了许多编译时的信息，使得连接过程更加简单，开发过程更加迅速，更具探索性。

5. 健壮性

Java 程序的设计目标之一是编写多方面的、可靠的应用程序，Java 将检查程序在编译和运行时的错误，并消除错误。类型检查能帮助用户检查出许多在开发早期出现的错误。集成开发工具(如 IntelliJ IDEA、Netbeans、Android Studio 等)的出现也使编译和运行 Java 程序更加容易。

6. 安全性

Java 语言删除了类似 C 语言中的指针和内存释放等语法，有效地避免了非法操作内存。Java 程序要经过代码校验、指针校验等很多测试步骤才能够运行，所以未经允许的 Java 程序不可能出现损害系统平台的行为，而且使用 Java 可以编写防病毒和防修改的系统。

7. 可移植性

Java 程序具有与体系结构无关的特性，可以方便地移植到网络上的不同计算机中。同时,Java 的类库中也实现了针对不同平台的接口,使这些类库可以移植。

8. 高性能

Java 编译后的字节码是在解释器中运行的,所以它的速度较多数交互式应用程序提高了很多。另外,字节码可以在程序运行时被翻译成特定平台的机器指令,从而进一步提高运行速度。

9. 多线程

多线程机制能够使应用程序在同一时间并行执行多项任务,而且相应的同步机制可以保证不同线程能够正确地共享数据。使用多线程,可以带来更好的交互能力和实时行为。

10. 动态

Java 在很多方面比 C 和 C++ 更能适应发展的环境,可以动态调整库中方法和增加变量,而客户端却不需要任何更改。在 Java 中进行动态调整是非常简单和直接的。

1.1.3　面向对象编程

面向过程编程(Procedure Oriented Programming,POP)与面向对象编程(Object Oriented Programming,OOP)体现了编程者的两种不同的思维方式。

面向过程是一种以过程为中心的编程思想,它首先分析出解决问题所需要的步骤,然后用函数把这些步骤一步一步实现,在使用时依次调用,是一种基础的、顺序的思维方式。面向过程开发方式是对计算机底层结构的一层抽象,它将程序分为数据和操纵数据的操作两部分,其核心问题是数据结构以及算法的开发和优化。常见的支持面向过程的编程语言有 C 语言、COBOL 语言等。

面向对象是按人们认识客观世界的系统思维方式,采用基于对象(实体)的概念建立模型,模拟客观世界分析、设计、实现软件的编程思想,通过面向对象的理念使计算机软件系统能与现实世界中的系统一一对应。面向对象方法直接把所有事物都当作独立的对象,在处理问题过程中所思考的不再主要是怎样用数据结构来描述问题,而是直接考虑重现问题中各个对象之间的关系。面向对象方法的基础实现中也包含面向过程的思想。常见的支持面向对象的编程语言有 C++语言、C♯ 语言、Java 语言等。

面向对象的编程方法有 4 个基本特性。

1. 抽象

抽象就是忽略一个主题中与当前目标无关的方面,以便更充分地注意与当前目标有关的方面。抽象并不打算了解全部问题,而是选择其中的一部分,暂时不用部分细节。抽象包括两方面:一是过程抽象,二是数据抽象。

过程抽象是指任何一个明确定义功能的操作都可被使用者看作单个的实体看待,尽管这个操作实际上可能由一系列更低级的操作来完成。数据抽象定义了数据类型和施加于该类型对象上的操作,并限定了对象的值,只能通过使用这些操作修改和观察。

2. 继承

继承是一种联结类的层次模型,并且允许和鼓励类的重用,它提供了一种明确表述共性的方法。对象的一个新类可以从现有的类中派生，这个过程称为类继承。新类继承了原始类的特性，新类称为原始类的派生类（子类），而原始类称为新类的基类（父类）。

派生类可以从它的基类那里继承方法和实例变量，并且类可以修改或增加新的方法，使之更适合特殊的需要。这也体现了大自然中一般与特殊的关系。继承性很好地解决了软件的可重用性问题。

3. 封装

封装就是把过程和数据包围起来，对数据的访问只能通过已定义的接口进行。面向对象的计算始于这个基本概念，即现实世界可以被描绘成一系列完全自治、封装的对象，这些对象通过一个受保护的接口访问其他对象。一旦定义了一个对象的特性，就有必要决定这些特性的可见性，即哪些特性对外部世界是可见的，哪些特性用于表示内部状态。

在这个阶段定义对象的接口。通常，应禁止直接访问一个对象的实际表示，而应通过操作接口访问对象，这称为信息隐藏。封装保证了模块具有较好的独立性，使得程序维护和修改较为容易。对应用程序的修改仅限于类的内部，因而可以将应用程序修改带来的影响减到最低限度。

4. 多态

多态允许不同类的对象对同一消息做出响应。比如同样的复制-粘贴操作，在字处理程序和绘图程序中有不同的效果。多态性包括参数化多态性和包含多态性。多态性语言具有灵活、抽象、行为共享、代码共享的优势，很好地解决了应用程序函数同名问题。

1.2　搭建 Java 开发环境

搭建 Java 开发环境需要安装 Java 开发工具箱（JDK）和配置环境变量。JDK 的全称是 Java SE Development Kit，即 Java 标准版（Standard Edition）的软件开发工具包（Software Development Kit，SDK），是 Java 开发和运行的基本平台，包含了 Java 运行环境、工具、基础类库等。本章将在 64 位的 Windows 10 操作系统中完成所有开发。

1.2.1　JDK 的下载及安装

进入 Oracle 公司的官方网站 https://www.oracle.com/index.html，选择 Java SE Downloads，如图 1-1 所示。

进入下载页面后，单击 JDK Download 按钮，在 JDK 下载页面，根据操作系统的不同选择不同的版本，本书下载的是 jdk-15.0.1_windows-x64_bin.exe，如图 1-2 所示。

选中 I reviewed and accept the Oracle Technology Network License Agreement for Oracle Java SE，然后单击 Download jdk-15.0.1_windows-x64_bin.exe 按钮，如图 1-3 所示。

下载完成后，双击 jdk-15.0.1_windows-x64_bin.exe 安装包，单击"下一步"按钮（见图 1-4），选择 JDK 安装路径（见图 1-5），根据提示完成安装。

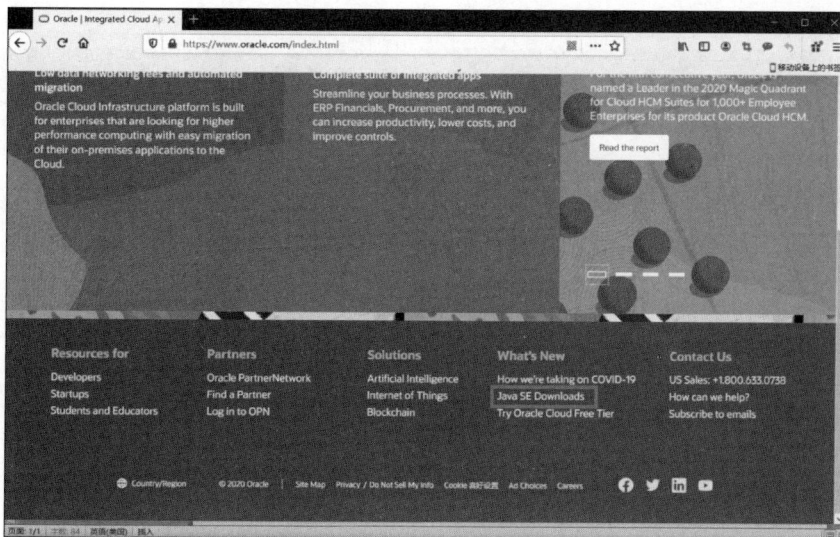

图 1-1　Oracle 公司官方网站

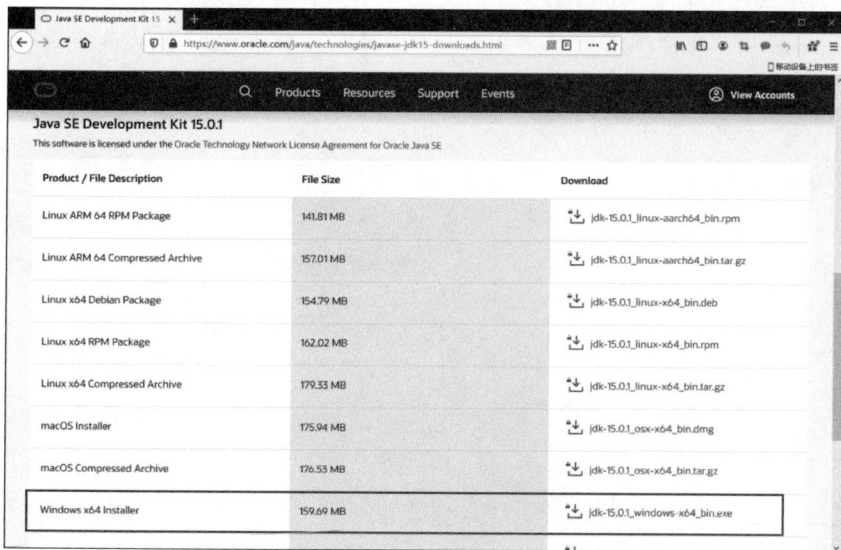

图 1-2　根据操作系统选择 JDK 下载版本

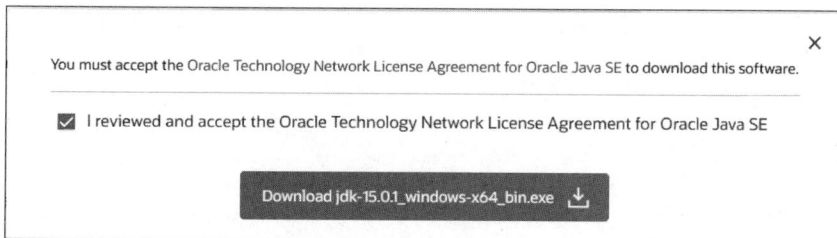

图 1-3　下载 JDK

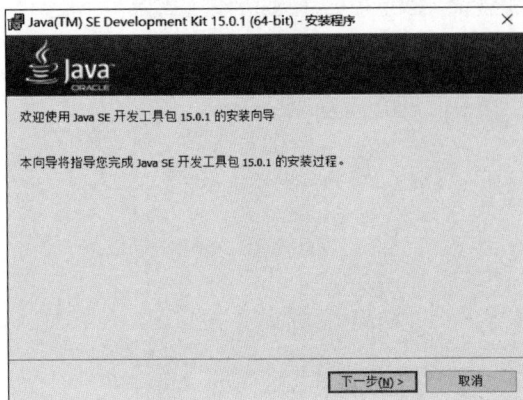

图 1-4　安装 JDK

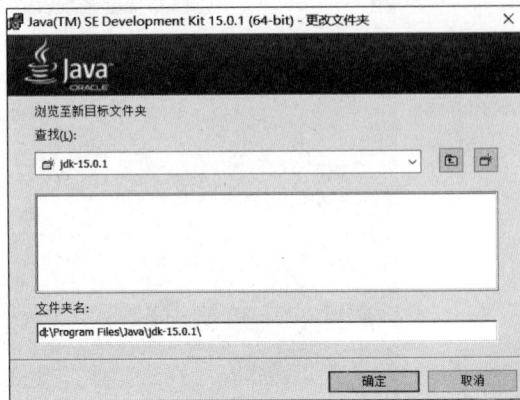

图 1-5　设置 JDK 安装路径

1.2.2　配置 JDK 环境变量

在安装 JDK 后，还需要为 Windows 系统添加 JAVA_HOME 环境变量，指定 JDK 安装路径。右击"此电脑"，在弹出的快捷菜单中单击"属性"，在弹出的对话框中选择"高级系统设置"，将打开如图 1-6 所示的"系统属性"对话框。单击该对话框中的"环境变量"按钮，打开如图 1-7 所示的"环境变量"对话框。

图 1-6　"系统属性"对话框

图 1-7　"环境变量"对话框

单击"系统变量"下的"新建"按钮创建新的系统变量。在弹出的"新建系统变量"对话框中，在"变量名"文本框中输入 JAVA_HOME，在"变量值"文本框中输入 JDK 的安装路径，最后单击"确定"按钮,如图 1-8 所示。

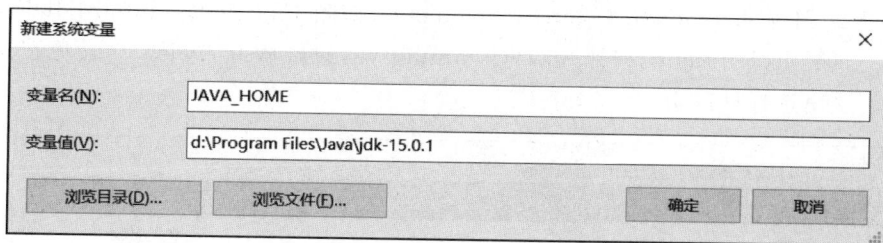

图 1-8　设置 JAVA_HOME 环境变量

用同样的方法新建系统变量 Path,变量值为"％JAVA_HOME％\bin；％JAVA_HOME％\jre\bin",如图 1-9 所示。

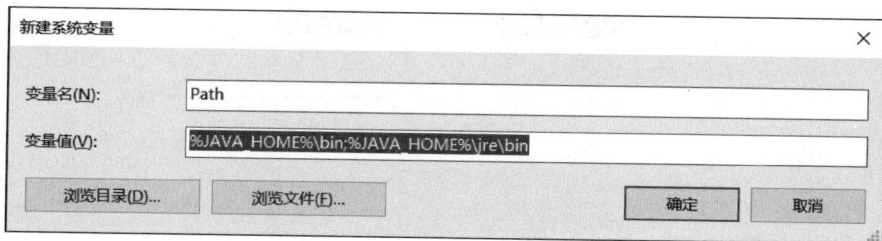

图 1-9　设置 Path 环境变量

1.2.3　测试开发环境

JDK 配置完成后,需要确认其是否配置正确。单击 ▦ 图标,直接输入 cmd,接着按下回车键打开命令提示符窗口,在命令提示符界面中输入"java -version",如果安装成功,则会显示"java version "15.0.1" 2020-10-20",如图 1-10 所示。

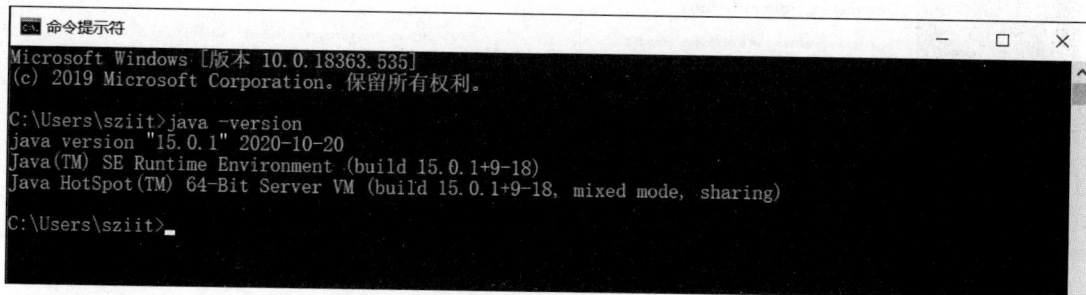

图 1-10　开发环境测试

1.2.4　IntelliJ IDEA 开发环境

IntelliJ IDEA 是一个基于 Java 的开源开发平台,为编程人员提供一流的集成开发环境

（IDE），是业界公认的优秀 Java 开发工具。IntelliJ IDEA 的下载地址为 https://www. jetbrains. com/idea/download/#section＝windows，如图 1-11 所示。IntelliJ IDEA 分为两个版本——旗舰版（Ultimate）和社区版（Community），旗舰版收费（限 30 天免费试用），社区版免费。这里选择社区版。

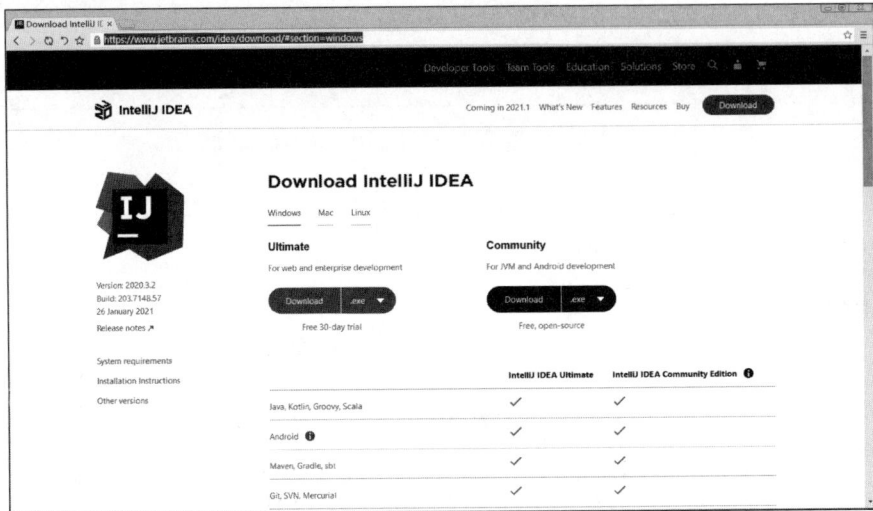

图 1-11　IntelliJ IDEA 下载页面

下载完成后，双击安装包 ideaIC-2020.3.2.exe，启动安装程序，进入 Welcome to IntelliJ IDEA Community Edition Setup 界面，如图 1-12 所示，单击 Next 按钮。在如图 1-13 所示的 Choose Install Location 界面中选择安装文件夹，然后单击 Next 按钮。

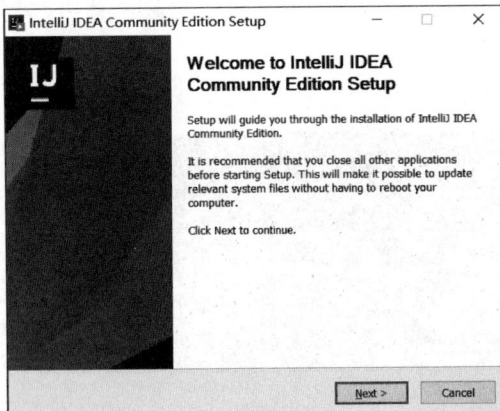

图 1-12　Welcome to Setup 界面

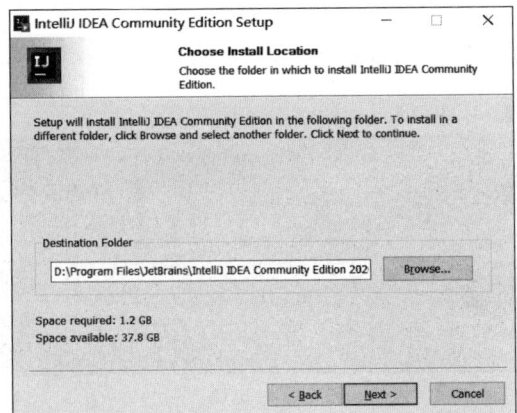

图 1-13　Choose Install Location 界面

在如图 1-14 所示的 Installation Options 界面中选择创建桌面快捷方式以及是否进行文件关联等，根据需要进行选择，然后单击 Next 按钮。在 Choose Start Menu Folder 界面设置在"开始"菜单中的文件夹名称,单击 Install 按钮开始安装,如图 1-15 所示。

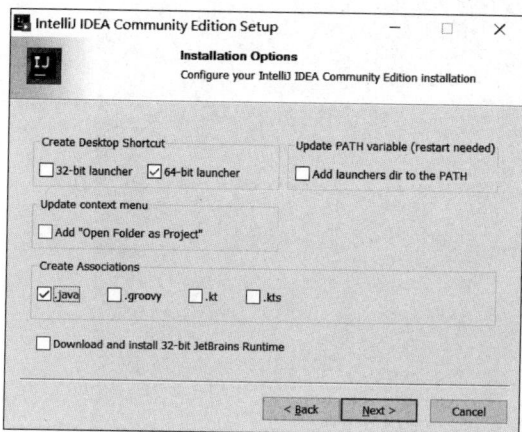

图 1-14　Installation Options 界面

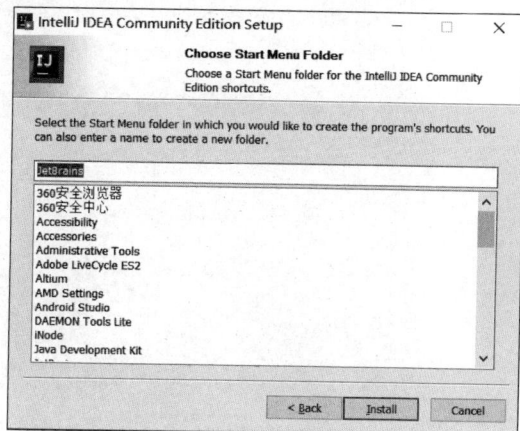

图 1-15　Choose Start Menu Folder 界面

Installing 界面显示 IntelliJ IDEA 的安装过程如图 1-16 所示,安装完成后的界面如图 1-17 所示。

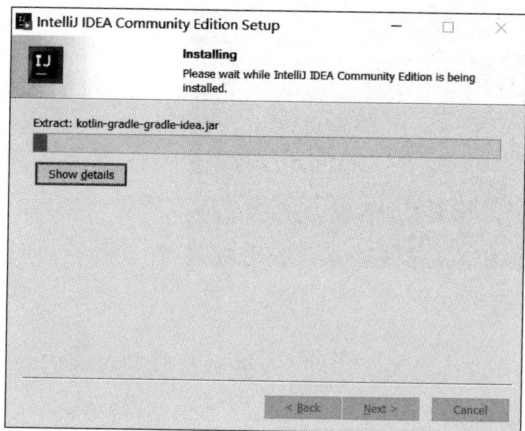

图 1-16　Installing 界面

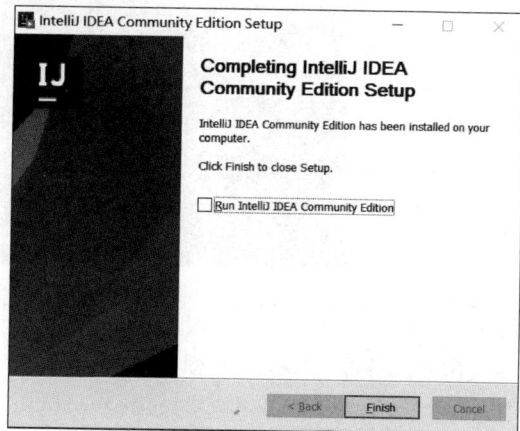

图 1-17　安装完成界面

1.2.5　编写第一个 Java 程序

下面以输出"Hello World!"字符串作为范例来编写第一个 Java 程序。首先启动 IntelliJ IDEA。如图 1-18 所示,单击 New Project 上方的 ➕ 新建项目向导,选择指定文件夹下的 JDK 作为 Project SDK,然后单击 Next 按钮。

如图 1-19 所示,不要选中 Create project from template,单击 Next 按钮,指定项目的名称 (sayHello)和位置(C:\Users\sziit\IdeaProjects\sayHello),然后单击 Finish 按钮完成项目创建。

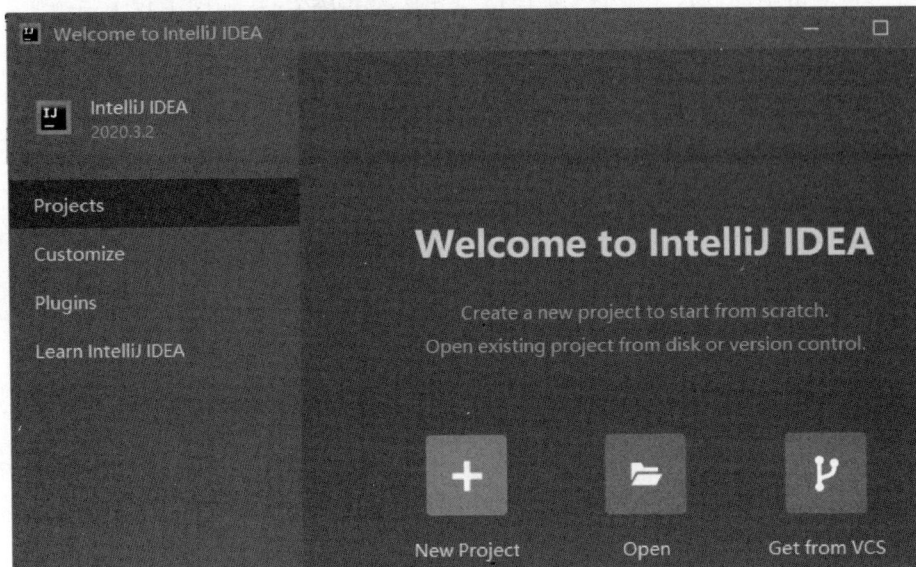

图 1-18　创建 Java 项目

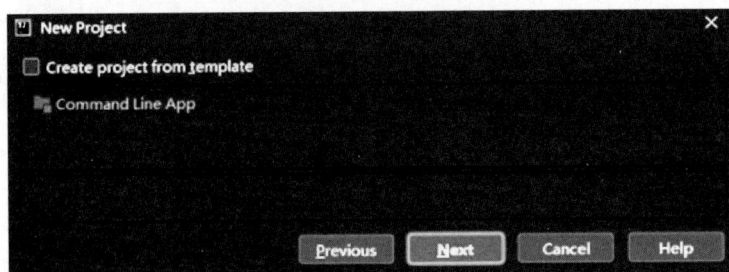

图 1-19　指定项目名称和位置

在如图 1-20 所示的工程页面中，展开 sayHello，右击 src 文件夹，然后选择 New→Java Class 命令，输入类的名称为 HelloWorld 并按回车键。

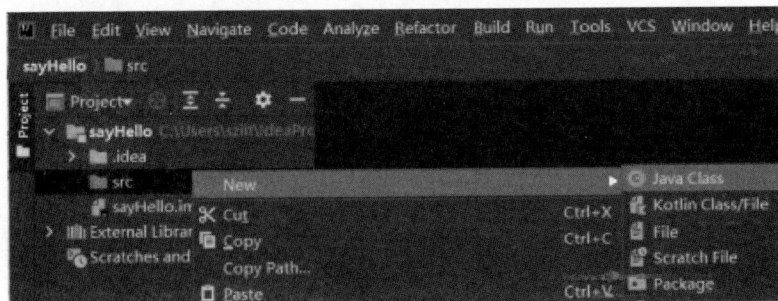

图 1-20　新建 Java Class

在 HelloWorld.java 文件中输入代码，如图 1-21 所示。

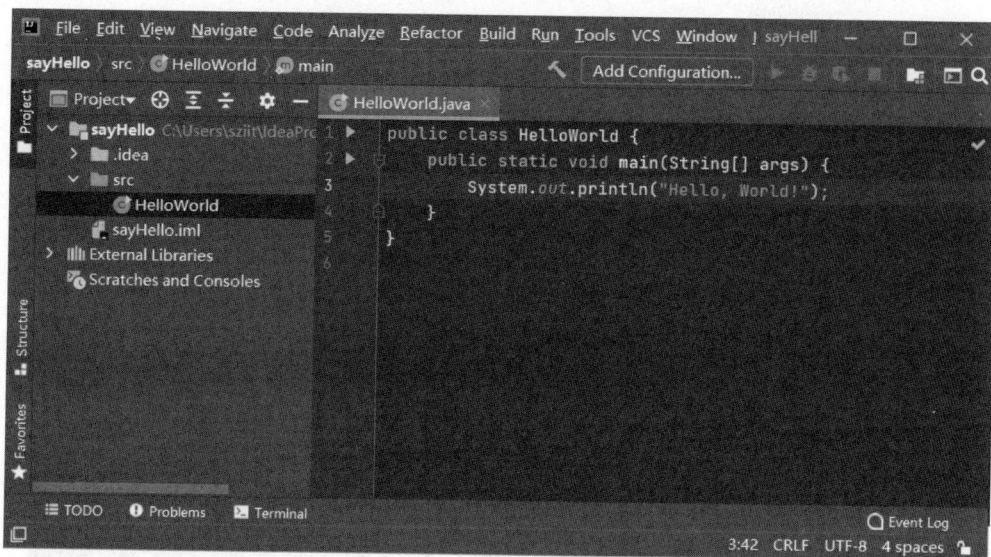

图 1-21　在 HelloWorld.java 文件中输入代码

选择 Run→Edit Configurations 命令，配置运行选项，在 Run/Debug Configurations 界面中单击 ➕，选择 Application，然后输入应用名称 Name、指定主类 MainClass，然后依次单击 Apply 按钮和 OK 按钮完成运行环境的配置，如图 1-22 所示。

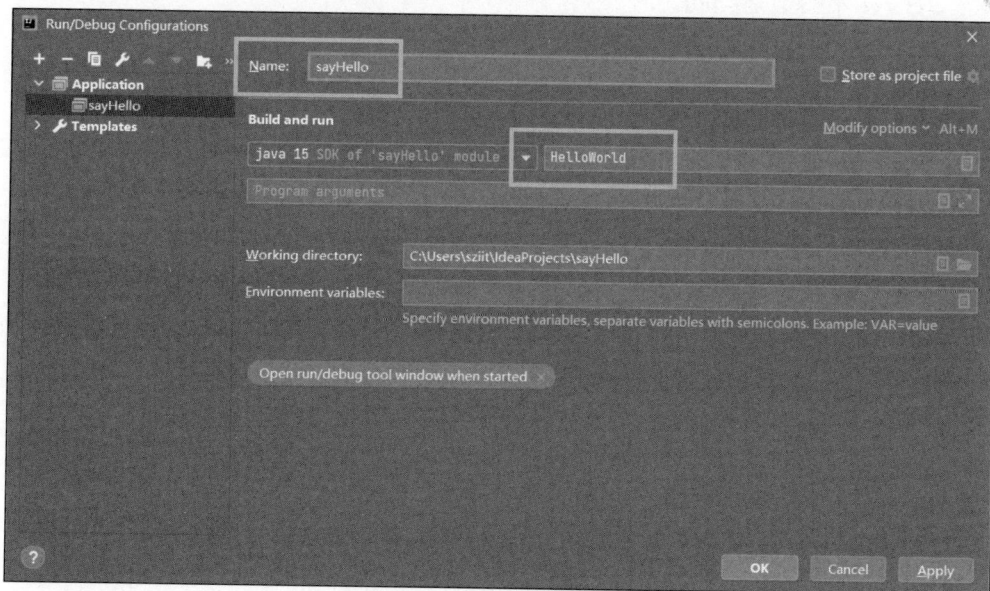

图 1-22　运行环境配置

单击工具栏上的运行图标 ▶，程序的运行结果如图 1-23 所示。

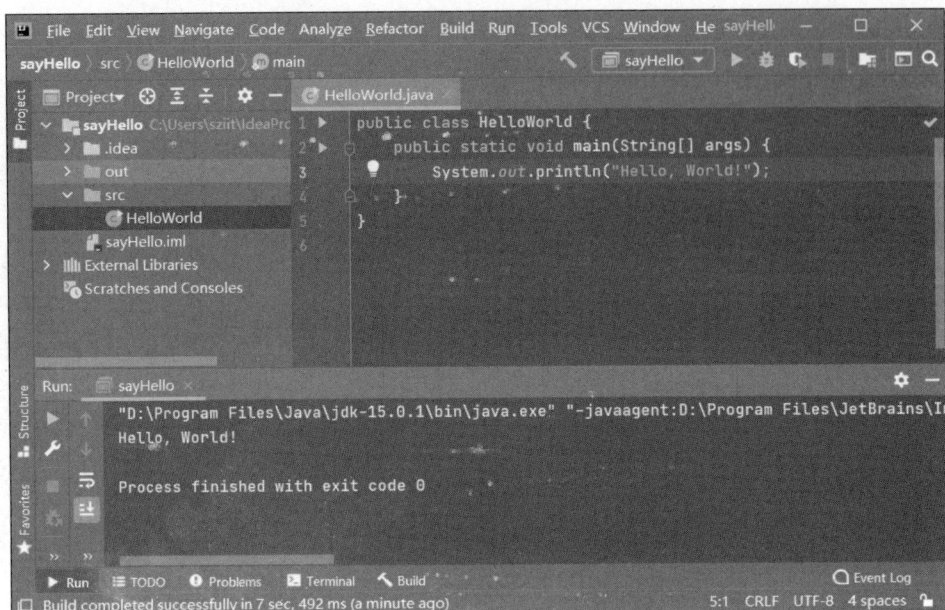

图 1-23　代码运行结果

1.3　Java 程序基础

1.3.1　标识符、关键字、注释

1. 标识符

在 Java 语言中，标识符是用来给类、对象、方法、变量、接口和自定义数据类型命名的。Java 标识符由数字、字母、下画线（_）和美元符号（＄）组成。Java 中字母严格区分大小写，首位不能是数字。Java 关键字不能当作 Java 标识符。

合法的标识符：myBook，My_book，Points，＄points，_sys_ta，_23b，_3_，＄＄＄。

非法的标识符：4Ayn，class，＃mybook，Use os。

2. 关键字

Java 关键字，也叫 Java 保留字，是预定义的、具有特别意义的标识符。Java 语言定义了如下几种关键字。

- Java 的保留关键字（2 个）：const，goto。
- 访问修饰符的关键字（3 个）：public，protected，private。
- 定义类、接口、抽象类以及实现接口、继承类、实例化对象的关键字（6 个）：class，interface，abstract，implements，extends，new。

- 包的关键字(2个)：import,package。
- 数据类型的关键字(12个)：byte,char,boolean,short,int,float,long,double,void, null,true,false。
- 流程控制的关键字(12个)：if,else,while,for,switch,case,default,do,break, continue,return,instanceof。
- 修饰方法、类、属性和变量的关键字(9个)：static,final,super,this,native,strictfp, synchronized,transient,volatile。
- 错误处理的关键字(5个)：catch,try,finally,throw,throws。
- 其他关键字(2个)：enum,assert。

3. 注释

在代码中添加注释能够提高代码的可读性和可维护性。在Java源程序文件的任意位置都可以添加注释,且Java编译器不编译代码中的注释。Java提供了如下3种代码注释。

- 单行注释(行注释)：注释内容以双斜杠"//"标识,只能注释一行内容,常放在需要注释代码的前面一行或同一行。
- 多行注释(块注释)：注释内容包含在"/＊"和"＊/"之间,能注释多行内容,常放在需要注释代码的前面。
- 文档注释：注释内容包含在"/＊＊"和"＊＊/"之间,也能注释多行内容。一般用在类、方法和变量上面,用来描述起作用。

1.3.2　常量、变量

在程序的整个执行过程中,其值可以改变的叫变量,值不能改变的叫常量。常量和变量是Java语言的基础,是我们保存数据以及传递数据的常用形式。这里要注意常量和常量值是不同的概念,常量值是常量的具体和直观的表现形式,常量是形式化的表现。

1. 常量值

常量值又称为字面常量,是通过数据直接表示的。Java中的常量值包括整型常量值、浮点型常量值、布尔型常量值、字符型常量值和字符串常量值。

1) 整型常量值

整型常量有3种表示方式：十进制数、八进制数(以0开头)和十六进制数(以0x或0X开头)。byte、short、int和long都可以用十进制、十六进制及八进制的方式来表示。长整型的整型常量值必须以L结尾,如87L、345L。

2) 浮点型常量值

Java浮点型常量值有十进制形式和科学计数法形式两种表示方式。

十进制数形式：由数字和小数点组成,且必须有小数点,如9.78。

科学记数法形式：如1.25e3,其中e或E之前必须有数字,之后的数字必须为整数。

3) 布尔型常量值

只有两个值,即true(真)和false(假)。

4）字符型常量值

用单引号括起来的单个字符，如'a'、'B'，数据类型为 char。除了字符型常量值外，Java 还允许使用一种特殊形式的字符常量值来表示一些难以用一般字符表示的字符，这种特殊形式的字符是以"\"开头的字符序列，称为转义字符。常用转义字符如表 1-1 所示。

表 1-1 常用转义字符

转义字符	说　　明	转义字符	说　　明
\ddd	1～3 位八进制所表示的字符，如 \456	\uxxxx	1～4 位十六进制数所表示的字符，如 \u0d60
\r	回车	\n	换行
\'	单引号字符	\f	走纸换页
\"	双引号字符	\t	横向跳格
\\	反斜杠字符	\b	退格

5）字符串常量值

用双引号括起来的若干个字符，如"HelloWorld!"，字符串类型为 String。

2．常量

常量不同于常量值，它可以在程序中用符号来代替常量值的使用，因此在使用前必须先定义。常量与变量类似，也需要初始化，即在声明常量的同时要赋予一个初始值。常量一旦初始化就不可以被修改。Java 中使用 final 关键字来定义一个常量：

```
final 数据类型 常量名称 = 初始值
```

如 final double PI = 3.1415927。常量名通常用大写字母表示，以便于与变量区分开。

3．变量

Java 语言是强类型（Strongly Typed）语言，强类型包含以下两方面的含义：

（1）所有的变量必须先声明、后使用；

（2）指定类型的变量只能接受类型与之匹配的值。这意味着每个变量和表达式都有一个在编译时就确定的类型。

声明变量的基本格式为：

```
数据类型 变量名 [ = 值 ][，变量名 [ = 值]…];
```

可以使用逗号隔开来声明多个同类型的变量。声明变量时可以为变量指定一个明确的初始值，即对变量进行初始化。初始化变量有两种方式：一种是声明时直接赋值，另一种是先声明、后赋值。此外，多个同类型的变量可以同时定义或者初始化，但是多个变量之间要用逗号分隔，声明结束时用分号分隔。

【例 1.1】 变量的声明及初始化。

```
int a, b, c;                //声明 3 个 int 类型变量 a、b、c
int d = 3, e = 4, f = 5;    //声明并初始化 3 个整型变量
String s;                   //先声明字符串类型变量 s
s = "hello";                //后对 s 进行初始化
```

1.3.3　Java 的数据类型

Java 语言支持的数据类型分为两种：基本数据类型(Primitive Type)和引用类型(Reference Type)。

1. 基本数据类型

Java 共有 8 种基本数据类型，可以分为 3 类，分别是字符类型 char、布尔类型 boolean 以及数值类型。数值类型又可以分为整数类型(包括字节型 byte、短整型 short、整型 int、长整型 long)和浮点类型(单精度型 float 和双精度型 double)。Java 的基本数据类型如表 1-2 所示。

表 1-2　基本数据类型

类　　别		数据类型	字节数	位数	取 值 范 围	包装类	默认值
数值类型	整数类型	byte	1	8	$-2^7 \sim 2^7-1$	Byte	0
		short	2	16	$-2^{15} \sim 2^{15}-1$	Short	0
		int	4	32	$-2^{31} \sim 2^{31}-1$	Integer	0
		long	8	64	$-2^{63} \sim 2^{63}-1$	Long	0L
	浮点类型	float	4	32	$-3.4E38 \sim 3.4E38$	Float	0.0f
		double	8	64	$-1.8E308 \sim 1.8E308$	Double	0.0d
字符类型		char	2	16	'\u0000' ～ '\uffff'	Character	'\u0000'
布尔类型		boolean	1	8	true,false	Boolean	false

1) 整数类型

字节型(byte)、短整型(short)、整型(int)和长整型(long)都是有符号、以二进制补码表示的整数。Java 默认的整数类型是 int 型。如果直接将较小的整数常量(在 byte 或 short 的数值范围)赋值给 byte 或 short 变量，则系统会自动把这个整数常量当作 byte 或 short 类型来处理。对于一个很大的整数，当超出 int 类型的数值范围时，需要在常量后面加 L 将其作为 long 类型来进行处理，否则处理的结果将和预期不符。

2) 浮点类型

浮点类型是带有小数部分的数据类型，也叫实型，有正负之分。浮点型数据包括单精度浮点型(float)和双精度浮点型(double)。float 和 double 之间的区别主要是所占用的内存大小不同，此外 double 比 float 具有更高的精度和更大的数值范围。在默认情况下，小数都被当作 double 类型，若想使用 float 类型声明小数，则需要在小数后面添加 F 或 f。另外，建议使用后缀 D 或 d 来表明这是一个 double 类型数据。

3) 字符类型

字符类型用于存储单个字符，占用 16 位(两字节)的内存空间。在声明字符型常量时，要以单引号表示，如 's'。char 类型是一个单一的 16 位 Unicode 字符，最小值是"\u0000"

（即为 0），最大值是 "\uffff"（即为 65 535）。char 数据类型可以存储任何字符。

4）布尔类型

布尔类型又称逻辑类型，只有 true 和 false 两个值，分别代表布尔逻辑中的"真"和"假"。布尔值不能与整数类型进行转换。布尔类型通常用在流程控制中作为判断条件。

2. 引用数据类型

Java 中除了 8 个基本数据类型以外的数据类型都属于引用数据类型。Java 中的引用类型主要有 3 种，分别是类（class）、接口（interface）和数组。引用类型指向一个对象，指向对象的变量就是引用变量。引用变量由类的构造函数创建，可以使用引用变量来访问它们所指向的对象。对象、数组都是引用数据类型。所有引用类型的默认值都是 null（空引用）。一个引用变量可以用来引用任何与之兼容的类型。

Java 把内存分为两种：一种叫栈内存（stack），一种叫堆内存（heap）。基本数据类型的存储空间在栈中，而引用类型有两块存储空间：一块在栈中，一块在堆中。

在函数中定义的一些基本类型的变量和对象的引用变量都是在函数的栈内存中分配的。当在一段代码中定义一个变量时，Java 就在栈中为这个变量分配内存空间。当超过变量的作用域后，Java 会自动释放掉为该变量分配的内存空间，该内存空间可以立刻被另作他用。

堆内存用于存放由 new 创建的对象和数组。在堆中分配的内存，由 Java 虚拟机自动垃圾回收器来管理。在堆中产生了一个数组或者对象后，还可以在栈中定义一个特殊的变量，这个变量的取值等于数组或者对象在堆内存中的首地址，在栈中的这个特殊的变量就变成了数组或者对象的引用变量，以后就可以在程序中使用栈内存中的引用变量来访问堆中的数组或者对象。栈中的引用变量指向堆中的数组或对象，相当于是 Java 中的指针。

【例 1.2】 引用类型和基本数据类型。

```
int a = 1;                 //基本数据类型
Integer b = new Integer(1); //引用数据类型
```

上面的例子中定义了两个变量：一个是 int 型变量 a，另一个变量 b 指向了 Integer 类创建出来的一个对象，是引用变量。可以看出，两者的声明方式不一样。

对于基本类型变量，其声明方式为：

基本数据类型 变量名 = 变量值;

而对于引用类型变量，其声明方式为：

类名 变量名 = new 构造方法(参数列表);

可见，引用类型和基本数据类型的声明方式完全不一样。此外，不能对基本数据类型变量 a 调用方法，但可以对引用类型变量 b 调用方法。如 a. hashcode( )是错误的，而 b. hashcode( )则是正确的。

3. 包装类

Java 为每一种基本数据类型都提供了对应的包装类，目的是使得基本数据类型可以与引用类型互相转换。8 个基本数据类型 byte、short、int、long、float、double、char 和 boolean 的包装类分别为 Byte、Short、Integer、Long、Float、Double、Character、Boolean。

4．基本数据类型的类型转换

类型转换就是将一个值从一种数据类型更改为另一种数据类型的过程。例如，可以将 String 类型的数据"234"转换为另一个数据类型，而且可以将任意类型的数据转换为 String 类型。数据类型转换有两种方式，即自动转换（隐式转换）与强制转换（显式转换）。

1）自动转换

从低级类型向高级类型的转换，系统将自动执行，程序员无须进行任何操作，这种类型的转换称为隐式转换，又称自动转换。基本数据类型（不包括布尔型）按精度从低到高的排列顺序为：byte < short < int < long < float < double，其中 char 类型比较特殊，它可以与部分 int 型数字兼容，且精度不会发生变化。

2）强制转换

当把高精度变量的值赋给低精度变量时，必须使用强制类型转换（又称显式类型转换）。执行强制类型转换时可能会导致精度丢失。强制转换的语法如下：

(类型名) 要转换的变量或值

【例 1.3】　自动转换和强制转换。

```
byte a = 3;
float b = 3.45f;
int c = a;                 //自动转换
int d = (int)b;            //强制转换
```

1.3.4　运算符和表达式

1．算术运算符

算术运算符的运算规则如表 1-3 所示。

表 1-3　算术运算符的运算规则

运算符	运算	范例	说明
－	负号	a = －b	取反运算
＋	加	a ＋ b	求 a 加 b 的和，还可用于 String 类型，进行字符串拼接操作
－	减	a － b	求 a 减 b 的差
*	乘	a * b	求 a 乘以 b 的积
/	除	a / b	求 a 除以 b 的商
%	取余	a % b	求 a 除以 b 的余数
＋＋	自增（前置）	b = ＋＋a	先把 a 的值加 1，再赋值给 b
＋＋	自增（后置）	b = a＋＋	先把 a 的值赋值给 b，再把 a 的值加 1
－－	自减（前置）	b = －－a	先把 a 的值减 1，再赋值给 b
－－	自减（后置）	b = a－－	先把 a 的值赋值给 b，再把 a 的值减 1

【例 1.4】 模拟计算器功能。

```java
public class ArithmeticcOperator {
    public static void main(String[] args)  {
        Scanner scanner = new Scanner(System.in);        //创建扫描器,获取控制台输入的值
        System.out.println("请输入两个数字,用空格隔开: ");        //输出提示
        if (scanner.hasNext()) {
            int num1 = scanner.nextInt();                //记录输入的第一个数
            int num2 = scanner.nextInt();                //记录输入的第二个数
            System.out.println("num1 * num2 的积为: " + (num1 * num2));
            System.out.println("num1 / num2 的商为: " + (num1/num2));
        }
        scanner.close();
    }
}
```

例 1.4 的编译结果为：

```
请输入两个数字,用空格隔开:
5 6
num1 * num2 的积为: 30
num1 / num2 的商为: 0
```

2. 关系运算符

关系运算符的结果是 boolean 型,只有 true 或 false 两种。Java 中的关系运算符见表 1-4。

表 1-4　关系运算符

关系运算符	含　义	示　例
==	等于	a == b
!=	不等于	a != b
>	大于	a > b
>=	大于或等于	a >= b
<	小于	a < b
<=	小于或等于	a <= b

【例 1.5】 比较输入的值。

```java
public class RelationOperator  {
    public static void main (String[] args)  {
        Scanner scanner = new Scanner(System.in);        //创建扫描器,获取控制台输入的值
        System.out.println("请输入两个整数,用空格隔开(num1 num2): ");        //输出提示
        int num1 = scanner.nextInt();
        int num2 = scanner.nextInt();
        System.out.println("num1 != num2 的结果为: " + (num1!= num2));
```

```
        System.out.println("num1 > num2 的结果为: " + (num1 > num2));
        System.out.println("num1 <= num2 的结果为: " + (num1 <= num2));
    }
}
```

例 1.5 的编译结果为:

```
请输入两个整数,用空格隔开(num1 num2):
28 37
num1 != num2 的结果为: true
num1 > num2 的结果为: false
num1 <= num2 的结果为: true
```

3. 逻辑运算符

Java 中的逻辑运算符如表 1-5 所示。逻辑运算符与关系运算符同用可以完成复杂的逻辑运算。

表 1-5 逻辑运算符

逻辑运算符	含　义	示　例
&&	逻辑与	a && b
||	逻辑或	a || b
!	逻辑非	! a

【例 1.6】 逻辑和关系运算。

```
public class LogicalAndRelation {
    public static void main(String[] args) {
        int num1 = 7, num2 = 13, num3 = 25;
        boolean result1 = ((num1 > num2) && (num1 < num3));    //声明布尔型变量 result1
        boolean result2 = ((num1 > num2) || (num1 < num3));    //声明布尔型变量 result2
        System.out.println(num1 + ">" + num2 + "并且" + num1 + "<" + num3 + "的结果为: " +
result1);
        System.out.println(num1 + ">" + num2 + "或者" + num1 + "<" + num3 + "的结果为: " +
result2);
    }
}
```

例 1.6 的编译结果为:

```
7 > 13 并且 7 < 25 的结果为: false
7 > 13 或者 7 < 25 的结果为: true
```

4. 位运算符

位运算符分为两大类: 位逻辑运算符和位移运算符。位运算符如表 1-6 所示。

表 1-6   位运算符

位运算符		含 义	范 例	说 明
位逻辑运算符	&	按位与	a & b	
	|	按位或	a | b	
	~	按位非	~ a	
	^	按位异或	a ^ b	
位移运算符	<<	左移位	a << b	符号位不变,低位补 0
	>>	右移位	a >> b	低位溢出,高位补符号位(为正补 0,为负补 1)
	>>>	无符号右移位	a >>> b	低位溢出,高位补 0

【例 1.7】 位移运算符加密和解密密码。

```java
public class BitShiftOperator  {
    public static void main(String[ ] args)  {
        int password = 751428, key = 7;
        System.out.println("原始密码是: " + password);
        password =  password << key;
        System.out.println("经过左移运算加密后的结果是: " + password);
        password =  password >> key;
        System.out.println("经过右移运算解密后的结果是: " + password);
    }
}
```

例 1.7 的编译结果为：

原始密码是: 751428
经过左移运算加密后的结果是: 96182784
经过右移运算解密后的结果是: 751428

5. 赋值运算符

Java 中常见的赋值运算符如表 1-7 所示。

表 1-7   常见的赋值运算符

赋值运算符	含 义	范 例	说 明
=	赋值	a = b	
+=	加等于	a += b	a = a + b
-=	减等于	a -= b	a = a - b
*=	乘等于	a *= b	a = a * b
/=	除等于	a /= b	a = a / b
%=	模等于	a %= b	a = a % b

6. 条件运算符

条件运算符是一个三目运算符。使用格式为：

条件表达式？值 1：值 2

条件运算符的运算规则为：若条件表达式的值为 true,则整个表达式的值取"值 1",否则取"值 2"。

【例 1.8】 条件运算符。

```
public class ConditionOperator {
    public static void main(String[] args)  {
        int num1 = 5, num2 = 9;
        System.out.println(num1 + " < " + num2 + " 的关系为: " + ((num1 < num2) ? true : false));
    }
}
```

例 1.8 的编译结果为：

```
5 < 9 的关系为: true
```

7. 运算符的优先级

Java 中运算符的优先级和结合性如表 1-8 所示。

表 1-8　Java 中运算符的优先级及结合性

序列号	符　号	名　　称	结　合　性	目　　数
1	.	点	从左到右	双目
	（ ）	圆括号		
	［ ］	方括号		
2	＋	正号	从右到左	单目
	－	负号		
	＋＋	自增		
	－－	自减		
	～	按位非		
	！	逻辑非		
3	＊	乘	从左到右	双目
	／	除		
	％	取余		
4	＋	加	从左到右	双目
	－	减		
5	<<	左移位运算符	从左到右	双目
	>>	带符号右移运算符		
	>>>	无符号右移		
6	<	小于	从左到右	双目
	<=	小于或等于		
	>	大于		
	>=	大于或等于		

续表

序列号	符 号	名 称	结 合 性	目 数
7	==	等于	从左到右	双目
	!=	不等于		
8	&	按位与	从左到右	双目
9	|	按位或	从左到右	双目
10	^	按位异或	从左到右	双目
11	&&	逻辑与	从左到右	双目
12	||	逻辑或	从左到右	双目
13	?:	条件运算符	从右到左	三目
14	=	赋值运算符	从右到左	双目
	+=	混合运算符	从右到左	双目
	-=			
	*=			
	/=			
	%=			
	&=			
	|=			
	^=			
	<<=			
	>>=			
	>>>=			

8. 表达式

表达式是由操作数和运算符按一定的语法形式组成的符号序列。一个常量或变量是最简单的表达式，表达式的值即为该变量或常量的值。表达式还可以用作其他运算的操作数，形成更复杂的表达式。

1.3.5 程序控制语句

顺序结构、选择结构和循环结构是结构化设计的 3 种基本结构，是各种复杂程序的基本构造单元。

顺序结构：编写完毕的语句按照编写顺序依次被执行。

选择结构：根据数据和中间结果的不同选择执行不同的语句，选择结构主要由条件语句（也叫判断语句或分支语句）组成。

循环结构：在一定条件下反复执行某段程序的流程结构，被反复执行的语句称为循环体，决定循环是否终止的判断条件称为循环条件。

1. 条件语句

在 Java 中，使用条件语句对条件进行判断，然后根据不同的结果执行不同的代码，称为选择结构或者分支结构。Java 中的条件语句可以分为 if 条件语句和 switch 多分支语句。if

条件语句主要告知程序：当某一个条件成立时，须执行满足该条件的相关语句。if 条件语句可以分为单分支条件语句、双分支条件语句和多分支条件语句。

1）if 单分支条件语句

if 单分支条件语句的语法格式为：

```
if (条件表达式) {
    语句;
}
```

if 是 Java 语言的关键字，表示 if 语句的开始。条件表达式的值必须是一个布尔值，可以是一个单纯的布尔变量或常量，也可以是合法的逻辑表达式或是关系表达式。当表达式的值为 true 时，执行花括号"{ }"中的语句，语句可以是一条或多条语句，若仅有一条语句，则可以省略花括号。

2）if…else 双分支条件语句

双分支条件语句可以根据表达式的值来选择执行两个程序分支中的一个分支。语法格式为：

```
if (条件表达式) {
    语句1;
} else {
    语句2;
}
```

如果表达式的值为真，则执行语句 1；否则执行语句 2。

【例 1.9】　if…else 双分支选择语句示例。

```
public class ScannerDemo {
    public static void main(String[] args) {
        Scanner scanner = new Scanner(System.in);        //从键盘接收数据
        float f = 0.0f;
        System.out.println("请输入小数; ");
        if(scanner.hasNextFloat()) {
            f = scanner.nextFloat();                      //接收小数
            System.out.println("输入的小数数据为: " + f );
        } else {
            System.out.println("输入的不是小数!");
        }
        scanner.close();
    }
}
```

例 1.9 的编译结果为：

请输入小数；

abc
输入的不是小数!

3) if…else if 多分支条件语句

if…else if 多分支条件语句的语法格式为:

```
if (表达式 1) {
    语句 1;
} else if (表达式 2) {
    语句 2;
} …
} else if (表达式 m) {
    语句 m;
} else {
    语句 n;
}
```

if…else if 多分支条件语句的执行过程为:依次判断表达式的值,当出现某个值为真时,则执行其对应的语句,然后跳到整个 if 语句之外继续执行程序;如果所有的表达式均为假,则执行语句 n,然后继续执行后续程序。

【例 1.10】 if 多分支语句示例:饭店座位分配。

```
public class Restaurant {
    public static void main(String[] args) {
        Scanner scanner = new Scanner(System.in);
        System.out.println("欢迎光临!请问有多少人用餐?");
        int count = scanner.nextInt();
        if (count <= 4){
            System.out.println("客人请到大厅 4 人桌用餐");
        } else if (count > 4 && count <= 8) {
            System.out.println("客人请到大厅 8 人桌用餐");
        } else if (count > 8 && count <= 16) {
            System.out.println("客人请到楼上包厢用餐");
        } else {
            System.out.println("抱歉,本店暂时没有这么大的包厢!");
        }
        scanner.close();
    }
}
```

例 1.10 的编译结果为:

欢迎光临!请问有多少人用餐?
11
客人请到楼上包厢用餐

4）switch 多分支语句

switch 多分支语句的语法格式为：

```
switch (用于判断的参数 ) {
    case 常量表达式 1：语句 1；[ break; ]
    case 常量表达式 2：语句 2；[ break; ]
    …
    case 常量表达式 n：语句 n；[ break; ]
    default：语句 n + 1；[ break; ]
}
```

其中，参数必须是整型、字符型、enum 枚举类型或 String 字符串类型。常量表达式 1~n 必须是参数兼容的数据类型，且值不能相同。语句的执行过程为：首先计算参数的值，如果参数的值和某个 case 后面的常量表达式的值相同，则执行该 case 语句后的若干个语句，直到遇到 break 语句为止。若没有任何一个常量表达式与参数的值相同，则执行 default 后的语句。break 的作用是跳出整个 switch 多分支语句。如果没有 default 语句且参数与所有常量表达式值都不同，则不执行任何操作。

【例 1.11】　switch 多分支语句示例：成绩等级查询。

```java
public class Grade{
    public static void main(String[] args){
        Scanner scanner = new Scanner(System.in);
        System.out.println("成绩等级查询");
        System.out.println("请输入成绩");
        int score = scanner.nextInt();
        int grade = score / 10;
        switch (grade){
            case 10:
            case 9: System.out.println("成绩等级为：优秀!"); break;
            case 8: System.out.println("成绩等级为：良好!"); break;
            case 7:
            case 6: System.out.println("成绩等级为：合格!"); break;
            default: System.out.println("成绩等级为：不合格!"); break;
        }
        scanner.close();
    }
}
```

运行结果如下：

```
成绩等级查询
请输入成绩
85
成绩等级为：良好!
```

2. 循环语句

Java 中提供了 4 种常用的循环语句：while 语句、do…while 语句、for 语句和 foreach 语句（for 语句的特殊简化版本）。

1）while 循环语句

while 循环又称为"当型"循环，它的特点是先判断条件表达式，然后再执行循环体。语法格式为：

```
while(条件表达式)  {
    循环体语句;
}
```

【例 1.12】 使用 while 循环计算 $1+2+3+\cdots+100$ 的值。

```
public class GetSum  {
    public static void main(String[] args)  {
        int i = 1, sum = 0;
        while(i <= 100)  {
            sum = sum + i++;
        }
        System.out.println("sum = " + sum);
    }
}
```

例 1.12 的运行结果为：

```
sum = 5050
```

2）do…while 循环语句

do…while 循环又称为"直到型"循环，它是先执行循环体，然后再判断条件表达式。因此 do…while 循环语句中花括号{ }中的程序段至少要被执行一次。do…while 语句的语法格式为：

```
do{
    循环体语句;
}  while(条件表达式);
```

【例 1.13】 用户登录验证。

```
public class LoginService {
    public static void main(String[] args) {
        Scanner scanner = new Scanner(System.in);
        String password;
        do{
            System.out.println("请输入 6 位数字密码：");
            password = scanner.nextLine();
```

```
        } while (!password.equals("738564"));
        System.out.println("登录成功");
        scanner.close();
    }
}
```

例 1.13 的运行结果为：

```
请输入 6 位数字密码：
123456
请输入 6 位数字密码：
738564
登录成功
```

3) for 循环语句

for 循环用来重复执行某条语句，直到某个条件满足。for 循环语句的语法格式为：

```
for (表达式 1; 表达式 2; 表达式 3)  {
    循环体语句；
}
```

其中，表达式 1 为初始化表达式，用来设置循环控制变量或循环体中变量的初始值，可以是逗号表达式；表达式 2 为循环条件表达式，其值为逻辑量，为 true 时继续循环，为 false 时循环终止；表达式 3 为增量表达式，用来对循环控制变量进行修正，也可以用逗号表达式包含一些本来可以放在循环体中执行的其他表达式；上述表达式可以省略，但分号不可缺少。语句也可以省略，但分号不可缺少。

【例 1.14】 使用 for 循环计算 $1+2+3+\cdots+100$ 的值。

```
public class GetSum {
    public static void main(String[] args) {
        int sum = 0;
        for (int i = 1; i <= 100; i++) {
            sum = sum + i;
        }
        System.out.println("1 + 2 + 3 + … + 100 = " + sum);
    }
}
```

例 1.14 的运行结果为：

```
1 + 2 + 3 + … + 100 = 5050
```

4) foreach 循环语句

foreach 语句是 for 语句的特殊简化版本，foreach 不是一个关键字，只是习惯上将这种特殊语句格式称为 foreach 语句。foreach 语句常用于遍历数组（逐一访问数组或集合中的所有元素）。

foreach 语句的语法格式为：

```
for (类型 变量名 : 对象 obj) {
    循环体语句;
}
```

其中，"类型"为对象元素的类型，对象 obj 是被遍历的集合对象或数组。foreach 语句的执行过程为：首先遍历对象 obj，即依次读取 obj 中元素的值，并将读取出的值赋给变量。每读取一个元素值，就执行一次循环语句。

【例 1.15】 遍历字符串类型的数组。

```java
public class Ergodic {
    public static void main(String[] args) {
        String arr[] = { "Jack", "Lily", "Rose", "Marry", "John" };
        System.out.println("一维数组中的元素分别为: ");
        for(String x : arr) {
            System.out.println(x);
        }
    }
}
```

例 1.15 的运行结果为：

```
一维数组中的元素分别为:
Jack
Lily
Rose
Marry
John
```

5）循环嵌套

Java 允许在一个循环中嵌入另一个循环，称为循环嵌套。当两个（甚至多个）循环相互嵌套时，位于外层的循环结构称为外层循环或者外循环，位于内层的循环结构常简称为内层循环或内循环。嵌套循环执行的总次数 = 外层循环执行次数 × 内层循环的执行次数。

【例 1.16】 输出乘法口诀表。

```java
public class Multiplication{
    public static void main(String[] args) {
        int i, j;
        for(i = 1; i < 10; i++) {
            for(j = 1; j < i + 1; j++) {
                System.out.print(j + " * " + i + " = " + i * j + "\t");
            }
            System.out.println();
        }
    }
}
```

例 1.16 的运行结果为：

```
1 * 1 = 1
1 * 2 = 2   2 * 2 = 4
1 * 3 = 3   2 * 3 = 6   3 * 3 = 9
1 * 4 = 4   2 * 4 = 8   3 * 4 = 12   4 * 4 = 16
1 * 5 = 5   2 * 5 = 10  3 * 5 = 15   4 * 5 = 20   5 * 5 = 25
1 * 6 = 6   2 * 6 = 12  3 * 6 = 18   4 * 6 = 24   5 * 6 = 30   6 * 6 = 36
1 * 7 = 7   2 * 7 = 14  3 * 7 = 21   4 * 7 = 28   5 * 7 = 35   6 * 7 = 42   7 * 7 = 49
1 * 8 = 8   2 * 8 = 16  3 * 8 = 24   4 * 8 = 32   5 * 8 = 40   6 * 8 = 48   7 * 8 = 56   8 * 8 = 64
1 * 9 = 9   2 * 9 = 18  3 * 9 = 27   4 * 9 = 36   5 * 9 = 45   6 * 9 = 54   7 * 9 = 63   8 * 9 = 72   9 * 9 = 81
```

3. 跳转语句

1）break 语句

在条件语句中，使用 break 语句可以跳出结构去执行 switch 语句的下一条语句。在循环结构中使用 break 语句可以跳出当前循环体，终止本层循环。break 语句常和 if 语句配合使用。

此外，Java 还提供了"标签"功能，能使用 break 跳出指定的循环体，语法为：

```
标签名 : 循环体{
    break 标签名；
}
```

其中，标签名可以是任意标识符；循环体可以是任意循环语句。语句中的"break 标签名"用于跳出指定的循环体（可以是内层或外层循环）。

【例 1.17】 使用 break 跳出指定的循环。

```java
public class BreakOutside  {
    public static void main(String[] args)  {
        Loop: for (int i = 0; i < 3; i++) {          //在 for 循环前用标签标记
            for (int j = 0; j < 6; j++){
                if (j == 4){                          //如果 j == 4,则结束外层循环
                    break Loop;                       //跳出 Loop 标记的循环体
                }
                System.out.println("i = " + i + " , j = " + j);   //输出 i 和 j 的值
            }
        }
    }
}
```

例 1.17 的运行结果为：

```
i = 0, j = 0
i = 0, j = 1
i = 0, j = 2
```

i = 0, j = 3

2）continue 语句

continue 语句的作用是跳过循环体中剩余的语句，强行执行下一次循环。continue 语句只用在 for、while、do…while 等循环体中，常与 if 语句一起使用，用来加速循环。

与 break 语句一样，continue 也支持标签功能，语法为：

```
标签名：循环体{
    continue 标签名;
}
```

【例 1.18】 continue 语句示例：输出 1～100 的不能被 5 整除的数。

```
public class ContinueTest{
    public static void main(String[] args)  {
        int count = 0;
        for (int i = 1; i <= 100; i++) {
            if(i % 5 == 0)
                continue;
            System.out.print(i + "\t");
            count++;
            if (count % 10 == 0)
                System.out.println();
        }
    }
}
```

例 1.18 的运行结果为：

```
1    2    3    4    6    7    8    9    11   12
13   14   16   17   18   19   21   22   23   24
26   27   28   29   31   32   33   34   36   37
38   39   41   42   43   44   46   47   48   49
51   52   53   54   56   57   58   59   61   62
63   64   66   67   68   69   71   72   73   74
76   77   78   79   81   82   83   84   86   87
88   89   91   92   93   94   96   97   98   99
```

3）return 语句

return 语句常用来结束方法的执行，并返回到调用它的方法中，返回时可以带回返回值，也可以不带。一般形式为：

```
return [返回值]
```

当用 void 定义了一个返回值为空的方法时，方法体中不一定要有 return 语句，程序执行完自然返回。若要从程序中间某处返回，则可以使用 return 语句。若一个方法的返回值类型不是 void,就用带表达式的 return 语句,表达式的类型应该与这个方法的返回类型一致或者小于返回类型。

【例 1.19】 return 语句示例。

```java
public class ReturnTest {
    double exam(int x, double y, boolean b) {
        if(b) return x;
        else return y;
    }
    public static void main(String[] args) {
        Scanner scanner = new Scanner(System.in);
        System.out.println("请依次输入整数、实数及布尔值,以空格分隔: ");
        int x = scanner.nextInt();
        double y = scanner.nextDouble();
        boolean b = scanner.nextBoolean();
        ReturnTest returnTest = new ReturnTest();
        double z = returnTest.exam(x,y,b);
        System.out.println("调用 exam 方法的返回值为: " + z);
        scanner.close();
    }
}
```

例 1.19 的运行结果为:

```
请依次输入整数、实数及布尔值,以空格分隔:
12  35  false
调用 exam 方法的返回值为: 35.0
```

1.3.6 数组

数组是最常见的一种数据结构,分为一维数组、二维数组和多维数组。数组是具有相同数据类型的一组数据的集合,数组元素的数据类型决定了数组的数据类型。数组变量属于引用类型变量,Java 中将数组看作一个对象,数组中的每个元素相当于该对象的成员变量。

1. 一维数组

1) 声明一维数组变量

首先必须声明数组变量,才能在程序中使用数组。Java 中声明一维数组的语法格式为:

```
数组元素类型[ ]  数组名;       //首选方法
数组元素类型  数组名[ ];       //效果相同,但非首选
```

其中符号"[ ]"指明该变量是一个一维数组类型变量。例如,

```
int[] arr
```

2）创建一维数组

Java 使用 new 操作符来创建数组，为数组分配内存空间，语法为：

> 数组名 = new 数组元素类型 [数组元素个数]

数组的声明和创建也可以用一条语句完成，语法格式为：

> 数组元素类型[ ] 数组名 = new 数组元素类型 [数组元素个数]

例如，int[] arr = new int [5] 用于声明并创建一个有 5 个元素的整型数组，并且将创建的数组对象赋给引用变量 arr。数组中的元素是通过索引访问的，数组索引从 0 开始。

3）初始化一维数组

Java 语言中的数组必须先初始化，然后才可以使用。一旦为数组的每个元素分配内存空间，在每个内存空间中存储的内容就是该数组元素的值，即初始值。初始值的获得有两种形式：一种是由系统自动分配的默认值，另一种由程序员指定初始值，即初始化一维数组。初始化一维数组有如下 3 种方式：

（1）直接指定数组元素的值。

语法格式为：

> 数组元素类型[ ] 数组名 = {值 0, 值 1, …, 值 k}

如：

int[ ] a = { 1, 2, 3 };

此时，可以使用数组对象自带的 length 属性获取数组长度，语法格式：

> 数组名.length

数组的索引值为从 0 到数组名.length−1。

（2）使用 new 指定数组元素的值。

语法格式为：

> 数组元素类型[ ] 数组名 = new 数组元素类型 [ ]{值 0, 值 1, …, 值 k}

如：

int[ ] b = new int[ ] { 4, 5, 6 };

（3）先声明和创建数组，然后再指定数组元素的值。

语法格式为：

```
数组元素类型[ ] 数组名 = new 数组元素类型 [数组元素个数]
数组名[索引值] = 值
```

如:

```
int c[ ] = new int[3];
c[0] = 7;
c[2] = 9;
```

如果程序员只指定了某些元素的初始值,没有指定初始值的数组元素,那么将由系统按如下规则分配默认的初始值:整数类型(byte、short、int、long)元素的默认值为 0;浮点类型(float、long)元素的默认值为 0.0;字符类型(char)元素的默认值为'\u0000';布尔类型(boolean)元素的默认值是 false;引用类型(类、接口和数组)元素的默认值是 null。

4) 获取一维数组的元素

(1) 获取单个元素。

语法格式为:

数组名[索引值]

(2) 获取全部元素:使用循环语句。

【例 1.20】 使用 foreach 遍历数组中的元素。

```
public class Test1{
    public static void main(String[] args) {
        int[] a = {1, 2, 3, 4, 5};
        System.out.println("一维数组中元素的值为: ");
        for (int i: a) {
            System.out.print(i + "\t");
        }
        System.out.println();
    }
}
```

执行上述代码,结果为:

```
一维数组中元素的值为:
1   2   3   4   5
```

2. 二维数组

二维数组可以理解为一个特殊的一维数组,该一维数组中的每个元素都是一个一维数组。二维数组常用于表示二维表,表中信息以行和列的形式表示,第一个下标代表元素所在的行,第二个下标代表元素所在的列。

1) 声明二维数组变量

```
数组元素类型[ ][ ]  数组名;        //首选方法
数组元素类型  数组名[ ][ ];        //效果相同,但非首选
```

如：

```
int tdarr1[ ][ ]; double[ ][ ] tdarr2;
```

2）二维数组的创建

使用 new 关键字来分配内存空间，创建一个指定行数列数的二维数组，语法为：

数组名 = new 数组元素类型[行数][列数]

也可以在声明数组的同时就创建数组，即为数组分配内存空间，语法格式为：

数组元素类型[ ][ ] 数组名 = new 数组元素类型[行数][列数]

如：

```
int[ ][ ] a = new int[2][4];        //定义一个 2 行 4 列的二维数组 a
```

创建二维数组的时候，必须声明行数，而列数可以省略，即可以写为：

数组元素类型[ ][ ] 数组名 = new 数组元素类型[行数][ ]

如：

```
int[ ][ ] a = new int[2][ ];
```

3）二维数组的初始化

二维数组有如下 3 种初始化方式：

（1）直接赋值。

语法格式为：

数组元素类型[ ][ ] 数组名 = { {第 0 行初值}, {第 1 行初值}, …, {第 n 行初值} }

外层花括号内又包含若干对内层花括号，每一个内层花括号中的值代表这个二维数组的每一行中的元素的初始值，即每一个内层花括号都代表一个一维数组。

（2）声明＋分配内存＋初始化。

语法格式为：

数组元素类型[ ][ ] 数组名 = new 数组元素类型[ ][ ] { {第 0 行初值}, {第 1 行初值}, …, {第 n 行初值} }

（3）分配内存空间后，再进行初始化。

有两种赋值方式：给某一行直接赋一个一维数组，或者给某一行的每一个元素分别赋值。

【例 1.21】 使用 3 种方式初始化二维数组。

```
public class InitTDArray{
    public static void main(String[] args)  {
        //第一种方式：直接赋值法
        int[][] tdArr1 = { { 1, 3, 5 }, { 2, 4, 6 }, { 7, 8, 9 } };
        //第二种方式：声明＋分配内存空间＋初始化
        int[][] tdArr2 = new int[][] { { 11, 22, 33 }, { 8, 16, 24 } };
        //第三种方式
        int[][] tdArr3 = new int[2][3];          //先给数组分配内存空间
        tdArr3[0] = new int[] { 7, 9, 1 };       //给第 1 行分配一个一维数组
        tdArr3[1][0] = 55;                       //给第 2 行第 1 列赋值为 55
        tdArr3[1][1] = 69;                       //给第 2 行第 2 列赋值为 69
        tdArr3[1][2] = 83;                       //给第 2 行第 3 列赋值为 83
    }
}
```

4）获取二维数组的元素

（1）获取第 i 行第 j 列元素的值。

语法格式为：

```
数组名[i-1][j-1]
```

（2）获取第 i 行的所有元素。

语法格式为：

```
数组名[i-1]
```

（3）获取全部元素：使用二层嵌套的循环语句。

在一维数组中直接使用数组的 length 属性获取数组元素的个数。而在二维数组中，直接使用数组的 length 属性获取的是数组的行数，对数组的每一行使用 length 属性获取的是该行拥有的元素的个数，即列数。如对于 5 行 4 列的二维数组 a，a.length 为数组的行数即 5，而 a[1].length 是数组第 2 行的元素个数，其值为 4。

【例 1.22】 获取二维数组中的全部元素。

```
public class Test2  {
    public static void main(String[] args)  {
        int[][] a = { {1, 2}, {3,4} };
        for(int i = 0; i < a.length; i++)  {
            for(int j = 0; j < a[i].length; j++)  {
                System.out.println("数组中第" + (i + 1) + "行第" + (j + 1) + "列元素的值为"
+ a[i][j]);
            }
        }
    }
}
```

例 1.22 的运行结果为：

数组中第 1 行第 1 列元素的值为 1
数组中第 1 行第 2 列元素的值为 2
数组中第 2 行第 1 列元素的值为 3
数组中第 2 行第 2 列元素的值为 4

3. 不规则数组

比一维数组维数高的叫多维数组，理论上二维数组也属于多维数组。创建其他多维数组的方法与创建二维数组类似。如：

```
int[ ][ ][ ]  a = new int[3][4][5];                //创建三维数组
char[ ][ ][ ][ ] b = new char[6][7][8][9];         //创建四维数组
double[ ][ ][ ][ ][ ] c = new double[3][4][5][6][7];  //创建五维数组
```

不推荐在程序中使用比二维数组更高维数的数组，推荐使用集合类或自定义类存储复杂的数据。

Java 也支持不规则的数组，例如，在二维数组中，不同行的元素个数可以不同。声明及创建不规则数组的格式为：先分配不规则数组的行数，再对每一行的元素个数进行分配。语法为：

数组元素类型[ ][ ] 数组名 = new 数组元素类型[行数][ ]
数组名[i-1] = new int[第 i 行的元素个数]

如：

```
int[ ][ ] a = new int[3][ ];      //创建二维数组,指定行数为 3,不指定列数
a[0] = new int[5];                //为第一行分配 5 个元素
a[1] = new int[3];                //为第二行分配 3 个元素
a[2] = new int[4];                //为第三行分配 4 个元素
```

上述代码创建的不规则数组第一行有 5 个元素，第二行有 3 个元素，第三行有 4 个元素。

【例 1.23】 不规则数组使用示例。

```
public class IrregularArray {
    public static void main(String[] args) {
        int[][] a = new int[3][];
        a[0] = new int[] { 1, 3, 5, 7, 9 };
        a[1] = new int[] { 2, 4, 6 };
        a[2] = new int[] { 3, 6, 8, 7 };
        System.out.println("不规则数组 a 有 " + a.length + " 行,各行的元素分别为: ");
        for (int i = 0; i < a.length; i++) {
            System.out.println("第 " + (i + 1) + " 行中有 " + a[i].length + " 个元素,分别是: ");
            for (int tmp : a[i]) {
                System.out.print(tmp + "\t");
```

```
            }
            System.out.println();
        }
    }
}
```

例 1.23 的运行结果为：

不规则数组 a 有 3 行,各行的元素分别为:
第 1 行中有 5 个元素,分别是:
1 3 5 7 9
第 2 行中有 3 个元素,分别是:
2 4 6
第 3 行中有 4 个元素,分别是:
3 6 8 7

1.3.7　Java 类和对象

面向对象最关键的两个词汇是类与对象。掌握类与对象是学习 Java 语言的基础,可以使开发人员更好、更快地掌握 Java 编程思想与编程方式。

1. 类和对象概述

Java 是面向对象的编程语言,类与对象是面向对象编程的重要概念。

1) 对象

对象是一个抽象概念,英文称为 Object,表示任意存在的事物。世间万物皆对象! 对象是事物存在的实体,例如,人就是一个对象。通常将对象划分为两部分,即静态特征和动态特征。

* 静态特征代表对象的属性,比如人的身高、性别、年龄等。静态特征称为变量。
* 动态特征代表对象的行为,即对象执行的动作,如一个人走路、跳跃等。动态特征称为方法。

一个对象由属性和对属性进行操作的方法构成。

2) 类

类是封装对象的属性和行为的载体,具有相同属性和行为的一类实体称之为类。例如,把大雁种群比作大雁类,具备喙、翅膀和爪子等属性,及觅食、飞行和睡觉等行为,一只往南飞的大雁被视为大雁类的一个对象。在 Java 语言中,类包括对象的属性和方法。

* 类的对象属性：以变量的形式定义。
* 类的对象方法：以方法的形式定义。

3) 类的实例化

类是一个抽象的概念,如果要利用类的方式解决问题,就必须创建实例化的类对象,然后通过类对象去访问成员变量,去调用类的成员方法来实现程序的功能。

实例化：在面向对象的开发方法中,把类创建对象的过程称为实例化。如果将类当作设计图，则实例化就是利用设计图制作实体物品。类是一个抽象的概念，类是面向对象的模板，而对象就可以看作是类的实例。类可以创建出多个不同的对象，并且当创建出多个对象的时候，修改其中一个对象，另外的对象是不会发生改变的。

2．类的定义和使用

类是面向对象最重要的概念之一。面向对象中，类是一个独立的单位，它有类名，包括内部成员变量，用于对象的属性，还包括类的成员方法，用于描述对象的行为。

1）类的定义

Java 中定义一个类，需要使用 class 关键字、一个自定义的类名和一对表示程序体的花括号，完整语法如下：

```
[public] [abstract | final] class 类名 [extends 类名] [implements 接口名]
{
    //类的属性定义
    //类的方法定义
}
```

上述语法中，方括号"[ ]"中的部分表示可以省略，竖线"|"表示"或关系"，如 abstract | final，说明可以使用 abstract 或 final 关键字，但是两个关键字不能同时出现。

public：表示"公有"，如果使用 public 修饰，则可以被其他类和程序访问。每个 Java 程序的主类都必须是 public 类，作为公共工具供其他类和程序使用的类应定义为 public 类。

abstract：如果类被 abstract 修饰，则该类为抽象类，抽象类不能被实例化，但是抽象类中可以有抽象方法（使用 abstract 修饰的方法）和具体方法（没有使用 abstract 修饰的方法）。继承抽象类的所有子类都必须实现该抽象类中的所有抽象方法（除非子类也是抽象类）。

final：如果类被 final 修饰，则不允许被继承。

class：声明类的关键字。

类名：要符合标识符的命名规则，不能包含任何嵌入的空格或点号以及除了下画线"_"和美元符号"$"之外的特殊字符；应该以下画线"_"或字母开头，最好以字母开头；通常使用名词，第一个单词首字母必须大写，后续单词首字母大写（驼峰原则）；Java 关键字不能做类名。

extends：表示继承其他类。

implements：表示实现某些接口。

创建一个新的类，就是创建一个新的数据类型。实例化一个类，将得到类的一个对象。因此，对象就是一组变量（属性）和相关方法的集合，其中变量表明对象的状态和属性，方法表明对象所具有的行为。

2）成员变量

类的属性和方法统称为类的成员。通过在类体中定义变量来描述类所具有的静态特征即属性，声明的变量称为类的成员变量。声明成员变量的语法为：

```
[public | protected | private] [static] [final]数据类型  变量名
```

public\protected\private：权限修饰符，表示成员变量的访问权限。

static：表示该成员变量为类变量，也称为静态变量。

final：表示将该成员变量声明为常量，其值无法更改。

变量名：一般为名词，第一个单词的首字母小写，后续单词的首字母大写。

可以在声明成员变量的同时对其进行初始化，如果声明成员变量时没有对其初始化，则系统会使用默认值初始化成员变量。成员变量初始化的默认值如表 1-9 所示。

表 1-9　成员变量初始化的默认值

数 据 类 型	默 认 值	说 明
byte、short、int、long	0	整型零
float、double	0.0	浮点零
char	' '	空格字段
boolean	false	逻辑假
引用类型，如 String	null	空值

【例 1.24】 类的属性定义示例。

```
public class Student   {
    // 定义 String 类型的成员变量 name,访问修饰符为 public,初始值为 null
    public String name;            // 姓名
    // 定义 int 类型的成员变量 sex,修饰符为 final,初始化值为 0,其值无法更改
    final int sex = 0;             // 性别: 0 表示女孩,1 表示男孩
    // 定义 int 类型的成员变量 age,访问修饰符为 private,初始化值为 0
    private int age;               // 年龄
}
```

3）成员方法

类的方法描述了类所具有的行为，可以简单地把方法理解为独立完成某个功能的单元模块。声明成员方法可以定义类的行为，类的各种功能操作都是通过方法来实现的。一个完整的方法通常包括方法名称、方法主体、方法参数和方法返回值类型。声明成员方法的语法格式为：

```
[public | protected | private]　[static]< void | 返回值类型> 方法名([参数列表])
{
    //方法体
    [ return 返回值; ]
}
```

public\protected\private：权限修饰符，表示成员方法的访问权限。

static：表示限定该成员方法为静态方法。

返回值类型：用来指定方法返回数据的类型，可以是 8 种基本数据类型，也可以是引用数据类型；如果方法不需要返回值，则使用 void 关键字。

方法名：第一个单词首字母小写,后续单词首字母大写(小驼峰原则)。通常建议方法名以英文中的动词开头。

参数列表："参数类型 参数名"的格式,可以有参数,也可以没有参数,多个参数以逗号分隔。

方法体：是方法中执行功能操作的语句。

return：有两个作用,其一是停止当前的方法,其二是将后面的返回值还给调用处。

（1）方法的返回值。

方法的返回值是方法的输出数据。返回值类型可以是 Java 语言允许的任何数据类型。如果声明了返回值类型,则该方法体内必须有一个有效的 return 语句,格式为：

```
return 表达式；
```

表达式可以是常量、变量、对象等。表达式的数据类型必须与声明成员方法时给出的返回值类型一致。

（2）成员方法的参数。

调用方法时,可以给该方法传递一个或多个值,传给方法的值叫作实参。在方法内部,接收实参的变量叫作形参。形参的声明语法与变量的声明语法一样,形参只在方法内部有效。

（3）构造方法。

构造方法是与类同名的方法,对象的创建就是通过构造方法完成的。构造方法负责对象的初始化工作,每当类实例化一个对象时,类会自动调用构造方法。构造方法具有如下特点：

- 构造方法没有返回类型,也不能定义为 void。如果为构造方法定义了返回值类型,或者使用 void 定义构造方法没有返回值,那么编译时不会出错,但是 Java 会把这个所谓的构造方法当成方法来处理。
- 方法名必须与类名相同。
- 可以有 0 个、1 个或多个参数。
- 构造方法的主要作用是与 new 运算符结合使用,完成对象的初始化工作,它能把定义对象的参数传给对象成员。
- 不能被 static、final、abstract、native 和 synchronized 修饰,不能被子类继承。

构造方法的定义：

```
class class_name  {
    public class_name()  {  }            //无参构造方法
    public class_name([参数列表])  {  }  //有参构造方法
    …
    //类主体
}
```

　　类的构造方法主要有无参构造方法(也称 Nullary 构造方法)和有参构造方法两种。在一个类中定义多个具有不同参数的同名方法,就是方法的重载。在实例化类的时候可以调用不同的构造方法进行初始化。

　　类的构造方法并不要求必须定义。如果在类中没有定义任何一个构造方法,则 Java 会自动为该类生成一个默认的构造方法。默认的构造方法不包含任何参数,并且方法体为空。如果类中显式地定义了一个或多个构造方法,则 Java 不再提供默认构造方法。

　　(4) 主方法。

　　主方法是类的入口点,它指定了程序从何处开始,提供对程序流向的控制。Java 编译器通过主方法来执行程序,主方法的语法为:

```
public static void main(String[ ] args)  {
    //方法体
}
```

　　修饰符: public static。

　　方法名: main。

　　形参列表: String[ ] args 或 String args[ ],通常用前者。

　　主方法的特点为:主方法是静态的(static),能直接调用的方法必须也是静态的;主方法没有返回值(void);主方法的形参为数组,其中 args[0]~arg[n]分别代表程序的第一个参数到第 n+1 个参数,可以使用 args.length 获取参数的个数。

　　4) Java 访问控制修饰符

　　在 Java 语言中,访问控制修饰符有 4 种,如表 1-10 所示。

表 1-10　Java 访问控制修饰符

访 问 范 围	public	protected	default(默认)	private
同一个类	可访问	可访问	可访问	可访问
同一包中的其他类	可访问	可访问	可访问	不可访问
不同包中的子类	可访问	可访问	不可访问	不可访问
不同包中的非子类	可访问	不可访问	不可访问	不可访问

　　(1) public(公有)。

　　public 修饰的类成员可以在类外访问,该区域称为公共区域,可以被任何类所使用。当一个类被声明为 public 时,它就具有了被其他包中的类访问的可能性,只要包中的其他类在程序中使用 import 语句引入此 public 类,就可以访问和引用这个类。

　　(2) protected(保护)。

　　用保护访问控制符 protected 修饰的类成员可以被 3 种类访问:该类自身、与它在同一个包中的其他类以及在其他包中的该类的子类。使用 protected 修饰符的主要作用是允许其他包中它的子类来访问父类的特定属性和方法,否则可以使用默认访问控制符。

（3）default（默认）。

如果一个类没有访问控制符，那么说明它具有默认的访问控制特性。这种默认的访问控制权规定，该类只能被同一个包中的类访问和引用，而不能被其他包中的类使用，即使其他包中有该类的子类。这种访问特性又称为包访问型（package private）；同样，类的成员如果没有访问控制符，则说明它们具有包访问性，或称为友元（friend）。

（4）private（私有）。

用 private 修饰的类成员，只能被该类自身的方法访问和修改，而不能被任何其他类（包括该类的子类）访问和引用。因此，private 修饰符具有最高的保护级别。

5）static 关键字

在类中，使用 static 修饰符修饰的属性（成员变量）称为静态变量或类变量，常量称为静态常量，方法称为静态方法或类方法，它们统称为类的静态成员，归整个类所有。

静态成员不依赖于类的特定实例，被类的所有实例共享，static 修饰的方法或者变量不需要依赖于对象来访问，只要这个类被加载，Java 虚拟机就可以根据类名找到它们（普通变量和方法从属于对象）。

调用静态成员的语法为：

```
类名.静态成员
```

3. 对象的创建及使用

1）对象的创建

在面向对象中，类创建对象的过程称为实例化，对象只有在实例化后才能被使用。在 Java 中，使用关键字 new 来创建一个新的对象：

```
类名 对象名 = new 构造方法(参数列表)
```

创建对象需要以下 3 步：

- 声明——声明一个对象，包括对象名称和对象类型。
- 实例化——使用关键字 new 来创建一个对象。
- 初始化——使用 new 创建对象时，会调用构造方法初始化对象。

Java 中要引用对象的属性和行为，需要使用点"."操作符来访问，其中对象名在点操作符的左边，而成员变量名或方法名在点操作符的右边。

2）对象的使用

对象的使用主要包括以下 3 方面：

（1）实例化对象。

语法格式为：

```
对象名称 = new 构造方法();
```

（2）访问对象的属性（成员变量）。

语法格式为：

对象名称.变量名

（3）访问对象的方法（成员方法）。

语法格式为：

对象名称.方法名()

【例1.25】　对象的创建及使用示例。

```java
public class Dog{
    String name;
    String breed;          //属性：品种
    int age;               //属性：年龄
    String color;          //属性：颜色
    //行为：叫
    void bark() {
        System.out.println("它会叫");
    }
    //行为：摇尾
    void wagTail() {
        System.out.println("它会摇尾巴");
    }
    //行为：跑
    void run() {
        System.out.println("它会跑");
    }
    public static void main (String[] args) {
        Dog dog = new Dog();
        dog.name = "Pop";
        dog.breed = "泰迪";
        dog.age = 3;
        dog.color = "白色";
        System.out.println(dog.name + "是一只" + dog.color + "的" + dog.breed);
        System.out.println("它今年" + dog.age + "岁了");
        dog.bark();
        dog.wagTail();
        dog.run();
    }
}
```

例1.25的运行结果为：

Pop是一只白色的泰迪

它今年 3 岁了
它会叫
它会摇尾巴
它会跑

3）成员方法的调用

Java 中成员方法可以分为两类。

- 静态方法：指被 static 修饰的成员方法，也叫类方法，main 方法其实就是静态方法；
- 非静态方法：指没有被 static 修饰的成员方法，也叫实例方法。

一般地，在 Java 语言中，调用方法有 3 种方式：

- 通过"对象名.方法名(参数列表)"调用实例方法。
- 通过 new 关键字调用构造方法，这种是在实例化对象时使用的方式。
- 通过"类名.方法名(参数列表)"调用静态（有 static 的）方法。

在进行方法调用时，需要注意以下两种情况：

（1）静态方法调用其他方法。

静态方法调用非静态方法：无论是否在同一类内，均需要通过对象调用，即"对象名.方法名"。

静态方法调用静态方法：同一类内直接调用，不同类直接通过"类名.方法名(参数列表)"调用。

（2）非静态方法调用其他方法。

非静态方法在同一类内调用其他方法：在同一类内，非静态方法可以直接调用静态方法和非静态方法。

非静态方法在不同类之间调用其他方法：不同类之间，非静态方法需要通过对象才能调用非静态方法，即采用"对象名.方法名(参数列表)"调用；非静态方法既可以通过对象调用静态方法，即通过"对象名.方法名(参数列表)"调用，也可以通过类名直接调用，即通过"类名.方法名(参数列表)"调用，建议使用类名直接调用静态方法。

【例 1.26】 调用静态方法和实例方法。

```java
public class Method{
    //定义静态变量 count 作为实例之间的共享数据
    public static int count = 1;
    //定义实例方法 instanceMethod()
    public int instanceMethod() {
        count++;        //实例方法 instanceMethod()访问静态变量 count 并赋值
        System.out.println("在实例方法 instanceMethod()中的 count = " + count);
        return count;
    }
    //定义静态方法 staticMethod()
    public static int staticMethod() {
        count += 2;    //静态方法 staticMethod()访问静态变量 count 并赋值
        System.out.println("在静态方法 staticMethod()中的 count = " + count);
```

```
            return count;
        }
        public static void main(String[] args)  {
            Method stm = new Method();
            // 通过实例对象 stm 调用实例方法 instanceMethod()
            System.out.println("通过实例对象调用实例方法,返回值 = " + stm.instanceMethod());
            // 通过实例对象 stm 调用静态方法 staticMethod()
            System.out.println("通过实例对象调用静态方法,返回值 = " + stm.staticMethod());
            // 直接调用所属类的静态方法 staticMethod()
            System.out.println("直接调用静态方法,返回值 = " + staticMethod());
            // 通过类名调用静态方法 staticMethod()
            System.out.println("通过类名调用静态方法,返回值 = " + Method.staticMethod());
        }
    }
```

例 1.26 的运行结果为：

```
在实例方法 instanceMethod()中的 count = 2
通过实例对象调用实例方法,返回值 = 2
在静态方法 staticMethod()中的 count = 4
通过实例对象调用静态方法,返回值 = 4
在静态方法 staticMethod()中的 count = 6
直接调用静态方法,返回值 = 6
在静态方法 staticMethod()中的 count = 8
通过类名调用静态方法,返回值 = 8
```

4) 方法调用中的参数传递

执行方法调用语句时,程序的流程将转移到被调用方法,实际参数的数值被传给形式参数作初值,流程从被调用方法的第一个语句开始执行。

对于程序设计语言来说,一般方法(函数)的参数传递有两种：

(1) 按值传递。参数为基本类型,在方法调用时,传递的参数是按值的副本传递,即传递的是这个值的备份。不论在被调用的方法中怎么改变这个备份,都不是操作原来的数据。原来的数值不会改变,形参值的变化不影响实参。按值传递的特点：传递的是值的副本,传递后就互不相关。

(2) 按引用传递。参数为引用类型,在方法调用时,传递的参数按引用进行传递,即传递的是这个引用的地址,也就是变量所对应的内存空间的地址。引用类型传引用,传递的是内存空间的地址,所以传递完成后,调用方法的实际参数和被调方法的形式参数都指向同一个内存空间的地址(同一个对象),所以对参数的修改会影响到实际的对象。

注意：String、Integer、Double 等类型特殊处理,可以理解为传值,最后的操作不会修改实参对象(与基本数据类型一致)。

【例 1.27】 引用类型参数传递。

```
public class Test2  {
```

```
        public static void main(String[] args)  {
            Person person = new Person();
            person.age = 18;
            System.out.println("调用 method 方法之前的 age: " + person.age);
            //把变量 person 引用的内存空间地址,按引用传递给 method 方法中的参数
            method(person);
            System.out.println("调用 method 方法之后的 age: " + person.age);
        }
        public static void method(Person person)  {
            person.age = 20;
            System.out.println("method 方法内第一次修改后的 age: " + person.age);
            person = new Person();           //新创建一个对象
            person.age = 25;
            System.out.println("method 方法内第二次修改后的 age: " + person.age);
        }
    }
    class Person  {
        public int age;
    }
```

例 1.27 的运行结果为：

调用 method 方法之前的 age: 18
method 方法内第一次修改后的 age: 20
method 方法内第二次修改后的 age: 25
调用 method 方法之后的 age: 20

【例 1.28】 String 类型的参数传递。

```
public class Test3  {
    public static void main(String[] args)  {
        String str1 = new String("test1");
        String str2 = "test2";
        System.out.println("调用 method 传参 str 之前,str1 和 str2 为: " + str1 + "," + str2);
        method(str1,str2);
        System.out.println("调用 method 传参 str 之后,str1 和 str2 为: " + str1 + "," + str2);
    }
    public static void method(String str1, String str2)  {
        System.out.println("method 内修改 str 之前,str1 和 str2 为: " + str1 + "," + str2);
        str1 = "new1";
        str2 = "new2";
        System.out.println("method 内修改 str 之后,str1 和 str2 为: " + str1 + "," + str2);
    }
}
```

例 1.28 的运行结果为：

调用 method 传参 str 之前,str1 和 str2 为: test1,test2

method 内修改 str 之前,str1 和 str2 为:test1,test2
method 内修改 str 之后,str1 和 str2 为:new1,new2
调用 method 传参 str 之后,str1 和 str2 为:test1,test2

5)方法的嵌套和递归调用

在解决较为复杂的问题时,使用方法调用的地方比较多。如果在一个方法的方法体中又调用了另外的方法,这就被称为方法的嵌套调用,也称方法的嵌套。如果在一个方法的方法体中又调用它自身的方法嵌套,则称为方法的递归调用。

【例 1.29】　方法的递归调用求 n!。

```java
public class Factorial  {
    static long fac(int n)  {
        if (n == 1)
            return 1;
        else
            return n * fac(n - 1);
    }
    public static void main(String[] args)  {
        long f;
        Scanner scanner = new Scanner(System.in);
        System.out.println("请输入 n 的值: ");
        int n = scanner.nextInt();
        f = fac(n);
        System.out.println(n + " 的阶乘值为: " + f);
        scanner.close();
    }
}
```

例 1.29 的运行结果为:

请输入 n 的值:
5
5 的阶乘值为:120

6)成员变量的访问

一个类中可以包含以下类型变量。

(1)局部变量。

在方法、构造方法或者语句块中定义的变量被称为局部变量。局部变量在方法、构造方法或者语句块被执行的时候创建,当它们执行完成后,变量将会被销毁。访问修饰符不能用于局部变量。局部变量只在声明它的方法、构造方法或者语句块中可见。局部变量没有默认值,所以局部变量被声明后,必须经过初始化,才可以使用。

(2)实例变量。

实例变量声明在一个类中,但是在方法、构造方法和语句块之外。实例变量可以声明在变量使用前或者使用后。实例变量对于类中的方法、构造方法和语句块是可见的。访问修饰符可以修饰实例变量。一般情况下，应该把实例变量设为私有 private。实例变量具有默认值。数值型变量的默认值是 0，布尔型变量的默认值是 false，引用类型变量的默认值是 null。变量的值可以在声明时指定，也可以在构造方法中指定。实例变量可以直接通过变量名访问。但是在静态方法以及其他类中，就应该使用完全限定名，即"对象引用.变量名"的方式来访问。

（3）类变量。

类变量也称静态变量，类变量也声明在类中，方法体之外，但必须声明为 static 类型。静态变量的默认值与实例变量类似。数值型变量默认值为 0，布尔型默认值为 false，引用类型默认值是 null。静态变量可以被类的所有实例共享，无论一个类创建了多少个对象，类只拥有类变量的一份副本。因此静态变量可以作为实例之间共享的数据，增加实例之间的交互性。在类中定义的静态变量，在 main() 方法中可以直接访问，也可以通过类名访问（即"类名.变量名"的方式），还可以通过类的实例对象（即"对象引用.变量名"的方式）来访问。

（4）实例变量和静态变量的区别。

静态变量（或类变量）：被 static 修饰的成员变量。Java 虚拟机只为静态变量分配一次内存，在加载类的过程中完成分配。在类的内部，可以在任何方法内直接访问静态变量。在其他类中，可以通过类名访问该类中的静态变量。

实例变量：没有被 static 修饰的成员变量。每创建一个实例，Java 虚拟机就会为实例变量分配一次内存。在类的内部，可以在非静态方法中直接访问实例变量。在本类的静态方法或其他类中，则需要通过实例对象进行访问。

【例 1.30】 局部变量、实例变量和静态变量的区别。

```java
public class Test{
    static int t = 10;                          //静态变量
    int x = 5;                                  //实例变量

    public static void main(String args[ ])  {
        System.out.println(t);                  //打印静态变量
        int t = 1;                              //局部变量
        System.out.println(t);                  //方法内部，局部变量优先
        System.out.println(Test.t);             //通过类名访问静态变量
        Test test = new Test();                 //创建实例对象
        System.out.println(test.x);             //通过实例对象访问实例变量
    }
}
```

例 1.30 的运行结果为：

```
10
1
10
5
```

4. Java 包

Java 包(package)机制提供了类的多层命名空间,解决了类的命名冲突、类文件管理等问题。包允许将类组成较小的单元(类似于文件夹),它基本上隐藏了类,并避免了名称上的冲突。包允许在更广泛的范围内保护类、数据和方法。

包具有如下 3 个作用:

- 区分相同名称的类;
- 能够较好地管理大量的类;
- 控制访问范围。

1) 包定义

Java 中使用 package 语句定义包,package 语句应该放在源文件的第一行,每个源文件中只能有一个包定义语句。定义包语句的格式为:

```
package 包名;
```

Java 包的命名规则:

- 包名全部是小写字母(多个单词也全部小写);
- 如果包名包含多个层次,每个层次用“.”分隔;
- 包名一般由倒置的域名开头,比如 com. baidu,不要有 www;
- 自定义包不能用 java 开头。

2) 包导入

如果使用不同包中的其他类,需要使用该类的全名(包名+类名):

```
包名.类名 对象名 = new 包名.类名()
```

Java 引入了 import 关键字,向某个 Java 文件导入指定包层次下的某个类或全部类。import 语句位于 package 语句之后,类定义之前。一个 Java 语句只能包含一个 package 语句,但是可以包含多个 import 语句。

使用 import 语句导入单个类的语法为:

```
import 包名.类名
```

使用 import 语句导入指定包下全部类的语法为:

```
import 包名.*
```

5. 类的特性

1) 类的封装

封装(英语:Encapsulation)将类的某些信息隐藏在类内部,不允许外部程序直接访问,只能通过该类提供的方法来实现对隐藏信息的操作和访问。

封装的特点：只能通过规定的方法访问数据；隐藏类的实例细节，方便修改和实现。

实现 Java 封装的步骤如下：

（1）修改属性的可见性来限制对属性的访问（一般设为 private）；

（2）为每个属性值提供对外的公共访问，也就是创建一对赋值（setter）方法和取值（getter）方法，一般设为 public，用于私有属性的读写；

（3）在赋值和取值方法中加入属性控制语句（对属性值的合法性进行判断）。

使用 private 关键字修饰属性，意味着除了该类本身外，其他类都不可以访问这些属性，但是可以通过这些属性的 setter 赋值方法对其赋值，通过 getter 取值方法访问这些属性。

2）类的继承

继承是面向对象的三大特征之一。继承和生活中的"继承"的相似之处是保留一些父辈的特性，从而减少代码冗余，提高程序运行效率。

Java 中的继承：在已经存在的类的基础上进行扩展，从而产生新的类。已经存在的类称为父类、基类或超类，而新产生的类称为子类或派生类。子类中不仅包含父类的属性和方法，还可以增加新的属性和方法。

（1）类的继承格式。Java 中通过 extends 关键字声明一个类是从另外一个类中继承而来的，一般形式如下：

```
修饰符  class  子类名  extends  父类名{
    //类的主体
}
```

类的继承不改变成员的访问权限。如果父类的成员是公有的、被保护的或默认的，它的子类仍具有相应的这些特性，并且子类不能获得父类的构造方法。

（2）继承的类型。Java 中支持的继承类型包括：

- 单继承——一个子类继承一个父类。如类 B 继承了类 A，则 A 是父类，B 是子类。
- 继承链——一个子类可以作为父类被其他类继承。如类 B 继承了类 A，则 A 是 B 的父类；类 C 继承了类 B，则 B 是 C 的父类。
- 不同类继承同一个类——即一个父类可以被多个子类继承。如 B 和 C 都继承了相同的类 A，则 A 是 B 和 C 的父类。

Java 不支持多继承，即一个类不能有多个父类。

（3）Java 对象类型转换：向上转型和向下转型。

将一个类型强制转换成另一个类型的过程被称为类型转换。对象类型转换，指的是存在继承关系的对象，不是任意类型的对象。Java 对象类型转换分为两种：向上转型（Upcasting）和向下转型（Downcasting）。

向上转型：把子类对象直接赋给父类引用，即父类引用指向子类对象，属于自动转换。语法格式为：

```
父类名称或接口名称 父类引用 = new 子类名称();
```

向下转型：把指向子类对象的父类引用赋给子类引用，属于强制转换。语法格式为：

```
子类名称 子类引用 = (子类名称) 指向子类对象的父类引用;
```

通俗地讲，向上转型即是将子类对象类型转为父类对象类型，向下转型是把父类对象类型转为子类对象类型。类型强制转换时，想运行成功就必须保证父类引用指向的对象一定是该子类的对象，最好使用 instanceof 运算符判断后，再强转。如果两种类型之间没有继承关系，那么不允许进行类型转换。

（4）Java instanceof 关键字。instanceof 是 Java 的保留关键字，是一个二元操作符，它的作用是测试它左边的对象是不是它右边的类（或接口）的实例或者子类实例，返回 boolean 的数据类型，语法格式为：

```
对象引用 instanceof 类
```

当左边的对象是右边类的实例或者子类实例时，返回值为 true，否则返回 false。

3）类的多态

类的多态是面向对象编程的又一个重要特征，它是指在父类中定义的属性和方法被子类继承后，可以具有不同的数据类型或表现出不同的行为，使得同一个属性或方法在父类及其各个子类中具有不同的含义。

Java 实现多态有 3 个必要条件：继承、重写和向上转型。

- 继承：在多态中必须存在有继承关系的子类和父类；
- 重写：子类对父类中某些方法进行重新定义，在调用这些方法时就会调用子类的方法；
- 向上转型：在多态中需要将子类的对象赋给父类引用，这样该引用才能既可以调用父类的方法，又能调用子类的方法。

当使用多态方式调用方法时，首先检查父类中是否有该方法，如果没有则编译错误；如果有，再去调用子类的同名方法。

（1）Java 方法重载（Overload）。Java 允许同一个类中定义多个同名方法，只要它们的形参列表不同即可。如果同一个类中包含了两个或两个以上的同名方法，但是形参列表不同，这种情况被称为方法重载。实际调用时，根据实参的类型来决定调用哪一个方法。

方法重载的要求是两同一不同：同一个类中的同名方法，参数列表不同。至于方法的其他部分，如方法返回值类型、修饰符等，与方法重载没有任何关系。

（2）Java 方法重写（Override）。在子类中如果创建了一个与父类中相同名称、相同返回值类型、相同参数列表的方法，只是方法体中的实现不同，以实现不同于父类的功能，这种方式被称为方法重写，又称为方法覆盖。

当父类中的方法无法满足子类需求或子类具有特有功能的时候，需要方法重写。子类可以根据需要，定义自己特定的行为。既沿袭了父类的功能名称，又根据子类的需要重新实现父类方法，从而进行扩展增强。

方法重写时必须遵循以下规则：

① 参数列表必须完全与被重写的方法参数列表相同；

② 子类重写方法的返回值类型应为父类方法返回值类型的子类或和父类方法返回值类型相同；

③ 访问权限不能比父类中被重写方法的访问权限更低（访问权限：public < protected < default < private）；

④ 重写方法一定不能抛出新的检查异常或者比被重写方法更加宽泛的检查型异常。

方法重写时必须注意以下几点：

① 重写的方法可用@Override 来标识；

② 构造方法不能被重写；

③ 父类的成员方法只能被它的子类重写；

④ 声明为 final 的方法不能被重写；

⑤ 声明为 static 的方法不能被重写，但是能够再次声明；

⑥ 子类和父类在同一个包中时，子类可以重写父类中除了声明为 final 和 private 外的所有方法；

⑦ 子类和父类不在同一个包中时，子类只能重写父类的声明为 public 和 protected 的非 final 方法。

（3）重写与重载之间的区别。方法的重载和重写是 Java 多态性的不同表现。如果在一个类中定义的多个方法，其参数的类型、数量或次序不同而方法名相同，称为方法的重载；如果方法名相同，参数列表相同，返回值类型也相同，则称为方法的重写。方法重载是一个类的多态性的表现，而方法重写是子类与父类的一种多态性表现。

1.4 本章小结

本章首先简单介绍了 Java 语言及其相关特性，如何在 Windows 系统平台中搭建 Java 环境，以及如何用 IntelliJ IDEA 开发环境编写 Java 程序。然后介绍了 Java 的标识符、关键字和注释，帮助读者养成良好的编码习惯。接着介绍了变量和常量的基础知识，以及基本数据类型、引用类型和数据类型转换的相关知识。在上述基础上，讲解了 Java 中常用的运算符和表达式，读者需要掌握各运算符的优先级和结合性。之后介绍了 Java 中的程序控制语句，包括条件语句、循环语句和跳转语句，读者可以根据需求灵活使用程序控制语句，决定程序的执行顺序。再接着介绍了数组结构，包括一维数组、二维数组和多维数组的创建和使用，只有灵活掌握了数组的应用，才能写出科学、高效、合理的 Java 程序。最后，重点讲解了 Java 中类和对象的基础知识，包括类的定义和使用、方法、属性、对象的创建、类的实例化等基本概念，并且详细介绍了类的特性，包括类的封装、继承和多态等概念和基础知识，使读者对类和对象以及面向对象的编程思想有比较深入的了解。本章的学习需要读者边学边练，透彻解析 Java 程序开发中需要的基础知识，帮助读者快速掌握编程技能。

1.5 课后练习

一、填空题

1. Java 提供了 3 种代码注释，分别是_____、_____和_____。

2. Java 标识符由_____、_____、_____和_____组成。

3. Java 变量包括两大数据类型：_____和_____。

4. Java 共有 8 种基本数据类型，分别是_____、_____、_____、_____、_____、_____、_____和_____。

5. Java 整数常量默认是_____类型。

6. Java 中用于定义小数的关键字有两个：_____和_____，后者的精度高于前者。

7. char 的默认值是_____。

8. 布尔类型又称_____，只有_____和_____两个值，分别代表布尔逻辑中的_____和_____。

9. 数据类型转换有两种方式：自动转换与_____。

10. Java 把内存分为两种：一种叫_____，一种叫_____。

11. _____、_____和_____是结构化设计的 3 种基本结构，是各种复杂程序的基本构造单元。

12. 控制循环的跳转需要用到 break 和 continue 两个关键字，其中 break 是_____，而 continue 则是_____。

13. Java 中的条件语句可以分为_____和_____。

14. 数组元素的类型是引用类型（类、接口和数组），则元素的默认值是_____。

15. 数组中的元素通过下标来访问，数组的下标是从_____开始的。

16. 表达式_____用于获取二维数组 a 中第 i 行第 j 列元素的值。

17. int a[] = {55,26,31,17,23,69}，则 a[4]=_____。

18. float arr[] = new float[5]，则数组所保存的变量类型是_____，数组名是_____，数组元素的默认值是_____，数组的大小为_____，数组元素的下标使用范围是_____。

19. 假设 a 为 5 行 4 列的二维数组，则 a.length=_____, a[1].length=_____。

20. 通常将对象划分为两部分：静态特征和动态特征。静态特征代表对象的_____。动态特征代表对象的_____，即对象执行的动作。

21. 具有相同属性和行为的一类实体称为_____。

22. 在面向对象中，把类创建对象的过程称为_____。

23. 类的定义包括_____定义和_____定义。

24. 声明类的关键字是_____,声明接口的关键字是_____。

25. Java 中使用_____语句定义包,包语句应该放在源文件的_____。

26. 方法重载的要求是"两同一不同",其中"两同"是指_____和_____相同,"一不同"是指_____不同。

27. 在子类中如果创建了一个与父类中相同名称、相同返回值类型、相同参数列表的方法,只是方法体中的实现不同,这种方式被称为_____。

28. 如果同一个类中包含了两个或两个以上的同名方法,但是形参列表不同,这种情况被称为_____。

29. Java 提供了两种类：_____和_____。

二、选择题

1. 下列选项中,（　　）是合法的标识符。（多选题）

　　A. class　　　　　　B. _sys_ta　　　　　　C. _3_　　　　　　　　D. $ $ $

2. 下列选项中,非法的标识符有（　　）。（多选题）

　　A. 2Sun　　　　　　B. $ points　　　　　　C. #myname　　　D. _23b

3. 下列数据类型中,（　　）数据类型转为 int 要进行强制转换。（多选题）

　　A. byte　　　　　　B. long　　　　　　　　C. char　　　　　　D. float

4. 下列选项中,属于访问控制的关键字是（　　）。

　　A. static　　　　　　B. abstract　　　　　　C. private　　　　　D. final

5. 对成员的访问控制保护最强、优先级最高的是（　　）。

　　A. public　　　　　　B. private　　　　　　C. default　　　　　D. protected

6. 下列选项中,用于导入包的关键字是（　　）。

　　A. import　　　　　　B. package　　　　　　C. class　　　　　　D. static

7. 下列选项中,定义正确的选项是（　　）。

　　A. char ch = "a";　　　　　　　　　　B. char ch = "hello";

　　C. char ch = '\ucafe';　　　　　　　　D. char ch = 'hello';

8. 下列选项中,属于 Java 的有效关键字是（　　）。

　　A. char　　　　　　B. String　　　　　　C. Boolean　　　　D. False

9. int b[][] = {{1,2,3},{4,5,6,7},{8,9,10,11,12}},则下列说法正确的是（　　）。（多选题）

　　A. b.length 的值是 3　　　　　　　B. b[2].length 的值是 4

　　C. b[1][1] 的值是 5　　　　　　　　D. 二维数组 b 的第二行有 5 个元素

10. main() 方法的正确形参是（　　）。

　　A. String args　　　　　　　　　　B. string args[]

　　C. string args　　　　　　　　　　　D. String args[]

11. 假设 a 是 int 类型的变量,并初始化为 0,则下列语句中（　　）是合法的条件语句。

　　A. if(a){ }　　　B. if(a << 3){ }　　　C. if(a=2){ }　　　D. if(a<3){ }

三、编程题

1. 使用循环依次输出二维数组中的元素,具体要求为:创建一个 2 行 3 列的数组,第一行元素为 Lena、John 和 Lily,第二行元素为 Anna、Hebby、Jack。以先行后列的方式依次输出数组中的每一个元素值及其索引值,先输出提示"二维数组中的每一个元素值及其索引值依次为:",后面每个输出内容的框架为"第 * 个元素值为:?"。

2. 创建成员方法 calculate(),要求实现简单的计算器功能,能实现两个实数的加、减、乘、除、余运算并返回运算结果。验证要求:在主方法中调用成员方法 calculate(),要求从键盘依次输入实数、运算符号和实数,调用 calculate()方法进行运算并返回计算结果,要求通过循环,依次输出加、减、乘、除、余 5 种运算的结果。

3. 使用 if 语句实现成绩等级查询,其中 90～100 分为优秀,80～89 分为良好,60～79 分为合格,0～59 分为不合格,当分数小于 0 分或者大于 100 分提示分数输入不正确并重新输入。

4. 模拟银行卡密码的输入验证功能,共有 3 次输入机会。当提示"请输入 6 位数字密码:"时从键盘输入 6 位字符串类型的数字密码,验证密码是不是学号后 6 位,如果是,返回"登录成功!",如果输入不正确,则前两次返回"输入错误,请再次输入密码:",第三次输入不正确返回"密码输入次数已达上限,请明日再试!"。

5. 斐波那契数列的递归表达式为

$$f(n) = \begin{cases} n, & n \leqslant 1 \\ f(n-1) + f(n-2), & n > 1 \end{cases}$$

即后一个数等于前两个数的和。使用方法的递归调用输出 5000 以内的斐波那契数列,结果应为:0,1,1,2,3,5,8,13,21,34,55,89,144,…,要求每一行显示 5 个斐波那契数。

第 2 章

前端开发基础

HTML、CSS 及 JavaScript 是网站前端设计必须要掌握的 3 个基本内容。

HTML 的英文全称是 Hyper Text Marked Language，即超文本标记语言，是一种用来结构化 Web 网页及其内容的标记语言。网页内容可以是一组段落、一个重点信息列表，也可以含有图片和数据表。

CSS 表示层叠样式表定义如何渲染 HTML 标签，设计网页显示效果。本节内容主要对 CSS 进行初步介绍，旨在理解 CSS 具体是什么，又是如何达到渲染文档，使网页看起来更美观。另外介绍一些 CSS 的基础概念，有助于后续内容的学习。

JavaScript 是一种高级的、解释型的编程语言。它提供语法来操控文本、数组、日期以及正则表达式等，不支持 I/O，比如网络、存储和图形等，但这些都可以由它的宿主环境提供支持。它已经由 ECMA（欧洲计算机制造商协会）通过 ECMAScript 实现语言的标准化。它被世界上的绝大多数网站所使用，也被世界主流浏览器（Chrome、IE、Firefox、Safari、Opera）支持。

具备上述 3 个方面一定的基础后，本章将进一步学习 Node.js 和 Vue.js。

Node.js 是基于 Chrome V8 引擎的 JavaScript 运行时环境，它使用了一个事件驱动、非阻塞式 I/O 的模型，使其轻量又高效。它的包管理器 npm，是全球最大的开源库生态系统。

Vue.js 是一个构建数据驱动的 Web 界面的渐进式框架。Vue.js 的目标是通过尽可能简单的 API 实现响应的数据绑定和组合的视图组件。它不仅易于上手，还便于与第三方库或既有项目整合。另一方面，当与单文件组件和 Vue 生态系统支持的库结合使用时，Vue 也完全能够为复杂的单页应用程序提供驱动。

上述关系简单阐述如下：最早，人们通过浏览器可以浏览到各种预先编写好的存放在 Web 服务器上的 HTML 文件；随着互联网的发展，HTML 代码变得异常复杂，于是有了 CSS 来专门负责装饰，HTML 只负责框架和内容；随着 Web 技术的发展，Web 页面由静态到动态，于是诞生了 JavaScript，它在浏览器中就可以运行，但无法运行在服务器端；随着技术发展，负责运行 JavaScript 的谷歌 V8 引擎得到开发者青睐，Node.js 随之诞生，从此 JavaScript 就能运行在服务器端，能方便地搭建响应速度快、易于扩展的网络应用。而

Vue.js 则是一个非常简单、直接且易于使用的 JavaScript 框架,旨在简化 Web 开发,可以帮助开发人员在保持代码高效的同时实现内部依赖性和灵活性的完美平衡。

通过本章的学习,读者能掌握前端开发基础,为后续 HMS 应用开发打下基础。

2.1　HTML 标签

2.1.1　认识 HTML

请在计算机上打开一个记事本程序,并输入例 2.1 的代码,然后另存为 Samplepage.html。

【例 2.1】 利用 HTML 语言创建网页。

```
<!DOCTYPE html >
    < html >
        < head >
            < title > Sample page </title >
        </head >
    < body >
        < h1 > Sample page </h1 >
        < p > This is a simple sample.</p >
        <!-- this is a comment -->
    </body >
</html >
```

用浏览器打开 Samplepage.html,如果你看到浏览器显示如图 2-1 所示,那么恭喜你,表示你创建了自己的网页。

图 2-1　Samplepage.html 显示结果

其中,<!DOCTYPE html > 是文档声明头,指示 Web 浏览器关于页面使用哪个 HTML 版本进行编写,写在最前面。如果页面添加了此声明头,那么浏览器就会按照 W3C 的标准解析渲染页面;如果没有,那么浏览器按照自己的方式解析渲染页面,可能会导致在不同的浏览器显示不同的样式。

< html >与 </html >标签限定了文档的开始点和结束点。

< head >与</head >标签设置网页的头部相关信息,对页面描述。

　　<title>与</title>标签页面的标题,只能放在头部信息中,将显示在浏览器的标题栏中或页面的选项卡中。

　　<body>与</body>标签定义文档的主体,将在浏览器中显示。

　　<h1>与</h1>是标题标签。

　　<p>与</p>是段落标签。

　　<!--…--> 是注释标签,用于在源代码中插入注释。注释不会显示在浏览器中。

　　从上面的例子可以感受到,通过简单的语句就可以实现页面的展示。那么我们要学习的 HTML 是什么,它最初是如何诞生的呢?

　　实际上,HTML(超文本标记语言)是一种用于创建网页的标准标记语言。HTML 不需要编译,可以直接由浏览器执行,它的解析依赖于浏览器的内核。

　　而 HTML 的诞生不得不提及一位泰斗级的人物:蒂姆·伯尼斯-李(Tim Berners-Lee),正是他最早开发了 HTTP 协议、HTML 标准、第一个浏览器、第一个 Web 服务器软件、第一个网页,架设了第一个 Web 服务器 http://info.cern.ch。2017 年,他因"发明万维网、第一个浏览器和使万维网得以扩展的基本协议和算法"而获得 2016 年度的图灵奖。

　　我们来看一下 HTML 从最原始到现在至今整个 HTML 语言的历史发展过程。

　　HTML 诞生:1989 年,欧洲粒子物理实验室(CERT)的研究员 Tim Berners-Lee 和 Anders Berglund 两人创建了一种基于标记的语言,为在 Internet 上共享的文章做标记,于是 HTML 诞生了。HTML 可以看作是 SGML 的简化的应用。

　　HTML 最早的规范:第一个关于 HTML 规范的提案是 1993 年由 Tim Berners-Lee 和 Dan Connolly 提出的一个名为"超文本标记语言"的网页草案,于 1993 年出版,这个草案连同 1994 年到期的 HTML＋草案,直到 1995 年因特网工程工作队(IETF)完成了 HTML 2.0 规范。

　　HTML 2.0:1995 年 11 月作为 RFC 1866 发布,于 2000 年 6 月发布之后被宣布已过时。

　　HTML 3.2:1997 年 1 月 14 日,W3C 推荐标准。

　　HTML 4.0:1997 年 12 月 18 日,W3C 推荐标准。

　　HTML 4.01(微小改进):1999 年 12 月 24 日,W3C 推荐标准。

　　HTML 5:HTML 5 是公认的下一代 Web 语言,极大地提升了 Web 在富媒体、富内容和富应用等方面的能力,被喻为终将改变移动互联网的重要推手。2014 年 10 月 28 日,W3C 推荐标准。

　　HTML 5.1:2016 年发布 5.1 的推荐版本备选,但是直到 2017 年 10 月 3 日才成为 W3C 推荐标准。

　　HTML 5.2:2017 年 12 月 14 日发布,W3C 推荐标准。

　　HTML 文档的制作其实不是很复杂,但其功能非常强大,且支持不同数据格式的文件镶入,其主要特点如下:

　　(1) 简易性——超级文本标记语言版本升级采用超集方式,从而更加灵活方便。

（2）可扩展性——超级文本标记语言的广泛应用带来了加强功能，增加标识符等要求，超级文本标记语言采取子类元素的方式，为系统扩展带来保证。

（3）平台无关性——虽然个人计算机各式各样，但使用 MAC 等其他机器的大有人在，超级文本标记语言可以使用在广泛的平台上，这也是万维网（WWW）盛行的另一个原因。

（4）通用性——HTML 是网络的通用语言，是一种简单、通用的全置标记语言。它允许网页制作人建立文本与图片相结合的复杂页面，这些页面可以被网上任何其他人浏览到，无论使用的是什么类型的计算机或浏览器。

2.1.2　标签的语法

如前所述，HTML 是一种用于定义内容结构的标记语言，它是由一系列的元素（elements）组成的，那么什么是元素呢？首先看看例 2.2。

【例 2.2】　段落元素。

＜p＞我是一个段落＜/p＞

上面的例子是段落（Paragraph）元素，其主要组成部分有：

（1）开始标签（Opening tag）：包含元素的名称（本例为 p），被大于号和小于号所包围。表示元素从这里开始或者开始起作用。

（2）结束标签（Closing tag）：与开始标签相似，只是其在元素名之前包含了一个斜杠。它表示元素的结尾，在本例中即段落在此结束。

（3）内容（Content）：元素的内容，本例中就是所输入的文本："我是一个段落"。

由上面的例子可知，HTML 的元素指的是从开始标签（start tag）到结束标签（end tag）的所有代码。元素可以有属性（Attribute），为 HTML 元素提供附加信息。

HTML 元素遵循以下语法：

（1）HTML 元素以开始标签起始。

（2）HTML 元素以结束标签终止。

（3）HTML 元素的标签不能交叉嵌套。

（4）注释不能嵌套。

（5）元素的内容是开始标签与结束标签之间的内容。

（6）某些 HTML 元素具有空内容（empty content）。

（7）空元素在开始标签中进行关闭（以开始标签的结束而结束）。

（8）大多数 HTML 元素可拥有属性，属性必须有值，属性值必须加引号。

（9）在属性与元素名称，或上一个属性之间的空格符。

（10）HTML 标签不区分字母大小写：＜P＞ 等同于 ＜p＞，但推荐使用小写字母。

表 2-1 列举了常见标签，供读者参考。

表 2-1　常见标签

标　签	说　明	语　法　举　例	备注
< html > … </html >	指示文件的开始和结尾，是文档的根元素	<!doctype html > < html > < head >	网页架构和说明标签
< head > … </head >	给浏览器用的信息，但不显示于浏览器上	< meta charset = "utf-8"/> < title >页面名称</title >	
< meta … >	定义网页的编码格式、关键字、描述	< link rel = " stylesheet" type = " text/css" href = "文件路径"/> < style >样式</style >	
< title > … </title >	网页文件的标题	< script > js 脚本</script >	
< script > … </script >	定义或引用 JavaScript	</head > < body >	
< style > … </style >	定义内部样式	…	
< link … >	引入外部样式	</body >	
< body > … </body >	网页包含的内容	</html >	
< p > … </p >	段落标签	< p > First Paragraph…</p > < p > Second Paragraph…</p >	控制元素位置的标签
< div … > … </div >	文字对齐	< div align = "left"> Left </div > < div align = "center"> Center </div > < div align = "right"> Right </div >	
< br >	文字分行	First Line < br > Second Line	
< b > … </b >	文字粗体	< b > **This is bold text** </b >	
< font … > … </font >	设定文字的颜色、大小和字形	< font color = "red" size = " − 1"> Red text, smaller size </font > < font face = " Comic Sans MS "> Comic Sans MS </font >	文字外感的标签
< h1 > … </h1 >	建立标题文字（字形由 h1～h6）	< h4 > This is H4 header </h4 >	
< i > … </i >	使文字变为斜体	< i > This is italic text </i >	
< span … > … </span >	用来组合文档中的行内元素	< span id="" class="" style="">把区块内容放在这里</span >	
< sub > … </sub >	文字转成下标	CO < sub >$_2$</sub >	
< sup > … </sup >	文字转成上标	x < sup >^{2}</sup > − 6 = 0	
< u > … </u >	在文字底下画线	< u >This is underline text </u >	

续表

标　签	说　明	语 法 举 例	备注
< ol > < li >…</li> < li >…</li> </ol>	建立编号列表	< ol > < li >重要事项 1 </li> < li >重要事项 2 </li> </ol> < ul > < li >重要事项 1 </li> < li >重要事项 2 </li>	有序列表

< ul >
   < li >…</li>
   < li >…</li>
 </ul>
	建立项目列表	</ul>
		 显示结果：
		  1. 重要事项 1
		  2. 重要事项 2
		  • 重要事项 1
		  • 重要事项 2
			无序列表

< table > … </table>	建立表格	< table border＝"1"> < tr > < th >序号</th> < th >内容</th> </tr>	表格相关标签
< tr > … </tr>	在表格中建立横列	< tr > < td >第一点</td> < td >重要事项 1 </td> </tr>	
< th > … </th>	在表格中建立表头，默认居中、加粗	< tr > < td >第二点</td> < td >重要事项 2 </td> </tr> </table>	
< td > … </td>	在横列中建立存储格	显示结果： 序号　内容 第一点　重要事项 1 第二点　重要事项 2	

2.2　CSS 基础

2.2.1　初识 CSS 样式

什么是 CSS? CSS 指层叠样式表(Cascading Style Sheets)，它是一张表，包含了各种样式,而样式又定义了如何显示 HTML 元素。相对于传统 HTML 的表现而言,CSS 能够对网页中的对象的位置排版进行像素级的精确控制,支持几乎所有的字体、字号和样式,拥有对网页对象盒子模型的控制能力,并能够进行初步交互设计,是目前基于文本展示最优秀的表现设计语言。

为什么需要 CSS? 因为 CSS 能实现内容与样式的分离,维护方便;可以统一定义和修改文档格式、美化外观、布局和定位,结构清晰;具有更好的易用性和扩展性;缩减了页面代码,提高了页面浏览速度,等等。因为有上述优点,所以 CSS 被各浏览器广泛支持。

我们先以 HTML 文档展开,在计算机上新建文本文件并输入例 2.3 的代码,另存为 SampleCSS. html。

【例 2.3】 结合 CSS 样式创建网页。

```
<!doctype html>
<html lang = "en">
  <head>
    <meta charset = "utf - 8">
    <title>开始学习 CSS</title>
      <style>
          body{
              background - color: yellow;
          }
          h1{
              color: orange;
              text - align: center;
          }
          p{
              font - family: "Times New Roman";
              font - size: 20px;
          }
      </style>
  </head>
  <body>
    <h1>CSS 实例!</h1>
    <p>这是一个段落.</p>
  </body>
</html>
```

接着,用浏览器打开刚刚保存的文件,结果显示如图 2-2 所示。

图 2-2　SampleCSS. html 显示结果

通过上面简单的例子,我们可以感受到 HTML 文档是如何遵守我们给它的 CSS 规则的。事实上,以上是应用 CSS 规则的 3 种方式之一,下面逐一介绍。

第一种是内部样式表。上述例子就是内部样式表,是指不使用外部 CSS 文件,而是将 CSS 放在 HTML 文件里的<style>标签中。

有的时候,这种方法会比较有用(比如你使用的内容管理系统不能直接编辑 CSS 文件),但该方法和外部样式表比起来较为低效,因为在一个站点里,不得不在每个页面里重复添加相同的 CSS,并且在需要更改时要修改每个页面文件。

第二种是内联样式。内联样式表存在于 HTML 元素的 style 属性之中。其特点是每个 CSS 表只影响一个元素,把内部样式表的例 2.3 改写成使用内联样式的例 2.4,达到同样的输出结果。

【例 2.4】 使用 CSS 内联样式创建网页。

```
<!doctype html>
<html lang = "en">
<head>
  <meta charset = "utf-8">
  <title>开始学习 CSS</title>
</head>
<body style = "background-color:yellow;">
    <h1 style = "color:orange; text-align:center">CSS 实例!</h1>
    <p style = "font-family:Times New Roman; font-size:20px">这是一个段落.</p>
</body>
</html>
```

除非有充足的理由,否则不要这样做! 因为它难以维护(在需要更新时,你必须再修改同一个文档的多处地方),并且这种写法将文档结构和文档表现混合起来了,这使得代码变得难以阅读和理解。

还有一种是外部样式表。外部样式表是指将 CSS 编写在扩展名为.css 的单独文件中,并从 HTML<link> 元素引用它的情况。这是将 CSS 附加到文档中的最常见和最推荐的方法,因为可以将 CSS 链接到多个页面,从而允许使用相同的样式表设置所有页面的样式。在大多数情况下,一个站点的不同页面看起来几乎都是一样的,因此可以使用相同的规则集来获得基本的外观。

改写上述内联样式表,新建一个文档,内容如例 2.5 所示。

【例 2.5】 新建外部 CSS 文件 styles.css。

```
body{
    background-color:yellow;
}
h1{
    color:orange;
    text-align:center;
}
p{
    font-family:"Times New Roman";
    font-size:20px;
}
```

另存为 styles.css,和例 2.4 建立的 HTML 文档存在同一文件夹下,并在该 HTML 的文件中的内联样式表的 styles 属性删除掉,在 head 标签内添加如下代码:

```
< link rel = "stylesheet" href = "styles.css">
```

在浏览器打开 HTML 文件得到同样的显示效果。

2.2.2　CSS 注释

CSS 注释和 HTML 注释一样，也是很重要的内容，但是和 HTML 注释方式不同，HTML 的注释是通过注释标签实现的，而 CSS 注释的语法是以"/＊"开始，以"＊/"结束，见例 2.6。

【例 2.6】　CSS 注释例子。

```
/*  ---------- 文字样式开始 ----------  */
/*  W3Cschool 白色 12 像素文字  */
.dreamduwhite12px{
  color:white;
  font - size:12px;
}
/*  ---------- 文字样式结束 ----------  */
```

注意：CSS 没有"//"这种注释，而且注释要写在.css 文件中或者< style >标签里才算生效。

2.2.3　常用 CSS 样式

1. 背景相关样式（见表 2-2）

表 2-2　背景相关样式

属　性　名	属　性　值
background-color	颜色名称/rgb 值/十六进制值
background-image	url('')，单引号中输入图片链接地址
background-repeat	repeat-x(仅水平重复)、repeat-y(仅垂直重复)、no-repeat(不重复)
background-position	center/top/bottom/left/right/数字＋单位

2. 边框样式（见表 2-3）

表 2-3　边框样式

属　性　名	属　性　值
border	border-width ∣ border-style ∣ border-color
border-width border-top-width border-right-width border-bottom-width border-left-width	可以指定长度值。如 1px、1em(单位为 px、pt、em 等)。 或者使用关键字 medium(默认)、thick、thin

续表

属　性　名	属　性　值
border-style border-top-style border-right-style border-bottom-style border-left-style	none：无边框 hidden：隐藏边框。对于表，hidden 用于解决边框冲突 dotted：点状边框 dashed：虚线边框 solid：实线边框 double：双线边框 groove：3D 凹槽边框 ridge：3D 垄状边框 inset：凹边框 outset：凸边框
border-color	参考背景颜色属性值

3. 文字样式（见表 2-4）和文本样式（见表 2-5）

表 2-4　文字样式

属　性　名	属　性　值
font-family	具体字体名，字体集（字体装饰效果）
font-size：	数字＋绝对单位，如 in、cm 等，也可以是相对单位，如 px 和 em；除此以外，还有 large、medium、small 等属性值
font-weight	normal、bold、bolder、lighter、100～900 等
font-style	normal、italic、oblique 等

表 2-5　文本样式

属　性　名	属　性　值
color	颜色名、十六进制、RGB 模式等
text-index	<length> | <percentage> | inherit
text-align	left、right、center、justify、inherit；但只对块状元素有效，对行列标签<span>设置无效，对<img>无效，可以通过外加块状元素解决，例如：用<div>标签包住元素
Line-height	normal、number、length、％、inherit；用于设置行高，也就是设置行间的距离
text-decoration	none、underline、overline、line-through、blink、inherit；用于设置文本的装饰，也就是给文本设置某种效果，例如，下画线、删除线等

4. padding 内边距属性

padding 设置元素所有内边距的宽度，或者设置各边上内边距的宽度。行内非替换元素上设置的内边距不会影响行高计算；因此，如果一个元素既有内边距又有背景，从视觉上看可能会延伸到其他行，有可能还会与其他内容重叠。元素的背景会延伸穿过内边距。不允许指定负边距值，具体属性见表 2-6。

表 2-6　padding 属性

属　性　名	属　性　值
padding padding-top padding-right padding-bottom padding-left	padding 简写属性接受 1~4 个值，可以是 < length > 或 < percentage >： 当只指定 1 个值时，该值会统一应用到全部 4 个边的内边距上 指定 2 个值时，第一个值会应用于上边和下边的内边距，第二个值应用于左边和右边 指定 3 个值时，第一个值应用于上边，第二个值应用于右边和左边，第三个值应用于 下边的内边距 指定 4 个值时，依次（顺时针方向）作为上边、右边、下边和左边的内边距 其他单独设置的属性接受 1 个值，可以是 < length > 或 < percentage >

5．margin 外边距属性

和 padding 类似，margin 属性为给定元素设置所有 4 个（上、下、左、右）方向的外边距属性。外边距控制的是元素外部空出的空间。相反，padding 操作元素内部空出的空间，具体属性见表 2-7。

表 2-7　margin 属性

属　性　名	属　性　值
padding padding-top padding-right padding-bottom padding-left	接受 1~4 个值，可以是 < length >、< percentage >或 auto。取值为负时元素会比原来 更接近邻近元素 当只指定 1 个值时，该值会统一应用到全部 4 个边的外边距上 指定 2 个值时，第一个值会应用于上边和下边的外边距，第二个值应用于左边和右边 指定 3 个值时，第一个值应用于上边，第二个值应用于右边和左边，第三个则应用于 下边的外边距 指定 4 个值时，依次（顺时针方向）作为上边、右边、下边和左边的外边距 其他单独设置的属性接受 1 个值，可以是 < length > 或 < percentage >

6．position 定位属性

这个属性定义建立元素布局所用的定位机制。任何元素都可以定位，不过绝对或固定元素会生成一个块级框，而不论该元素本身是什么类型。相对定位元素会相对于它在正常流中的默认位置偏移，具体属性见表 2-8。

表 2-8　position 属性

属　性　名	属　性　值
position	static：元素框正常生成。块级元素生成一个矩形框，作为文档流的一部分，行内元素 则会创建一个或多个行框，置于其父元素中 relative：元素框偏移某个距离。元素仍保持其定位前的形状，它原本所占的空间仍保留 absolute：元素框从文档流完全删除，并相对于其包含块定位。包含块可能是文档中 的另一个元素或者是初始包含块。元素原先在正常文档流中所占的空间会关闭，就 好像元素原来不存在一样。元素定位后生成一个块级框，而不论原来它在正常流中 生成何种类型的框 fixed：元素框的表现类似于将 position 设置为 absolute，不过其包含块是视窗本身

续表

属　性　名	属　性　值
position	提示：相对定位实际上被看作为普通流定位模型的一部分，因为元素的位置是指相对于它在普通流中的位置

CSS 可以写在 HTML 文档的 style 标签中，也可以写在单独的.css 文件中；为方便起见，本节以在 style 标签里书写为例。CSS 的基本语法格式如下：

```
选择器{
    属性名1：属性值；
    属性名2：属性值；
}
```

7. 综合例子

根据上述样式，给出例2.7，请读者手动输入代码，另存为 html 文档，多练习和体会。

【例 2.7】　html 综合例子。

```
<!DOCTYPE html>
<html>
  <head>
    <meta charset = "UTF - 8">
    <title>HTML 综合例子</title>
    <!-- 这里是 HTML 注释，与 CSS 注释不一样 -->
    <style type = "text/css">
      /* 这里是 CSS 的注释，写在 style 标签里，与 HTML 注释是不一样的 */
        div{
            width: 300px; height: 150px; border - width: 2px;
            border - style: solid dotted dashed inset;
            border - color: #000000 #2AC845 #FF0000 #AA0000
            }
        p{
            font - family: "arial black";  font - size: large;
            font - weight: bold;         font - style: italic;
          color:blue
        }
        h4{
            color:red;     text - indent: 1.75rem;
            text - align: center;    line - height: normal;
            text - decoration: underline
        }
        td.test1 {padding: 1.5cm;}
        td.test2 {padding: 0.5cm 2.5cm}
        h5.test3 {margin: auto}
        h5.test4 {margin: 1cm 2cm}
        h5.test5 {margin: 2cm 1cm}
        h6.pos_abs{
            position:absolute;   left:300px; top:150px
        }
        h6.pos_left{
```

```
                    position:relative; left: - 25px
                 }
              </style>
   </head>
   <body>
              <p>从明天起,做一个幸福的人,喂马,劈柴,周游世界;</p>
              <h4>从明天起,关心粮食和蔬菜,我有一所房子,面朝大海,春暖花开;</h4>
            <div>四个边颜色不同,样式也不同</div>
            <table border = "1">
                 <tr><td class = "test1">相等内边距</td></tr>
            </table>
            <table border = "1">
                 <tr><td class = "test2">上下内边距0.5cm,左右内边距2.5cm</td>   </tr>
            </table>
            <h5 class = "test3">自动调整边距</h5>
            <h5 class = "test4">上下边距1cm,左右边距2cm</h5>
            <h5 class = "test5">上下边距2cm,左右边距1cm</h5>
            <h6>通过绝对定位,元素可以放置到页面的任何位置.下面的标题距离页面左侧300px,距
   离页面顶部150px.</h6>
              <h6 class = "pos_abs">绝对位置</h6>
             <h6 class = "pos_left"> "left: - 25px"从元素的原始左侧位置减去25px.</h6>
       </body>
   </html>
```

示例显示效果如图 2-3 所示。

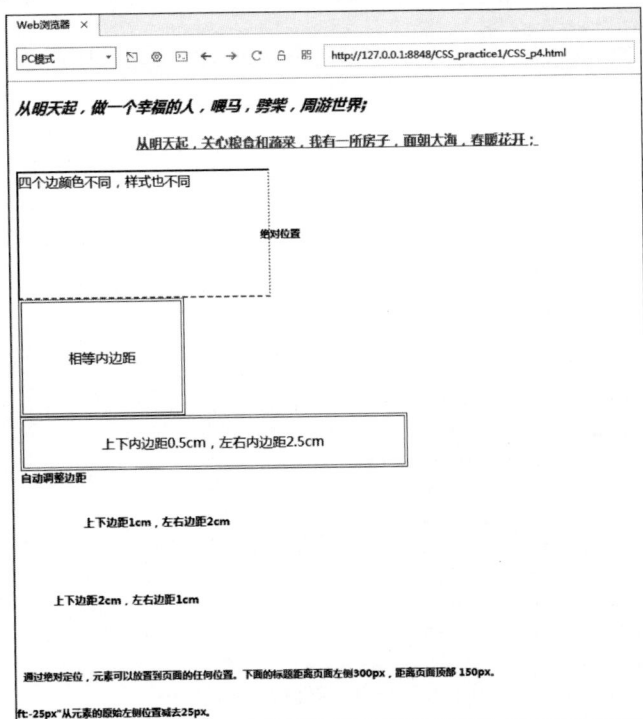

图 2-3　html 综合例子显示结果

2.3　JavaScript 基础

2.3.1　初识 JavaScript

JavaScript(通常缩写为 JS)是一种高级的、解释执行的编程语言,和前面提及的 HTML 和 CSS 一起被称为 Web 前端开发三剑客。HTML 搭框架和内容,CSS 装饰框架和内容,JS 让框架和内容可以动态变化和互动。

JS 是一门基于原型、函数优先的语言,是一门多范式的语言,它支持面向对象编程、命令式编程以及函数式编程。它提供语法来操控文本、数组、日期以及正则表达式等,不支持 I/O,比如网络、存储和图形等,但这些都可以由它的宿主环境提供支持。从 2015 年开始,JS 版本开始以年份命名,新版本将按照"ECMAScript+年份"的形式发布。目前最新版本为 ECMAScript 2020,于 2020 年 6 月正式发布。

虽然 JS 与 Java 这门语言不管是在名字上,或是在语法上都有很多相似性,但这两门编程语言从设计之初就有很大的不同,JS 的语言设计主要受到了 Self(一种基于原型的编程语言)和 Scheme(一门函数式编程语言)的影响。在语法结构上它又与 C 语言有很多相似之处,例如 if 条件语句、while 循环、switch 语句、do...while 循环等。

在客户端,JS 在传统意义上被实现为一种解释语言,但它已经可以被即时编译(JIT)执行。随着最新的 HTML 5 和 CSS3 语言标准的推行,它还可用于游戏、桌面和移动应用程序的开发和在服务器端网络环境运行,如 Node.js。

目前,JS 已经成为 GitHub 上最热门的语言,从前端到后端再到桌面,都有 JS 的身影。

2.3.2　JavaScript 语法

JS 语法是一套规则,它定义了 JS 的语言结构。

1. 插入 JS

插入 JS 有两种方式(如图 2-4 所示):一种是直接在 HTML 文件中插入,直接把 JavaScript 代码写在< script ></script >之间;另一种是单独编写 JavaScript 文件,以.js 为后缀,把代码直接写进去,而在.js 文件中不需要 script 标签,在 HTML 文件中需要引入。

JavaScript 作为一种脚本语言可以放在 html 页面中的任何位置,但是浏览器解释 HTML 时是按先后顺序的,所以前面的 script 就先被执行。比如进行页面显示初始化的 JS 必须放在 head 里面,因为初始化都要求提前进行(如给页面 body 设置 CSS 等);而如果是通过事件调用执行的 function,那么对位置无要求。

2. 语句

JS 编写出来的脚本和其他程序一样,都是由一系列指令构成的,这些指令就叫作语句。只有按照正确的语法编写出来的语句才能够正确执行。良好的编写习惯是:把每条语句放在不同的行上,以分号结尾。

index.html
```
<html>
    <head>
        <script type="text/JavaScript">
            alert("JS代码");
        </script>
    </head>
    <body>
    </body>
</html>
```

在HTML中
插入JS代码

在HTML中引入JS文件

index.html
```
<html>
    <head>
        <script src="script.js"></script>
    </head>
    <body>
    </body>
</html>
```

script.js
```
alert("JS代码");
```

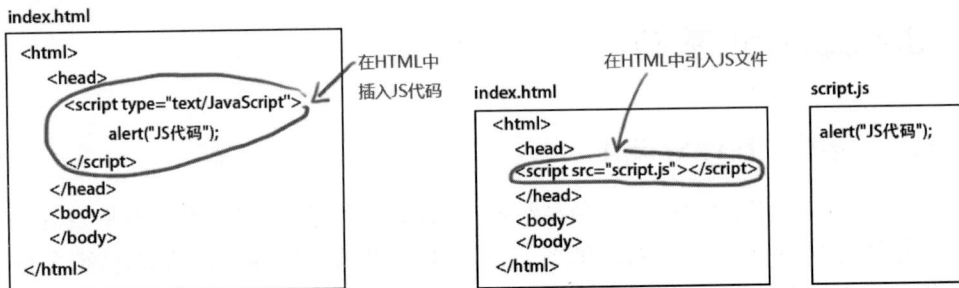

图 2-4　插入 JS 的两种方式

3．变量

当页面还打开着的时候，它的很多内容都存在一个生命周期，但有些内容可能要多次使用，比如存在一个数字，我们会在这个数字上反复加减计算，这就意味着，它需要放在一个容器里，以便于我们反复调用。

创建变量需要使用关键字 var，并且为它命名：

```
var names;
```

这时变量名 names 是空的，它只声明了它的存储位置和存储名称。可以为该变量赋值：

```
names = "Bob";
```

也可以声明和赋值写在一起：

```
var names = "Bob";
```

值得注意的是，变量名不允许包含空格或者是标点符号，美元符号（$）除外。

4．数据类型

有了变量之后，就可以存储各种各样的值，值又有不同的类型，比如字符串和数字类型。其他有些强类型语言在声明变量的同时还要求声明变量的数据类型。不过由于 JS 是弱类型语言，这意味着我们在声明变量的时候并不需要明确指出变量的数据类型，并且可以在任何阶段改变变量的数据类型。有如下语句：

```
var years = "twenty";
years = 20;
```

在上面的语句中，先声明变量 years，赋值字符串类型，后赋值数字类型，这是完全合法的。

字符串类型：由零个到多个字符构成。必须放在一对引号之中，单双引号都可以。如下两个语句执行后的效果是一样的：

```
var myName = 'Bob';
var myName = "Bob";
```

注意：引号不能一边用单引号一边用双引号；建议固定用一种引号在代码中保持

一致。

数字类型：可以是整数也可以是带小数点的数（浮点数），下列语句都是合法的。

```
var age = 12;
var price = 12.34;
var temperature = -5.2;
```

布尔类型：有两个可选值——true 或 false。注意布尔值 false 和字符串的值'false'是两回事。

数组类型用于存储一组值，可以用一个单一的名称存放很多值，并且还可以通过引用索引号来访问这些值：

```
var array-name = [item1, item2, …];
var friends = ["Max", "Bob","Alex"];
```

对象类型：在 JavaScript 中，所有 JavaScript 值，除了原始值，都是对象。那么什么是原始值呢？原始值是指没有属性或方法的值。所谓原始数据类型，是指拥有原始值的数据。JavaScript 定义了表 2-9 中的原始数据类型。

表 2-9　JavaScript 的原始数据类型

值	类　　型	注　　释
"Hello"	string	"Hello"始终是 "Hello"
3.14	number	3.14 始终是 3.14
true/false	boolean	true 始终是 true, false 始终是 false
null	null	(object) null 始终是 null
undefined	undefined	undefined 始终是 undefined

原始值是一成不变的（它们是硬编码的，因此不能改变）。假设 x = 3.14，可以改变 x 的值，但是无法改变 3.14 的值。

对象可以理解为包含变量的变量，而且可以包含很多变量，如：

```
var person = {firstName: "Bill", lastName: "Gates", age: 62, eyeColor: "blue"};
```

变量 person 就是一个对象，其中，firstName 是属性，其对应的"Bill"是属性值。对象还可包含方法属性，方法是指可以在对象上执行的动作，这个动作通过函数定义的方式实现。

访问 JS 对象属性的语法是：

```
objectName.property              //如上述例子中访问 Bill 的年龄可以用 person.age
```

或者：

```
objectName["property"]           //person["age"]
```

或者：

```
objectName[expression]                // x = "age"; person[x],表达式必须为属性名
```

添加属性可以直接赋值,而删除属性则需要用到 delete 关键词:

```
Person.nationality = "English"     //添加属性国籍
Delete person.age                  //删除属性 age
```

对于对象的方法,使用如下语法创建和访问:

```
methodName : function() { 代码行 } //创建
objectName.methodName()           //访问
```

例 2.8 创建了 fullName()的方法,通常会把 fullName()描述为 person 对象的方法,把
fullName 描述为属性。

【例 2.8】 定义 person 对象属性与方法。

```
var person = {
 firstName: "Bill",
 lastName : "Gates",
 id   : 123,
 fullName : function() {
  return this.firstName + " " + this.lastName;
 }
};
name = person.fullName();    //调用的是方法,执行函数并返回值:Bill Gates
name = person.fullName;      //访问属性,返回的是函数定义:
                             //function() { return this.firstName + " " + this.lastName; }
```

5. 注释

单行注释,在注释内容前加符号"//"。多行注释以"/ * "开始,以" * /"结束。

2.4 Node.js 入门

2.4.1 Node.js 介绍

首先回顾一下,从在浏览器的地址栏输入网址后回车,再到页面呈现出来,在这个过程中到底发生了什么呢?

简单来说,当回车后,浏览器就给 Web 服务器发送请求。服务器收到请求,开始搜寻被请求的资源,并把响应结果传回浏览器。

在传统的 Web 服务器中,每一个请求都会让服务器创建一个新的进程来处理这个请求,随着请求的增长,服务器的内存将被快速耗尽,并发连接的最大数量被限制,例如,在一个拥有 8GB RAM 的系统上,一个新线程可能需要 1MB 配套内存,理论上最大的并发连接数量是 8000 个用户。随着用户数量的增长,服务器能够处理的并发连接的最大数量成为瓶

颈,要么限制用户数量增长,要么购买更多服务器。

　　针对这个问题,资深的 C/C++ 程序员 Ryan Dahl 在 2009 年通过 JavaScript 创造出 Node.js。Node.js 解决这个问题的方法是:更改连接到服务器的方式。每个连接发送一个在 Node 引擎的进程中运行的事件,而不是为每个连接生成一个新的线程,即事件驱动;同时事件之间是非阻塞的,这样能有效提升响应事件的效率。

　　那究竟什么是 Node.js 呢?

　　Node.js 不是一种独立的语言,而是一个基于 Chrome V8 引擎的 JavaScript 运行环境。如图 2-5 所示是 Node.js 的结构,一般在进行开发编写代码的时候,开发者只需要关注最上层的 Node.js API,调用默认封装的模块进行开发即可,在这一层使用的是 JavaScript 代码。

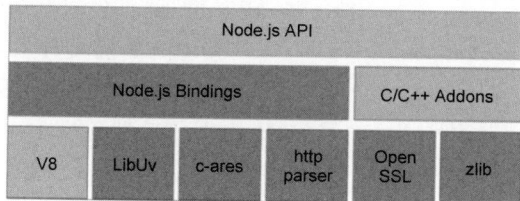

图 2-5　Node.js 结构

　　往下一层的中间层,可以看到 C/C++ Addons。Node.js 的底层代码就是用 C++ 实现的,并且引用了 C++ 的一些库,就连 Google 的开源 JavaScript 引擎 V8 也是用 C++ 编写的。不同语言是不能直接互相调用的,但是中间层 Node.js Bindings 相当于是一些胶水代码,将 Node.js 那些用 C/C++ 写的核心库转换成 JavaScript 的 API,这样就可以实现在最上层用 JavaScript 语言进行的开发。Addons 和 Bindings 的作用相同,但是 Bindings 是针对 Node.js 核心模块而使用的,而 Addons 是针对第三方 C/C++ 库。

　　在 Node.js 结构底层中着重关注的应该是 V8 引擎了,V8 是 Google 开源的高性能 JavaScript 引擎,在 Chrome 浏览器中用的也是 V8 引擎。然后是 LibUv,它是提供异步功能的 C 代码库。其他组件和库提供了对系统底层包括网络、文件等的访问。

　　具体而言,Node.js 具有以下几个特性:

　　(1) 事件驱动。JavaScript 是一种事件驱动编程语言,事件发生时调用的回调函数可以在捕获事件处进行编写,这样可以让代码容易编写和维护。

　　(2) 非阻塞。在非阻塞模式下,一个线程永远在执行计算操作,这个线程所使用的 CPU 核心利用率永远是 100%,这使得效率大大提高,节省了资源。

　　(3) 异步 I/O。也称非阻塞式 I/O,针对所有的 I/O 操作均不采用阻塞策略。当线程遇到 I/O 操作时,不会以阻塞方式等待 I/O 操作的完成或数据的返回,而只是将 I/O 请求发送给操作系统,继续执行下一条语句。当操作系统完成 I/O 操作时,以事件的形式通知执行 I/O 操作的线程,线程会在特定时间处理这个事件。

　　(4) 高并发能力。Node.js 并不会为每个客户的连接创建一个新的线程,而仅仅使用一个线程。当有用户连接时,就触发一个内部事件,通过非阻塞 I/O 和事件驱动机制,让

Node.js 程序宏观上也是并行的。

（5）社区活跃。Node.js 的社区在不断壮大，其包的数量在快速增加，质量也在不断提升。最主要的是很多包都简单灵巧，方便用户使用和快速开发。

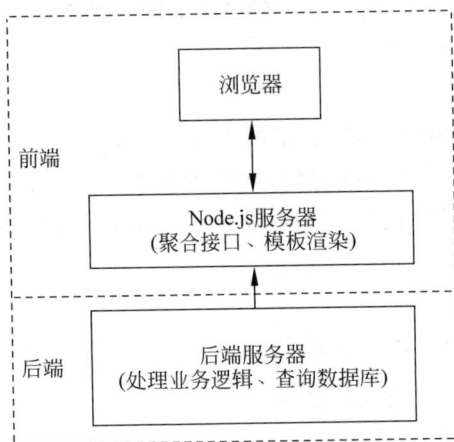

图 2-6　Node.js 作为中继服务器

如果说小程序是前端开发者的羽毛，那么基于 Node.js 开发的服务器端就是翅膀。随着互联网的高速发展以及市场需求推动，Node.js 已经成为前端知识栈必备技能之一，比如淘宝的业务模型中就提出了中途岛模式来构建 Web 网站，其中 Node.js 作为中继服务器，负责渲染模板和合并、转发请求，如图 2-6 所示。

Node.js 是前端开发者接触后端并向全端开发者转变的最平滑路径，因为完全没有语言障碍，而其他热门后端语言如 Python、Java 等都需要前端开发者花时间重新学习语言语法和特性。同时，Node.js 可以方便地搭建响应速度快、易于扩展的网络应用。它使用事件驱动、非阻塞 I/O 模型构建的运行环境，非常适合在分布式设备上运行数据密集型的实时应用。使用 Node.js 可以让用户花最低的硬件成本，追求更高的并发效率和处理性能。此外，利用 Node.js 的跨平台性以及提供的 API 也可以开发桌面应用。

2.4.2　Node.js 安装配置

1. 安装

首先，登录网站 https://nodejs.org/en/download/，如图 2-7 所示，根据需要下载 Windows Installer(.msi)或者 Windows Binary(.zip)进行安装。

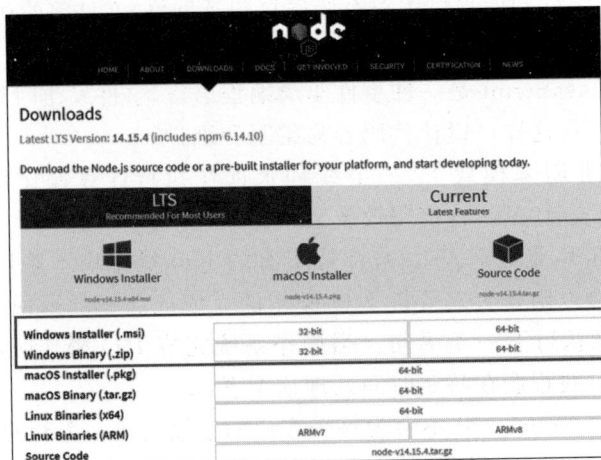

图 2-7　Node.js 下载页面

目前最新版本 V14 只能安装 Windows 8 以上系统,在 Windows 7 上是不能安装的,如果系统是 Windows 7 的,则需要安装 V13 及以下版本,过程是一样的。

如果是运行 Windows Installer(.msi)安装包,只要根据步骤安装即可,然后打开 cmd 命令提示符窗口,直接输入"node -v",返回 Node.js 的版本号;输入"npm -v",返回 npm 版本号,此时说明安装成功。

如果是下载 Windows Binary(.zip),则在合适的位置解压缩,然后打开 cmd 命令提示符窗口,通过命令转到刚刚解压缩的位置文件夹下,输入"node -v",返回 Node.js 的版本号;输入"npm -v",返回 npm 版本号,此时说明安装成功。

2. 配置

配置环境变量:对于安装包的方式,安装包已经将 node.exe 添加到系统环境变量 Path 中,如果下载的是.zip 格式,因为没有安装过程,所以需要手动将 node.exe 所在文件夹添加到环境变量 Path 中。右击"我的电脑",依次选择"属性"→"高级系统设置"→"高级"→"环境变量",打开"环境变量"对话框,选中"系统变量"中的 Path 变量,单击"编辑"按钮,手动将 node.exe 所在文件夹添加到该环境变量 Path 中,如图 2-8 所示,这样设置后,就可以直接在 cmd 窗口的任意位置执行命令"node -v",查看 node 版本。

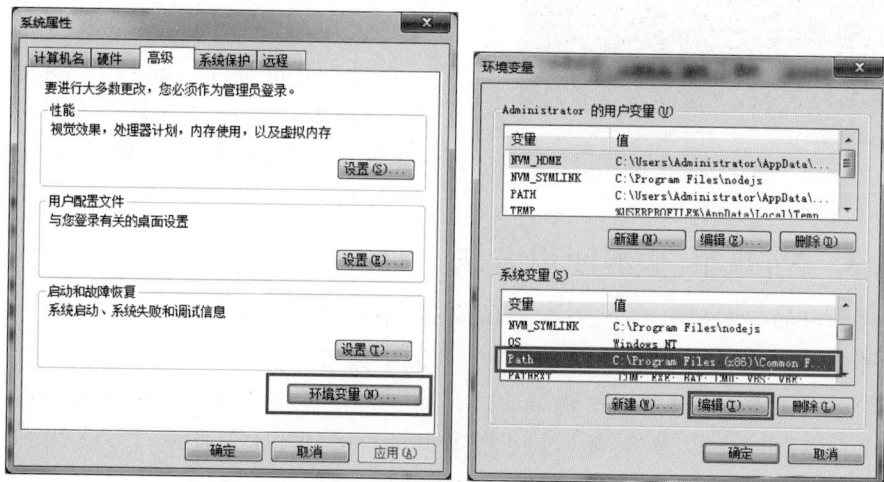

图 2-8 配置环境变量

配置 npm 安装的全局模块所在路径,以及缓存 cache 的路径。对于安装包的方式,在安装相关 npm 模块的时候会占用 C 盘的空间,例如,在执行"npm install -g XXXX"下载全局包时,这个包的默认存放路径为 C:\Users\用户名\AppData\Roaming\npm\node_modules,或者有时候不想放置在默认位置,这时候需要配置路径。具体步骤如下:

(1) 在合适的文件夹设置两个空文件夹,并命名为 node_global 和 node_cache。

(2) 打开 cmd 命令窗口,输入如下命令,配置相应路径。

```
npm config set prefix "D:\nodejs\node-v12\node_global"
```

```
npm config set cache "D:\nodejs\node-v12\node_cache"
```

（3）设置环境变量，右击"我的电脑"，依次选择"属性"→"高级系统设置"→"高级"→"环境变量"，进入"环境变量"对话框，在"系统变量"下新建 NODE_PATH，输入"D:\nodejs\node-v12\node_modules"；在"用户变量"PATH 下增加变量值"D:nodejs\node-v12\node-global"，单击"确定"按钮，完成配置，如图 2-9 所示。

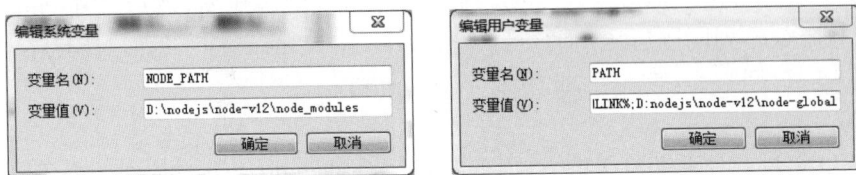

图 2-9　设置路径的环境变量

（4）配置完后，为了确认配置正确，按照最常用的 express 模块进行测试，打开 cmd 窗

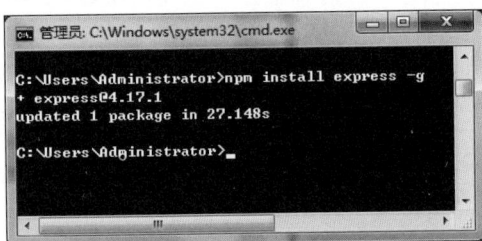

图 2-10　测试是否安装成功

口，输入如下命令进行模块的全局安装：npm install express -g，如果安装时不加 -g 参数，则安装的模块就会安装在当前路径下，如果加-g，则会安装在前面设置的 node_global 文件夹下。查看"D：nodejs\ node-v12\ node-global\ node_modules"文件夹下是否有 express 文件夹，如果有，则表示配置正确并成功全局安装 express 模块，如图 2-10 所示。

2.4.3　Node.js 基本使用方法

接下来学习如何实现第一个程序，打印输出"Hello World!"。

有两种方式，一个是脚本模式，另外一个是交互模式。

脚本模式：打开记事本，并输入代码"console.log（" Hello World!"）；"，另存为 helloworld.js，打开 cmd 命令窗口，转到 helloworld.js 的文件夹下，使用命令"node helloworld.js"，然后回车，终端输出"Hello World!"，如图 2-11 所示。

交互模式：打开 cmd 命令窗口，输入 node，进入命令交互模式，输入"console.log("Hello World!"）；"，回车后立即执行并显示结果，如图 2-12 所示。

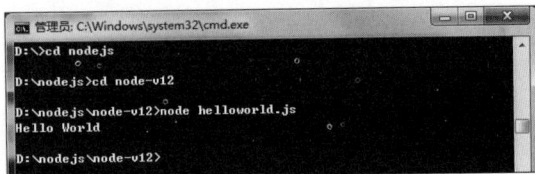

图 2-11　node.js 脚本模式

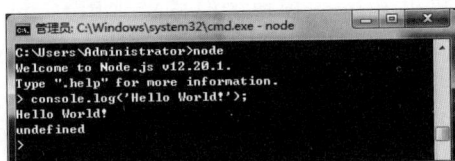

图 2-12　Node.js 交互模式

接下来创建第一个应用。创建一个名为 server.js 的文件,并写入如下代码:

```
var http = require('http');        //使用 require 指令来载入 http 模块,并实例化
//使用 http.createServer() 方法创建服务器,并使用 listen 方法绑定 8888 端口
http.createServer(function(request, response) {
    //发送 HTTP 头部
    //HTTP 状态值: 200 : OK
    //内容类型: text/plain
    response.writeHead(200, {'Content-Type': 'text/plain'});
    //发送响应数据 "Hello World"
    response.end('Hello World\n');
}).listen(8888);
//终端打印如下信息
console.log('Server running at http://127.0.0.1:8888/');
```

以上代码完成了一个可以工作的 HTTP 服务器,打开 cmd 命令窗口,转到 sever.js 的文件夹下,输入 node server.js,回车,可以看到返回的信息,如图 2-13 所示。

此时,打开浏览器访问 http://127.0.0.1:8888/,可以看到 Hello World 的网页,如图 2-14 所示。

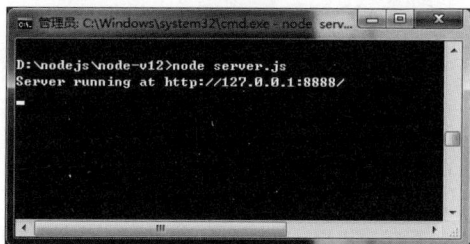

图 2-13　Node.js 实现 HTTP 服务器　　　图 2-14　在浏览器访问 http://127.0.0.1:8888/

还有一个必须介绍的是 npm。npm 是 JavaScript 的包管理工具并且是 Node.js 平台的默认包管理工具,通过 npm 可以安装、共享、分发代码,管理项目依赖关系。简单来说,就是别人写好的模块,通过下载引用后,就可以直接使用其 API,帮助自己更快地完成开发,它被集成在 node 中,安装 node 便会自动安装 npm,如果下载的是.zip 文件,则 npm 也会被包含在其中。对于初学者而言,最常用的方式是通过 npm 下载第三方包,主要格式是:

* npm install < name > -g 将包安装到全局环境中;
* npm install < name >将包安装到本地环境中。

2.5　Vue.js 入门

2.5.1　Vue.js 介绍

(1) 什么是 Vue? Vue(读音/vju:/,类似于 view)是一套用于构建用户界面的渐进式框

架。与其他大型框架不同的是，Vue 被设计为可以自底向上逐层应用。Vue 的核心库只关注视图层，并且非常容易学习，也非常容易与其他库或已有项目整合。另外，Vue 完全有能力驱动采用单文件组件和 Vue 生态系统支持的库开发的复杂单页应用。Vue.js 还提供了MVVM 数据绑定和一个可组合的组件系统，具有简单、灵活的 API，其目标是通过尽可能简单的 API 实现响应式的数据绑定和可组合的视图组件。

（2）Vue 的 MVVM 模式。MVVM（Model-View-ViewModel）模式是基于 MVC 和MVP 的体系结构模式，其目的在于更清楚地将用户界面（UI）的开发与应用程序中业务逻辑和行为的开发区分开来，如图 2-15 所示，其中 M 代表 Model，即数据模型；V 代表 View，即视图（用户界面）；VM 代表 ViewModel，即视图模型，用于监听更新，以及 View 与 Model数据的双向绑定。

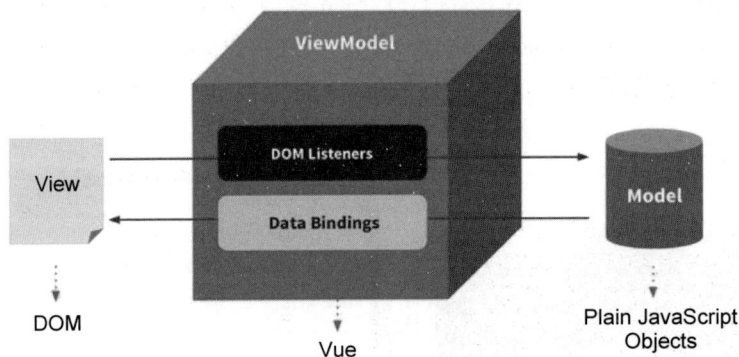

图 2-15　MVVM 模型

所以，MVVM 模式的许多实现都使用声明性数据绑定来允许从其他层分离视图上的工作。这个模式让 Model、View、ViewModel 不被纠缠在一起，它们分工明确，能保证项目在架构层面稳定、干净。

（3）为什么使用 Vue.js？我们都知道，完整的网页是由 DOM 组合与嵌套形成最基本的视图结构，再加上 CSS 样式的修饰，使用 JavaScript 接收用户的交互请求，并通过事件机制来响应用户交互操作而形成的。我们把最基本的视图结构拿出来，称为视图层。这个被称为视图层的部分就是 Vue 核心库关注的部分。为什么关注它呢？因为一些页面元素非常多。结构繁杂的网页如果使用传统开发方式，数据和视图会全部混合在 HTML 中，处理起来十分不易，并且结构之间还存在依赖或依存关系，代码上就会出现更多问题。有前端开发基础的读者都应当了解过 jQuery，jQuery 提供了简洁的语法和跨平台的兼容性，极大地简化了 JavaScript 开发人员遍历 HTML 文档、操作 DOM、事件处理等操作。具体来说，Vue.js 具有以下优点：体积小；更高的运行效率；双向数据绑定；生态丰富和学习成本低。因此，Vue.js 越来越多地被用于前端应用程序开发。

2.5.2　Vue.js 安装

在使用 Vue 时,推荐在浏览器上安装 Vue Devtools 插件,它允许你在一个更友好的界面中审查和调试 Vue 应用。安装 Vue.js 有如下 3 种方式。

(1) 独立版本。在 D 盘根文件夹下新建 vueDemo 文件夹,然后在官网下载 Vue.js,并保存到 vueDemo 文件夹(下载网页地址 https://cn.vuejs.org/js/vue.js)。

新建文本文件,输入例 2.9 的代码,并另存为 index.html。

【例 2.9】 独立版本的 Vue 安装方式。

```
<!DOCTYPE html>
<html>
    <head>
        <meta charset = "utf - 8">
        <title></title>
    //配置 vue.js
        <script src = "vue.js" type = "text/javascript" charset = "UTF - 8"></script>
    </head>
    <body>
    Hello World!
    </body>
</html>
```

用浏览器打开 index.html,并按下 F12 键,查看工作台,可以看到两条关于 Vue.js 的信息,说明已经部署成功,如图 2-16 所示。

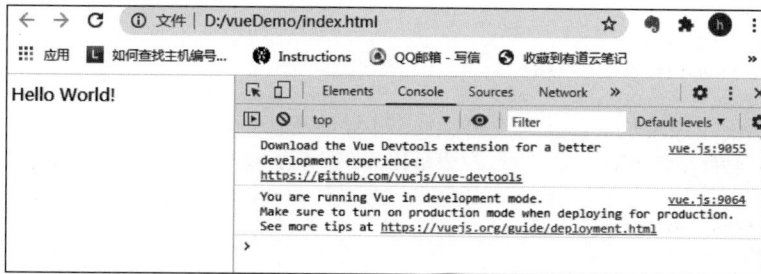

图 2-16　打开浏览器并按下 F12 键查看 Vue.js 部署信息

(2) 通过 CDN 方式。CDN 的全称是 Content Delivery Network,即内容分发网络。CDN 是构建在网络之上的内容分发网络,依靠部署在各地的边缘服务器,通过中心平台的负载均衡、内容分发、调度等功能模块,使用户就近获取所需内容,降低网络拥塞,提高用户访问响应速度和命中率。

通过 CDN 的方式和独立版本的方式相似,打开 index.html 文件,并把下面语句:

```
<script src = "vue.js" type = "text/javascript" charset = "UTF - 8"></script>
```

替换为：

```
< script src = "https://cdn.jsdelivr.net/npm/vue/dist/vue.js"></script >
```

（3）npm 方法。在用 Vue 构建大型应用时推荐使用 npm 安装。npm 能很好地和诸如 webpack 或 Browserify 模块打包器配合使用。同时 Vue 也提供配套工具来开发单文件组件。

打开 cmd 命令窗口，输入：npm install vue，并回车。

对于初学者，暂不推荐此方式。

2.5.3　Vue.js 基本使用方法

以下通过案例介绍 Vue.js 基本使用，包括新建 Vue 对象、数据绑定、事件绑定和表单控件绑定等。

1. 新建 Vue 对象

采用 CDN 方式部署 Vue.js，并在 2.5.2 节的 index.html 文件中的 body 标签中添加一些代码，见例 2.10。

【例 2.10】　创建 Vue 对象。

```
<!DOCTYPE html >
< html >
    < head >
        < meta charset = "utf - 8">
        < title ></title >
    //部署 Vue.js
        < script src = "https://cdn.jsdelivr.net/npm/vue/dist/vue.js"></script >
    </head >
    < body >
    < div id = "myfirstVue"></div >
    < script >
     var myVue = new Vue({          //创建一个新的 Vue 实例
     el: '#myfirstVue',            //表示挂载在 id 为 myfirstVue 的 DOM 元素中
     })
        </script >
    </body >
</html >
```

变量 myVue 是 Vue 创建的一个对象，可以理解成把< div id="myfirstVue"></div >和这个标签中包含的所有 DOM 都实例化成了一个 JS 对象，这个对象就是 myVue。

el 是 Vue 的保留字，用来指定实例化的 DOM 的 ID 号，♯myfirstVue 即标签选择器，它告诉 Vue 实例化 ID="firstVue"这个标签。

至此，Vue.js 框架在 html 页面的引入工作完成，但如果用浏览器打开 index.html，并不能看到任何效果，页面上一片空白。

2. 数据绑定

在上述 index.html 文件的 div 标签中添加一句代码

```
{{my_data}}
```

这个双花括号的语法叫作 mustache 语法,花括号里面的内容是以变量形式出现的。然后在创建 Vue 实例的代码中加入下面的数据声明:data:{my_data:"Hello World!"}。完整代码见例 2.11。

【例 2.11】 数据绑定示例。

```html
<!DOCTYPE html>
<html>
    <head>
        <meta charset = "utf-8">
        <title></title>
        <script src = "https://cdn.jsdelivr.net/npm/vue/dist/vue.js"></script>
    </head>
    <body>
    <div id = "myfirstVue">{{my_data}}</div>
    <script>
    var myVue = new Vue({          //创建一个新的 Vue 实例
      el: '#myfirstVue',           //表示挂载在 id 为 myfirstVue 的 DOM 元素中
      data:{                       //数据绑定
              my_data: "Hello World!"
              }
          })
    </script>
    </body>
</html>
```

data 参数用来绑定 Vue 实例的数据变量,每个不同变量之间用逗号分隔,上面我们绑定了自定义变量 my_data,并赋初值"Hello World!"。

完成数据绑定工作,<div>标签里的{{my_data}}数据会随着 myVue 实例里的 my_data 数据的变动而变动,通过浏览器查看当前页面,可以看到"Hello World!"字符串,说明数据绑定成功,如图 2-17 所示,读者可以动手修改 JS 中 my_data 的数据尝试一下。

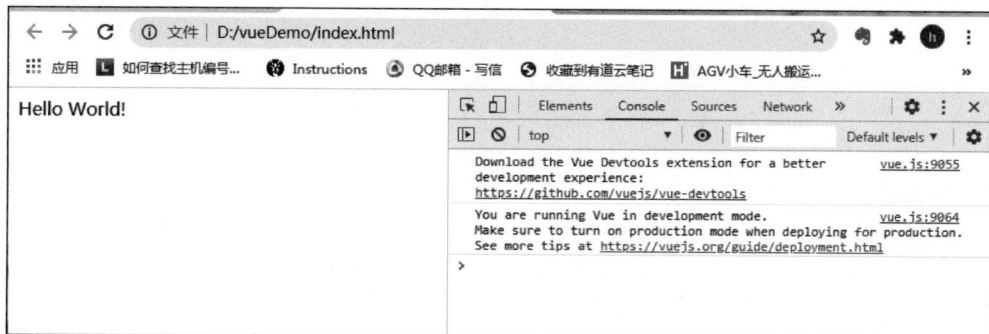

图 2-17　通过浏览器端查看数据绑定是否成功

在 Vue 中，数据双向绑定随处可见，最常见的是表单数据中的双向绑定，只需要把例 2.18 的 div 标签修改成如下代码：

```
< div id = "myfirstVue">
       < input type = "text" v - model = "my_data" />
       <p>{{my_data}}</p>
   </div>
```

用浏览器打开，在文本框中输入"你好，世界!"，如图 2-18 所示，实例的 my_data 值也随之变化。

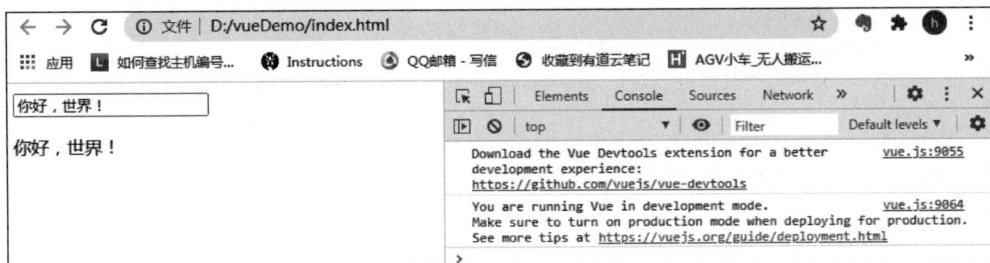

图 2-18　数据双向绑定

现在数据和 DOM 已经建立了关联，所有都是响应式的。例如，可以在控制台中修改 my_data 的值，在控制台中输入：myVue. my_data ＝ 'hello SZIIT'，页面也随之响应，如图 2-19 所示。

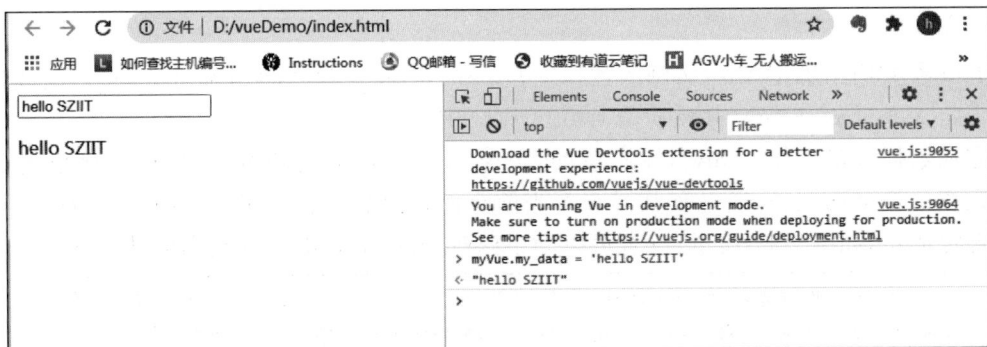

图 2-19　在控制台中通过对象 my_Vue 修改 my_data 数据

3. 事件绑定

"v-on:"用来绑定事件，比如绑定一个< button >的 click 事件的代码如下：

```
< button v - on:click = "clickButton()"> Click Me </button>
```

将 click 动作绑定到 clickButton()函数之后，需要在 Vue 实例中加入新字段 methods 来实现该函数，代码如下：

```
methods:{
    clickButton:function(){
        this.my_data = "Wow! I'm changed!" }
```

在上述 index. html 文件中做出上述修改,完整代码见例 2.12。

【例 2.12】 事件绑定示例。

```html
<!DOCTYPE html>
<html>
    <head>
        <meta charset = "utf-8">
        <title></title>
        <script src = "https://cdn.jsdelivr.net/npm/vue/dist/vue.js"></script>
    </head>
    <body>
    <div id = "myfirstVue">
            <button v-on:click = "clickButton">Click Me</button>    //绑定事件
            <p>{{my_data}}</p>
        </div>
    <script>
     var myVue = new Vue({                    //创建一个新的 Vue 实例
     el:'#myfirstVue',                        //DOM 挂载点,表示挂载在 id 为 app 的 DOM 元素中
     data: {my_data: "Hello World!"},
        methods: {                            //具体实现方法
            clickButton:function(){
                this.my_data = "Wow! I am changed!"
            }
        }
        })
    </script>
    </body>
</html>
```

用浏览器打开后,按 F12 键调出控制台,如图 2-20 所示,输入 myVue. my_data,然后回车查看其变量值,此时是"Hello World!",在单击 Click Me 按钮后,页面文本变成:Wow! I am changed!。

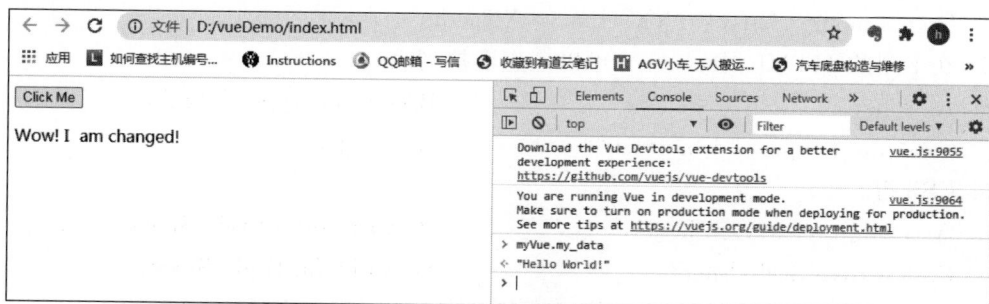

图 2-20　事件绑定

2.6 本章小结

　　HTML、CSS 及 JavaScript 是前端必须掌握的 3 个基本的重要的内容。本章首先分别简单介绍了 HTML、CSS 和 JavaScript 语言发展历史及其相关特性，通过例子帮助读者快速入门。

　　具备上述 3 个方面一定的基础后，本章进一步学习了 Node.js 和 Vue.js。由于 node 的出现，前端工程师不需要依赖于后端程序而直接运行，从而前后端分离开来，能方便地搭建响应速度快、易于扩展的网络应用。Vue.js 是一个非常简单、直接且易于使用的 JavaScript 框架，可以帮助开发人员在保持代码高效的同时实现内部依赖性和灵活性的完美平衡。

2.7 课后练习

一、选择题

1. HTML 指的是（　　）。
   A. 超文本标记语言（Hyper Text Markup Language）
   B. 家庭工具标记语言（Home Tool Markup Language）
   C. 超链接和文本标记语言（Hyperlinks and Text Markup Language）

2. Web 标准的制定者是（　　）。
   A. 微软（Microsoft）　　　B. 万维网联盟（W3C）　　　C. 网景公司（Netscape）

3. 在下列的 HTML 中，（　　）可以添加背景颜色。
   A. < body color="yellow">
   B. < background > yellow </background >
   C. < body bgcolor="yellow">

4. 在下列的 HTML 中，（　　）可以产生超链接。
   A. < a url="http://XX.com"> XX.com </a>
   B. < a href="http://XX.com "> XX.com </a>
   C. < a > http://XX.com </a>
   D. < a name="http://XX.com "> XX.com </a>

5. 在下列的 HTML 中，（　　）可以产生下拉列表。
   A. < list >　　　　　　　　　　B. < input type="list">
   C. < input type="dropdown">　　D. < select >

6. CSS 指的是（　　）。
   A. Computer Style Sheets　　　B. Cascading Style Sheets
   C. Creative Style Sheets　　　D. Colorful Style Sheets

7. 在以下的 HTML 中，（　　）是正确引用外部样式表的方法。

A. ＜style src＝"mystyle. css"＞

B. ＜link rel＝"stylesheet" type＝"text/css" href＝"mystyle. css"＞

C. ＜stylesheet＞mystyle. css＜/stylesheet＞

8. 在 HTML 文档中,引用外部样式表的正确位置是( )。

　　A. 文档的末尾　　　　B. 文档的顶部　　　C. ＜body＞部分　　D. ＜head＞部分

9. 下面( )HTML 标签用于定义内部样式表。

　　A. ＜style＞　　　　　　B. ＜script＞　　　　C. ＜css＞

10. 在以下的 CSS 中,可使所有＜p＞元素变为粗体的正确语法是( )。

　　A. ＜p style＝"font-size：bold"＞　　　　B. ＜p style＝"text-size：bold"＞

　　C. p {font-weight：bold}　　　　　　D. p {text-size：bold}

11. 可以在下列( )HTML 元素中放置 JavaScript 代码。

　　A. ＜script＞　　　　B. ＜javascript＞　　　C. ＜js＞　　　　　D. ＜scripting＞

12. 写 "Hello World" 的正确 JavaScript 语法是( )。

　　A. ("Hello World")　　　　　　　　B. "Hello World"

　　C. response. write("Hello World")　　D. document. write("Hello World")

13. 插入 JavaScript 的正确位置是( )。

　　A. ＜body＞部分　　B. ＜head＞部分　　C. ＜body＞部分和＜head＞部分均可

二、判断题

1. 外部脚本必须包含＜script＞标签。　　　　　　　　　　　　　　(　　)

2. 在警告框中写入 "Hello World"的写法是：alert("Hello World")。　　(　　)

3. 在 JavaScript 中,有两种不同类型的循环,分别是 for 循环和 while 循环。(　　)

4. 在 JavaScript 中添加单行注释是：＜!--This is a comment--＞。　　(　　)

5. 可插入多行注释的 JavaScript 语法是：/＊这里是注释＊/。　　　　(　　)

6. 引用名为"xxx. js"的外部脚本的正确语法是：＜script href＝"xxx. js"＞。(　　)

三、编程题

1. 新建一个 HTML 文件,并完善其 body 标签中的程序,实现将数字 12345678 转化成 12,345,678 的形式。

```
＜body＞
　＜script type ＝ "text/javascript"＞
　　var num ＝ 123456789;　　　　　　//转化为字符串
　　num ＝ num.toString();　　　　　　//封装字符串反转方法
　　var result ＝ "";　　　　　　　　//定义一个空字符串,接收最终结果
　　for(var i ＝ 1; i ＜＝ num. length; i++) { //在此填入代码
　　}
　　console. log(result);　　　　　　//显示结果应为:123,456,789
　＜/script＞
＜/body＞
```

2. 用 JS 实现随机选取 10～100 范围内的 10 个数字,存入一个数组并排序。

第 3 章

Java Web 开发

随着网络技术的飞速发展,Web 程序应用领域越来越多,涵盖各种社交、电子商务、网上银行等。Java 语言具有跨多平台、可移植性高的优点,通过不断优化,使得其非常适合 Web 应用的开发。本章将介绍 Web 程序开发过程中应该掌握的各种关键技术,包括开发环境搭建、MySQL 数据库技术、Spring 和 MyBatis 框架等内容。通过本章的学习,读者及相关开发者应能掌握 Java Web 应用的各个关键开发技术。

3.1 Java Web 开发环境的搭建

开发环境的搭建是 Java Web 应用开发的基础,包括安装 Java 开发工具包 JDK、Web 服务器(Tomcat)、数据库和 IDE 开发工具(IntelliJ IDEA),下面将介绍在 IDE 开发工具中如何配置 Web 服务器,最后介绍简单 Web 项目的发布及运行。

3.1.1 Java Tomcat 安装

首先介绍 Web 服务器(Tomcat)的安装。Tomcat 服务器是 Apache 软件基金会(Apache Software Foundation)的 Jakarta 项目组的产品,目前 Tomcat 最新版本为 10.0.2,同时它能支持 Servlet 和 JSP 规范。因为 Tomcat 技术先进、性能稳定,而且免费,因而深受 Java 爱好者的喜爱并得到了软件开发商的认可,成为目前比较流行的 Web 应用服务器。本节将介绍 Tomcat 服务器的安装与配置。

本书使用 Tomcat 10.0.2 版本,读者可自行去 Apache 官网下载最新版本。下面将介绍 Tomcat 10.0.2 的具体下载及安装步骤。

官网网址为 http://tomcat.apache.org/,其首页如图 3-1 所示。

左侧 Download 栏有各种版本供下载,单击 Tomcat 10 超链接,进入 Tomcat 10 下载页面,如图 3-2 所示。在图 3-2 中,包含了 Tomcat 服务器安装文件的不同平台的不同版本。本书以 Windows 10 64 位系统为例,选择"64-bit Windows zip(pgp,sha512)"超链接进行下载。下载完成后,得到一个 zip 格式压缩包,将其解压后即可使用。

单击文件夹 bin 下的 startup.bat 图标,即可启动 Tomcat,如图 3-3 所示。单击 shutdown.bat 图标,即可关闭 Tomcat。

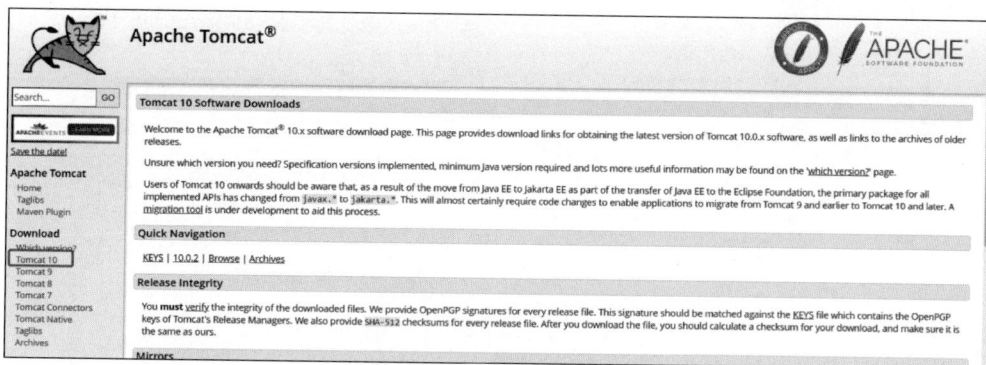

图 3-1 Apache 官方网站

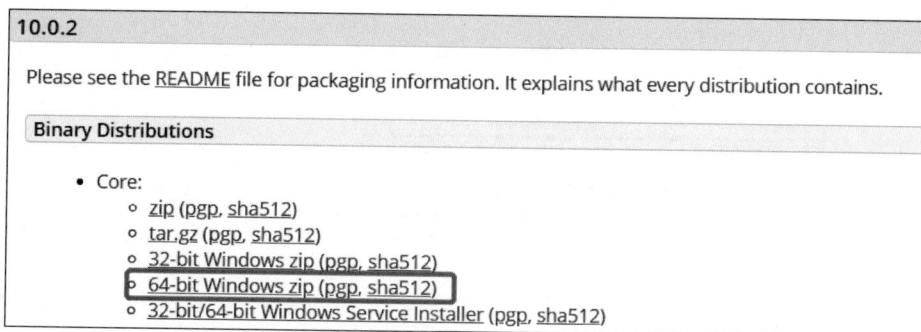

图 3-2 Tomcat 下载链接

图 3-3 启动 Tomcat

安装完成后,还需进行 Tomcat 环境变量配置,整个步骤如下:右击"我的电脑",单击
"属性"命令,选择"高级系统设置"→"环境变量",如图 3-4 所示。

在"系统变量"中添加系统变量 CATALINA_BASE 和 CATALINA_HOME;对应的
变量值都是 Tomcat 的安装路径(本例中为 D:\apache-tomcat-10.0.2),如图 3-5 所示。

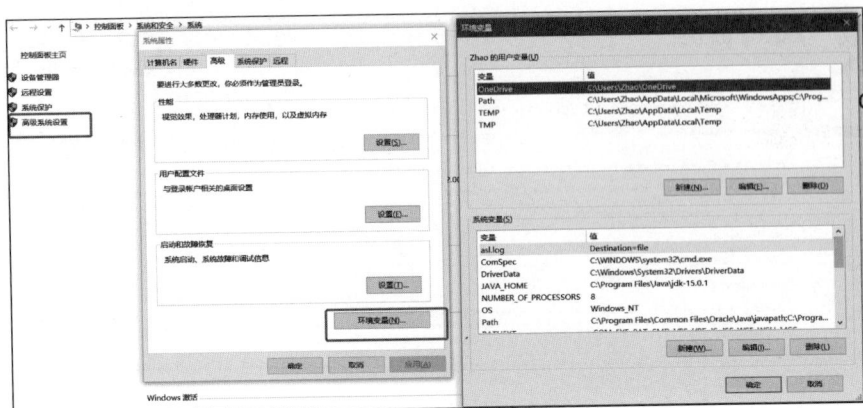

图 3-4　Tomcat 环境变量配置

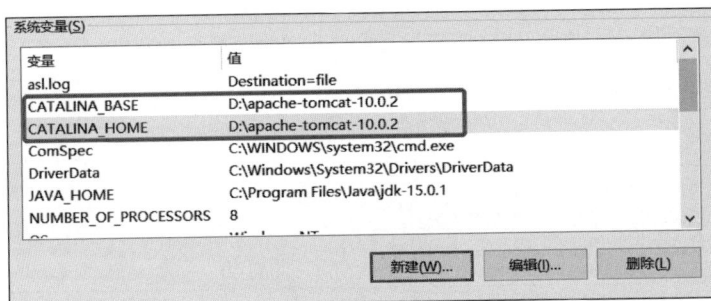

图 3-5　系统变量 CATALINA_BASE 和 CATALINA_HOME 设置

此处还需修改 Path 的变量值。选中 Path 变量，单击"编辑"按钮，变量名为 Path，在变量值的原有值后面填入"；%CATALINA_HOME%\bin；%CATALINA_HOME%\lib"，如图 3-6 所示。

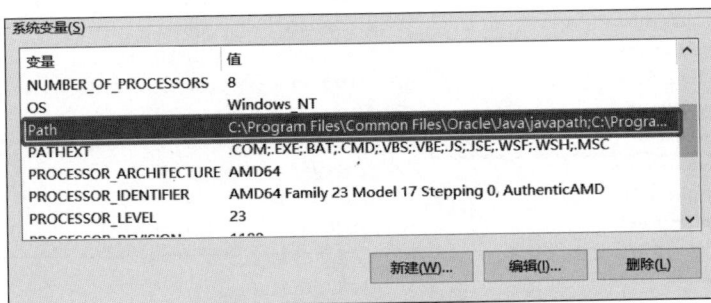

图 3-6　系统变量 Path 设置

最后需要验证配置是否成功。选择"开始"→"运行"，输入 cmd（或按快捷键 Win＋R），输入命令：startup，若出现如图 3-7 所示信息，则说明环境变量配置成功。

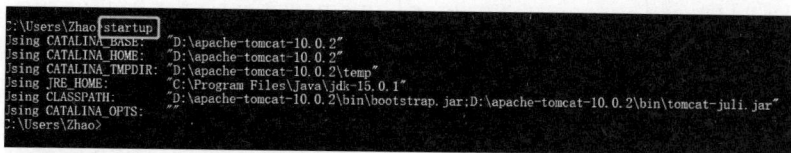

图 3-7 Tomcat 环境变量配置成功

此外,在网页端输入地址 http://localhost:8080/,若打开页面如图 3-8 所示,则说明安装 Web 服务器成功。

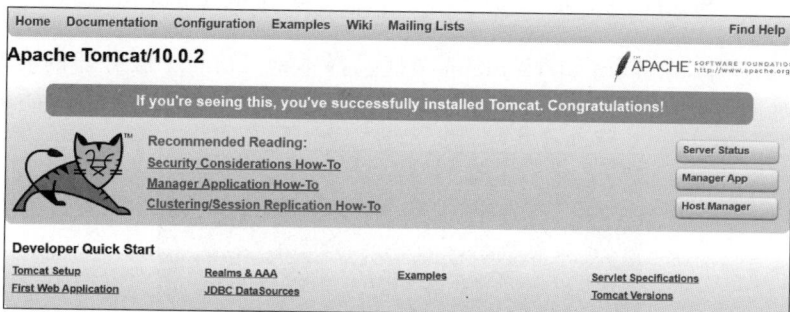

图 3-8 Tomcat 安装验证

3.1.2 在 IntelliJ IDEA 中配置 Tomcat

接下来将介绍如何在 IDE 开发工具中配置 Tomcat。进行 Java Web 开发,可选择常用的 IDE 开发工具 IntelliJ IDEA。IntelliJ IDEA 的下载及安装详见本书第 1 章。需要注意的是, IntelliJ IDEA 旗舰版才可以进行 Tomcat 服务器的配置,而 IntelliJ IDEA 社区版没有此项功能。

首先启动 IntelliJ IDEA,在菜单栏单击 Run→Edit Configurations,如图 3-9 所示。

在弹出的 Configurations 对话框中,单击左侧"＋"图标,在下拉菜单中选择 Tomcat Server→Local,如图 3-10 所示。

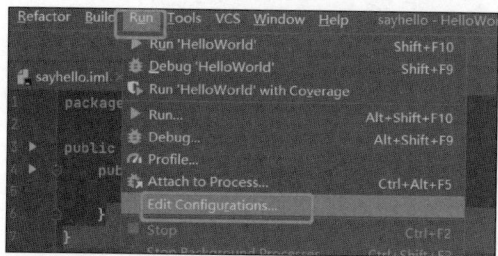

图 3-9 IntelliJ IDEA 中 Edit Configurations 路径

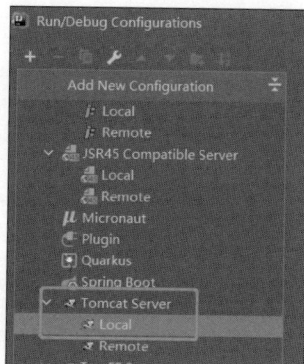

图 3-10 IntelliJ IDEA 中 Tomcat 服务器 Local 路径

在弹出的窗口中，选择 Tomcat Server→Unnamed→Server→Application server，并单击 Configuration 按钮，如图 3-11 所示。

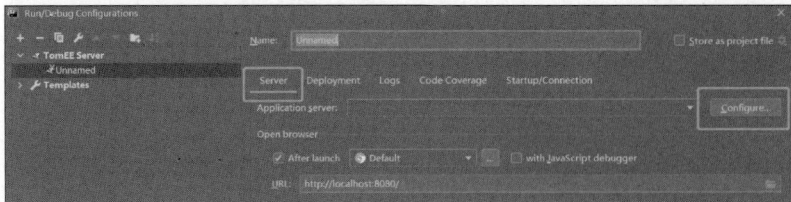

图 3-11　IntelliJ IDEA 中 Tomcat 服务器 Configuration 路径

在弹出的窗口中，在 Tomcat Home 选项框选择本地 Tomcat 服务器的安装路径，再单击 OK 按钮，如图 3-12 所示。至此，便完成了在 IntelliJ IDEA 中配置 Tomcat 服务器。

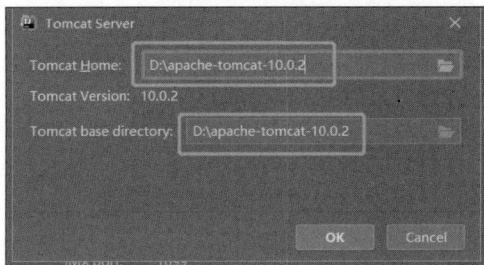

图 3-12　在 IntelliJ IDEA 中配置 Tomcat 服务器

3.1.3　发布并运行 Web 项目

在 IntelliJ IDEA 中完成配置 Tomcat 服务器后，就可以进行 Web 应用的开发了。下面将通过发布并运行一个简单的 Web 实例项目，来介绍 IntelliJ IDEA 中开发 Web 应用的具体方法。

首先创建项目，启动 IntelliJ IDEA，按照 File→New Project→Java Enterprise→Web Application 的流程来生成一个新的项目，如图 3-13 所示。同时指定项目名称及存放路径，如图 3-14 所示。

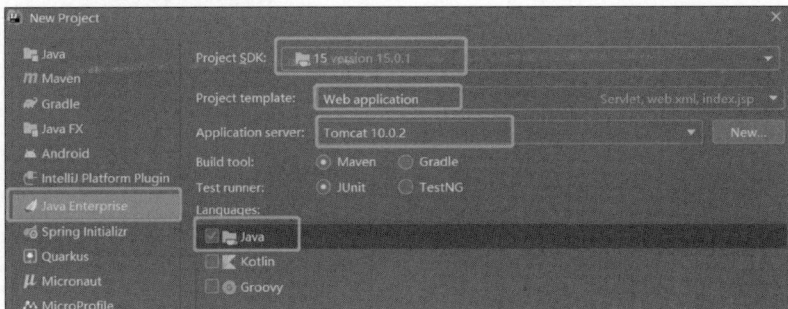

图 3-13　新建 IntelliJ IDEA 的 Web 项目

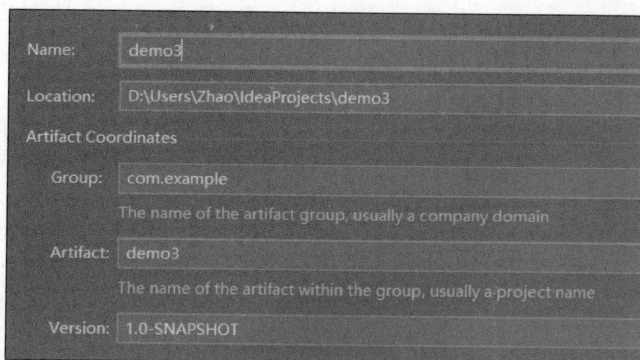

图 3-14　Web 项目命名及存放路径

新建项目后,在左侧的子文件夹下找到默认生成的 JSP 文件 index.jsp,双击打开后,可以对里面的默认代码进行修改。如图 3-15 所示,代码所实现的任务是输出 Hello World 和 Hello Servlet 两行字符。

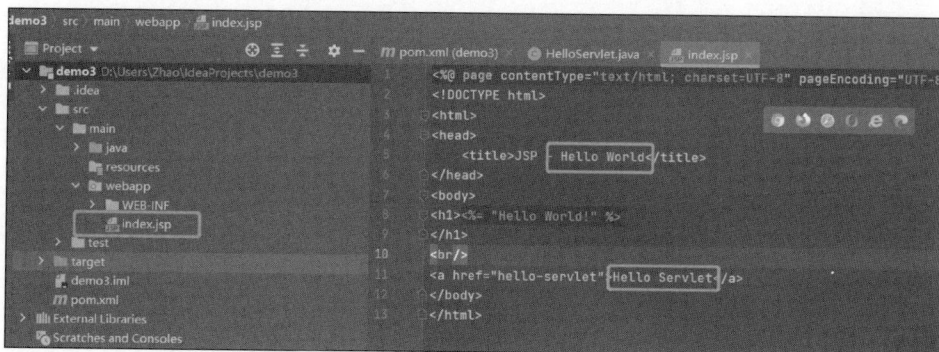

图 3-15　创建的 JSP 文件

此外,检查 Web 项目设置是否正确。依次选择 File → Project Structure → Project Setting,即可打开 Web 项目设置,如图 3-16 所示。

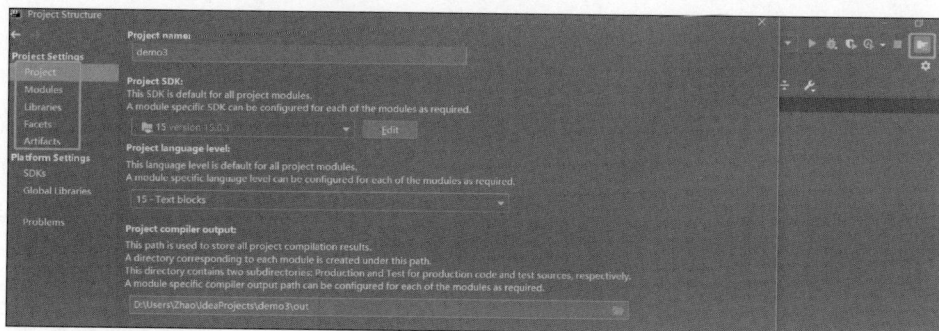

图 3-16　Web 项目设置

　　在发布和运行项目前，还需要先配置 Web 服务器，由于前面已经配置好了 Web 服务器 Tomcat，此处省略具体配置过程。如图 3-17 所示，在配置好 Web 服务器页面，Server 标签页下的 URL 网址为项目发布地址，复制此地址以备之后在浏览器输入。

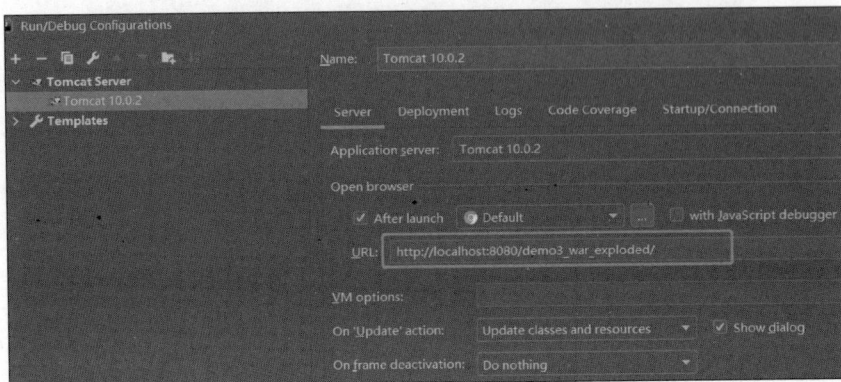

图 3-17　Web 项目的发布路径

　　项目创建完成之后，即可将项目发布到 Tomcat 并运行项目。在创建项目中，单击 Run 或者 ▶ 图标，项目运行完成后，将之前复制的 URL 地址粘贴到浏览器地址栏，并按下回车键运行即可。项目成功运行效果如图 3-18 所示，至此，便完成了一个简单 Web 项目的开发。

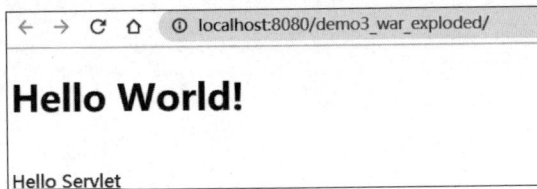

图 3-18　Web 项目运行效果图

3.2　MySQL 基础

　　根据之前介绍的步骤，可以创建 Web 应用。但一个有价值的 Web 应用必然需要进行数据的存储和处理。Web 应用最常见的数据操作就是对数据进行增删改查。比如一个图书馆管理系统应用，最核心的功能就是对图书和读者数据进行创建、修改、删除和查询，而这些功能都离不开 Web 服务器背后的数据库系统。数据库系统包含结构化查询语言（SQL）、数据库管理系统（常见的有 MySQL、Oracle 等）和数据，接下来将对每一部分内容进行详细介绍。

3.2.1　SQL 基础语法

　　SQL 是用于访问和处理数据库的标准的计算机程序设计语言，是一种高级的非过程化编程语言，允许用户在高层数据结构上工作。它不要求用户指定对数据的存放方法，也不需要用户了解具体的数据存放方式,所以能应用到不同底层结构的数据库管理系统。SQL 用户能对数据库进行执行查询,取回数据,插入数据,更新数据,删除记录,创建新数据库,创建新表,创建视图以及设置表、存储过程和视图的权限等操作。

一个数据库通常由一个或多个表组成。如表 3-1 所示,一个表都有一个名字标识(library),并且由多行组成,每一行包含带有数据的记录。

表 3-1　图书借阅信息表 library

Id	FirstName	LastName	Book_ID	Time
1	Ann	Bush	1001	2020-1-1
2	Jack	Gate	1002	2020-1-2
3	Peter	Hill	1003	2020-1-3

对数据库的操作,主要是通过 SQL 语句来实现。SQL 语句主要分为以下几类:数据定义语言(Data Definition Language,DDL)、数据查询语言(Data Query Language,DQL)、数据操作语言(Data Manipulation Language,DML)和数据控制语言(Data Control Language,DCL)。不同于其他编程语言,SQL 不区分字母大小写。此外,SQL 通常采用分号来分隔不同的语句。

1. DDL 语句

DDL 语句主要用于修改、创建和删除数据库对象,常见的 DDL 语句包括 CREATE、ALTER、DROP 等。

创建新数据库采用 CREATE DATABASE 命令,其语法结构如下。

```
create database 数据库名
on [primary]
(
  <数据文件参数> [,…n] [<文件组参数>]
)
[log on]
(
  <日志文件参数> [,…n]
)
```

创建新表采用 CREATE TABLE 命令,其语法结构如下。

```
CREATE TABLE 表名称
(
列名称 1 数据类型,
列名称 2 数据类型,
列名称 3 数据类型,
…
)
```

【例 3.1】 创建新表 CREATE TABLE Persons。

```
(
PersonID int,
LastName varchar(255),
FirstName varchar(255),
Address varchar(255),
City varchar(255)
);
```

变更（改变）数据库表采用 ALTER TABLE 命令，其语法结构如下。

```
ALTER TABLE table_name
```

删除表采用 DROP TABLE 命令，其语法结构如下。

```
DROP COLUMN column_name
```

索引是对数据库表中一个或多个列的值进行排序的结构，相当于一本书前面的文件夹，能加快数据库的查询速度。

创建索引（搜索键）采用 CREATE INDEX 命令，其语法结构如下。

```
CREATE INDEX index_name
ON table_name(column_name)
```

【例 3.2】 在 Persons 表的 LastName 列上创建一个名为 PIndex 的索引。

```
CREATE INDEX PIndex
ON Persons(LastName)
```

2. DML 语句

DML 语句主要用来查询和更新数据。常见的 DML 语句包括 SELECT、UPDATE、DELETE 和 INSERT INTO 等。

从数据库表中获取数据采用 SELECT 命令，其语法结构如下。

```
SELECT 列名称 FROM 表名称
```

【例 3.3】 从表 3-1 中选取 LastName 列的数据。

SQL 语句：

```
SELECT LastName FROM Persons
```

输出结果如表 3-2 所示。

更新数据库表中的数据采用 UPDATE

表 3-2　选取 LastName 列的数据

LastName
Bush
Gate
Hill

命令,其语法结构如下。

UPDATE 表名称 SET 列名称 = 新值 WHERE 列名称 = 某值

【例3.4】 将表 3-1 中 Lastname 是 Gate 的人对应的 Time 列更新为 2020-1-4。

SQL 语句:

UPDATE Person SET Time = '2020-1-4' WHERE LastName = 'Gate '

输出结果如表 3-3 所示。

表 3-3　更新 Time 后的表

Id	FirstName	LastName	Book_ID	Time
1	Ann	Bush	1001	2020-1-1
2	Jack	Gate	1002	2020-1-4
3	Peter	Hill	1003	2020-1-3

从数据库表中删除数据采用 DELETE 命令,其语法结构如下。

DELETE FROM 表名称 WHERE 列名称 = 值

【例3.5】 删除表 3-1 中 LastName 叫 Hill 的数据。

SQL 语句:

DELETE FROM Person WHERE LastName = 'Hill'

输出结果如表 3-4 所示。

表 3-4　删除 Hill 行后的表

Id	FirstName	LastName	Book_ID	Time
1	Ann	Bush	1001	2020-1-1
2	Jack	Gate	1002	2020-1-2

向数据库表中插入数据采用 INSERT INTO 命令,其语法结构如下。

INSERT INTO 表名称 VALUES(值 1, 值 2, …)

【例3.6】 将表 3-5 中的数据插入表 3-1。

表 3-5　新一行数据表

Id	FirstName	LastName	Book_ID	Time
4	Bill	King	1004	2020-1-4

SQL 语句:

INSERT INTO Persons VALUES('Gates', 'Bill', 'Xuanwumen 10', 'Beijing')

输出结果如表 3-6 所示。

表 3-6 插入新行数据的表

Id	FirstName	LastName	Book_ID	Time
1	Ann	Bush	1001	2020-1-1
2	Jack	Gate	1002	2020-1-2
3	Peter	Hill	1003	2020-1-3
4	Bill	King	1004	2020-1-4

3. DCL 语句

DCL 语句主要用于控制存取许可、存取权限等，常见的 DCL 语句包括 GRANT、REVOKE 语句。

如需将对指定操作对象的指定操作权限授予指定的用户，采用 GRANT 命令，其语法结构如下。

```
GRANT <权限>
    ON<对象类型 >< 对象名>
    TO <用户>
        [ WITH GRANT OPTION]
```

【例 3.7】 使用 GRANT 语句创建一个新的用户 testUser，密码为 testPwd。用户 testUser 对所有的数据有查询、插入权限，并授予 GRANT 权限。

SQL 语句：

```
GRANT SELECT,INSERT
ON *.*
TO 'testUser'@'localhost'
IDENTIFIED BY 'testPwd'
```

授予用户的权限可以由数据库管理员或其他授权者用 REVOKE 语句收回。

其语法结构如下。

```
REVOKE <权限>
  ON <对象类型><对象名>
    FROM <用户>[CASCADE|RESTRICT]
```

【例 3.8】 使用 REVOKE 语句撤销用户 testUser 对所有的数据的查询、插入权限。

SQL 语句：

```
REVOKE SELECT,INSERT
    ON *.*
FROM 'testUser'@'localhost'
```

3.2.2 MySQL 安装

MySQL 是一种关系数据库管理系统，采用标准化的 SQL 语言进行数据库管理，其特点为体积小、速度快，相比较其他数据库管理系统，还具有免费、开源的优点。在 Web 应用方面，MySQL 是目前采用最多的 RDBMS（Relational Database Management System，关系数据库管理系统）应用软件。

本节将介绍 MySQL 的安装及配置步骤。

首先，进入 MySQL 的官网（https://www.mysql.com/），如图 3-19 所示，进入下载页面。

图 3-19　MySQL 官网及下载页面

然后，下拉找到 MySQL Community（GPL）Downloads 超链接，单击，如图 3-20 所示。

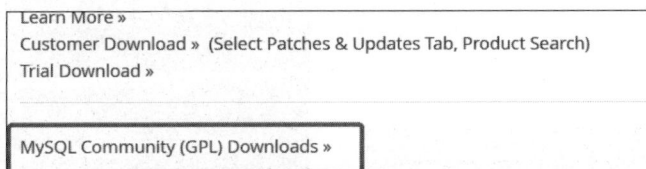

图 3-20　MySQL 社区版下载页面

如图 3-21 所示，在可选择的下载版本中选择免费的 MySQL Community Server 版本进行下载。

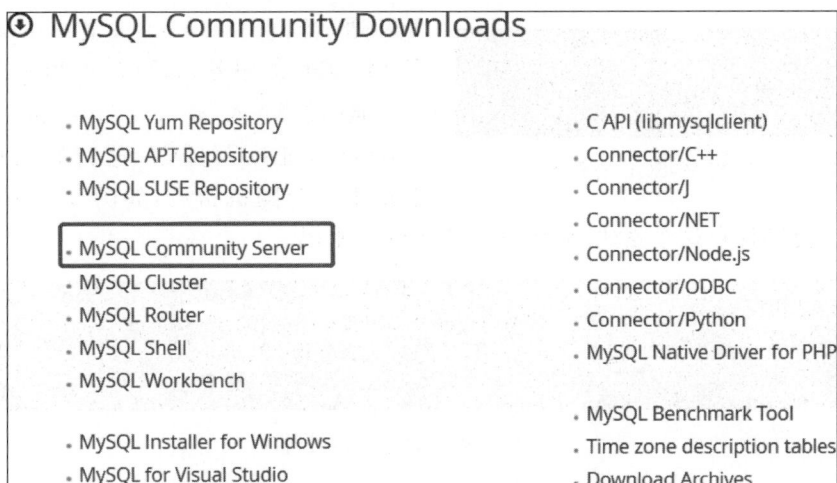

图 3-21　MySQL 社区服务器端下载页面

如图 3-22 所示，选择"Windows(x86,64-bit)，ZIP Archive"免安装版进行下载。

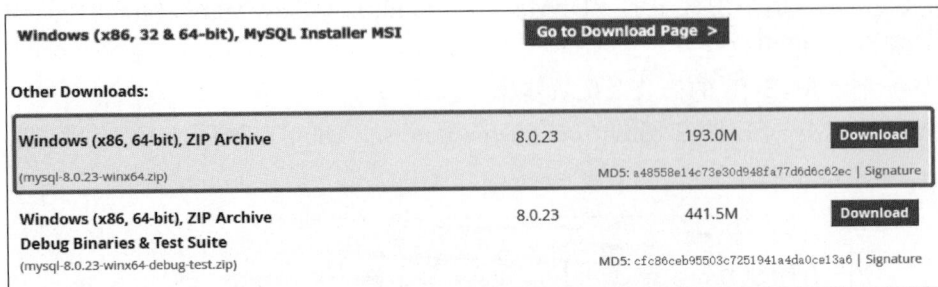

图 3-22　MySQL 的 Windows 版下载页面

接下来将下载后的压缩包进行解压，解压路径任选，但不能有中文路径。

然后进行 MySQL 的配置。由于后续部分命令需要 root 权限，所以用管理员身份打开命令行，如图 3-23 所示。

然后通过命令符的方式，跳转到解压后的 MySQL 的 bin 文件夹下，如图 3-24 所示。

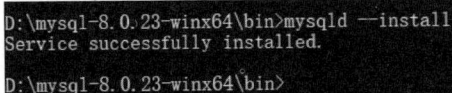

图 3-24　跳转到 MySQL 的 bin 文件夹

图 3-23　用管理员身份打开命令行

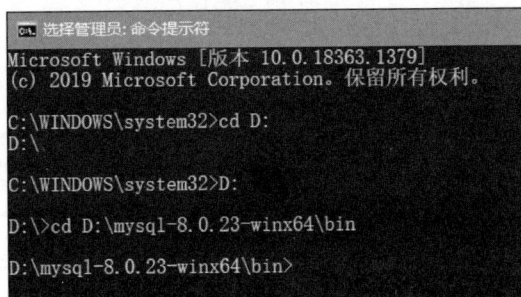

图 3-25　安装 MySQL 的服务

通过输入命令：mysqld --install，便安装了 MySQL 的服务，如图 3-25 所示。

通过输入命令：mysqld --initialize --console，进行 MySQL 的初始化操作，同时会产生一个随机密码，如图 3-26 中右下角的矩形框所示，复制保存这个密码，后续修改会用到该密码。

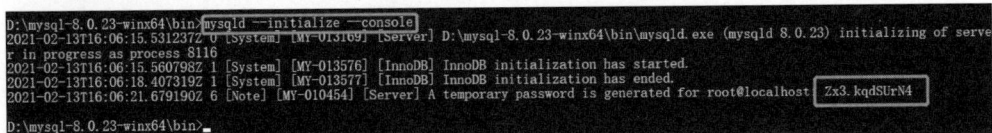

图 3-26　MySQL 初始化操作

通过输入命令：net start mysql，开启
MySQL 服务，如图 3-27 所示。

通过输入命令：mysql -u root -p，来验证
MySQL 是否安装成功，密码为之前随机生成
的密码。若结果如图 3-28 所示，则说明
MySQL 已经安装成功。

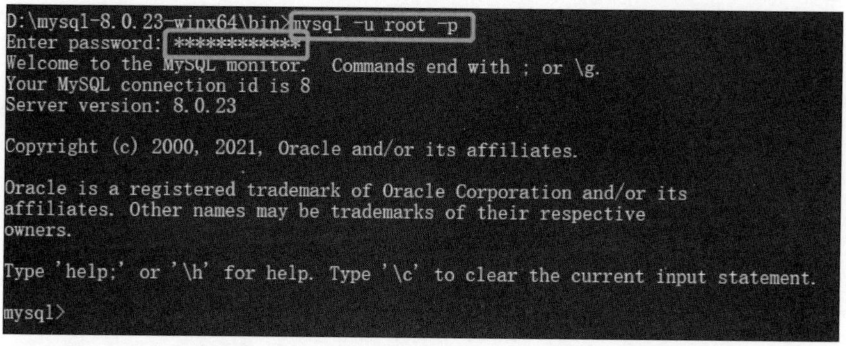

图 3-27 开启 MySQL 服务

图 3-28 登录验证 MySQL 是否安装成功

如果想把密码修改为"123"，则输入命令"alter user 'root'@'localhost' identified by
'123';"，若出现如图 3-29 所示结果，则证明修改成功。

图 3-29 修改 MySQL 密码

最后可以采用修改后的密码重新登录验证一次，若出现如图 3-30 所示结果，则表明验
证成功。

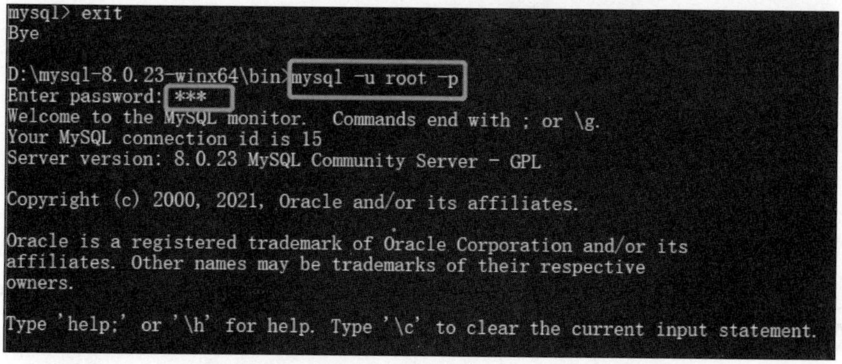

图 3-30 验证 MySQL 新密码是否修改成功

同时为了方便操作，我们也为 MySQL 设置一个全局变量。如图 3-31 所示，依次选择 "我的电脑"→"属性"→"高级系统设置"→"环境变量"→"新建"，输入变量名 mysql，变量值 为 MySQL 的安装路径。

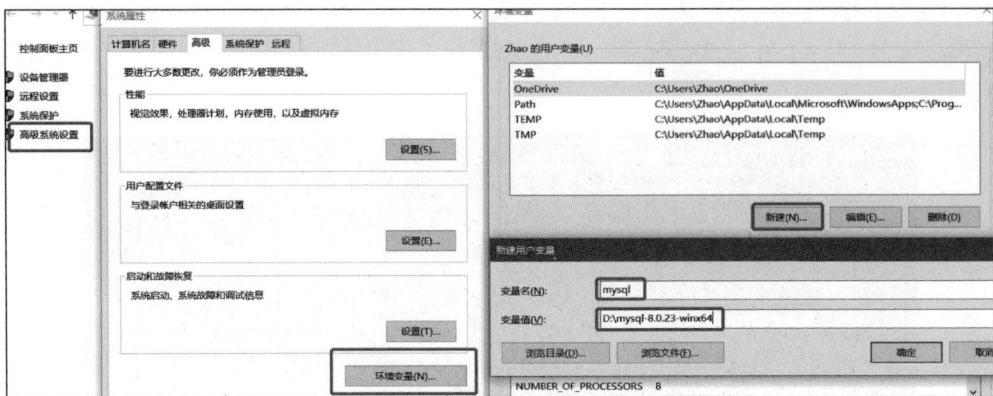

图 3-31　添加 MySQL 全局变量

然后把新建的 MySQL 变量添加到 Path 系统变量中，如图 3-32 所示。

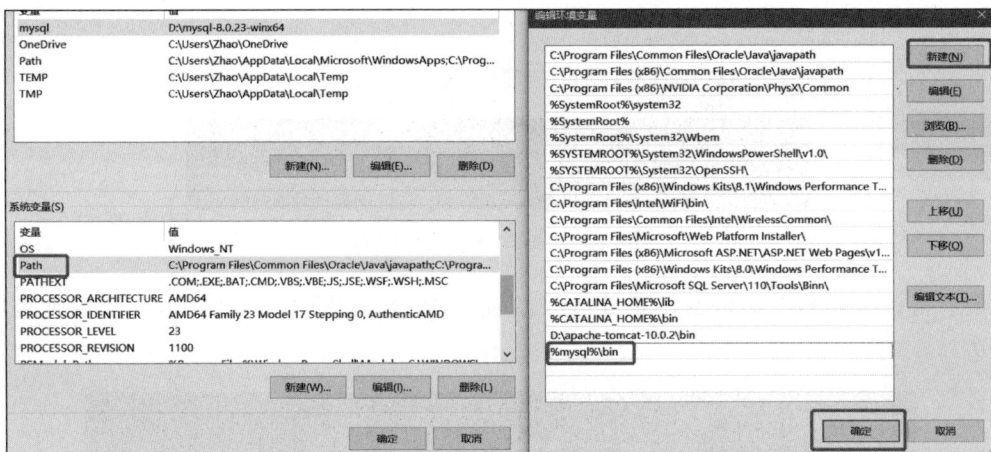

图 3-32　修改 Path 变量

3.2.3　使用数据库管理工具管理 MySQL

前面已经进行了 MySQL 的安装及配置，但采用命令行方法管理 MySQL 既不直观也 不方便，因此出现了多种数据库管理工具。其中，Navicat 作为一个桌面版 MySQL 数据库 管理和开发工具，具备图形化的用户界面，可以让用户使用和管理更为轻松。Navicat 支持 中文，有免费版本提供。

接下来将介绍使用 Navicat 来管理 MySQL。首先下载安装 Navicat，安装完成后再启动

Navicat。然后单击软件左上角的"连接"图标,选择 MySQL 数据库类型,如图 3-33 所示。

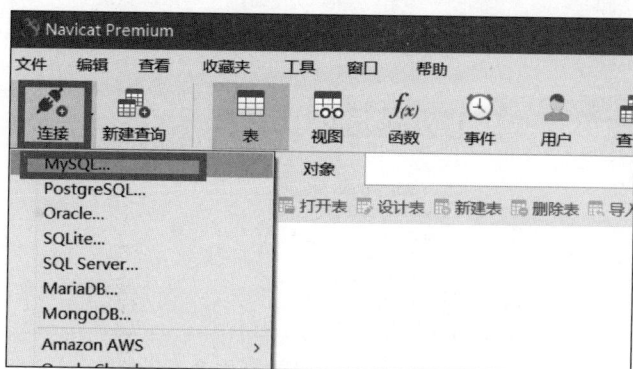

图 3-33　Navicat 启动界面

　　如图 3-34 所示,在弹出的新建连接对话框中,选择"常规"标签页,再输入自定义的连接名,作为管理数据库的标记名,主机名填数据库的服务器名称,因为 MySQL 安装在本地,所以填写 localhost,如果是在其他主机或网络服务器则填写对应的 IP,接着输入之前配置 MySQL 时的密码,最后确认连接。

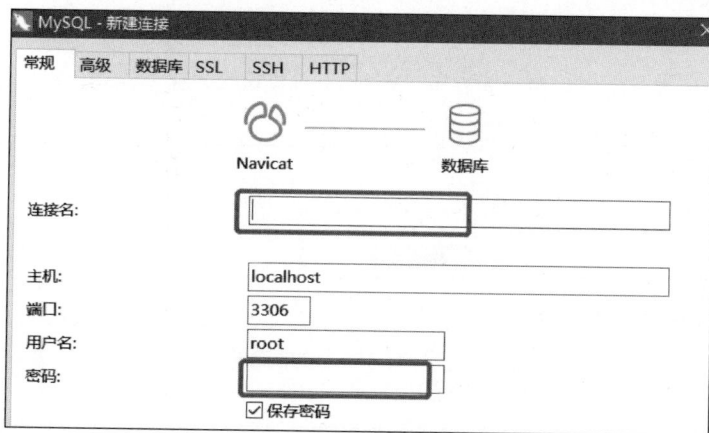

图 3-34　Navicat 连接设置界面

　　连接成功后,可以看到左边出现了自定义的连接名,双击打开。可以看到所有的数据库列表,打开其中一个,可以看到表名列表,如图 3-35 所示。

　　右击"表"选项,选择"新建表",即可创建新表,创建后在右边会出现编辑列表框,在第一列可输入新表的字段名,还可以修改类型、长度以及主键,如果要添加新的字段,单击"插入字段"即可,如图 3-36 所示。

　　单击"保存"之后,一个新表即被建立,如图 3-37 所示。

　　如果想再添加多行信息,单击下方的"＋"号,表示增加一行,接着输入信息,可以单击下方的"√"号,或者按 Ctrl＋S 键保存,如图 3-38 所示。

图 3-35　Navicat 中的数据库及表列表

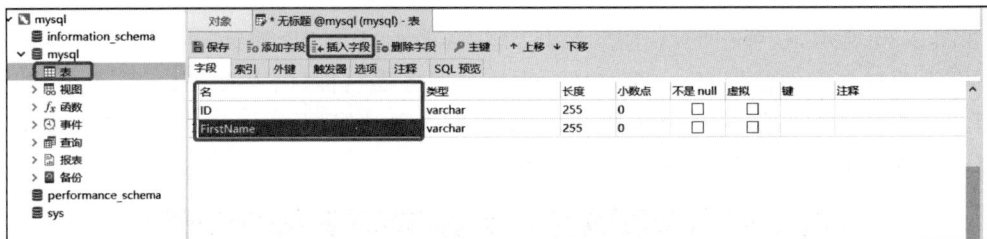

图 3-36　在 Navicat 中新建表的字段

图 3-37　在 Navicat 中生成的新表

图 3-38　在 Navicat 中添加新行

在表名上右击，可以执行设计表、删除表等多项操作。在数据库名上右击，可以执行新建数据库、删除数据库和编辑数据库等多项操作。

此外,也可以使用 Navicat 书写 SQL 语句来操作数据库、表和表记录。如图 3-39 所示,单击"查询"选项卡,选择"新建查询",即可弹出输入 SQL 语句界面。

我们需要实现在 person 表中再添加一行的功能,如图 3-40 所示,输入 INSERT into SQL 语句,完成后单击"运行"按钮。

图 3-39　在 Navicat 中输入 SQL 语句

图 3-40　在 Navicat 中输入插入新行 SQL 语句

如图 3-41 所示,信息栏提示代码实现了成功添加一行的操作。

双击 person 表,单击"刷新"后显示更新后的内容,新的一行被成功添加到表中,如图 3-42 所示。

图 3-41　SQL 语句信息提示栏

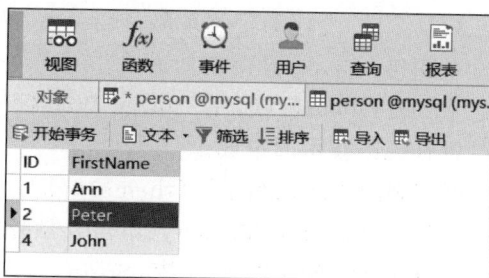

图 3-42　SQL 语句运行后的新表

3.3　Spring MVC

Spring 的 Web 框架围绕 DispatcherServlet 设计。DispatcherServlet 的作用是将请求分发到不同的处理器。Spring 的 Web 框架包括可配置的处理器(handler)映射、视图(view)解析、本地化(local)解析、主题(theme)解析以及对文件上传的支持。

Spring Web MVC 允许使用任何对象作为命令对象(或表单对象)——不必实现某个特定于框架的接口或从某个基类继承。Spring 的数据绑定相当灵活,例如,它认为类型不匹配这样的错误应该是应用级的验证错误,而不是系统错误。所以你不需要为了保证表单内容的正确提交,而重复定义一个和业务对象有相同属性的表单对象来处理简单的无类型字符串或者对字符串进行转换。

Spring Web MVC 框架具有如下特点。

- 清晰的角色划分：控制器（controller）、验证器（validator）、命令对象（command object）、表单对象（form object）、模型对象（model object）、Servlet 分发器（DispatcherServlet）、处理器映射（handler mapping）、视图解析器（view resolver）等。每个角色都可以由一个专门的对象来实现。

- 强大而直接的配置方式：将框架类和应用程序类都能作为 JavaBean 配置，支持跨多个 context 的引用，例如，在 Web 控制器中对业务对象和验证器的引用。

- 可适配、非侵入：可以根据不同的应用场景，选择合适的控制器子类（simple 型、command 型、form 型、wizard 型、multi-action 型或者自定义），而不是从单一控制器（比如 Action/ActionForm）继承。

- 可重用的业务代码：可以使用现有的业务对象作为命令或表单对象，而不需要去扩展某个特定框架的基类。

- 可定制的绑定（binding）和验证（validation）：比如将类型不匹配作为应用级的验证错误，这可以保存错误的值。再比如本地化的日期和数字绑定等。在其他某些框架中，你只能使用字符串表单对象，需要手动解析它并转换到业务对象。

- 可定制的 handler mapping 和 view resolution：Spring 提供从最简单的 URL 映射，到复杂的、专用的定制策略。与某些 Web MVC 框架强制开发人员使用单一特定技术相比，Spring 显得更加灵活。

- 灵活的 model 转换：在 Spring Web 框架中，使用基于 Map 的键/值对来轻松完成与各种视图技术的集成。

- 可定制的本地化和主题（theme）解析：支持在 JSP 中可选择地使用 Spring 标签库、支持 JSTL、支持 Velocity（不需要额外的中间层）等。

- 简单而强大的 JSP 标签库（Spring Tag Library）：支持包括诸如数据绑定和主题（theme）之类的许多功能。它提供在标记方面的最大灵活性。

- JSP 表单标签库：在 Spring 2.0 中引入的表单标签库，使得在 JSP 中编写表单更加容易。

- Spring Bean 的生命周期可以被限制在当前的 HTTP Request 或者 HTTP Session 中。

与其他 Web MVC 框架一样，Spring 的 Web MVC 框架是一个请求驱动的 Web 框架，其设计围绕一个中心的 servlet 进行，它能将请求分发给控制器，并提供其他功能帮助 Web 应用开发。然而，Spring 的 DispatcherServlet 所做的不仅仅是这些，它和 Spring 的 IoC 容器完全集成在一起，从而允许你使用 Spring 的其他功能。

DispatcherServlet 实际上是一个 servlet（它继承了 HttpServlet）。与其他 servlet 一样，DispatcherServlet 定义在 Web 应用的 web.xml 文件中。DispatcherServlet 处理的请求必须在同一个 web.xml 文件里使用 url-mapping 定义映射。下面的例子演示了如何配置 DispatcherServlet。

```
< web – app >
  < servlet >
    < servlet – name > example </servlet – name >
    < servlet – class > org. springframework. web. servlet. DispatcherServlet </servlet – class >
    < load – on – startup > 1 </load – on – startup >
  </servlet >
  < servlet – mapping >
    < servlet – name > example </servlet – name >
    < url – pattern > * . form </url – pattern >
  </servlet – mapping >
</web – app >
```

在 DispatcherServlet 的初始化过程中，框架会在 Web 应用的 WEB-INF 文件夹下寻找名为[servlet-name]-servlet. xml 的配置文件，生成文件中定义的 bean。这些 bean 会覆盖在全局范围（global cope）中定义的同名的 bean。下面这个例子展示了在 web. xml 中 DispatcherServlet 的配置：

```
< web – app >
  ...
  < servlet >
    < servlet – name > golfing </servlet – name >
    < servlet – class > org. springframework. web. servlet. DispatcherServlet </servlet – class >
    < load – on – startup > 1 </load – on – startup >
  </servlet >
  < servlet – mapping >
    < servlet – name > golfing </servlet – name >
    < url – pattern > * . do </url – pattern >
  </servlet – mapping >
</web – app >
```

可以通过两种方式定制 Spring 的 DispatcherServlet：在 web. xml 文件中增加添加 context 参数，或 servlet 初始化参数。表 3-7 是可能用到的参数。

表 3-7　DispatcherServlet 初始化参数

参　　数	描　　述
contextClass	实现 WebApplicationContext 接口的类，当前的 servlet 用它来创建上下文。如果没有指定这个参数，那么默认使用 XmlWebApplicationContext
contextConfigLocation	传给上下文实例（由 contextClass 指定）的字符串，用来指定上下文的位置。这个字符串可以被分成多个字符串（使用逗号作为分隔符）来支持多个上下文（在多上下文的情况下，如果同一个 bean 被定义两次，后面一个优先）
namespace	WebApplicationContext 命名空间。默认值是[server-name]-servlet

控制器的概念是 MVC 设计模式的一部分（确切地说，是 MVC 中的 C）。应用程序的行

为通常被定义为服务接口，而控制器使得用户可以访问应用所提供的服务。控制器解析用户输入，并将其转换成合理的模型数据，从而可以进一步由视图展示给用户。Spring 以一种抽象的方式实现了控制器概念，这样可以支持不同类型的控制器。Spring 本身包含表单控制器、命令控制器、向导型控制器等多种多样的控制器。

Spring 控制器架构的基础是 org.springframework.mvc.Controller 接口，其代码如下：

```
public interface Controller {
  /**
   * Process the request and return a ModelAndView object which the DispatcherServlet
   * will render.
   */
  ModelAndView handleRequest(
    HttpServletRequest request,
      HttpServletResponse response) throws Exception;
}
```

可以发现，Controller 接口仅仅声明了一个方法，它负责处理请求并返回合适的模型和视图。Spring MVC 实现的基础就是这 3 个概念：Model、View 以及 Controller。虽然 Controller 接口是完全抽象的，但 Spring 也提供了许多你可能会用到的控制器。Controller 接口仅仅定义了每个控制器都必须提供的基本功能：处理请求并返回一个模型和一个视图。

为提供一套基础设施，所有的 Spring 控制器都继承了 AbstractController，AbstractController 提供了诸如缓存支持和 mimetype 设置这样的功能。

当从 AbstractController 继承时，只需要实现 handleRequestInternal（HttpServletRequest，HttpServletResponse）抽象方法，该方法将用来实现自定义的逻辑，并返回一个 ModelAndView 对象。下面这个简单的例子演示了如何从 AbstractController 继承以及如何在 applicationContext.xml 中进行配置。

```
package samples;
public class SampleController extends AbstractController {
  public ModelAndView handleRequestInternal(
    HttpServletRequest request,
    HttpServletResponse response) throws Exception {
    ModelAndView mav = new ModelAndView("hello");
    mav.addObject("message", "Hello World!");
    return mav;
  }
}

<bean id="sampleController" class="samples.SampleController">
  <property name="cacheSeconds" value="120"/>
</bean>
```

所有 Web 应用的 MVC 框架都有其定位视图的方式。Spring 提供了视图解析器供你在浏览器显示模型数据,而不必被束缚在特定的视图技术上。Spring 内置了对 JSP、Velocity 模板和 XSLT 视图的支持。

ViewResolver 和 View 是 Spring 的视图处理方式中特别重要的两个接口。ViewResolver 提供了从视图名称到实际视图的映射。View 处理请求的准备工作,并将该请求提交给某种具体的视图技术。

Spring 提供了多种视图解析器,如表 3-8 所示。

表 3-8 视图解析器

ViewResolver	描　述
AbstractCachingViewResolver	抽象视图解析器实现了对视图的缓存。在视图被使用之前,通常需要进行一些准备工作。从它继承的视图解析器将对要解析的视图进行缓存
XmlViewResolver	XmlViewResolver 实现 ViewResolver,支持 XML 格式的配置文件。该配置文件必须采用与 Spring XML Bean Factory 相同的 DTD。默认的配置文件是 /WEB-INF/views.xml
ResourceBundleViewResolver	ResourceBundleViewResolver 实现 ViewResolver,在一个 ResourceBundle 中寻找所需 bean 的定义。这个 bundle 通常定义在一个位于 classpath 中的属性文件中。默认的属性文件是 views.properties
UrlBasedViewResolver	UrlBasedViewResolver 实现 ViewResolver,将视图名直接解析成对应的 URL,不需要显式的映射定义。如果视图名和视图资源的名字是一致的,就可使用该解析器,而无须进行映射
InternalResourceViewResolver	作为 UrlBasedViewResolver 的子类,它支持 InternalResourceView(对 Servlet 和 JSP 的包装),以及其子类 JstlView 和 TilesView。通过 setViewClass 方法,可以指定用于该解析器生成视图使用的视图类。更多信息请参考 UrlBasedViewResolver 的 Javadoc

当使用 JSP 作为视图层技术时,就可以使用 UrlBasedViewResolver。这个视图解析器会将视图名解析成 URL,并将请求传递给 RequestDispatcher 来显示视图。

```
< bean id = "viewResolver"
  class = "org.springframework.web.servlet.view.UrlBasedViewResolver">
  < property name = "prefix" value = "/WEB-INF/jsp/"/>
  < property name = "suffix" value = ".jsp"/>
</bean >
```

当返回的视图名为 test 时,这个视图解析器将请求传递给 RequestDispatcher,RequestDispatcher 再将请求传递给/WEB-INF/jsp/test.jsp。

现在对于一些类型的配置数据有一个趋势,就是偏爱注解方式而不是 XML 文件。为了方便实现,Spring 现在(从 2.5 版本开始)提供了使用注解配置 MVC 框架下的组件的支持。Spring 2.5 为 MVC 控制器引入了一种基于注解的编程模型，在其中使用诸如 @RequestMapping 等。通过这种方式实现的控制器不必由特定的基类继承而来，或者实现特定的接口。更进一步地，它们通常并不直接依赖于 Servlet 或 Portlet API，如果需要，它们可以具有访问 Servlet 或 Portlet 的功能。

实际开发过程中常利用注解（@RestController、@RequestMapping 等）来开发 rest 接口。接下来将介绍使用 Spring 4 @RestController 注解实现基于 RESTful JSON 的 Spring 4 MVC 例子。

首先，通过采用 maven 来创建项目。然后，修改 pom. xml 添加需要的依赖，在其中添加了 Jackson library(jackson-mapper-asl)，用来将响应的数据转换成 json 字符串。

```xml
<?xml version = "1.0"?>
< project
  xsi: schemaLocation = "http://maven. apache. org/POM/4.0.0 http://maven. apache. org/xsd/maven -
4.0.0.xsd"
  xmlns = "http://maven. apache. org/POM/4.0.0" xmlns:xsi = "http://www.w3.org/2001/XMLSchema
- instance">
< modelVersion > 4.0.0 </modelVersion >
< groupId > com. websystique. springmvc </groupId >
< artifactId > Spring4MVCHelloWorldRestServiceDemo </artifactId >
< packaging > war </packaging >
< version > 1.0.0 </version >
< name > Spring4MVCHelloWorldRestServiceDemo Maven Webapp </name >
< properties >
  < springframework. version > 4.3.0. RELEASE </springframework. version >
  < jackson. library > 2.7.5 </jackson. library >
</properties >
< dependencies >
  < dependency >
      < groupId > org. springframework </groupId >
      < artifactId > spring - core </artifactId >
      < version > $ {springframework. version}</version >
  </dependency >
  < dependency >
      < groupId > org. springframework </groupId >
      < artifactId > spring - web </artifactId >
      < version > $ {springframework. version}</version >
  </dependency >
  < dependency >
      < groupId > org. springframework </groupId >
      < artifactId > spring - webmvc </artifactId >
      < version > $ {springframework. version}</version >
  </dependency >
  < dependency >
      < groupId > javax. servlet </groupId >
      < artifactId > javax. servlet - api </artifactId >
      < version > 3.1.0 </version >
```

```
        </dependency>
        <dependency>
            <groupId>com.fasterxml.jackson.core</groupId>
            <artifactId>jackson-databind</artifactId>
            <version>${jackson.library}</version>
        </dependency>
        <dependency>
            <groupId>com.fasterxml.jackson.dataformat</groupId>
            <artifactId>jackson-dataformat-xml</artifactId>
            <version>${jackson.library}</version>
        </dependency>
    </dependencies>
    <build>
        <pluginManagement>
            <plugins>
                <plugin>
                    <groupId>org.apache.maven.plugins</groupId>
                    <artifactId>maven-compiler-plugin</artifactId>
                    <version>3.2</version>
                    <configuration>
                        <source>1.7</source>
                        <target>1.7</target>
                    </configuration>
                </plugin>
                <plugin>
                    <groupId>org.apache.maven.plugins</groupId>
                    <artifactId>maven-war-plugin</artifactId>
                    <version>2.4</version>
                    <configuration>
                        <warSourceDirectory>src/main/webapp</warSourceDirectory>
                        <warName>Spring4MVCHelloWorldRestServiceDemo</warName>
                        <failOnMissingWebXml>false</failOnMissingWebXml>
                    </configuration>
                </plugin>
            </plugins>
        </pluginManagement>
        <finalName>Spring4MVCHelloWorldRestServiceDemo</finalName>
    </build>
</project>
```

其次，添加一个 Pojo/domain 对象，此对象将从控制器返回并被 jackson 转换为 JSON 格式。

```
package com.websystique.springmvc.domain;
public class Message {
  String name;
  String text;
  public Message(String name, String text) {
```

```
        this.name = name;
        this.text = text;
    }
    public String getName() {
        return name;
    }
    public String getText() {
        return text;
    }
}
```

最后，添加控制器，在其中使用了@RestController 注解，表明本类作为一个控制器，返回的是一个 domain/pojo 对象而不是视图。这就意味着，不再使用视图解析器，响应中不再发送 html 数据，而是发送 domain 对象的特定形式。

```
package com.websystique.springmvc.controller;
import org.springframework.web.bind.annotation.PathVariable;
import org.springframework.web.bind.annotation.RequestMapping;
import org.springframework.web.bind.annotation.RestController;
import com.websystique.springmvc.domain.Message;
@RestController
public class HelloWorldRestController {
    @RequestMapping("/")
    public String welcome() {//Welcome page, non-rest
        return "Welcome to RestTemplate Example.";
    }
    @RequestMapping("/hello/{player}")
    public Message message(@PathVariable String player) {//REST Endpoint.
        Message msg = new Message(player, "Hello " + player);
        return msg;
    }
}
```

再添加配置类。

```
package com.websystique.springmvc.configuration;
import org.springframework.context.annotation.ComponentScan;
import org.springframework.context.annotation.Configuration;
import org.springframework.web.servlet.config.annotation.EnableWebMvc;
@Configuration
@EnableWebMvc
@ComponentScan(basePackages = "com.websystique.springmvc")
public class HelloWorldConfiguration {
}
```

再添加初始化类。

```
package com.websystique.springmvc.configuration;
import org.springframework.web.servlet.support.AbstractAnnotationConfigDispatcherServletInitializer;
public class HelloWorldInitializer extends AbstractAnnotationConfigDispatcherServletInitializer {
  @Override
  protected Class <?>[] getRootConfigClasses() {
    return new Class[] { HelloWorldConfiguration.class };
  }
  @Override
  protected Class <?>[] getServletConfigClasses() {
    return null;
  }
  @Override
  protected String[] getServletMappings() {
    return new String[] { "/" };
  }
}
```

在完成以上配置之后，就可以创建和发布应用了。

此外，常使用注解@RequestMapping映射请求。下面是一个通过使用@RequestMapping注解来实现表单控制器的例子。

```
@Controller
@RequestMapping("/editPet.do")
@SessionAttributes("pet")
public class EditPetForm {
        private final Clinic clinic
        @Autowired
        public EditPetForm(Clinic clinic) {
                this.clinic = clinic;
        }
        @ModelAttribute("types")
        public Collection < PetType > populatePetTypes() {
                return this.clinic.getPetTypes();
        }
        @RequestMapping(method = RequestMethod.GET)
        public String setupForm(@RequestParam("petId") int petId, ModelMap model) {
                Pet pet = this.clinic.loadPet(petId);
                model.addAttribute("pet", pet);
                return "petForm";
        }
        @RequestMapping(method = RequestMethod.POST)
        public String processSubmit(@ModelAttribute("pet") Pet pet, BindingResult result,
                        SessionStatus status) {
                new PetValidator().validate(pet, result);
                if (result.hasErrors()) {
                        return "petForm";
                }
                else {
```

```
                            this.clinic.storePet(pet);
                            status.setComplete();
                            return "redirect:owner.do?ownerId = " + pet.getOwner().getId();
                    }
            }
    }
```

3.4 MyBatis 基础

3.4.1 初识 MyBatis

MyBatis 本是 Apache 的一个开源项目 iBatis，2010 年这个项目由 Apache Software Foundation 迁移到了 Google code，并且改名为 MyBatis。2013 年 11 月迁移到 Github。MyBatis 是一款优秀的持久层框架，它支持自定义 SQL、存储过程以及高级映射。MyBatis 免除了几乎所有的 JDBC 代码以及设置参数和获取结果集的工作。MyBatis 可以通过简单的 XML 或注解来将原始类型、接口和 Java POJO（Plain Old Java Objects，普通老式 Java 对象）配置和映射为数据库中的记录。

Mybatis 具有以下特点：

- 简单易学。
- 灵活。
- SQL 和代码的分离，提高了可维护性。
- 提供映射标签，支持对象与数据库的 ORM 字段关系映射。
- 提供对象关系映射标签，支持对象关系组建维护。
- 提供 XML 标签，支持编写动态 SQL。

MyBatis 源码可以通过 Maven 工具或 GitHub 下载。

下面介绍通过 GitHub 下载。单击 GitHub 网址（https://github.com/）。在搜索框中搜索 Mybatis，搜索结果如图 3-43 所示，同时单击 mybatis-3 链接。

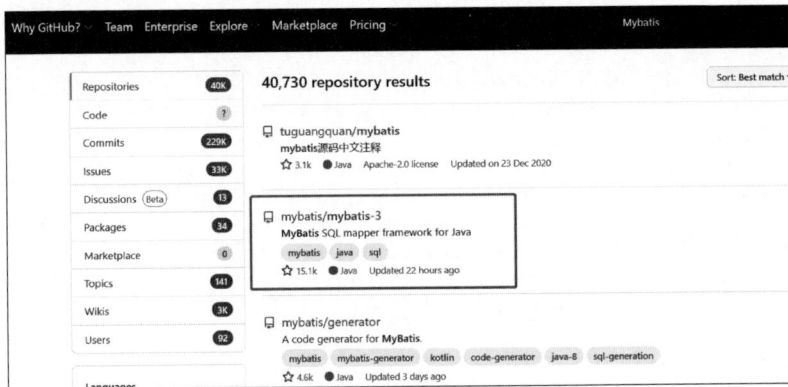

图 3-43 mybatis-349 下载链接

选择 mybatis-3.5.6 版本进行下载,如图 3-44 所示。

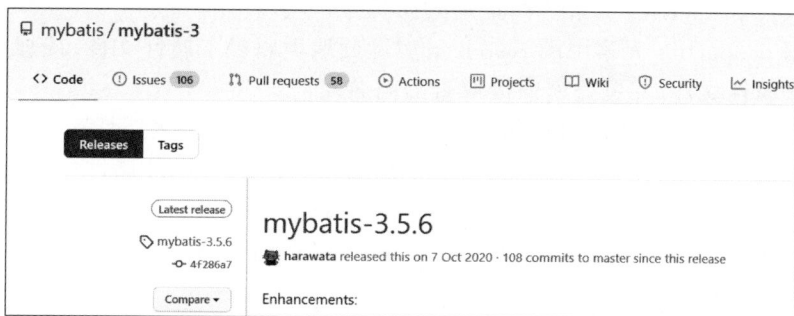

图 3-44　mybatis-3.5.6 版本

选择下载 mybatis-3.5.6.zip 压缩包,如图 3-45 所示,然后将其解压在 IntelliJ IDEA 中项目所属文件夹中即可,然后在 IntelliJ IDEA 中打开所解压的文件。

图 3-45　mybatis-3.5.6.zip 压缩包

3.4.2　MyBatis 配置

MyBatis 的配置文件包含了会深深影响 MyBatis 行为的设置和属性信息。配置文档的顶层结构包括如下几个部分。

1. 属性

这些属性(properties)可以在外部进行配置,并可以进行动态替换。你既可以在典型的 Java 属性文件中配置这些属性,也可以在 properties 元素的子元素中设置。例如:

```
< properties resource = "org/mybatis/example/config.properties">
  < property name = "username" value = "dev_user"/>
  < property name = "password" value = "F2Fa3!33TYyg"/>
  <% / * 实际应用中,password 需要加密后再配置到配置文件中 * / %>
</properties >
```

设置好的属性可以在整个配置文件中用来替换需要动态配置的属性值。比如:

```
< dataSource type = "POOLED">
  < property name = "driver" value = " $ {driver}"/>
  < property name = "url" value = " $ {url}"/>
  < property name = "username" value = " $ {username}"/>
  < property name = "password" value = " $ {password}"/>
</dataSource >
```

如果一个属性在不止一个地方进行了配置，那么，MyBatis 将按照下面的顺序来加载：
首先读取在 properties 元素体内指定的属性。

然后根据 properties 元素中的 resource 属性读取类路径下属性文件，或根据 url 属性指定的路径读取属性文件，并覆盖之前读取过的同名属性。

最后读取作为方法参数传递的属性，并覆盖之前读取过的同名属性。

因此，通过方法参数传递的属性具有最高优先级，resource/url 属性中指定的配置文件次之，最低优先级的则是 properties 元素中指定的属性。

从 MyBatis 3.4.2 开始，可以为占位符指定一个默认值。例如：

```
<dataSource type="POOLED">
  <!-- ... -->
  <property name="username" value="${username:ut_user}"/> <!-- 如果属性 'username' 没有被配置，'username' 属性的值将为 'ut_user' -->
</dataSource>
```

2. 设置

这是 MyBatis 中极为重要的调整设置（settings），它们会改变 MyBatis 的运行时行为。表 3-9 描述了设置中各项设置的含义、默认值等。

表 3-9　MyBatis 设置中各项设置的含义、默认值

设　置　名	描　　述	有效值	默认值
cacheEnabled	全局性地开启或关闭所有映射器配置文件中已配置的任何缓存	true | false	true
lazyLoadingEnabled	延迟加载的全局开关。当开启时，所有关联对象都会延迟加载。特定关联关系中可通过设置 fetchType 属性来覆盖该项的开关状态	true | false	false
aggressiveLazyLoading	开启时，任一方法的调用都会加载该对象的所有延迟加载属性。否则，每个延迟加载属性会按需加载（参考 lazyLoadTriggerMethods）	true | false	false
multipleResultSetsEnabled	是否允许单个语句返回多结果集（需要数据库驱动支持）	true | false	true
useColumnLabel	使用列标签代替列名。实际表现依赖于数据库驱动，具体可参考数据库驱动的相关文档，或通过对比测试来观察	true | false	true
useGeneratedKeys	允许 JDBC 支持自动生成主键，需要数据库驱动支持。如果设置为 true，将强制使用自动生成主键。尽管一些数据库驱动不支持此特性，但仍可正常工作（如 Derby）	true | false	False

续表

设　置　名	描　　　述	有效值	默认值
autoMappingBehavior	指定 MyBatis 应如何自动映射列到字段或属性。NONE 表示关闭自动映射；PARTIAL 只会自动映射没有定义嵌套结果映射的字段。FULL 会自动映射任何复杂的结果集(无论是否嵌套)	NONE，PARTIAL，FULL	PARTIAL
autoMappingUnknownColumnBehavior	指定发现自动映射目标未知列(或未知属性类型)的行为	NONE，WARNING，FAILING	NONE
defaultExecutorType	配置默认的执行器。SIMPLE 就是普通的执行器；REUSE 执行器会重用预处理语句(PreparedStatement)；BATCH 执行器不仅重用语句,还会执行批量更新	SIMPLE REUSE BATCH	SIMPLE
defaultStatementTimeout	设置超时时间,它决定数据库驱动等待数据库响应的秒数	任意正整数	未设置(null)
defaultFetchSize	为驱动的结果集获取数量(fetchSize)设置一个建议值。此参数只可以在查询设置中被覆盖	任意正整数	未设置(null)
safeRowBoundsEnabled	是否允许在嵌套语句中使用分页(RowBounds)。如果允许使用则设置为 false	true ｜ false	False
safeResultHandlerEnabled	是否允许在嵌套语句中使用结果处理器(ResultHandler)。如果允许使用则设置为 false	true ｜ false	True
mapUnderscoreToCamelCase	是否开启驼峰命名自动映射,即从经典数据库列名 A_COLUMN 映射到经典 Java 属性名 aColumn	true ｜ false	False
localCacheScope	MyBatis 利用本地缓存机制(Local Cache)防止循环引用和加速重复的嵌套查询。默认值为 SESSION,会缓存一个会话中执行的所有查询。若设置值为 STATEMENT,本地缓存将仅用于执行语句,对相同 SqlSession 的不同查询将不会进行缓存	SESSION ｜ STATEMENT	SESSION

一个配置完整的 settings 元素的示例如下：

```
< settings >
  < setting name = "cacheEnabled" value = "true"/>
```

```
< setting name = "lazyLoadingEnabled" value = "true"/>
< setting name = "multipleResultSetsEnabled" value = "true"/>
< setting name = "useColumnLabel" value = "true"/>
< setting name = "useGeneratedKeys" value = "false"/>
< setting name = "autoMappingBehavior" value = "PARTIAL"/>
< setting name = "autoMappingUnknownColumnBehavior" value = "WARNING"/>
< setting name = "defaultExecutorType" value = "SIMPLE"/>
< setting name = "defaultStatementTimeout" value = "25"/>
< setting name = "defaultFetchSize" value = "100"/>
< setting name = "safeRowBoundsEnabled" value = "false"/>
< setting name = "mapUnderscoreToCamelCase" value = "false"/>
< setting name = "localCacheScope" value = "SESSION"/>
< setting name = "jdbcTypeForNull" value = "OTHER"/>
< setting name = "lazyLoadTriggerMethods" value = "equals,clone,hashCode,toString"/>
</settings >
```

3. 类型别名

类型别名(typeAliases)可用于为 Java 类型设置一个缩写名字。它仅用于 XML 配置，意在减少冗余的全限定类名书写。例如：

```
< typeAliases >
  < typeAlias alias = "Author" type = "domain.blog.Author"/>
  < typeAlias alias = "Blog" type = "domain.blog.Blog"/>
  < typeAlias alias = "Comment" type = "domain.blog.Comment"/>
  < typeAlias alias = "Post" type = "domain.blog.Post"/>
  < typeAlias alias = "Section" type = "domain.blog.Section"/>
  < typeAlias alias = "Tag" type = "domain.blog.Tag"/>
</typeAliases >
```

4. 对象工厂

每次 MyBatis 创建结果对象的新实例时，它都会使用一个对象工厂(objectFactory)实例来完成实例化工作。默认的对象工厂需要做的仅仅是实例化目标类，要么通过默认无参构造方法，要么通过存在的参数映射来调用带有参数的构造方法。如果想覆盖对象工厂的默认行为，那么可以通过创建自己的对象工厂来实现。例如：

```
// ExampleObjectFactory.java
public class ExampleObjectFactory extends DefaultObjectFactory {
  public Object create(Class type) {
    return super.create(type);
  }
  public Object create (Class type, List < Class > constructorArgTypes, List < Object >
constructorArgs) {
    return super.create(type, constructorArgTypes, constructorArgs);
  }
  public void setProperties(Properties properties) {
    super.setProperties(properties);
```

```
  }
  public <T> boolean isCollection(Class<T> type) {
    return Collection.class.isAssignableFrom(type);
  }}
<!-- mybatis-config.xml -->
<objectFactory type="org.mybatis.example.ExampleObjectFactory">
  <property name="someProperty" value="100"/>
</objectFactory>
```

5．环境配置

MyBatis 可以配置成适应多种环境（environments），这种机制有助于将 SQL 映射应用于多种数据库之中，现实情况下有多种理由需要这么做。例如，开发、测试和生产环境需要有不同的配置；或者想在具有相同 Schema 的多个生产数据库中使用相同的 SQL 映射。还有许多类似的使用场景。

不过要记住：尽管可以配置多个环境，但每个 SqlSessionFactory 实例只能选择一种环境。

所以，如果想连接两个数据库，就需要创建两个 SqlSessionFactory 实例，每个数据库对应一个。而如果是 3 个数据库，就需要 3 个实例，以此类推，记起来很简单——每个数据库对应一个 SqlSessionFactory 实例。

为了指定创建哪种环境，只要将它作为可选的参数传递给 SqlSessionFactoryBuilder 即可。可以接受环境配置的两个方法签名是：

```
SqlSessionFactory factory = new SqlSessionFactoryBuilder().build(reader, environment);
SqlSessionFactory factory = new SqlSessionFactoryBuilder().build(reader, environment,
properties);
```

environments 元素定义了如何配置环境。

```
<environments default="development">
  <environment id="development">
    <transactionManager type="JDBC">
      <property name="..." value="..."/>
    </transactionManager>
    <dataSource type="POOLED">
      <property name="driver" value="${driver}"/>
      <property name="url" value="${url}"/>
      <property name="username" value="${username}"/>
      <property name="password" value="${password}"/>
    </dataSource>
  </environment>
</environments>
```

还有其他元素的细节见官方文档（http://www.mybatis.org/mybatis-3/zh/sqlmap-xml.html）。

3.4.3　MyBatis 关联映射

MyBatis 的真正强大之处在于它的语句映射。由于它异常强大，映射器的 XML 文件就显得相对简单。如果拿它跟具有相同功能的 JDBC 代码进行对比，你会立即发现省掉了将近 95% 的代码。MyBatis 致力于减少使用成本，让用户能更专注于 SQL 代码。

查询语句是 MyBatis 中最常用的元素之一，仅能把数据存到数据库中价值并不大，还要能重新取出来才有用，多数应用也都是查询比修改要频繁。MyBatis 的基本原则之一是：在每个插入、更新或删除操作之间，通常会执行多个查询操作。因此，MyBatis 在查询和结果映射方面做了相当多的改进。一个简单查询的 select 元素是非常简单的。比如：

```
< select id = "selectPerson" parameterType = "int" resultType = "hashmap">
  SELECT * FROM PERSON WHERE ID = #{id}
</select >
```

数据变更语句 insert、update 和 delete 的实现非常接近：

```
< insert
    id = "insertAuthor"
    parameterType = "domain.blog.Author"
    flushCache = "true"
    statementType = "PREPARED"
    keyProperty = ""
    keyColumn = ""
    useGeneratedKeys = ""
    timeout = "20">
< update
    id = "updateAuthor"
    parameterType = "domain.blog.Author"
    flushCache = "true"
    statementType = "PREPARED"
    timeout = "20">
< delete
    id = "deleteAuthor"
    parameterType = "domain.blog.Author"
    flushCache = "true"
    statementType = "PREPARED"
    timeout = "20">
```

resultMap 元素是 MyBatis 中最重要最强大的元素。它可以让你从 90% 的 JDBC ResultSets 数据提取代码中解放出来，并在一些情形下允许你进行一些 JDBC 不支持的操作。实际上，在为一些比如连接的复杂语句编写映射代码的时候，一份 resultMap 能够代替实现同等功能的数千行代码。resultMap 的设计思想是，对简单的语句做到零配置，对于复杂一点的语句，只需要描述语句之间的关系即可。

以下是简单映射语句的示例,它们没有显式指定 resultMap。比如:

```
< select id = "selectUsers" resultType = "map">
  select id, username, hashedPassword
  from some_table
  where id =  #{id}
</select >
```

上述语句只是简单地将所有的列映射到 HashMap 的键上,这由 resultType 属性指定。虽然在大部分情况下都够用,但是 HashMap 并不是一个很好的领域模型。程序更可能会使用 JavaBean 或 POJO(Plain Old Java Objects,普通老式 Java 对象)作为领域模型。MyBatis 对两者都提供了支持。看看下面这个 JavaBean:

```
package com.someapp.model;
public class User {
  private int id;
  private String username;
  private String hashedPassword;
  public int getId() {
    return id;
  }
  public void setId(int id) {
    this.id =  id;
  }
  public String getUsername() {
    return username;
  }
  public void setUsername(String username) {
    this.username =  username;
  }
  public String getHashedPassword() {
    return hashedPassword;
  }
  public void setHashedPassword(String hashedPassword) {
    this.hashedPassword =  hashedPassword;
  }
}
```

基于 JavaBean 的规范,上面这个类有 3 个属性:id、username 和 hashedPassword。这些属性会对应到 select 语句中的列名。

这样的一个 JavaBean 可以被映射到 ResultSet,就像映射到 HashMap 一样简单。

```
< select id = "selectUsers" resultType = "com.someapp.model.User">
  select id, username, hashedPassword
  from some_table
  where id =  #{id}
</select >
```

关联（association）元素处理"有一个"类型的关系。比如，在我们的示例中，一个博客有一个用户。关联结果映射和其他类型的映射工作方式差不多。你需要指定目标属性名以及属性的 javaType（很多时候 MyBatis 可以自己推断出来），在必要的情况下你还可以设置 JDBC 类型，如果你想覆盖获取结果值的过程，还可以设置类型处理器。

关联的不同之处是，你需要告诉 MyBatis 如何加载关联。MyBatis 有两种不同的方式加载关联：

- 嵌套 select 查询——通过执行另外一个 SQL 映射语句来加载期望的复杂类型。
- 嵌套结果映射——使用嵌套的结果映射来处理连接结果的重复子集。

关联的嵌套 select 查询示例如下：

```
< resultMap id = "blogResult" type = "Blog">
  < association property = "author" column = "author_id" javaType = "Author" select = "selectAuthor"/>
</resultMap>
< select id = "selectBlog" resultMap = "blogResult">
  SELECT * FROM BLOG WHERE ID = #{id}
</select>
< select id = "selectAuthor" resultType = "Author">
  SELECT * FROM AUTHOR WHERE ID = #{id}
</select>
```

有两个 select 查询语句：一个用来加载博客（Blog），另外一个用来加载作者（Author），而且博客的结果映射描述了应该使用 selectAuthor 语句加载它的 author 属性。

其他所有的属性将会被自动加载，只要它们的列名和属性名相匹配。

下面的实例用于演示嵌套结果映射如何工作。现在将博客表和作者表连接在一起，而不是执行一个独立的查询语句。

```
< resultMap id = "blogResult" type = "Blog">
  < id property = "id" column = "blog_id" />
  < result property = "title" column = "blog_title"/>
  < association property = "author" column = "blog_author_id" javaType = "Author" resultMap =
"authorResult"/>
</resultMap>
< resultMap id = "authorResult" type = "Author">
  < id property = "id" column = "author_id"/>
  < result property = "username" column = "author_username"/>
  < result property = "password" column = "author_password"/>
  < result property = "email" column = "author_email"/>
  < result property = "bio" column = "author_bio"/>
</resultMap>
```

可以看到，博客（Blog）作者（author）的关联元素委托名为 authorResult 的结果映射来加载作者对象的实例。

3.4.4　MyBatis 和 Spring 的整合

MyBatis-Spring 会帮助你将 MyBatis 代码无缝地整合到 Spring 中。它将允许 MyBatis 参与到 Spring 的事务管理之中，创建映射器 mapper 和 SqlSession 并注入到 bean 中，以及将 MyBatis 的异常转换为 Spring 的 DataAccessException。最终，可以做到应用代码不依赖于 MyBatis、Spring 或 MyBatis-Spring。

在开始使用 MyBatis-Spring 之前，需要先熟悉 Spring 和 MyBatis 这两个框架及其有关的配置。

要使用 MyBatis-Spring 模块，只需要在类路径下包含 mybatis-spring-2.0.6.jar 文件和相关依赖即可。

如果使用 Maven 作为构建工具，则仅需要在 pom.xml 中加入以下代码：

```xml
<dependency>
  <groupId>org.mybatis</groupId>
  <artifactId>mybatis-spring</artifactId>
  <version>2.0.6</version>
</dependency>
```

要和 Spring 一起使用 MyBatis，就需要在 Spring 应用上下文中定义至少两样东西：一个 SqlSessionFactory 和至少一个数据映射器类。

在 MyBatis-Spring 中，可使用 SqlSessionFactoryBea 来创建 SqlSessionFactory。要配置这个工厂 bean，只需要把下面代码放在 Spring 的 XML 配置文件中：

```
<bean id="sqlSessionFactory" class="org.mybatis.spring.SqlSessionFactoryBean">
  <property name="dataSource" ref="dataSource" />
</bean>
@Configuration
public class MyBatisConfig {
  @Bean
  public SqlSessionFactory sqlSessionFactory() throws Exception {
    SqlSessionFactoryBean factoryBean = new SqlSessionFactoryBean();
    factoryBean.setDataSource(dataSource());
    return factoryBean.getObject();
  }
}
```

注意：SqlSessionFactory 需要一个 DataSource(数据源)。这可以是任意的 DataSource，只需要和配置其他 Spring 数据库连接一样配置它就可以了。

假设定义了一个如下的 mapper 接口：

```java
public interface UserMapper {
  @Select("SELECT * FROM users WHERE id = #{userId}")
  User getUser(@Param("userId") String userId);
}
```

那么可以通过 MapperFactoryBean 将接口加入到 Spring 中：

```
< bean id = "userMapper" class = "org. mybatis. spring. mapper. MapperFactoryBean">
  < property name = "mapperInterface" value = "org. mybatis. spring. sample. mapper. UserMapper" />
  < property name = "sqlSessionFactory" ref = "sqlSessionFactory" />
</bean >
```

需要注意的是，所指定的映射器类必须是一个接口，而不是具体的实现类。在这个示例中，通过注解来指定 SQL 语句，但是也可以使用 MyBatis 映射器的 XML 配置文件。

配置好之后，就可以像 Spring 中普通的 bean 注入方法那样，将映射器注入业务或服务对象中。MapperFactoryBean 将会负责 SqlSession 的创建和关闭。如果使用了 Spring 的事务功能，那么当事务完成时，session 将会被提交或回滚。最终任何异常都会被转换成 Spring 的 DataAccessException 异常。

使用 Java 代码来配置的方式如下：

```
@Configuration
public class MyBatisConfig {
  @Bean
  public UserMapper userMapper() throws Exception {
    SqlSessionTemplate sqlSessionTemplate = new SqlSessionTemplate(sqlSessionFactory());
    return sqlSessionTemplate. getMapper(UserMapper.class);
  }
}
```

要调用 MyBatis 的数据方法，可使用如下代码：

```
public class FooServiceImpl implements FooService {

  private final UserMapper userMapper;

  public FooServiceImpl(UserMapper userMapper) {
    this.userMapper = userMapper;
  }

  public User doSomeBusinessStuff(String userId) {
    return this.userMapper. getUser(userId);
  }
}
```

3.5　本章小结

本章首先介绍了 Java Web 开发环境的搭建，包括安装 Tomcat 服务器以及在 IntelliJ IDEA 集成开发环境中配置 Tomcat，并在此基础上发布并运行了一个简单的 Web 项目；动态的 Web 开发需要进行大量数据的处理,因此对数据库技术 MySQL 也进行了相关介绍,包括 SQL 基础语法,MySQL 的安装及使用数据库管理工具 Navicat 管理 MySQL;然后针对 Java Web 开发常用的 Spring 和 MyBatis 框架进行了介绍,包括如何使用 Spring MVC、MyBatis 配置、MyBatis 关联映射及 MyBatis 和 Spring 的整合等知识。

3.6　课后练习

一、填空题

1. 在 Servlet 开发中,实现了多个 Servlet 之间数据共享的对象是＿＿＿＿＿＿。

2. 在 Servlet 容器启动每一个 Web 应用时,就会创建一个唯一的 ServletContext 对象,该对象和 Web 应用具有相同的＿＿＿＿＿＿。

3. ServletConfig 对象是由＿＿＿＿＿＿创建出来的。

4. Tomcat 服务器的默认端口号是＿＿＿＿＿＿。

5. 用于监听 ServletRequest 对象生命周期的接口是＿＿＿＿＿＿。

6. 用于监听 HttpSession 对象生命周期的接口是＿＿＿＿＿＿。

7. PreparedStatement 是 Statement 的子接口,用于执行＿＿＿＿＿＿的 SQL 语句。

8. Statement 接口的 executeUpdate(String sql)方法用于执行 SQL 中的 insert、＿＿＿＿＿＿和 delete 语句。

二、判断题

1. ServletConfig 对象可以实现多个 Servlet 之间的数据共享。　　　　　　　(　　)

2. 一个元素下配置多个子元素能实现 Servlet 的多重映射。　　　　　　　(　　)

3. 一个 Servlet 可以映射多个虚拟路径。　　　　　　　　　　　　　　(　　)

4. 当访问一个 Web 应用程序时,如果没有指定资源名称,则会访问默认的页面。

　　　　　　　　　　　　　　　　　　　　　　　　　　　　　　(　　)

5. 在一个 web.xml 中只能配置一个监听器。　　　　　　　　　　　　(　　)

6. 采取在 servler.xml 文件中配置虚拟文件夹,每次修改 server.xml 文件后,都需要重启服务器,否则修改的配置将不会生效。　　　　　　　　　　　　　　(　　)

7. 对于相同的 SQL 语句,Statement 对象只会对其编译执行一次。　　　(　　)

8. ResultSet 接口表示 select 查询语句得到的结果集,该结果集封装在一个逻辑表格中。　　　　　　　　　　　　　　　　　　　　　　　　　　　　(　　)

三、选择题

1. 在下列选项中,(　　　)方法用于返回映射到某个资源文件的 URL 对象。

　　A. getRealPath(String path)　　　　　　　　B. getResource(String path)

　　C. getResourcePaths(String path)　　　　　　D. getResourceAsStream(String path)

2. 下列选项中,用于根据虚拟路径得到文件的真实路径的方法是(　　　)。

　　A. String getRealPath(String path)

B. URL getResource(String path)

C. Set getResourcePaths(String path)

D. InputStream getResourceAsStream(String path)

3. 下列选项中，用于设置 ServletContext 的域属性的方法是（　　）。

A. setAttribute(String name,String obj)

B. setParameter(String name,Object obj)

C. setAttribute(String name,Object obj)

D. setParameter (String name,Object obj)

4. 下列选项中，（　　）是 web.xml 中配置初始化参数的标签。

A. < param-init >　　　B. < init-param >　　C. < param >　　　　D. < init >

5. 下列选项中，可以成功修改 Tomcat 端口号为 80 的是（　　）。

A. < Connect port="8080" protocol="HTTP/1.1" connectionTimeout="20000" redirectPort="8443" />

B. < Connector port="8080" protocol="HTTP/1.1" connectionTimeout="20000" redirectPort="8443" />

C. < Connector port="80" protocol="HTTP/1.1" connectionTimeout="20000" redirectPort="8443" />

D. < Connect port="80" protocol="HTTP/1.1" connectionTimeout="20000" redirectPort="8443" />

6. 下列选项中，表示服务器错误的状态码是（　　）。

A. 100　　　　　　B. 404　　　　　　C. 304　　　　　　D. 500

7. 下面关于 executeQuery(String sql)方法，说法正确的是（　　）。

A. 可以执行 insert 语句　　　　　　B. 可以执行 update 语句

C. 可以执行 select 语句　　　　　　D. 可以执行 delete 语句

8. 下列选项中，用于将参数化的 SQL 语句发送到数据库的方法是（　　）。

A. prepareCall(Stringsql)　　　　　　B. prepareStatement(Stringsql)

C. registerDriver(Driverdriver)　　　　D. createStatement()

四、问答题

1. Tomcate 如何配置 Web 项目？

2. IntelliJ IDEA 中如何发布 Web 项目？

3. 在 Spring 框架中如何更有效地使用 JDBC？

4. 使用 Spring 框架的好处是什么？

5. 在 Spring AOP 中，关注点和横切关注的区别是什么？

第4章

Android 开发基础

Android 是一种基于 Linux 的自由及开放源代码的操作系统,主要用于移动设备,如智能手机和平板电脑,由 Google 公司和开放手机联盟(Open Handset Alliance)领导及开发。Android 是一个完全整合的移动软件系统,包括一个操作系统、中间件、便于用户使用的界面以及各类应用,手机厂商和移动运营商可以自由定制 Android。本节将对 Android 开发基础进行介绍。

4.1 Android 开发准备

4.1.1 Android 简介

Android 本意指"机器人",Google 公司将 Android 的标识设计为一个绿色机器人,表示 Android 系统符合环保概念,是一个轻薄短小、功能强大的移动系统,是第一个真正为手机打造的开放性系统。Android 一词最早出现于法国作家利尔亚当在 1886 年发表的科幻小说《未来夏娃》中,作者将外表像人的机器起名为 Android。Android 操作系统最初是由安迪·罗宾(Andy Rubin)开发出的,2005 年被 Google 收购,并于 2007 年 11 月 5 日正式向外界展示这款系统。2008 年 9 月发布 Android 第 1 个版本 Android1.1。Android 系统一经推出,几乎每隔半年就有一个新的版本发布。各个版本的 Android 名称、版本号及 Target API 等级如表 4-1 所示。

表 4-1 各个版本的 Android 名称、版本号及 Target API 等级

时　　间	Android 名称	版　本　号	API 等级
2009 年 4 月	Android Cupecake(纸杯蛋糕)	1.5	3
2009 年 9 月	Android Donut(甜甜圈)	1.6	4
2009 年 10 月	Android Éclair(松饼)	2.0/2.1	5~7
2010 年 5 月	Android Froyo(冻酸奶)	2.2	8
2010 年 12 月	Android Gingerbread(姜饼)	2.3	9~10
2011 年 2 月	Android Honeycomb(蜂巢)	3.0/3.2	11~13

时　　间	Android 名称	版　本　号	API 等级
2011 年 11 月	Android Ice Cream Sandwich(冰激凌三明治)	4.0	14~15
2012 年 6 月	Android Jelly Bean(果冻豆)	4.1/4.3	16~18
2013 年 9 月	Android KitKat(奇巧)	4.4	19~20
2014 年 10 月	Android Lollipop(棒棒糖)	5.0	21~22
2015 年 9 月	Android Marshmallow(棉花糖)	6.0	23
2016 年 10 月	Android Nougat(牛轧糖)	7.0/7.1	24~25
2017 年 8 月	Android Oreo(奥利奥)	8.0/8.1	26~27
2018 年 5 月	Android Pie(馅饼)	9.0	28
2019 年 9 月	Android 10.0(Q)	10.0	29
2020 年 9 月	Android 11.0(R)	11.0	30

从 1.5 版本开始，Android 用甜点做系统版本的代号，但是从 Android 10.0 开始，谷歌宣布不再以"首字母＋甜点"名称的形式进行命名，而是直接采用数字。

4.1.2　Android 体系结构

Android 系统采用分层结构，由高到低分层，依次是应用程序层、应用程序框架层、系统运行库层和 Linux 内核层，如图 4-1 所示。

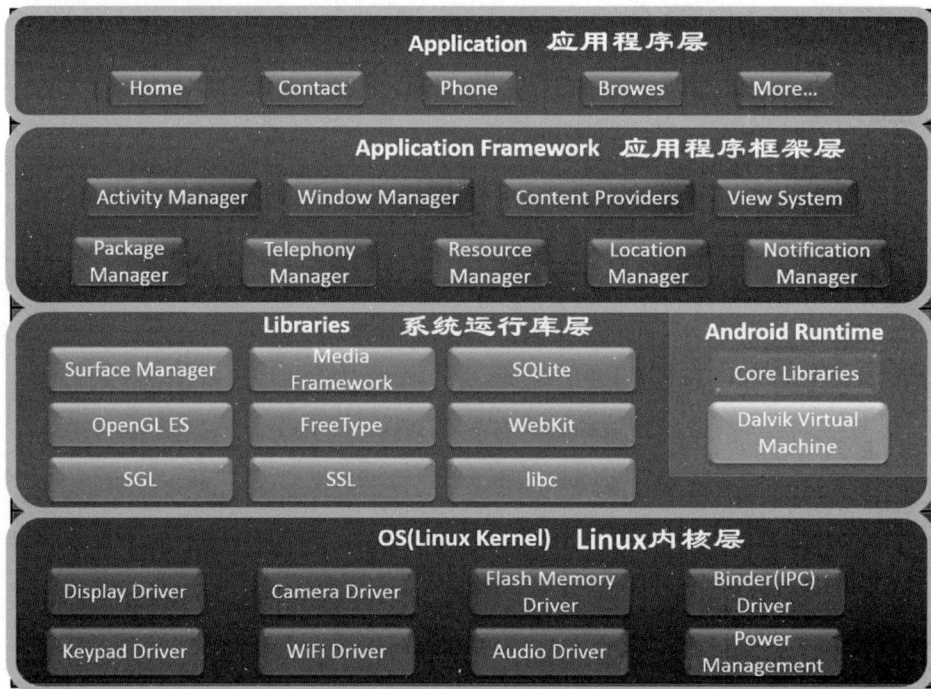

图 4-1　Android 体系结构

1. 应用程序层（Application）

应用程序层是核心应用程序的集合，是 Android 设备与用户交互的一层。所有安装在手机上的应用程序都属于这一层，比如系统自带的联系人、短信等程序，或者是从 Google Play 上下载的小程序或是自己开发的程序都属于应用程序层。

2. 应用程序框架层（Application Framework）

提供构建应用程序时可能用到的各种 API，Android 自带的一些核心应用就是使用这些 API 完成的，例如视图（View）、Activity 管理器（Activity Manager）、通知管理器（Notification Manager）等，开发人员也可以通过使用这些 API 来构建自己的应用程序。

3. 系统运行库层（Libraries）

包含系统库及 Android 运行时库。系统库主要是通过 C/C++ 库来为 Android 系统提供主要的特性支持。如 SQLite 库提供了数据库支持、OpenGL/ES 提供了 3D 绘图的支持、Webkit 库提供了浏览器内核的支持等。

Android 运行时库主要提供了一些核心库，允许开发者使用 Java 语言来编写 Android 应用。另外，Android 运行时库中还包含了 Dalvik 虚拟机（5.0 系统之后改为 ART 运行环境），它使得每一个 Android 应用都能运行在独立的进程中，并且拥有一个自己的 Dalvik 虚拟机实例。相较于 Java 虚拟机，Dalvik 虚拟机是专门为移动设备定制的，它针对手机内存、CPU 性能有限等情况做了优化处理。

4. Linux 内核层（Linux Kernel）

Android 系统是基于 Linux 内核的，这一层为 Android 设备的各种硬件提供底层驱动，如显示驱动、音频驱动、照相机驱动、蓝牙驱动、Wi-Fi 驱动、电源管理等。

4.1.3　Android 开发环境的搭建

开发每一种应用程序都必须先准备集成开发环境（Integrated Development Environment，IDE）。目前主流的 Android 应用程序的开发环境是 JDK＋Android Studio＋Android SDK。

- JDK。JDK 是 Java 语言的软件开发工具包，包含了 Java 的运行环境、工具集合、基础类库等内容。
- Android SDK。Android SDK 是 Google 提供的 Android 开发工具包，在开发 Android 程序时，需要引入该工具包来使用 Android 相关的 API。
- Android Studio。在很早之前，Android 项目都是用 Eclipse 来开发的，而在 2015 年 Google 就已经宣布终止 Eclipse Android 工具的开发与支持，包括 ADT 插件、Ant 构建系统、DDMS、Traceview 与其他性能和监控工具。2013 年，谷歌推出了一款官方的 IDE 工具 Android Studio。Android Studio 的开发源自集成开发环境 IntelliJ IDEA，Android Studio 继承了 IntelliJ IDEA 的所有功能，被认为是 Android 开发的未来，将全面取代 Eclipse。

1．Android Studio 的下载

Google 简化了 Android 开发环境的安装配置过程，在 Android Studio 的安装包中集成了 Android SDK，不再需要单独下载及安装 Android SDK。在浏览器地址栏中输入 https：//developer. android. google. cn/studio，单击 DOWNLOAD ANDROID STUDIO 下载最新版的 Android Studio(4. 1. 1 for Windows 64bit)，如图 4-2 所示。

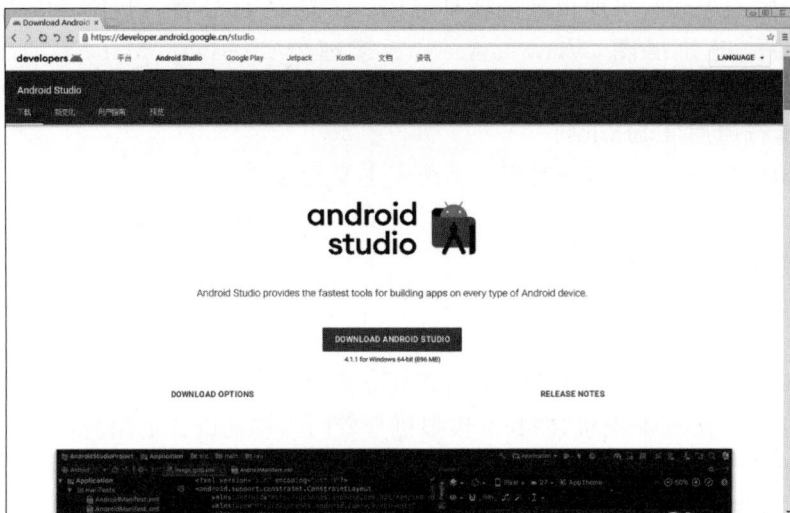

图 4-2　Android Studio 下载地址

选中"我已阅读并同意上述条款及条件"，接受 Android Studio 的条款及条件，然后单击"下载 ANDROID STUDIO 适用平台：WINDOWS"开始下载，如图 4-3 所示。

图 4-3　Android Studio 下载页面

2．Android Studio 的安装

运行下载完成的 android-studio-ide-201.6953283-windows.exe，启动安装程序。在弹出的"打开文件-安全警告"对话框中，单击"运行"按钮，允许安装程序运行，进入 Welcome to Android Studio Setup 界面，如图 4-4 所示。

图 4-4　Android Studio 安装步骤

在图 4-4 中单击 Next 按钮，会进入 Choose Components 界面，如图 4-5 所示。单击 Next 按钮，将弹出如图 4-6 所示的 Configuration Settings 界面，更改安装路径为 D:\Program Files\Android\Android Studio，单击 Next 按钮。

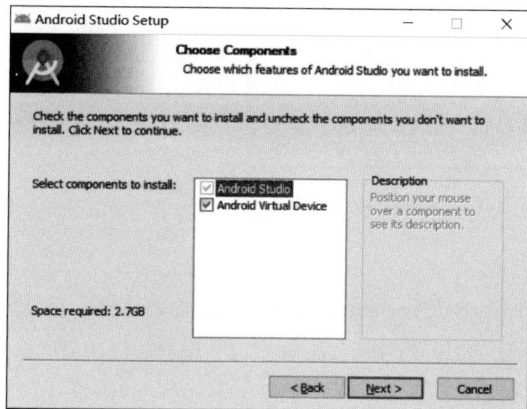

图 4-5　Choose Components 界面

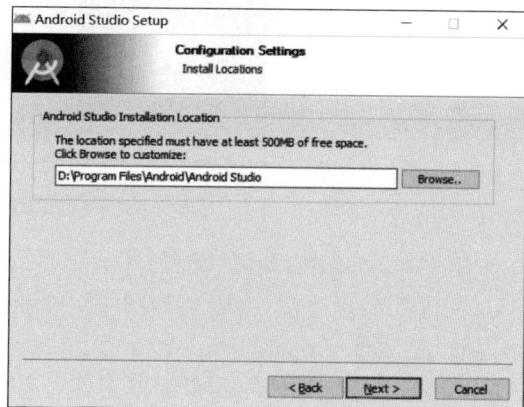

图 4-6　Configuration Settings 界面

在 Choose Start Menu Folder 界面中设置在"开始"菜单中的文件夹名称，单击 Install 按钮开始安装，安装完成后，在 Installation Complete 界面单击 Next 按钮，如图 4-7 所示。

在如图 4-8 所示的 Completing Android Studio Setup 界面中，默认选中了 Start Android Studio 按钮，表示用户在安装成功后自动启动 Android Studio。单击 Finish 按钮关闭安装程序。

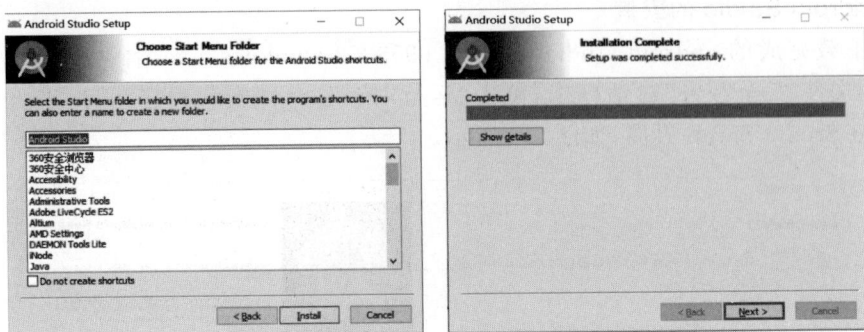

图 4-7　Android Studio 安装过程界面

图 4-8　Completing Android Studio Setup 界面

3．Android Studio 的配置

关闭安装程序后，会弹出如图 4-9 所示的 Import Android Studio Settings 界面，选择不导入配置文件 Do not import settings，并单击 OK 按钮。在弹出的如图 4-10 所示的 Android Studio First Run 界面单击 Cancel 按钮。

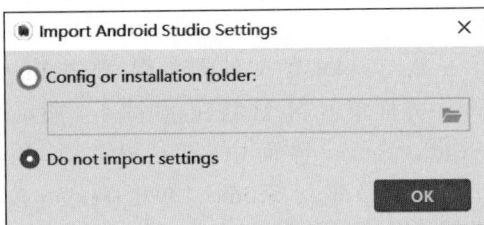

图 4-9　Import Android Studio Settings 界面

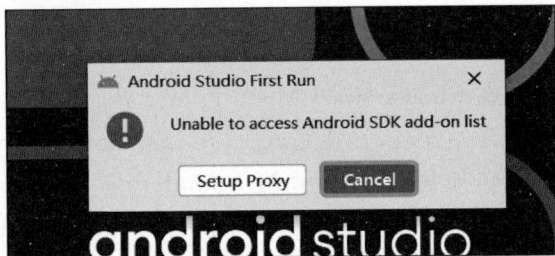

图 4-10　Android Studio 对话框设置

在弹出的如图 4-11 所示的 Android Studio Setup Wizard 界面中单击 Next 按钮,然后在 Install Type 界面中选择 Custom,单击 Next 按钮,如图 4-12 所示。

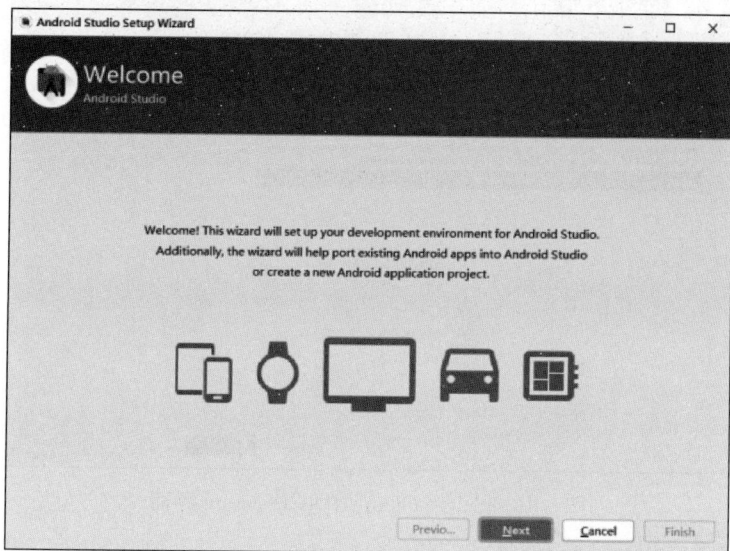

图 4-11　Android Studio Setup Wizard 界面

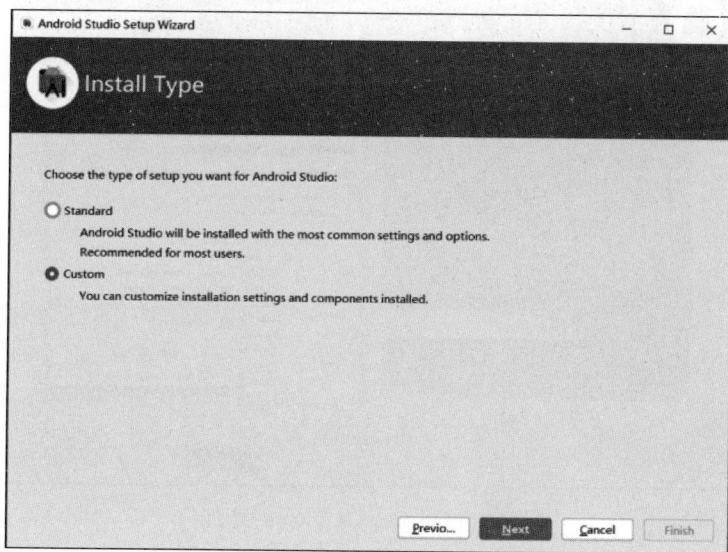

图 4-12　Install Type 界面

在弹出的 Select default JDK Location 界面中,单击下拉列表,选择"JAVA_HOME: d:\Program Files\Java\jdk-15.0.1",即系统中 JDK 的安装路径,单击 Next 按钮,如图 4-13 所示。在 Select UI Theme 界面根据自己的喜好习惯选择 UI 主题风格,此处选择 Light,单击 Next 按钮,如图 4-14 所示。

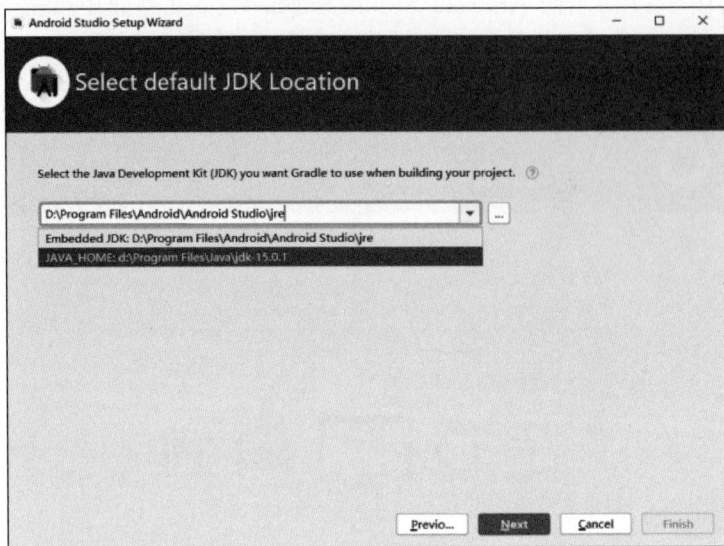

图 4-13　Select default JDK Location 界面

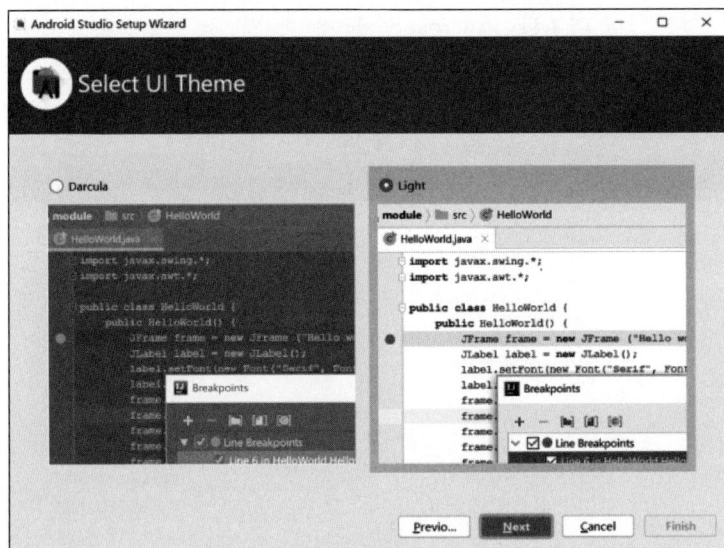

图 4-14　Select UI Theme 界面

在 SDK Components Setup 界面更改 SDK 组件的下载路径，注意自己选中的 API 版本号，这里为"API 30：Android 11.0（R）"。单击 Next 按钮，如图 4-15 所示。在弹出的 Emulator Settings 窗口设置模拟器，根据自己的计算机内存大小选择，如果是 8GB 内存则选择 2～4GB，如果是 4GB 内存则选择 2GB，但不能小于 2GB，否则会报错，然后单击 Next 按钮，如图 4-16 所示。

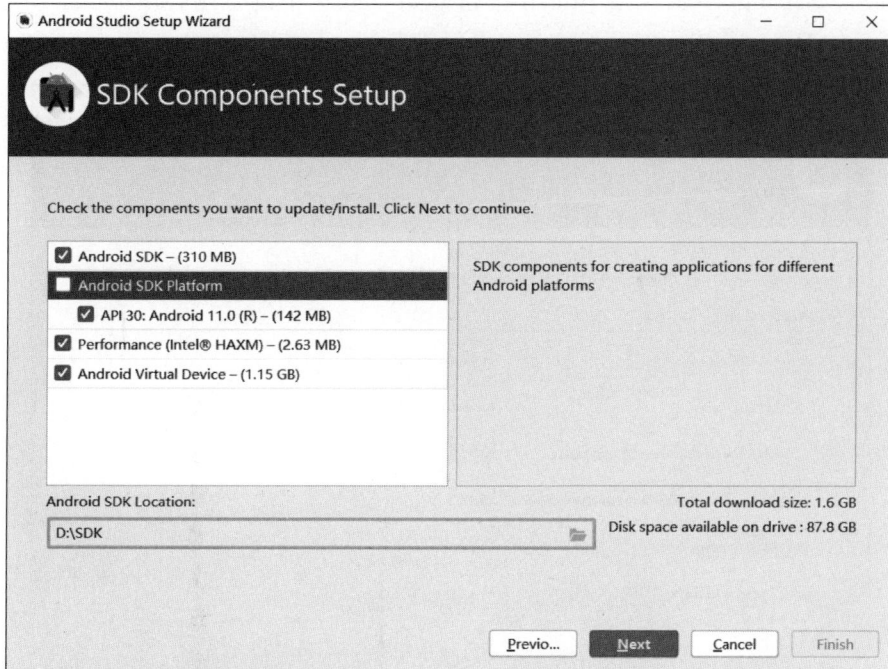

图 4-15　SDK Components Setup 界面

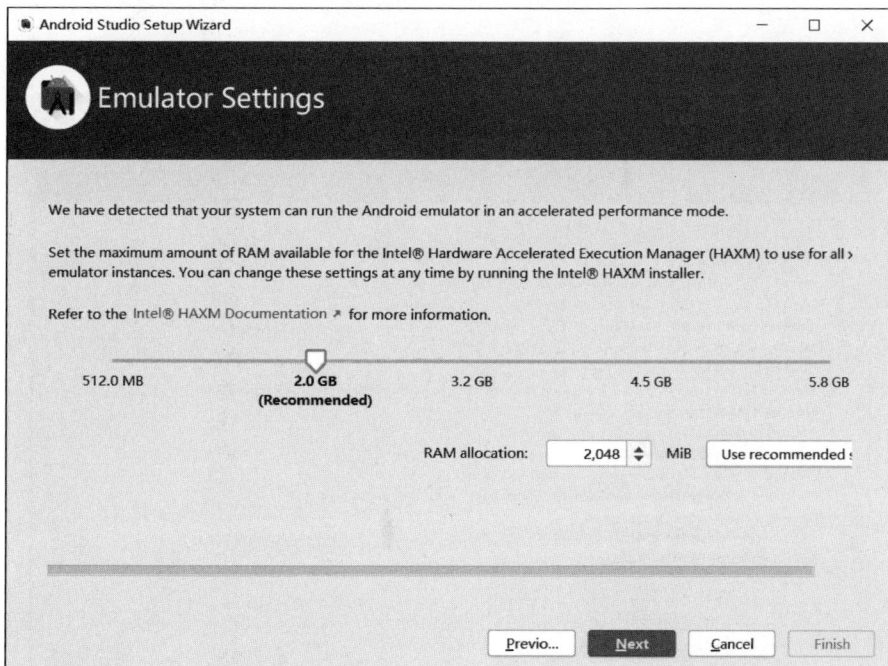

图 4-16　Emulator Settings 界面

　　在 Verify Settings 界面单击 Finish 按钮开始下载选中的选项，如图 4-17 所示。在如图 4-18 所示的 Downloading Components 界面单击 Finish 按钮，完成 Android Studio 的安装，

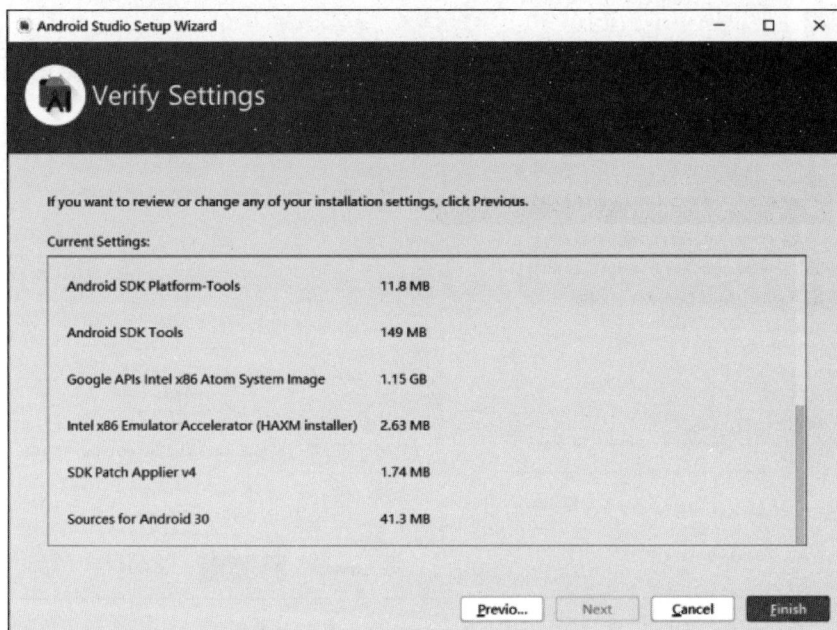

图 4-17　Verify Settings 界面

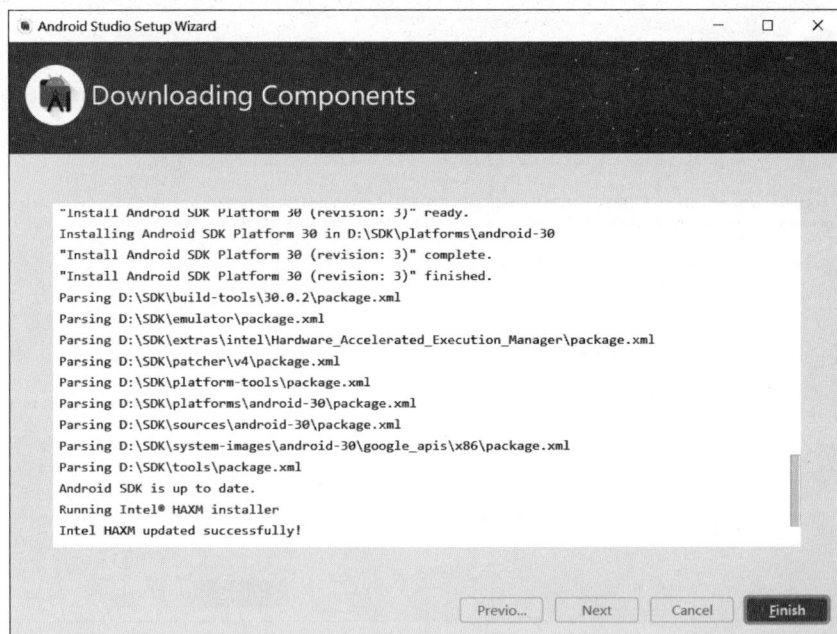

图 4-18　Downloading Components 界面

进入 Welcome to Android Studio 界面,如图 4-19 所示。至此,Android Studio 安装已经完毕,接下来就可以对 Android 程序进行开发了。

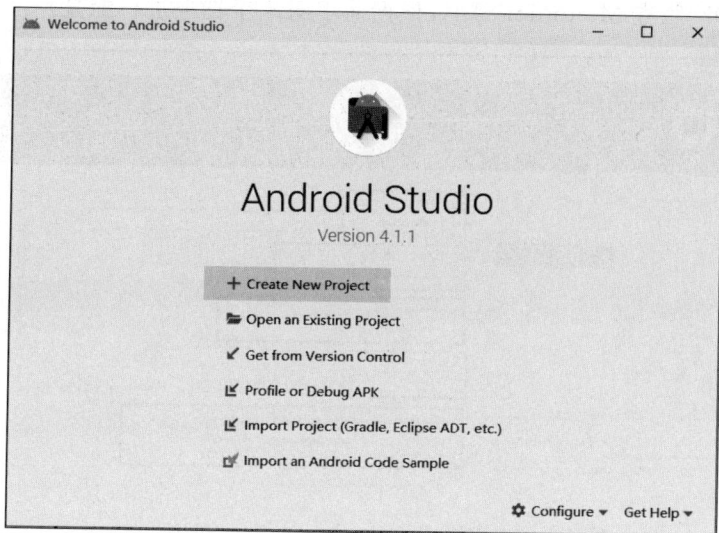

图 4-19　Welcome to Android Studio 界面

4.1.4　开发第一个 Android 程序

1. 创建 HelloWorld 项目

在 Android Studio 的欢迎界面中单击 Create New Project,打开 Select a Project Template 界面,在默认的 Phone and Tablet 选项卡中选择 Empty Activity,创建一个空的 Activity,然后单击 Next 按钮,如图 4-20 所示。

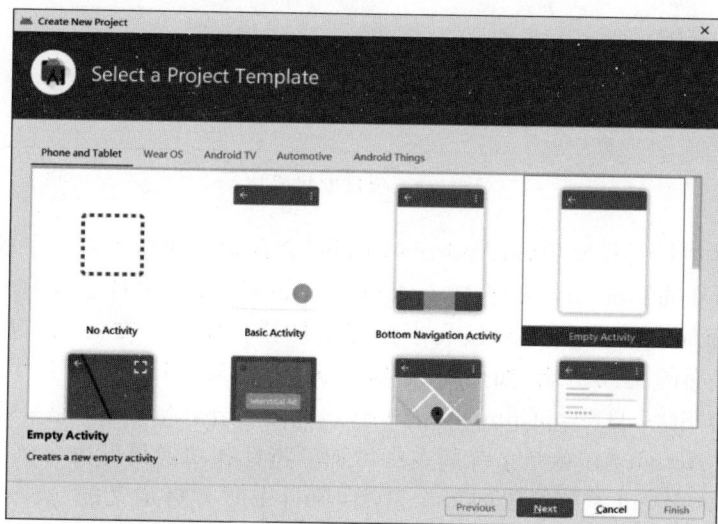

图 4-20　Select a Project Template 界面

在如图 4-21 所示 Configure Your Project 界面配置项目的相关选项。5 个选项依次是项目名 Name、包名 Package name、保存路径 Save location、语言 Language（可选 Java 或 Kotlin）、最低 SDK 版本 Minimum SDK，根据需求对 5 个选项进行配置。

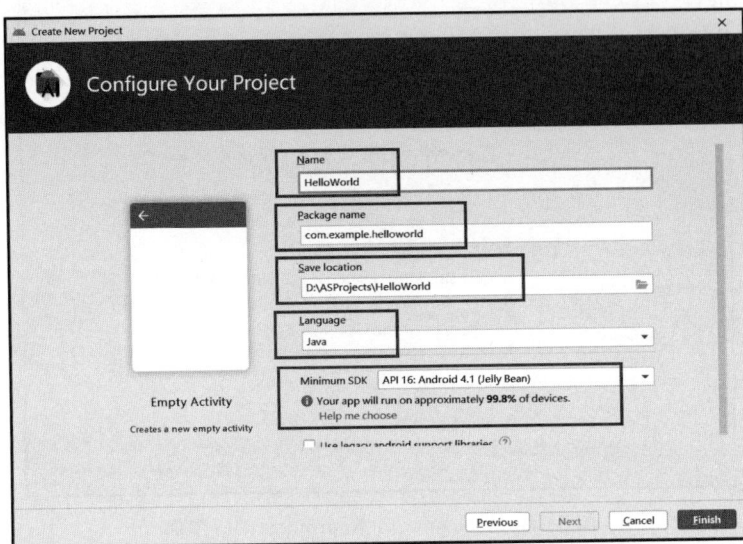

图 4-21　Configure Your Project 界面

配置完成后单击 Finish 按钮，并耐心等待一会儿，项目就创建成功了，如图 4-22 所示。

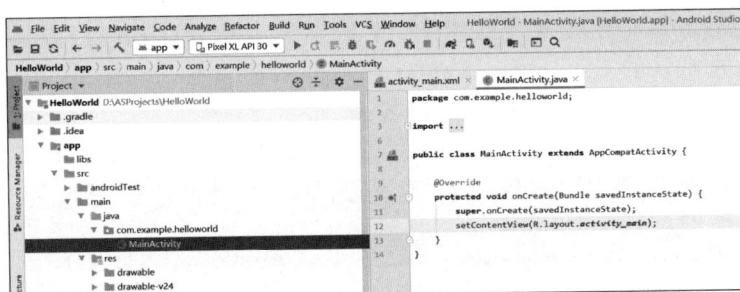

图 4-22　项目创建成功

HelloWorld 项目创建成功后，Android Studio 会自动生成两个默认的文件：布局文件 activity_main.xml 和 Activity 文件 MainActivity.java。布局文件主要用于展示 Android 项目的界面，在布局中可以添加按钮、文本框等组件让程序变得友好、美观。Activity 文件主要用于完成界面的交互功能，如图 4-22 所示为 MainActivity.java 文件的代码，可以看出，MainActivity 继承自 AppCpmpatActivity，AppCompatActivity 是一种向下兼容的 Activity，可以将 Activity 在各个系统版本中增加的特性和功能最低兼容到 Android 2.1 系统。Activity 是 Android 系统提供的一个基类，项目中所有自定义的 Activity 都必须继承它或者它的子类才能拥有 Activity 的特性（AppCompatActivity 是 Activity 的子类）。可以看到，MainActivity 中有一个 onCreate()方法，这个方法是一个 Activity 被创建时必定要执行的方法，该方法通过 setContentView()引入一个名为 activity_main 的布局，并且将布局文件转换成 View 对象，显示在界面上。

每个 Android 程序创建成功后，都会自动生成一个清单文件 AndroidManifest.xml，该文件是整个项目的配置文件，程序中定义的四大组件（Activity、BroadCast Receiver、Service、ContentProvider）都需要在该文件中进行注册。

2. AVD 模拟器的设置与使用

AVD 全称是 Android Virtual Device(Android 模拟器)，在 Android SDK 1.5 版本之后的 Android 开发中，如果需要使用虚拟移动设备必须至少创建 1 个 AVD。在计算机中使用 Android 模拟器的前提是其中的 CPU 支持虚拟技术(Virtual Technology, VT)，并且在 BIOS 设置中启用。

在菜单栏选择 Tools→AVD Manager 或者是工具栏的 AVD Manager 工具 📱，进入 Your Virtual Devices 界面。单击 Create Virtual Device 按钮，创建新设备，如图 4-23 所示。

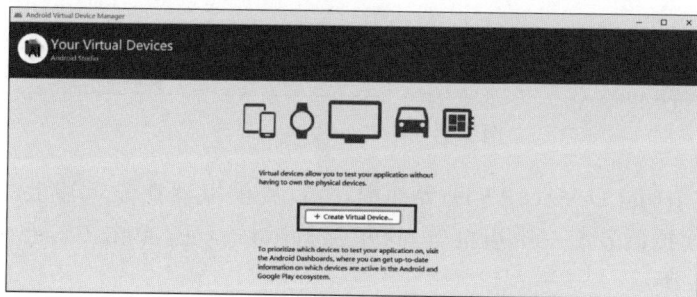

图 4-23　Your Virtual Devices 界面

在打开的 Select Hardware 界面中，选择 Phone 手机设备，并为手机设备选择一个型号和屏幕尺寸，此处选择 Pixel XL，单击 Next 按钮，如图 4-24 所示。

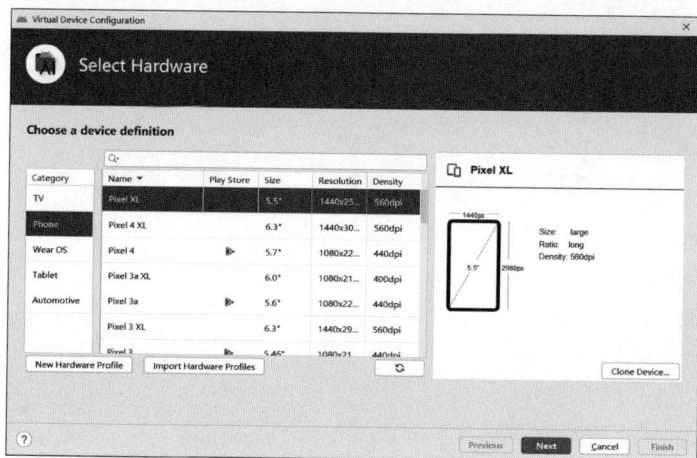

图 4-24　Select Hardware 界面

在 System Image 界面中，为新建的 Android 虚拟设备选择合适的版本，如果版本已下载，那么可以直接选择；如果版本没有下载，那么需要单击 Download 按钮在线下载。这里选择 API Level 为 30 的版本，单击 Next 按钮，如图 4-25 所示。

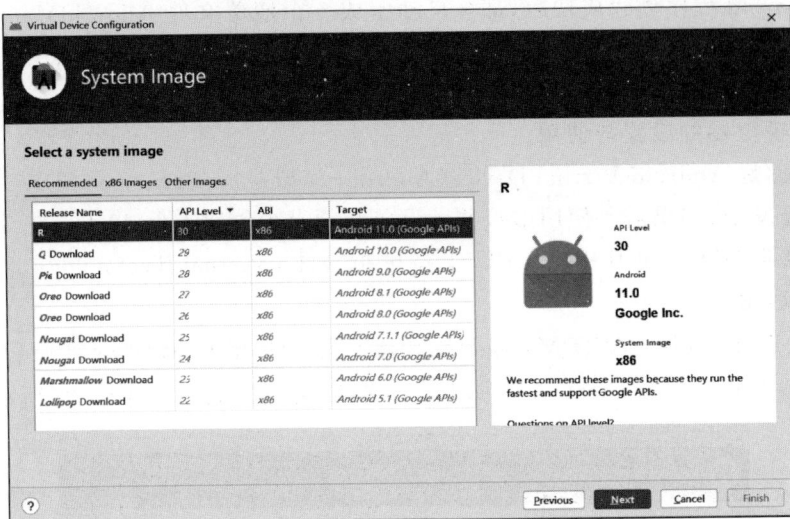

图 4-25　System Image 界面

在 Android Virtual Device(AVD)界面中，可设置模拟器在显示器上的分辨率、横竖屏显示以及是否为模拟器显示一个边框等，这里保持默认设置，单击 Finish 按钮完成模拟器的创建，如图 4-26 所示。

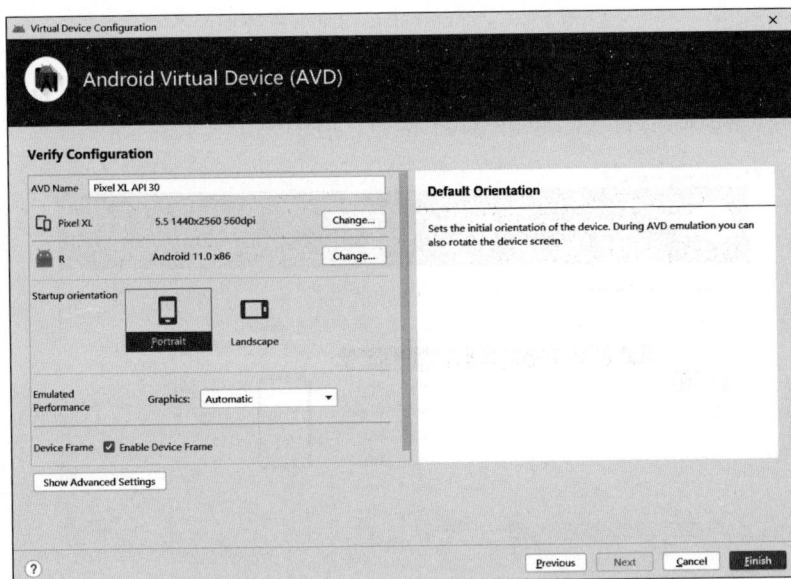

图 4-26　Android Virtual Device(AVD)界面

创建模拟器后,在 Your Virtual Devices 界面中会列出所有的模拟器,显示模拟器的类型、名称、分辨率、API 级别、目标、CPU/ABI 类型及磁盘文件大小等信息,如图 4-27 所示。

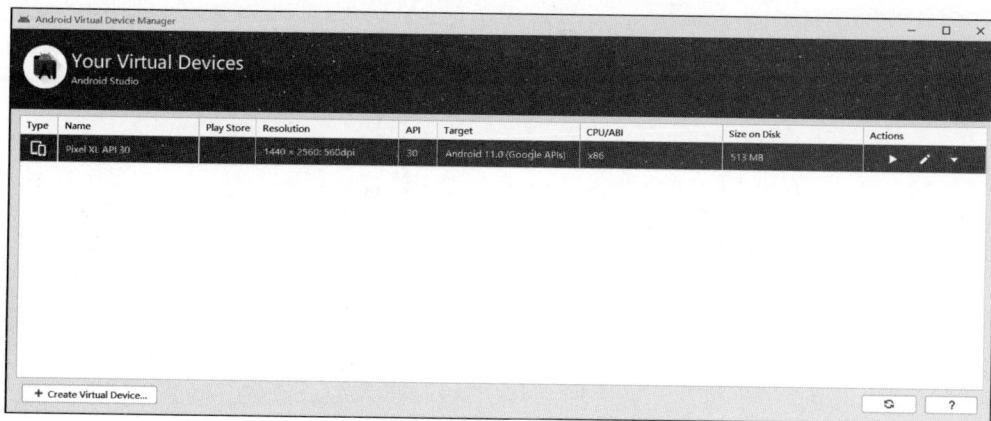

图 4-27　Your Virtual Devices 界面

在每个设备的 Actions 下拉列表框中可以选择设备操作。

▶:单击可以启动模拟器,启动后可在 ▼ 菜单中选择停止。

✐:单击可以打开确认设置对话框,修改相关选项设置。

▼:单击可打开操作菜单,其中包括 Duplicate(复制模拟器)、Wipe Data(擦除模拟器中已有的数据)、Show on Disk(显示模拟器上在磁盘中的文件)、View Details(显示模拟器详细信息)、Delete(删除模拟器)和 Stop(停止已启动的模拟器)等命令。

选中刚刚创建的模拟器 Pixel XL API 30,单击▶,将出现一个模拟器的运行界面,如图 4-28 所示。模拟器界面和真实的手机类似,右侧为模拟器控制菜单。在创建模拟器时,如果取消选中 Enable Device Frame 复选框,则不会显示边框。

图 4-28　模拟器界面

3. 运行项目

在 Android Studio 工具栏中单击▶按钮,Android Studio 会将应用部署到选中的模拟器中,并启动应用。

创建的 HelloWorld 项目的运行结果如图 4-29 所示。

图 4-29　HelloWorld 项目运行结果

4.2　布局管理器

　　Android 提供了丰富的预定义的 UI 组件，如布局对象和各种 UI 控件。布局是一种可以放置很多控件的容器，将控件按照一定的规律进行摆放，可以实现 UI 界面设计。布局内部也可以放置布局，通过多层布局的嵌套，可以完成一些复杂的界面设计。UI（User Interface）即用户界面，是应用程序和用户交互的界面。合理使用 UI 组件可以快速根据用户的需求设计出各种图形界面。

4.2.1　View 组件

　　Android 的所有 UI 组件都建立在 View（视图）、ViewGroup（视图组）基础之上。View 类是所有 UI 组件的基类，View 组件代表一个空白的矩形区域。ViewGroup 是 View 类的一个子类，也是各种布局类的基类，通常作为容器来盛装其他组件，ViewGroup 可以包含普通的 View 组件，也可以包含 ViewGroup 组件。而 ViewGroup 继承类 View，意味着 View 可以是单个控件，也可以是由多个控件组成的一组控件。

　　Android 提供了两种方式来控制组件的行为：一种方式是在 XML 布局文件中通过 XML 属性进行控制；另一种方式是在 Java 代码中通过调用方法进行控制。由于 View 是

Android 中所有控件的基类,因此 View 组件的 XML 属性和方法适用于所有的 UI 组件,常见的 View 组件的 XML 属性如表 4-2 所示。

表 4-2　常见的 View 组件的 XML 属性

属 性 名 称	属 性 定 义		
android：id	视图组件的唯一标识	@＋id/id_name	定义一个 id,名称为 id_name
		@id/id_name	引用一个 id,名称为 id_name
android：background	视图的背景：可以是颜色,也可以是图片		
android：layout_width	视图组件在父视图(上级视图)中的宽度	dp	长、宽、margin、padding 等
		match_parent	与上级视图一样宽
		wrap_content	与组件内容一样宽
android：layout_height	视图组件在父视图(上级视图)中的高度	dp	长、宽、margin、padding 等
		match_parent	与上级视图一样高
		wrap_content	与组件内容一样高
android：layout_minWidth	视图组件的最小宽度		
android：layout_minHeight	视图组件的最小高度		
android：width	视图组件中文本区域的宽度,支持单位：px/dp/sp/in/mm,推荐 dp		
android：height	视图组件中文本区域的高度,支持单位：px/dp/sp/in/mm,推荐 dp		
android：layout_margin	视图组件相对于周围其他视图或者父视图的距离	android：layout_marginTop	与上边视图的距离
		android：layout_marginBottom	与下边视图的距离
		android：layout_marginLeft	与左边视图的距离
		android：layout_marginRight	与右边视图的距离
android：padding	视图组件内部的子视图与该视图之间的距离	android：paddingBottom	子视图与视图下边缘的距离
		android：paddingTop	子视图与视图上边缘的距离
		android：paddingLeft	子视图与视图左边缘的距离
		android：paddingRight	子视图与视图右边缘的距离
android：layout_gravity	视图组件在父视图中的对齐方式	left	左对齐
		right	右对齐
		top	上对齐
		bottom	下对齐
		center	居中对齐
android：gravity	视图组件中的文字与视图的对齐方式	left	左对齐
		right	右对齐
		top	上对齐
		bottom	下对齐
		center	居中对齐

续表

属　性　名　称	属　性　定　义		
android：visible	视图组件的可见性	visible	可见
		invisible	不可见，但是占据视图布局位置
		gone	消失，不占位置
android：onClick	为视图组件的单击事件绑定监听器		

4.2.2　Android 常用控件

控件是界面组成的主要元素，Android 提供了多种可以在 UI 中使用的控件，如 TextView（文本视图）、Button（按钮）、EditText（文本编辑框）、RadioButton（单选按钮）、CheckBox（复选框）、ImageView（图像视图）等，这些控件直接与用户进行交互，对日后的开发设计工作至关重要。为了便于理解，本节的内容采用最简单的线性布局 LinearLayout 来讲解常用控件的使用方法。

1. TextView

TextView 文本视图控件是 Android 中最常用的文本显示组件，主要用于显示指定的文本。不仅可以显示单行文本，还可以用于显示多行文本以及带图片的文本。TextView 控件的属性较多，可以用来设置字体颜色、大小、样式等。TextView 控件的常用 XML 属性如表 4-3 所示。

表 4-3　TextView 控件的常用 XML 属性

属　性　名　称	属　性　定　义
android：text	设置显示的文本内容
android：textColor	设置文本的颜色
android：textSize	设置字体大小，推荐单位为 sp
android：maxLength	设置文本长度，超出的不显示
android：singleLine	设置文本的单行显示
android：textStyle	设置字形，可选值有 normal（标准）、bold（粗体）和 italic（斜体），可以设置一个或多个，用"|"隔开

2. EditText

EditText 文本编辑框是接收用户输入信息的最重要控件，允许用户在控件中输入和编辑内容，并且可以在程序中对这些内容进行处理。EditText 既支持单行文本的输入，也支持多行文本的输入，同时支持指定格式文本的输入（如密码、电话、E-mail 等）。EditText 继承自 TextView，两者的区别是：TextView 是文本表示控件，主要功能是向用户展示文本的内容，是不可编辑的；EditText 是文本编辑控件，主要功能是让用户输入文本的内容，是可以编辑的。EditText 控件的常用 XML 属性如表 4-4 所示。

表 4-4　EditText 控件的常用 XML 属性

属 性 名 称	属 性 定 义		
android：hint	设置 EditText 为空即没有输入内容时显示的文字提示信息，可通过 textColorHint 设置提示信息的颜色		
android：lines	设置固定行数来决定 EditText 的高度		
android：maxLines	设置最大行数		
android：minLines	设置最小行数		
android：inputType	设置当前文本框显示内容的文本类型	text	允许输入各种文本
		textMultiLine	允许输入多行文本
		textEmailAddress	只允许输入 E-mail 地址
		textPassword	输入密码
		number	只允许输入数字
		phone	输入电话号码
		datetime	输入日期时间

　　新建 UIControlTest 项目，用 Android Studio 自动创建 Empty Activity。在布局文件中添加一个 TextView 控件和一个 EditText 控件，下面的代码显示了如何对 TextView 控件设置宽、高、文本颜色（红色）、字体大小（24sp）、字形（bold｜italic 即粗斜体）等属性。对 EditText 控件，设置文本类型为 textMultiLine（多行文本），提示性文本为"Type something here"。布局文件 activity_main. xml 中的代码如下，程序的运行效果如图 4-30 所示。

```xml
<?xml version = "1.0" encoding = "utf - 8"?>
< LinearLayout xmlns:android = "http://schemas. android. com/apk/res/android"
    android:layout_width = "match_parent"
    android:layout_height = "match_parent"
    android:orientation = "vertical">
        < TextView
            android:id = "@ + id/textView"
            android:layout_width = "wrap_content"
            android:layout_height = "wrap_content"
            android:layout_gravity = "center"
            android:text = "欢迎学习 Android 控件"
            android:textStyle = "bold|italic"
            android:textColor = "＃FF0000"
            android:textSize = "24sp" />
        < EditText
            android:id = "@ + id/edit_text"
            android:layout_width = "match_parent"
            android:layout_height = "wrap_content"
            android:inputType = "textMultiLine"
            android:hint = "Type something here"
            android:textSize = "24sp" />
</LinearLayout >
```

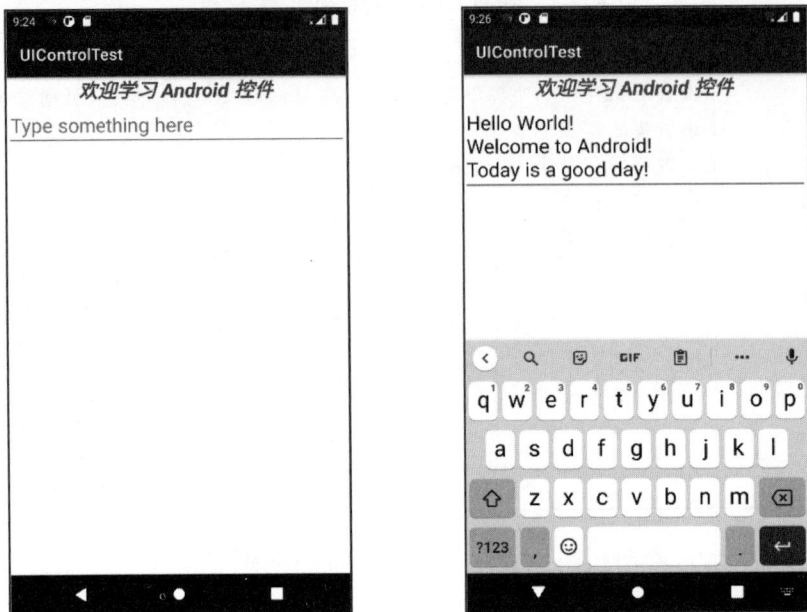

图 4-30　TextView 控件和 EditText 控件

3．Button

Button 按钮控件是 Android 应用程序开发中必不可少的一个控件，是 TextView 的派生类，其作用是用于响应用户的一系列单击事件。Android 提供了一整套的组件响应机制来处理不同组件（事件源）产生的事件，通常是使用基于监听的事件响应机制来监听并处理事件：当事件源产生事件（如按钮被单击）时，如果事件源注册了事件监听器，就会触发事件监听器对象调用相应的方法来处理相应的事件。

在 UIControlTest 的布局文件中添加一个 Button 控件，在 activity_main.xml 布局文件中添加的代码为：

```
< Button
    android:id = "@ + id/button"
    android:layout_width = "match_parent"
    android:layout_height = "wrap_content"
    android:text = "Button"
    android:textStyle = "bold"/>
```

要实现 Button 控件的事件监听机制，需要在当前 Activity 中实现 View.OnClickLinstener 接口。在当前 Activity 中，通过 findViewById()方法获取到在布局文件中定义的 View 组件。这里传入 R.id.button 和 R.id.edit_text 来得到按钮和文本编辑框的实例，这是在 activity_main.xml 文件中通过 android：id 属性指定的。findViewById()方法返回的是一个 View 对象，需要向下转型将它转成 Button 对象或是 EditText 对象。得到按钮的实例之后,通过调用 setOnClickListener()方法为按钮(事件源)注册一个监听器,当按钮被单击时触发监听器对象,单击按钮时就会执行监听器中的 onClick()方法,本例中是通过 Toast 将文本编辑框 EditText 控件中的内容显示出来。EditText 控件的内容是通过 getText()方法获取,然后再调用 toString()方法将其转换为字符串的。Toast 是 Android 系统提供的一种非常好的提醒方式,在程序中可以使用它将一些短小的信息通知给用户,这些信息会在一段时间后自动消失,并且不会占用任何屏幕空间。Toast 的用法是通过静态方法 makeText()创建出一个 Toast 对象,然后调用 show 将 Toast 显示出来。makeText()方法需要传入 3 个参数:第一个参数是 Context,也就是 Toast 要求的上下文,这里直接用 this 参数,由于当前 Activity 实现了 OnClickListener 接口,因此在这里 this 代表了 OnClickListener 的引用;第二个参数是 Toast 要显示的文本内容;第三个参数是 Toast 显示的时长,有两个内置常量可以选择:Toast.LENGTH_SHORT 和 Toast.LENGTH_LONG。

修改 MainActivity.java 中的代码,具体如下:

```java
public class MainActivity extends AppCompatActivity implements View.OnClickListener{
    private Button button;
    private EditText editText;
    @Override
    protected void onCreate(Bundle savedInstanceState) {
        super.onCreate(savedInstanceState);
        setContentView(R.layout.activity_main);
        //通过 findViewById()方法获取布局文件中定义的控件
        button = (Button) findViewById(R.id.button);
        editText = (EditText) findViewById(R.id.edit_text);
        //通过 setOnClickListener()方法为按钮单击事件源注册一个监听器
        button.setOnClickListener(this);
    }
    @Override
    public void onClick(View v) {
        switch(v.getId()) {
            case R.id.button:
                //通过 getText()方法得到 EditText 输入的内容
                //然后再调用 toString()方法转换成字符串
                String inputText = editText.getText().toString();
                //如果 EditText 中内容为空,则 Toast 提示输入文本且返回
                if(TextUtils.isEmpty(inputText)) {
                    Toast.makeText(this,"请输入文本",Toast.LENGTH_SHORT).show();
                    return;
                }
                //如果 EditText 中内容不为空,则使用 Toast 将输入内容显示出来
                Toast.makeText(this,inputText,Toast.LENGTH_SHORT).show();
                break;
            default:
                break;
        }
    }
}
```

程序的执行结果如图 4-31 所示。

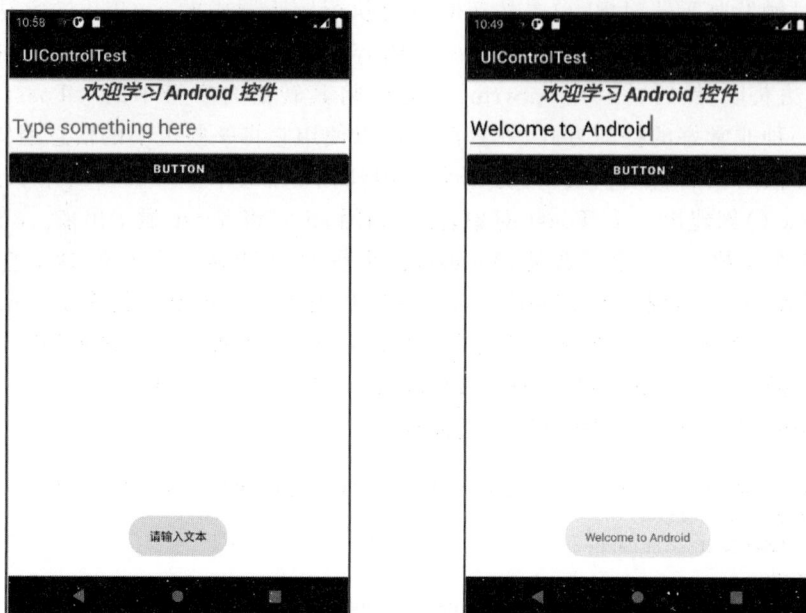

图 4-31　Button 控件

4．RadioButton

在 Android 中，单选按钮（RadioButton）继承了普通按钮，因此，它可以直接使用普通按钮支持的各种属性和方法。一般情况下，RadioButton 需要与 RadioGroup 配合使用。RadioGroup 是单选组合框，可以容纳多个 RadioButton，并且把它们组合在一起，实现单选状态。在没有被 RadioGroup 包含的情况下，RadioButton 可以全部都选中。当多个 RadioButton 都被 RadioGroup 包含的情况下，RadioButton 只可以选择一个，并用 SetOnCheckedChangeListener 对单选按钮进行监听。RadioGroup 和 RadioButton 的常用 XML 属性如表 4-5 所示。

表 4-5　RadioGroup 和 RadioButton 的常用 XML 属性

属 性 名 称	属 性 定 义
RadioGroup. getCheckedRadioButtonId()	获取选中按钮的 id
RadioGroup. clearCheck()	清除选中状态
RadioGroup. check(int id)	通过 id 来设置该选项为选中的状态
setOnCheckedChangeListener(RadioGroup. onCheckedChangeListener listener)	当该单选按钮组中的单选按钮选中状态发生改变时所要调用的回调函数
RadioButton. getText()	获取单选按钮的值
android：checked	用于指定 RaddioButton 按钮的选中状态，true 选中，false 未选中（默认）

在学习 RadioButton 和 RadioGroup 时,需要注意以下几点:

- RadioButton 表示单个圆形单选框,RadioGroup 是可以容纳多个 RadioButton 的容器。
- 每个 RadioGroup 中的 RadioButton 同时只能有一个被选中。
- 不同的 RadioGroup 中的 RadioButton 互不相干,若组 A 中有一个被选中了,则组 B 中依然可以有一个被选中。
- 大部分场合下,一个 RadioGroup 中至少有 2 个 RadioButton。
- 大部分场合下,一个 RadioGroup 中的 RadioButton 默认会有一个被选中,建议将它放在 RadioGroup 中的起始位置。

下面通过一个实例来了解 RadioButton 和 RadioGroup 的使用。新建 RadioButton 项目,用 Android Studio 自动创建 Empty Activity。布局文件中的代码为:

```xml
<?xml version = "1.0" encoding = "utf - 8"?>
< LinearLayout xmlns:android = "http://schemas.android.com/apk/res/android"
  android:layout_width = "match_parent"
  android:layout_height = "match_parent"
  android:orientation = "vertical">
  < TextView
    android:id = "@ + id/textview1"
    android:layout_width = "match_parent"
    android:layout_height = "wrap_content"
    android:textSize = "30sp"
    android:text = "请选择您所学的专业"
    android:textStyle = "bold"
    />
  < RadioGroup
    android:id = "@ + id/radioGroup"
    android:layout_width = "match_parent"
    android:layout_height = "wrap_content"
    android:orientation = "vertical" >
    < RadioButton
      android:id = "@ + id/radioButton1"
      android:layout_width = "match_parent"
      android:layout_height = "wrap_content"
      android:textSize = "26sp"
      android:text = "电子信息" />
    < RadioButton
      android:id = "@ + id/radioButton2"
      android:layout_width = "match_parent"
      android:layout_height = "wrap_content"
      android:textSize = "26sp"
      android:text = "物联网" />
    < RadioButton
      android:id = "@ + id/radioButton3"
```

```
            android:layout_width = "match_parent"
            android:layout_height = "wrap_content"
            android:textSize = "26sp"
            android:text = "汽车电子" />
        < RadioButton
            android:id = "@ + id/radioButton4"
            android:layout_width = "match_parent"
            android:layout_height = "wrap_content"
            android:textSize = "26sp"
            android:text = "移动通信" />
    </RadioGroup>
</LinearLayout>
```

接下来在 Activity 中为 RadioButton 设置监听事件，在当前 Activity 中实现 RadioGroup. OnCheckedChangeListener 接口，定义 RadioButton 和 RadioGroup 变量并进行初始化。使用 RadioGroup 对象将按钮选中事件注册到监听器，并将第一个选项设置为默认选中。在 Activity 中重写接口的 onCheckedChanged() 方法实现按钮单击事件的处理。onCheckedChanged() 方法有两个参数，其中第二个参数表示被选中按钮的 ID，通过 ID 获取被选中的按钮对象，使用选中对象的 getText() 方法获取文本内容，使用 Toast 将选择信息显示出来。Activity 中的代码如下：

```java
public class MainActivity extends AppCompatActivity implements RadioGroup. OnCheckedChangeListener{
    private RadioGroup radioGroup;
    private RadioButton radioButton1;
    private RadioButton radioButton2;
    private RadioButton radioButton3;
    private RadioButton radioButton4;
    @Override
    protected void onCreate(Bundle savedInstanceState) {
        super. onCreate(savedInstanceState);
        setContentView(R. layout. activity_main);
        radioGroup = (RadioGroup)findViewById(R. id. radioGroup);
        radioButton1 = (RadioButton)findViewById(R. id. radioButton1);
        radioButton2 = (RadioButton)findViewById(R. id. radioButton2);
        radioButton3 = (RadioButton)findViewById(R. id. radioButton3);
        radioButton4 = (RadioButton)findViewById(R. id. radioButton4);
        radioGroup. setOnCheckedChangeListener(this); //注册监听器
        radioGroup. check(R. id. radioButton1); //将第一个选项设置为默认选中
    }
    @Override
    public void onCheckedChanged(RadioGroup group, int checkedId) {
        //获取被选中的按钮
        RadioButton radioButton = (RadioButton)findViewById(checkedId);
        String msg = "您所学的专业是:" + radioButton. getText(). toString();
        Toast. makeText(this, msg, Toast. LENGTH_SHORT). show();
    }
}
```

程序的执行结果如图 4-32 所示。

5. CheckBox

CheckBox(复选框)是可以选中或取消选中的特定类型的双状态按钮。复选框用于显示一组选项,并允许用户同时选中一个或多个选项。CheckBox 类是 CompoundButton 类的子类,而 CompoundButton 类是 Android 提供的抽象的复合按钮类,直接继承自 Button,所以可以直接使用 Button 支持的各种属性。CompoundButton 提供了具有两个状态的按钮:选中和未选中。当按下按钮时,状态会更改。它比 Button 多了一个监听事件接口 CompoundButton.OnCheckedChangeListener,当复合按钮的检查状态发生变化时调用。实现方法为:onCheckedChanged (CompoundButton buttonView, boolean isChecked),其中第一个参数 buttonView 表示复合按钮视图,第二个参数表示 buttonView 的当前状态。

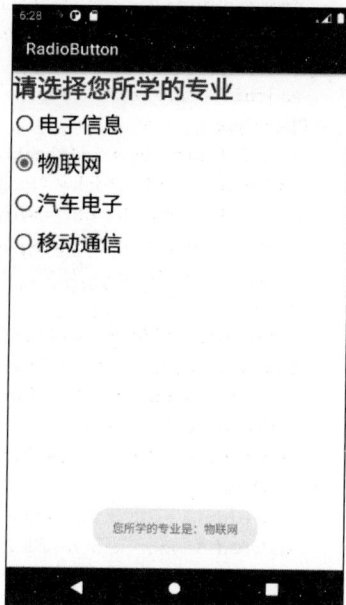

图 4-32　RadioButton 控件

CheckBox 和 RadioButton 的区别:

- 单个 RadioButton 在选中后,通过单击无法变为未选中;单个 CheckBox 在选中后,通过单击可以变为未选中;
- RadioGroup 中的一组 RadioButton,只能同时选中一个;一组 CheckBox,能同时选中多个;
- RadioButton 在大部分 UI 框架中默认都以圆形表示,CheckBox 在大部分框架中默认都以矩形表示。

下面通过一个实例来了解 CheckBox 控件的使用。新建 CheckBox 项目,用 Android Studio 自动创建 Empty Activity。布局文件中的代码为:

```xml
<?xml version = "1.0" encoding = "utf - 8"?>
<LinearLayout xmlns:android = "http://schemas.android.com/apk/res/android"
  android:layout_width = "match_parent"
  android:layout_height = "match_parent"
  android:orientation = "vertical">
  <TextView
    android:id = "@ + id/textView1"
    android:layout_width = "match_parent"
    android:layout_height = "wrap_content"
    android:text = "请选择你熟悉的编程语言"
    android:textSize = "30sp"
    android:textStyle = "bold"/>
  <CheckBox
    android:id = "@ + id/checkBox1"
```

```xml
                android:layout_width = "match_parent"
                android:layout_height = "wrap_content"
                android:text = "Java"
                android:textSize = "26sp"/>
            < CheckBox
                android:id = "@ + id/checkBox2"
                android:layout_width = "match_parent"
                android:layout_height = "wrap_content"
                android:text = "C/C++"
                android:textSize = "26sp"/>
            < CheckBox
                android:id = "@ + id/checkBox3"
                android:layout_width = "match_parent"
                android:layout_height = "wrap_content"
                android:text = "Python"
                android:textSize = "26sp"/>
            < TextView
                android:id = "@ + id/textView2"
                android:layout_width = "match_parent"
                android:layout_height = "wrap_content"
                android:textSize = "26sp" />
</LinearLayout >
```

接下来在 Activity 中为 CheckBox 按钮设置单击事件监听器。在当前 Activity 中实现 CompoundButton. OnCheckedChangeListener 接口，定义 CheckBox 变量并进行初始化，将复选框按钮选中事件注册到监听器。在 Activity 中重写接口的 onCheckedChanged()方法实现按钮单击事件的处理。判断复选框按钮是否被选中，如果被选中，则用 CheckBox 对象的 getText()方法获取被选中组件的文本内容，并用一个 TextView 将文本内容输出显示。Activity 中的代码如下：

```java
public class MainActivity extends AppCompatActivity implements CompoundButton.OnCheckedChangeListener {
    private CheckBox checkBox1;
    private CheckBox checkBox2;
    private CheckBox checkBox3;
    private TextView textView;
    @Override
    protected void onCreate(Bundle savedInstanceState) {
        super.onCreate(savedInstanceState);
        setContentView(R.layout.activity_main);
        checkBox1 = (CheckBox)findViewById(R.id.checkBox1);
        checkBox1.setOnCheckedChangeListener(this);
        checkBox2 = (CheckBox)findViewById(R.id.checkBox2);
        checkBox2.setOnCheckedChangeListener(this);
        checkBox3 = (CheckBox)findViewById(R.id.checkBox3);
        checkBox3.setOnCheckedChangeListener(this);
        textView = (TextView)findViewById(R.id.textView2);
    }
    @Override
```

```
public void onCheckedChanged(CompoundButton buttonView, boolean isChecked) {
    String str1 = "",str2 = "",str3 = "";
    if(checkBox1.isChecked()) {
        str1 = checkBox1.getText().toString();
    }
    if(checkBox2.isChecked()) {
        str2 = checkBox2.getText().toString();
    }
    if(checkBox3.isChecked()) {
        str3 = checkBox3.getText().toString();
    }
    String msg = "您熟悉的语言是:" + "\n" + str1 + "   " + str2 + "   " + str3;
    textView.setText(msg);
}
```

程序的执行结果如图 4-33 所示。

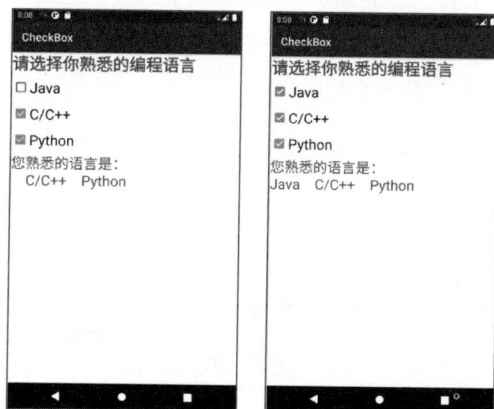

图 4-33　　CheckBox 控件

6. ImageView

ImageView(图像视图)控件与 TextView 控件的功能类似,主要区别在于显示的资源不同,ImageView 主要用于显示图片资源,其功能是在屏幕上显示图像。在向 ImageView 组件添加图片时,需要提前准备好一些图片,图片通常放在 res 下以 drawable 开头的文件夹下。ImageView 控件的 XML 属性列表和设置方法如表 4-6 所示。

表 4-6　EditText 控件的常用 XML 属性

XML 属性		ImageView 类设置方法	
android：scaleType	控制图片在组件中的显示方式	setScaleType	设置图像的拉伸类型
android：src	引用图片,属性值为" @drawable/图片名称"	setImageDrawable	设置图像 Drawable 对象
		setImageResource	设置图像的资源 ID
		setImageBitmap	设置图像的位图对象

下面通过实例来讲解 ImageView 控件的用法。首先创建 ImageView 项目，用 Android Studio 自动创建 Empty Activity。创建的项目中已经有一个 drawable 文件夹，但是这个文件夹没有指定具体的分辨率，所以一般不用它来放置图片。在 Project 模式下，右击 app/src/main/res，选择 New→Directory，新建一个 drawable-xhdpi 文件夹，如图 4-34 所示。

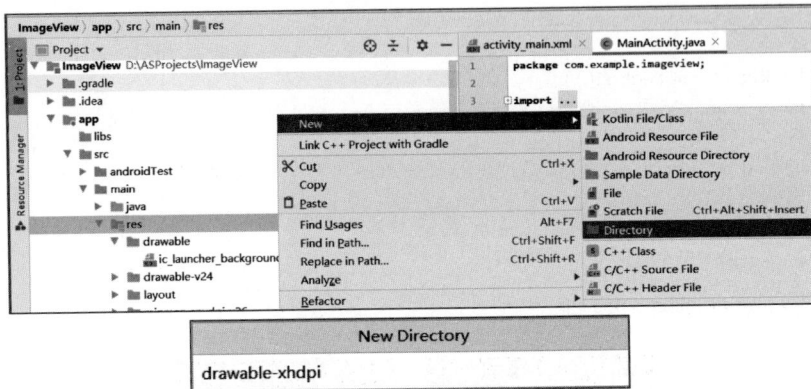

图 4-34　新建 drawable-xhdpi 文件夹

将事先准备好的两张图片 light_on. png 和 light_off. png 复制后，选中 drawable-xhdpi 文件夹，并按 Ctrl＋V 键可将图片复制到该文件夹中，如图 4-35 所示。

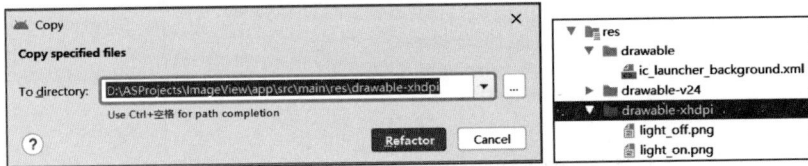

图 4-35　向 drawable-xhdpi 文件夹中添加图片

在布局文件中添加一个 Button 和一个 ImageView 控件。布局文件中的代码为：

```
<?xml version = "1.0" encoding = "utf - 8"?>
< LinearLayout xmlns:android = "http://schemas.android.com/apk/res/android"
    android:orientation = "vertical"
    android:layout_width = "match_parent"
    android:layout_height = "match_parent">
    < ImageView
        android:id = "@ + id/imageView"
        android:layout_width = "wrap_content"
        android:layout_height = "wrap_content"
        android:layout_gravity = "center"
        android:src = "@drawable/light_on" />
    < Button
        android:id = "@ + id/button"
        android:layout_width = "match_parent"
        android:layout_height = "wrap_content"
```

```
        android:text = "切换图片"
        android:textSize = "20sp"
        android:textStyle = "bold"/>
</LinearLayout >
```

在 Activity 中为按钮注册一个监听器,单击按钮时就会执行监听器中的 onClick()方法,对图片进行切换。

Activity 中的代码如下:

```java
public class MainActivity extends AppCompatActivity implements View.OnClickListener{
    private ImageView imageView;
    private Button button;
    private int count = 0;
    @Override
    protected void onCreate(Bundle savedInstanceState) {
        super.onCreate(savedInstanceState);
        setContentView(R. layout. activity_main);
        imageView = (ImageView)findViewById(R. id. imageView);
        button = (Button)findViewById(R. id. button);
        button. setOnClickListener(this);
    }
    @Override
    public void onClick(View v) {
        count++;
        switch(v. getId()) {
            case R. id. button:
                if (count % 2 == 0) {
                    imageView. setImageResource(R. drawable. light_on);
                }
                else {
                    imageView. setImageResource(R. drawable. light_off);
                }
                break;
            default:
                break;
        }
    }
}
```

程序的执行结果如图 4-36 所示。

4.2.3　布局文件的创建

布局是一种用于放置多个控件的容器,它可以按照一定的规律来调整内部控件的位置,从而编写出精美的界面。布局内部除了放置控件外,也可以放置布局,通过多层布局的嵌套,完成一些比较复杂的界面实现。

Android 中应用程序的界面内容是通过布局文件设定的,Android 推荐使用 XML 布局文件来定义布局。XML 布局文件支持可视化的编辑工具,允许通过鼠标拖放控件的方式

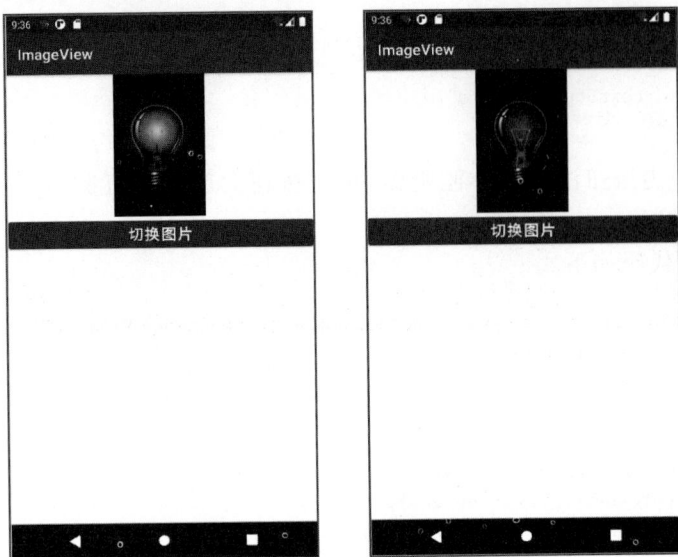

图 4-36　ImageView 控件

来编写布局，还可以在视图上直接修改控件的属性。每个应用程序在创建时都会默认包含一个主界面布局文件，该布局文件位于 app/res/layout 文件夹中。在实际开发中，每个应用程序都会包含多个界面，除了该默认提供的主界面布局文件外，还需要在程序中添加多个布局文件。添加布局文件的方式为：右击 layout 文件夹，然后选择 New→XML→Layout XML File，如图 4-37 所示。

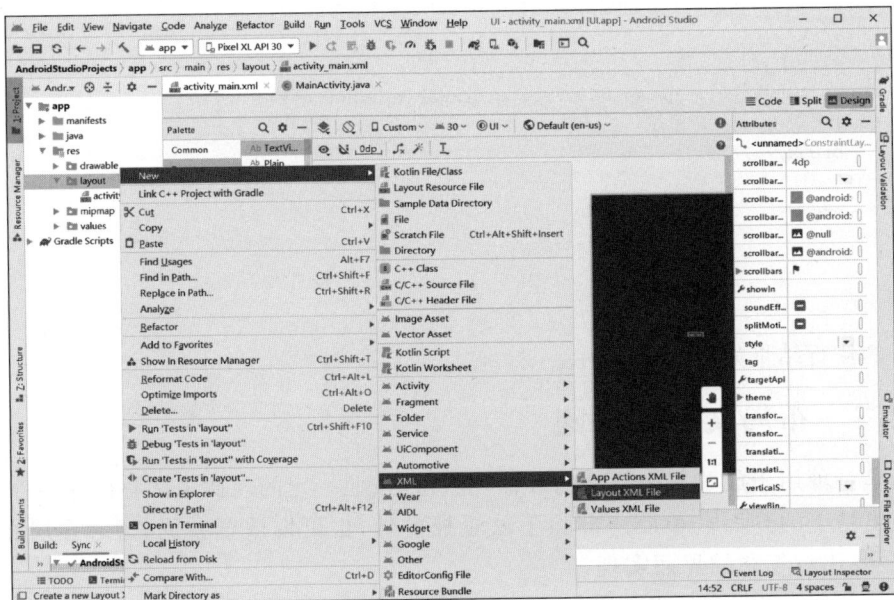

图 4-37　创建布局文件

　　在弹出的 New Android Component 界面中有两个选项,如图 4-38 所示。其中 Layout File Name 中填写要创建的布局文件的名称,该名称只能包含小写英文字母 a～z、阿拉伯数字 0～9 或是下画线,如果命名不符合要求,则下方会出现错误提示。Root Tag 表示根元素标签,默认为线性布局 LinearLayout。编辑完成后,单击 Finish 按钮,新的布局文件即创建成功。

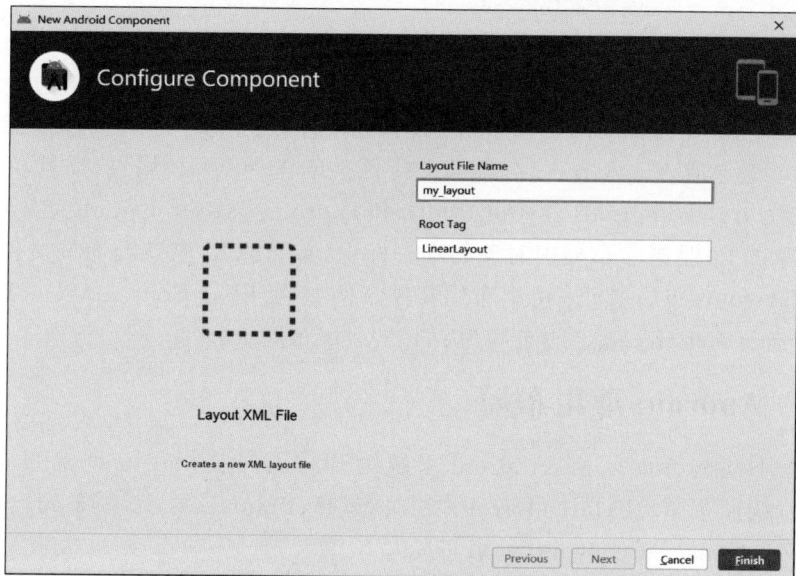

图 4-38　New Android Component 界面

　　创建的布局文件如图 4-39 所示,窗口右上角有 3 个切换卡,分别是 Code、Split 和 Design。默认为 Design,这是 Android 提供的可视化布局编辑器,不仅可以在屏幕的中央区域预览当前的布局,还可以通过拖放的方式编辑布局。

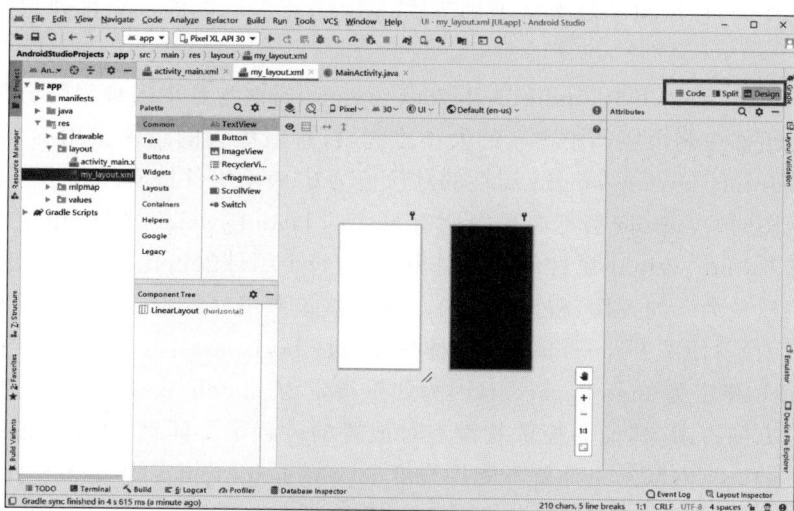

图 4-39　可视化布局编辑器

Code 切换卡是使用 Android 的 XML 词汇以文本的方式来编辑布局的，单击 Code 可以看到如下的代码：

```
<?xml version = "1.0" encoding = "utf-8"?>
<LinearLayout xmlns:android = "http://schemas.android.com/apk/res/android"
    android:layout_width = "match_parent"
    android:layout_height = "match_parent">
</LinearLayout>
```

其中，<LinearLayout>为布局的根元素，声明了布局的类型，每个布局文件只能有一个根元素。每个 View 对象或 ViewGroup 对象都支持该类的各种 XML 属性，属性决定了布局组件的外观和行为方式。android：layout_width 和 android：layout_height 为布局的 XML 属性。View 对象的 ID 是当前布局中对象的唯一标识，布局的 ID 默认与布局文件相同。在代码中，通过"R. layout. 布局 ID"来引用布局文件。例如，使用 setContentView(R. layout. my _layout)设置当前 Activity 绑定的布局为 my_layout 布局。

4.2.4　Android 常用布局

为了适应不同的界面风格，Android 系统为开发人员提供了 5 种常用布局，分别是 LinearLayout(线性布局)、RelativeLayout(相对布局)、FrameLayout(帧布局)、TableLayout (表格布局)以及 ConstraintLayout(约束布局)。

1. LinearLayout

LinearLayout 是一种非常常用的布局，是一个视图组(ViewGroup)，它以水平或垂直的方式顺序排列内部的视图(View)或视图组对象。在 LinearLayout 中，每行或每列中只允许有一个子视图或视图组对象。LinearLayout 通过 android：orientation 属性指定内部组件的排列方向，该属性有 vertical(垂直布局)和 horizontal(默认，水平布局)两个值。vertical 表示组件垂直排列，显示顺序依次从上到下；horizontal 表示组件水平排列，显示顺序依次从左到右。

在 LinearLayout 中，可用 android：layout_weight 属性为各个内部组件分配权重，该属性用于描述该组件在剩余空间中占有的大小比例，权重值更大的组件占用屏幕剩余空间的比例更多。android：layout_weight 属性的默认值为 0，表示组件按实际大小绘制，不进行扩展。在绘制视图时，Android 会把布局内所有组件的 layout_weight 属性相加得到总值，然后用该组件的 layout_weight 属性值除以总值，得到每个组件的占比。布局管理器首先按照实际大小绘制权重为 0 的视图，权重不为 0 的视图按该照组件的占比分配屏幕的剩余空间。

需要注意的是，如果 LinearLayout 的排列方向是 horizontal，内部组件就绝对不能将宽度 layout_width 指定为 match_parent，因为如果指定为 match_parent，单独的一个控件就会将整个水平方向占满，其他的控件就没有可放置的位置了。同理，如果 LinearLayout 的排列方向是 vertical，内部的组件就不能将高度 layout_height 指定为 match_parent。

此外，还需要注意的一点是，如果要让多个组件按指定的权重来分配屏幕空间，则建议将该类组件的 android：layout_height(垂直布局)或者 android：layout_width(水平布局)设置为 0dp，因为当组件使用 layout_weight 属性时，组件的高度或宽度不再由 android：layout_height(垂直布局)或 android：layout_width(水平布局)决定，所以指定为 0dp 不会影响效果，这样写也是一种规范。

　　布局内部除了放置控件外，也可以放置布局，即布局的嵌套。下面的代码利用布局嵌套设计了一个短信/彩信发送界面。布局文件中的代码为：

```xml
<?xml version = "1.0" encoding = "utf - 8"?>
< LinearLayout xmlns:android = "http://schemas.android.com/apk/res/android"
  android:layout_width = "match_parent"
  android:layout_height = "match_parent"
  android:orientation = "vertical">
  < LinearLayout
    android:layout_width = "match_parent"
    android:layout_height = "0dp"
    android:layout_weight = "1"
    android:visibility = "invisible">
  </LinearLayout >
  < LinearLayout
    android:layout_width = "match_parent"
    android:layout_height = "0dp"
    android:orientation = "vertical"
    android:layout_weight = "4">
    < EditText
      android:id = "@ + id/editText1"
      android:layout_width = "match_parent"
      android:layout_height = "0dp"
      android:hint = "收件人"
      android:textSize = "20sp"
      android:layout_weight = "2"/>
    < EditText
      android:id = "@ + id/editText2"
      android:layout_width = "match_parent"
      android:layout_height = "0dp"
      android:hint = "联系电话"
      android:textSize = "20sp"
      android:layout_weight = "2"/>
  </LinearLayout >
  < EditText
    android:id = "@ + id/editText3"
    android:layout_width = "match_parent"
    android:layout_height = "wrap_content"
    android:layout_weight = "9"
```

```
      android:hint = "短信/彩信"
      android:textSize = "20sp" />
  < LinearLayout
      android:layout_width = "match_parent"
      android:layout_height = "0dp"
      android:layout_weight = "2"
      android:orientation = "horizontal">
      < View
          android:layout_width = "0dp"
          android:layout_height = "match_parent"
          android:layout_weight = "1"
          android:visibility = "invisible"/>
      < Button
          android:id = "@ + id/button1"
          android:layout_width = "0dp"
          android:layout_height = "match_parent"
          android:layout_weight = "2"
          android:text = "取消"
          android:textSize = "20sp"
          android:textStyle = "bold"/>
      < View
          android:layout_width = "0dp"
          android:layout_height = "match_parent"
          android:layout_weight = "1"
          android:visibility = "invisible"/>
      < Button
          android:id = "@ + id/button2"
          android:layout_width = "0dp"
          android:layout_height = "match_parent"
          android:layout_weight = "2"
          android:text = "发送"
          android:textSize = "20sp"
          android:textStyle = "bold"/>
      < View
          android:layout_width = "0dp"
          android:layout_height = "match_parent"
          android:layout_weight = "1"
          android:visibility = "invisible"/>
  </LinearLayout >
  < LinearLayout
      android:layout_width = "match_parent"
      android:layout_height = "0dp"
      android:layout_weight = "1"
```

```
      android:visibility = "invisible">
   </LinearLayout >
</LinearLayout >
```

运行以上代码，LinearLayout 的显示效果如图 4-40 所示。

2．RelativeLayout

RelativeLayout 是按照组件之间的相对位置进行布局。这种方式允许子元素指定它们相对于其他元素或父元素的位置（通过 ID 指定）。RelativeLayout 中的所有控件如果不进行具体的位置确定，都将汇集在左上角。RelativeLayout 可以通过相对定位的方式让 控 件 出 现 在 布 局 中 的 任 何 位 置。 在 设 计 RelativeLayout 时，要遵循组件之间的依赖关系，后放入 的 组 件 位 置 依 赖 于 先 放 入 的 组 件。 因 此，RelativeLayout 中的属性非常多，不过这些属性都是有规律可循的。RelativeLayout 的常用属性如表 4-7 所示。

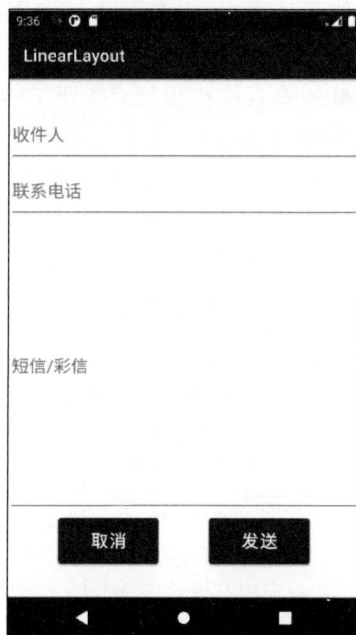

图 4-40　LinearLayout 效果

表 4-7　RelativeLayout 的常用属性

属　　性	属性值	说　　明
android：layout_alignParentBottom	true 或 false	指定控件是否与父布局下端对齐
android：layout_alignParentTop		指定控件是否与父布局上端对齐
android：layout_alignParentLeft		指定控件是否与父布局左端对齐
android：layout_alignParentRight		指定控件是否与父布局右端对齐
android：layout_centerInParent		指定控件是否位于父布局的中央位置
android：layout_centerVertical		指定控件是否位于父布局的垂直中央位置
android：layout_centerHorizontal		指定控件是否位于父布局的水平中央位置
android：layout_above	某控件的 id 属性 "@id/id_name"	设置当前控件位于某控件的上方
android：layout_below		设置当前控件位于某控件的下方
android：layout_toLeftOf		设置当前控件位于某控件的左侧
android：layout_toRightOf		设置当前控件位于某控件的右侧
android：layout_alignTop		设置当前控件的上边缘和某控件的上边缘对齐
android：layout_alignBottom		设置当前控件的下边缘和某控件的下边缘对齐
android：layout_alignLeft		设置当前控件的左边缘和某控件的左边缘对齐
android：layout_alignRight		设置当前控件的右边缘和某控件的右边缘对齐
android：layout_marginTop	具体的数值，可以使用 px、pt、dp、sp 4 种单位	设置当前控件距上部最近组件的距离
android：layout_marginBottom		设置当前控件距下部最近组件的距离
android：layout_marginLeft		设置当前控件距左部最近组件的距离
android：layout_marginRight		设置当前控件距右部最近组件的距离

如下代码中，在布局文件中添加了 11 个 Button 控件，分别命名为按钮 1~按钮 11，其中按钮 1、按钮 2、按钮 3 与上端对齐，且与上边界的距离为 20dp；按钮 4、按钮 5、按钮 6 位于屏幕的垂直中央位置；按钮 7、按钮 8、按钮 9 与下端对齐，与下边界的距离均为 20dp；按钮 1、按钮 4、按钮 7 与左端对齐，与左边界的距离均为 20dp；按钮 2、按钮 5、按钮 8 位于屏幕的水平中央位置；按钮 3、按钮 6、按钮 9 与右端对齐，与右边界的距离为 20dp；按钮 10 位于屏幕的水平中央位置，在按钮 5 的上边，与下方最近组件（即按钮 5）的距离为 20dp；按钮 11 位于屏幕的水平中央位置，按钮 5 的下边，与上方最近组件（即按钮 5）的距离为 20dp。RelativeLayout 的代码如下：

```xml
<?xml version = "1.0" encoding = "utf - 8"?>
< RelativeLayout xmlns:android = "http://schemas.android.com/apk/res/android"
  android:layout_width = "match_parent"
  android:layout_height = "match_parent">
  < Button
    android:id = "@ + id/button1"
    android:layout_width = "wrap_content"
    android:layout_height = "wrap_content"
    android:text = "按钮 1"
    android:layout_alignParentTop = "true"
    android:layout_alignParentLeft = "true"
    android:layout_marginTop = "20dp"
    android:layout_marginLeft = "20dp" />
  < Button
    android:id = "@ + id/button2"
    android:layout_width = "wrap_content"
    android:layout_height = "wrap_content"
    android:text = "按钮 2"
    android:layout_alignParentTop = "true"
    android:layout_centerHorizontal = "true"
    android:layout_marginTop = "20dp" />
  < Button
    android:id = "@ + id/button3"
    android:layout_width = "wrap_content"
    android:layout_height = "wrap_content"
    android:text = "按钮 3"
    android:layout_alignParentTop = "true"
    android:layout_alignParentRight = "true"
    android:layout_marginTop = "20dp"
    android:layout_marginRight = "20dp" />
  < Button
    android:id = "@ + id/button4"
    android:layout_width = "wrap_content"
    android:layout_height = "wrap_content"
    android:text = "按钮 4"
    android:layout_alignParentLeft = "true"
```

```
        android:layout_centerVertical = "true"
        android:layout_marginLeft = "20dp" />
    < Button
        android:id = "@ + id/button5"
        android:layout_width = "wrap_content"
        android:layout_height = "wrap_content"
        android:text = "按钮 5"
        android:layout_centerInParent = "true" />
    < Button
        android:id = "@ + id/button6"
        android:layout_width = "wrap_content"
        android:layout_height = "wrap_content"
        android:text = "按钮 6"
        android:layout_alignParentRight = "true"
        android:layout_centerVertical = "true"
        android:layout_marginRight = "20dp" />
    < Button
        android:id = "@ + id/button7"
        android:layout_width = "wrap_content"
        android:layout_height = "wrap_content"
        android:text = "按钮 7"
        android:layout_alignParentLeft = "true"
        android:layout_alignParentBottom = "true"
        android:layout_marginLeft = "20dp"
        android:layout_marginBottom = "20dp" />
    < Button
        android:id = "@ + id/button8"
        android:layout_width = "wrap_content"
        android:layout_height = "wrap_content"
        android:text = "按钮 8"
        android:layout_alignParentBottom = "true"
        android:layout_centerHorizontal = "true"
        android:layout_marginBottom = "20dp" />
    < Button
        android:id = "@ + id/button9"
        android:layout_width = "wrap_content"
        android:layout_height = "wrap_content"
        android:text = "按钮 9"
        android:layout_alignParentRight = "true"
        android:layout_alignParentBottom = "true"
        android:layout_marginRight = "20dp"
        android:layout_marginBottom = "20dp" />
    < Button
        android:id = "@ + id/button10"
        android:layout_width = "wrap_content"
        android:layout_height = "wrap_content"
        android:text = "按钮 10"
        android:layout_centerHorizontal = "true"
        android:layout_above = "@ id/button5"
```

```
android:layout_marginBottom = "20dp" />
< Button
android:id = "@ + id/button11"
android:layout_width = "wrap_content"
android:layout_height = "wrap_content"
android:text = "按钮 11"
android:layout_centerHorizontal = "true"
android:layout_below = "@id/button5"
android:layout_marginTop = "20dp" />
</RelativeLayout>
```

运行以上代码，RelativeLayout 的显示效果如图 4-41 所示。

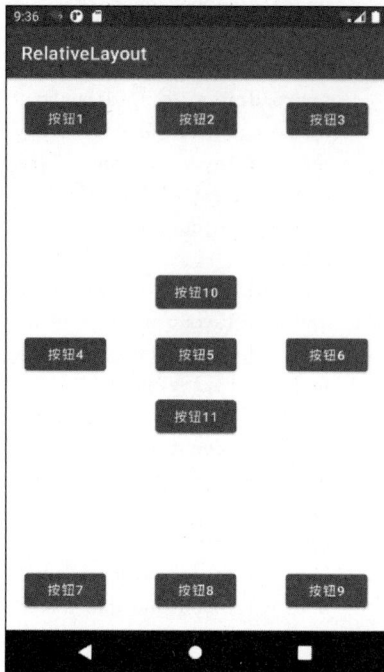

图 4-41　RelativeLayout 效果

4.3　Activity

现实生活中在使用手机时，无论是拨打电话、发送短信、浏览照片或者是运行其他的应用，用户都需要与手机界面进行交互。在 Android 系统中，Activity 的所有操作都跟用户密切相关，用户与程序的交互都是通过 Activity 完成的，Activity 负责管理 Android 应用程序的用户界面。本节将对 Activity 的相关知识进行介绍和讲解。

4.3.1　Activity 简介

Activity 是 Android 组件中最基本、最常见的四大组件之一，主要用于实现应用功能逻辑，它通过布局与用户交互，并通过界面显示数据或接收用户输入。在应用程序中，一个 Activity 通常就是一个单独的屏幕，被设计用来让用户执行特定的动作（action）。一个应用程序可以包含零个到多个 Activity，Activity 之间相互独立，每个 Activity 负责管理一个用户界面。包含多个 Activity 的应用，需要为其指定一个"主"Activity，即启动应用程序时首先打开的 Activity。每个 Activity 均可启动另一个 Activity，包括当前 Activity 本身，Android 甚至允许启动其他应用中的 Activity。

下面介绍 Activity 的基本操作。

1. 手动创建 Activity

在 Android Studio 中单击 File，然后选择 New→New Project 打开新建项目对话框，在 Select a Project Template 界面选择 No Activity，在 Configure Your Project 界面设置项目名称为 ActivityTest，其他都使用默认值，单击 Finish 按钮，等待 Gradle 构建完成，项目即创建成功。项目创建成功后，默认使用 Android 模式的项目结构，改为 Project 模式。在 Project 项目模式窗口，单击展开 ActivityTest→app→src→main→java，可以看到 com

.example.activitytest 文件夹是空的,如图 4-42 所示。右击 com. example. activitytest,然后选择 New→Activity→Empty Activity,在如图 4-43 所示的 Configure Activity 界面中,将 Activity Name 设置为 FirstActivity,取消选中 Generate a Layout File,即不要为 FirstActivity 创建对应的布局文件,其余选项保持默认设置,单击 Finish 按钮完成 Activity 的创建。

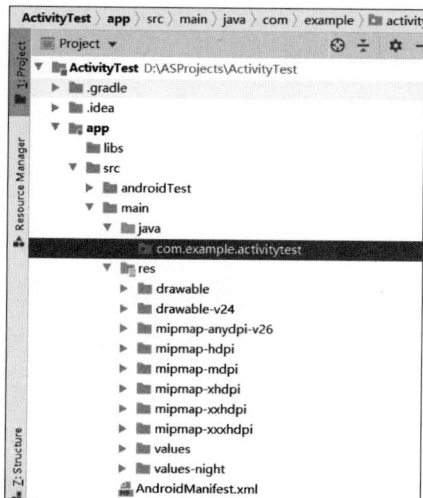

图 4-42 Project 项目模式窗口

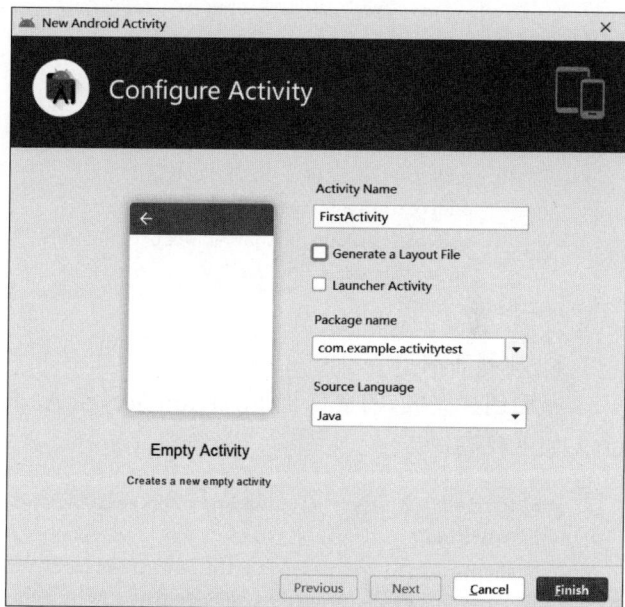

图 4-43 Configure Activity 界面

Activity 源代码文件 FirstActivity. java 中的代码为:

```
public class FirstActivity extends AppCompatActivity {
    @Override
    protected void onCreate(Bundle savedInstanceState) {
        super.onCreate(savedInstanceState);
    }
}
```

从上述代码可以看出,当前 Activity 类 FirstActivity 继承自 AppCompatActivity,并且重写了该类中的 onCreate()方法,Activity 的生命周期是从 onCreate()开始的,FirstActivity 启动时执行此函数,此处仅调用了父类的 onCreate()方法,后面根据需要加入自己的实现代码。

2. 创建布局

在 Project 项目模式窗口,右击 res,选择 New→Directory,在弹出的 New Directory 窗口中输入 layout,创建一个名为 layout 的文件夹。右击 layout 文件夹,选择 New→Layout

Resource File，在弹出的 Configure Component 界面中，将文件名 Layout File name 设置为 first_layout，根元素 Root Tag 为默认的 LinearLayout，单击 Finish 按钮，Android Studio 会自动打开新建布局文件的可视化布局编辑器。具体参看 4.2.3 节的内容。在刚创建的布局文件中添加一个 Button，相应的代码为：

```xml
<?xml version = "1.0" encoding = "utf-8"?>
<LinearLayout xmlns:android = "http://schemas.android.com/apk/res/android"
        android:orientation = "vertical"
        android:layout_width = "match_parent"
        android:layout_height = "match_parent">
    <Button
        android:id = "@+id/button"
        android:layout_width = "match_parent"
        android:layout_height = "wrap_content"
        android:text = "Button" />
</LinearLayout>
```

3. 加载布局

布局创建完成，需要回到 FirstActivity，在 Activity 中加载布局。在 onCreate()方法中加入如下代码：

```java
public class FirstActivity extends AppCompatActivity {
    @Override
    protected void onCreate(Bundle savedInstanceState) {
        super.onCreate(savedInstanceState);
        setContentView(R.layout.first_layout);
    }
}
```

这里调用了 setContentView()方法给当前的 Activity 加载了一个布局，其中的参数为布局文件的 id。Android 项目添加的任何资源都会在 R 文件中生成一个相应的资源 id，只需要调用 R.layout.first_layout 就可以得到 first_layout.xml 布局的 id，然后将这个值传入 setContentView()方法即可。

4. 在 AndroidManifest 文件中注册 Activity

在 Android 中创建四大组件都需要在 AndroidManifest.xml 文件（清单文件）中注册。Android Studio 的注册自动实现，不需要手动维护。当 Activity 在清单文件中注册时，会添加一行<activity android：name=".FirstActivity"></activity>代码，如图 4-44 所示。

Activity 的注册声明要放在<application>标签内，通过<activity>标签注册，在<activity>标签中使用 android:name 来指定具体注册哪一个 Activity。".FirstActivity"是 com.example.activitytest.FirstActivity 的缩写，因为在最外层的<manifest>标签中已经通过 package 属性指定了程序的包名，因此在注册 Activity 的时候这一部分就可以省略，直接使用".FirstActivity"就足够了。

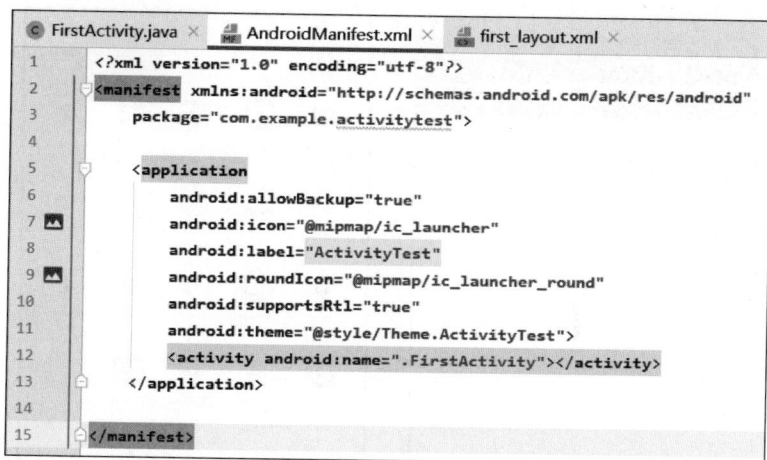

图 4-44　AndroidManifest. xml 文件

5. 为应用程序配置主 Activity

注册 Activity 之后,程序仍然不能运行,因为没有为程序配置主 Activity。当程序运行起来的时候,不知道先运行哪个 Activity。配置方法是在< activity >标签内部加入< intent-filter >标签,并且在< intent-filter >标签中添加< action android:name = "android. intent. action. MAIN" />和< category android: name = "android. intent. category. LAUNCHER" />两句声明即可。除此之外,在< activity >标签内还可以通过 android: label 指定 Activity 中标题栏的内容。标题栏显示在 Activity 最顶部,给 Activity 指定的 label 不仅会成为标题栏中的内容,还会成为启动器(Launcher)中应用程序显示的名称。修改图 4-44 的< activity >标签中的代码为:

```
< activity android:name = ".FirstActivity"
    android:label = "FirstActivity">
    < intent - filter >
        < action android:name = "android. intent. action. MAIN" />
        < category android:name = "android. intent. category. LAUNCHER" />
    </ intent - filter >
</ activity >
```

程序运行结果如图 4-45 所示,在界面的最顶部是标题栏,显示注册 Activity 时指定的 label。启动器(Launcher)中应用程序显示的名称亦为给 Activity 指定的 label。

4.3.2　Intent

Intent 是 Android 程序中各组件之间进行交互的一种重要方式,它不仅可以指明当前组件想要执行的动作,还可以在不同组件之间传递数据。Intent 一般可被用于启动 Activity、启动服务以及发送广播等场景。根据启动目标组件的方式不同,Intent 可以分为两种类型:显式 Intent 和隐式 Intent。

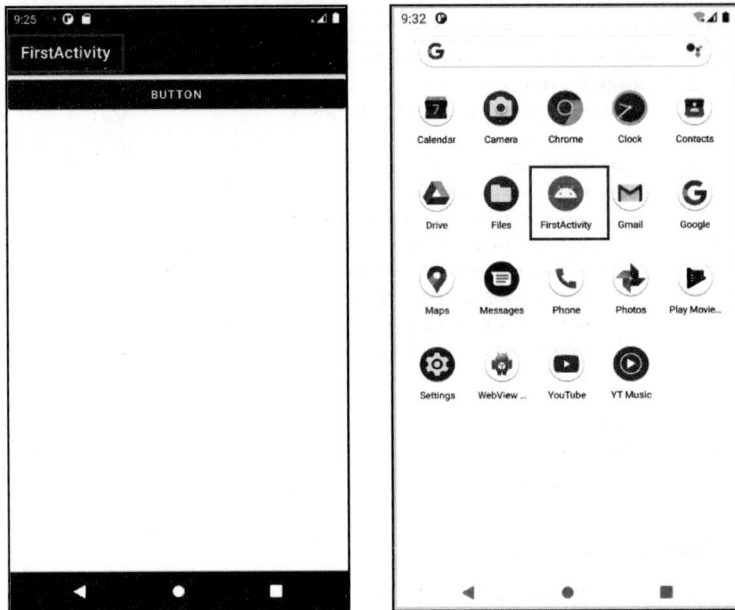

图 4-45　程序的执行结果

1. 显式 Intent

显式 Intent 指在创建 Intent 对象时，可以直接通过名称指定要启动的目标组件。下面通过实例来介绍如何使用显式 Intent。在之前创建好的 ActivityTest 中再创建一个 Activity，右击 com. example. activitytest，然后选择 New→Activity→Empty Activity，在弹出的 Configure Activity 界面中，将 Activity Name 设置为 SecondActivity，选择 Generate Layout File 为 Activity 创建对应的布局文件，布局名为 second_layout，注意不要选中 Launcher Activity，单击 Finish 按钮完成创建，Android Studio 自动生成 SecondActivity . java 和 second_layout. xml 两个文件。second_layout. xml 默认为 ConstraintLayout（约束布局），将其更改为 LinearLayout（线性布局）。更改方式为：在 second_layout. xml 文件默认的 Design 标签下，右击 Component Tree 下方的 ConstraintLayout，选择 Convert view 命令，选择 LinearLayout 并单击 Apply 按钮即可将布局从 ConstraintLayout 转为 LinearLayout。在布局文件 second_layout. xml 中添加一个 Button，代码为：

```
<?xml version = "1.0" encoding = "utf - 8"?>
< LinearLayout xmlns:android = "http://schemas. android. com/apk/res/android"
  xmlns:app = "http://schemas. android. com/apk/res - auto"
  xmlns:tools = "http://schemas. android. com/tools"
  android:layout_width = "match_parent"
  android:layout_height = "match_parent"
  tools:context = ". SecondActivity">
  < Button
```

```
        android:id = "@ + id/button2"
        android:layout_width = "match_parent"
        android:layout_height = "wrap_content"
        android:text = "显式 Intent" />
</LinearLayout >
```

Activity 文件 SecondActivity.java 中已经自动生成一部分代码：

```
public class SecondActivity extends AppCompatActivity {
  @Override
  protected void onCreate(Bundle savedInstanceState) {
    super.onCreate(savedInstanceState);
    setContentView(R.layout.second_layout);
  }
}
```

任何一个 Activity 都需要在 AndroidManifest.xml 中注册，Android Studio 会自动完成 SecondActivity 的注册。由于 SecondActivity 不是主 Activity，因此不需要配置<intent-filter>标签里的内容。

```
< activity android:name = ".SecondActivity"></activity >
```

接下来修改 FirstActivity 中按钮的单击事件，代码为：

```
public class FirstActivity extends AppCompatActivity {
  @Override
  protected void onCreate(Bundle savedInstanceState) {
    super.onCreate(savedInstanceState);
    setContentView(R.layout.first_layout);
    Button button = (Button)findViewById(R.id.button);
    button.setOnClickListener(new View.OnClickListener() {
      @Override
      public void onClick(View v) {
        Intent intent = new Intent(FirstActivity.this,SecondActivity.class);
        startActivity(intent);
      }
    });
  }
}
```

在上述代码中，通过用匿名内部类作为监听器对按钮的单击事件进行监听，首先使用 setOnClickListener()方法对按钮进行绑定，然后实现 onClick()方法，在此方法中编写逻辑运行程序即可。

Intent 有多个构造方法的重载，其中一个构造函数可简写为"Intent(自身.this,目标.class)"。这个构造方法有两个参数：第一个参数要求提供启动 Activity 的上下文，即当前 Activity；第二个参数要求指定想要启动的目标 Activity，通过这个构造方法就可以构建出

Intent（在 FirstActivity 这个 Activity 的基础上打开 SecondActivity 这个 Activity）。如何使用这个 Intent 呢？Activity 类中提供了一个 startActivity()方法,这个方法是专门用于启动 Activity 的,它接收一个 Intent 参数,将构建好的 intent 传入 startActivity()方法就可以启动目标 Activity。

重新运行程序,在 FirstActivity 的界面单击按钮,将启动 SecondActivity,如图 4-46 所示。如果想要回到上一个 Activity,则单击 Back 按钮 ◀ 就可以销毁当前 Activity,从而回到上一个 Activity。

2. 隐式 Intent

相比于显式 Intent,隐式 Intent 并不明确指出要启动哪一个 Activity,而是指定更为抽象的 action 和 category 等信息,然后交由系统去分析这个 Intent,并找出合适的 Activity 去启动。所谓合适的 Activity,是指可以响应这个隐式 Intent 的 Activity。目前的 SecondActivity 还不能响应隐式的 Intent,需要进行相应的设置。通过在 AndroidManifest. xml 中的< activity >标签下配置< intent-filter >的内容,可以指定当前 Activity 能够响应的 action 和 category。

打开 AndroidManifest. xml,对 SecondActivity 进行配置,添加如下代码：

图 4-46　SecondActivity 界面

```
< activity android:name = ".SecondActivity">
    < intent - filter >
        < action android:name = "com. example. activitytest. ACTION_START"/>
        < category android:name = "android. intent. category. DEFAULT"/>
        < category android:name = "com. example. activitytest. MY_CATEGORY"/>
    </ intent - filter >
</activity>
```

在< action >标签中指明了当前 Activity（即 SecondActivity）可以响应响应值为"com. example. activitytest. ACTION_START" 的 action,action 指 Intent 要完成的动作；< category >标签则包含了一些附加信息,更精确地指明了当前的 Activity 能够响应的 Intent 中还可能带有的 category。每个 Intent 中只能指定一个 action,但是却能够指定多个 category。只有< action >和< category >中的内容同时能够匹配上 Intent 中指定的 action 和 category 时,这个 Activity 才能响应该 Intent。

修改 FirstActivity 中按钮的单击事件,代码为：

```
Button button = (Button)findViewById(R. id. button);
```

```
button.setOnClickListener(new View.OnClickListener() {
    @Override
    public void onClick(View v){
        Intent intent = new Intent("com.example.activitytest.ACTION_START");
        intent.addCategory("com.example.activitytest.MY_CATEGORY");
        startActivity(intent);
    }
});
```

这里使用了 Intent 的另一个构造方法，直接将 action 的字符串传入，表明想要启动 action 的值为 "com. example. activitytest. ACTION_START" 的 Activity。接着调用 Intent 中的 addCategory()方法添加一个 category，这里指定了一个自定义的 category，值为"com. example. activitytest. MY_CATEGORY"。由于 android. intent. category. DEFAULT 是一种默认的 category，所以在这里无须指定，在调用 startActivity() 方法时会自动将这个 category 添加到 Intent 中。重新运行程序，将得到与图 4-46 一样的执行结果。

4.3.3 Activity 间数据传递

到目前为止，只是简单地使用 Intent 来启动一个 Activity。通常在一个 Android 应用中会包含多个 Activity，也需要在多个 Activity 之间传递数据。Android 允许向启动的 Activity 传递数据，也可以接收 Activity 返回的数据。

1. 向下一个 Activity 传递数据

Intent 可以在启动 Activity 的时候传递数据。Intent 提供了一系列 putExtra()方法的重载，可以把想要传递的数据暂存在 Intent 中，在启动了另一个 Activity 后，只需要把这些数据再从 Intent 中取出即可。

例如，在 FirstActivity 中有一个字符串，现在想把这个字符串传递到 SecondActivity。修改 FirstActivity 中按钮的单击事件，代码为：

```
Button button = (Button)findViewById(R.id.button);
button.setOnClickListener(new View.OnClickListener() {
    @Override
    public void onClick(View v){
        String data = "Hello! SecondActivity.";
        Intent intent = new Intent(FirstActivity.this,SecondActivity.class);
        intent.putExtra("data_send",data);
        startActivity(intent);
    }
});
```

上面的代码使用显式 Intent 的方式来启动 SecondActivity，并通过 putExtra()方法传递了一个字符串。putExtra()方法的使用格式为 putExtra("A",B)，AB 为键值对，第一个参数 A 为键名，用于后面从 Intent 中取值；第二个参数 B 为键对应的值，是真正要传递的数据。如果想取出 Intent 对象中的值，则需要在另一个 Activity 中用 getXXXXExtra()方法，其中 XXXX 为这些值对应的数据类型，参数为键名。例如，如果传递的是整型数据，则使用 getIntExtra()方法；如果传递的是布尔型数据，则使用 getBooleanExtra()方法。本例中传递的是字符串类型的数据，则使用 getStringExtra()方法。

修改 SecondActivity 的代码，将传递的数据取出并打印出来，代码为：

```
public class SecondActivity extends AppCompatActivity {
    @Override
    protected void onCreate(Bundle savedInstanceState) {
        super.onCreate(savedInstanceState);
        setContentView(R.layout.second_layout);
        Intent intent = getIntent();
        String data = intent.getStringExtra("data_send");
        Log.d("SecondActivity",data);
    }
}
```

在上述代码中，首先通过 getIntent()方法获取到用于启动 SecondActivity 的 Intent。由于传递的是字符串，所以调用 getStringExtra()方法，参数为键名 data_send，就可以得到键名对应的数值，即 Intent 传递的数值。Log.d()方法用于打印一些调试信息，这些信息对调试程序和分析问题是有帮助的，对应级别 Debug，Log.d()方法中需要传入两个参数：第一个参数 tag 一般传入当前类名即可，主要用于对打印信息进行过滤；第二个参数 msg 为想要打印的内容。程序运行完毕，在底部的 logcat 区域就可以看到打印信息，不仅可以看到打印日志的内容和 tag 名，连程序的包名、打印时间以及应用程序的进程号都可以看到。

运行程序前，在底部的工具栏中单击 Logcat，选择级别为 Debug，搜索栏输入 SecondActivity，Logcat 的过滤器保持默认设置，即 Show only selected application，表示只显示当前选中程序的日志。重新运行程序，再单击 FirstActivity 界面的按钮，会跳转到 SecondActivity，在底部的 Logcat 中查看打印信息，可以看到 SecondActivity 中成功得到了从 FirstActivity 中传递过来的数据，且在 FirstActivity 的界面中单击几次按钮，就能在 logcat 区域看到几次数据。在 FirstActivity 的界面中，单击了 2 次按钮，则 Logcat 中的数据如图 4-47 所示。

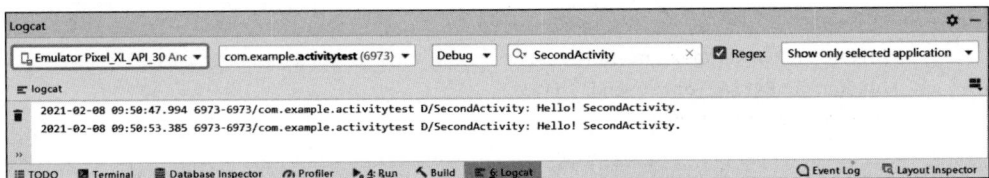

图 4-47　SecondActivity 中的打印信息

2. 返回数据给上一个 Activity

既然可以传递数据给下一个 Activity，当然也可以返回数据给上一个 Activity。要返回上一个 Activity，只需单击手机上的"返回"键就可以了，并没有一个用于启动 Activity 的

Intent 来 传 递 数 据。要 实 现 返 回 数 据 给 上 一 个 Activity，可 以 通 过 Activity 中 的 startActivityForResult()方法，该方法能在 Activity 销毁的时候返回一个结果给上一个 Activity。

修改 FirstActivity 中按钮的单击事件，代码为：

```
Button button = (Button)findViewById(R.id.button);
button.setOnClickListener(new View.OnClickListener() {
    @Override
    public void onClick(View v){
        Intent intent = new Intent(FirstActivity.this,SecondActivity.class);
        startActivityForResult(intent,1);
    }
});
```

在上述代码中，使用系统提供的 startActivityForResult(Intent intent，int requestCode)方法来启动 SecondActivity，该方法有两个参数：第一个参数是 Intent，第二个参数是请求码 requestCode，用于在之后的回调中判断数据的来源。请求码只要是一个唯一值就可以了，这里传入 1。SecondActivity 关闭后，会向上一个 Activity 即 FirstActivity 传回数据。为了得到传回的数据，必须在上一个 Activity 中重写 onActivityResult(int requestCode，int resultCode，Intent data) 方法。

在 SecondActivity 中给按钮注册单击事件，并在单击事件中添加返回数据的逻辑，修改 SecondActivity 的代码为：

```
Button button2 = (Button)findViewById(R.id.button2);
button2.setOnClickListener(new View.OnClickListener() {
    @Override
    public void onClick(View v){
        Intent intent = new Intent();
        intent.putExtra("data_return","Hello!FirstActivity.");
        setResult(RESULT_OK,intent);
        finish();
    }
});
```

在上述代码中，Intent intent = new Intent()仅用于新建一个 Intent，这个 Intent 只用于传递数据，没有指定任何"意图"。然后使用 putExtra()方法将要传递的数据存放在 Intent 中，这里要传递的是一个字符串，键名为 data_return，要传递的值为"Hello! FirstActivity."。setResult(int resultCode，Intent data) 方法专门用于向上一个 Activity 返回数据。setResult()方法接收两个参数：第一个参数用于向上一个 Activity 返回处理结果，一般只使用 RESULT_OK 或 RESULT_CANCELD 这两个参数值；第二个参数是带有数据的 Intent。最后用 finish()方法来销毁当前的 Activity 即 SecondActivity。

由于是使用 startActivityForResult()方法来启动 SecondActivity，在 SecondActivity 被

销毁后会回调上一个 Activity 的 onActivityResult()
方法,因此需要在上一个 Activity 即 FirstActivity
中重写 onActivityResult()方法得到返回的数据。
在 Android Studio 中添加重写方法:在 FirstActivity
的类定义代码中需要重写方法的位置右击,选择
Generate→Override Method,然后选择要加载的函数
即可,也可以在类中的相应位置单击,然后按
Ctrl＋O 快捷键也可以实现相同的效果。在打开的
Select Methods to Override/Implement 界面中直接输
入函数名可以快速搜索到所需要的函数,单击 OK
按钮即可,如图 4-48 所示。

在 FirstActivity 中重写 onActivityResult()
方法,代码为:

```
@Override
protected void onActivityResult(int requestCode,
int resultCode, @Nullable Intent data){
    super.onActivityResult(requestCode, resultCode,
data);
    switch(requestCode){
        case 1:
            if(resultCode == RESULT_OK){
                String returnData = data.getStringExtra("data_return");
                Log.d("FirstActivity",returnData);
            }
            break;
        default:
    }
}
```

图 4-48　重写方法

onActivityResult()方法有 3 个参数：第一个参数 requestCode,即在启动 Activity 的
时候传入的请求码;第二个参数 resultCode,即在返回数据时传入的处理结果;第三个参数
data,即携带着数据的 Intent。由于在一个 Activity 中有可能调用 startActivityForResult()方法
去启动很多不同的 Activity,每一个 Activity 返回数据都会回调 onActivityResult()方法,
因此首先要做的是通过检查 requestCode 的值来判断数据来源。确定数据是从
SecondActivity 返回的之后,再通过 resultCode 的值来判断处理结果是否成功。如果成功,
则调用 getStringExtra()方法,参数为键名 data_return,就可以得到键名对应的数值,即
Intent 传递的数值。最后,将 Intent 传递的数据用 Log.d()方法打印出来。这样就完成了
向上一个 Activity 返回数据的工作。

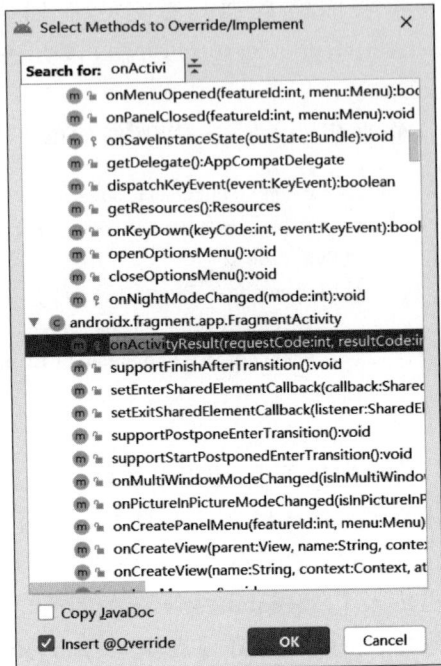

重新运行程序，在 FirstActivity 的界面单击按钮会打开 SecondActivity，然后在 SecondActivity 中单击按钮会回到 FirstActivity。这时查看 logcat 区域的打印信息，可以看到 SecondActivity 已经成功地将数据返回给 FirstActivity。同样，在 SecondActivity 的界面中单击几次按钮，就能在 logcat 区域看到几次数据。在 SecondActivity 界面中，一共单击了 3 次按钮，则 logcat 区域的数据如图 4-49 所示。

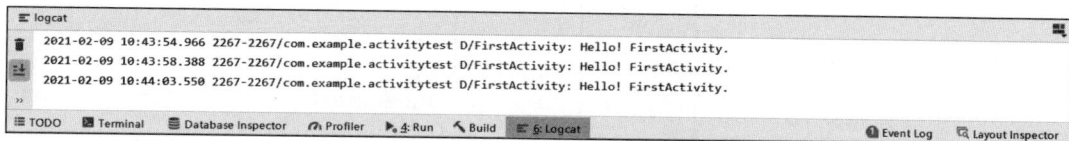

图 4-49　FirstActivity 中的打印信息

4.4　Handler 消息机制

4.4.1　Handler 消息机制介绍

为了避免系统出现应用程序无响应（Application Not Responding）的情况，Android 会将耗时操作放在子线程中去执行。因为子线程不能更新 UI（如果在多线程中并发访问可能会导致 UI 控件处于不可预期的状态），所以当子线程需要更新 UI 的时候就需要借助 Android 的消息机制，也就是 Handler 机制了。

顾名思义，Handler 就是"处理者"的意思，它主要是用于发送和处理消息的。Handler 机制的运行基于 MessageQueue 和 Looper 的支撑。为了便于阐述 Handler 消息机制的整体框架，这里需要对其概念进行介绍。

1. MessageQueue

MessageQueue 就是消息队列，它主要用于存放所有通过 Handler 发送的消息。这部分消息会一直存在于消息队列中，等待被处理。每个线程中只会有一个 MessageQueue 对象。

2. Looper

Looper 是每个线程中的 MessageQueue 的管家，调用 Looper 的 loop() 方法后，就会进入到一个无限循环中，然后每当发现 MessageQueue 中存在一条消息，就会将它取出，并传递到 Handler 的 handleMessage() 方法中。每个线程中也只会有一个 Looper 对象。

因此 Handler 机制的工作是这样一个过程：当子线程中需要进行 UI 操作时，就创建一个 Message 对象，并通过 Handler 将这条消息发送出去。之后这条消息会被添加到 MessageQueue 的队列中等待被处理，而 Looper 则会一直尝试从 MessageQueue 中取出待处理消息，最后分发回 Handler。图 4-50 中对 Handler 机制的工作原理进行了描述。

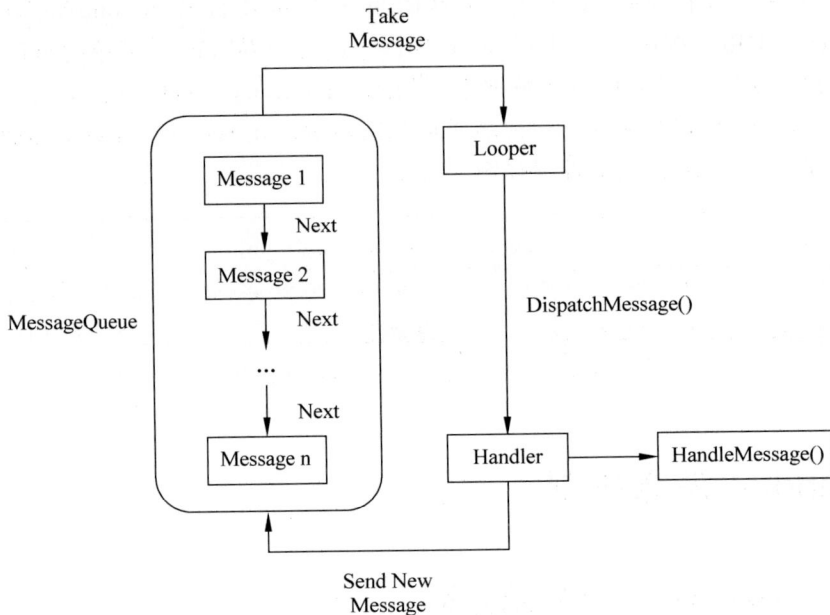

图 4-50　Handler 机制原理

4.4.2　Handler 机制应用实例

和许多其他的 GUI 库一样，Android 的 UI 也是线程不安全的。也就是说，如果想要更新应用程序里的 UI 元素，则必须在主线程中进行，否则就会出现异常。

现在通过一个具体的例子来验证一下：在一个 TextView 中创造一个单击事件，单击后新建一个 Thread，在这个线程中用 run()方法更改 TextView 的文字，这样就属于更改 UI 了，最终尝试的结果是系统崩溃（见图 4-51）。

```
public class MainActivity extends Activity {
  private TextView mTv;
  @Override
  protected void onCreate(Bundle savedInstanceState) {
    super.onCreate(savedInstanceState);
    setContentView(R.layout.activity_main);
    mTv = (TextView) findViewById(R.id.mTv);
    mTv.setOnClickListener(new View.OnClickListener() {
      @Override
      public void onClick(View v) {
        Log.d("Test", "单击文字");
        sonThreadUpdateUi();
      }
    });
```

现在借助 Handler 机制更改一下界面。主要步骤如下：

（1）新建一个 Handler 对象，复写 handleMessage() 方法；

（2）在需要更新 UI 的地方执行 sendEmptyMessage 或者 sendMessage；

（3）在 handleMessage 的 switch 中根据不同的 case 常量执行相关操作。

相关代码如下：

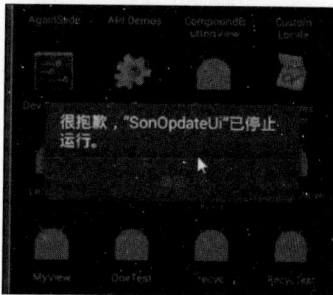

图 4-51　更改 UI 失败

```java
import android.app.Activity;
import android.os.Bundle;
import android.os.Handler;
import android.os.Message;
import android.util.Log;
import android.view.View;
import android.widget.TextView;

public class MainActivity extends Activity {
    private TextView mTv;
    private Handler mHandler;
    private static final int MSG_UPDATE_TEXT = 0x2001;      // 更新文本 方式一用的常量
    private static final int MSG_UPDATE_WAY_TWO = 0x2002;   // 更新文本 方式二用的常量
    @Override
    protected void onCreate(Bundle savedInstanceState) {
        super.onCreate(savedInstanceState);
        setContentView(R.layout.activity_main);
        mHandler = new Handler(){
            @Override
            public void handleMessage(Message msg) {
                switch (msg.what){
                    case MSG_UPDATE_TEXT:
                        mTv.setText("让 Handler 更改界面");
                        break;
                    case MSG_UPDATE_WAY_TWO:
                        mTv.setText("让 Handler 更改界面方式二");
                        break;
                }
            }
        };
        mTv = (TextView) findViewById(R.id.mTv);
        mTv.setOnClickListener(new View.OnClickListener() {
            @Override
            public void onClick(View v) {
```

```
            Log.d("Test", "单击文字");
            //方式一
            //mHandler.sendEmptyMessage(MSG_UPDATE_TEXT);
            //方式二
            Message msg = Message.obtain();
            msg.what = MSG_UPDATE_WAY_TWO;
            mHandler.sendMessage(msg);
        }
    });
}
/*  private void sonThreadUpdateUi(){
    new Thread(new Runnable() {
        @Override
        public void run() {
            mTv.setText("子线程想要更改界面");
        }
    }).start();
} */
}
```

进行尝试后发现，修改成功，系统没有崩溃（见图 4-52）。说明 Android 的 Handler 机制达到了预想中的效果。

图 4-52　更改 UI 成功

4.5　Fragment

4.5.1　Fragment 的概念

Android 3.0 中引入了 Fragment 的概念，主要目的是用在大屏幕设备上（例如，平板电脑上），支持更加动态和灵活的 UI 设计。平板电脑的屏幕要比手机的大得多，有更多的空间来放更多的 UI 组件，并且这些组件之间会产生更多的交互。Fragment（碎片）是一种可以嵌入在 Activity 中的 UI 片段，它能让程序更加合理和充分地利用大屏幕的空间，因而在平板上应用得非常广泛。Fragment 是十分形象的一个概念，因为它和 Activity 实在是太像了，同样都能包含布局，同样都有自己的生命周期。甚至可以将碎片理解成一个迷你型的 Activity，虽然这个迷你型的 Activity 有可能和普通的活动是一样大的。使用 Fragment 具有以下优势：

- Fragment 可以将 Activity 分成多个可重用的组件，每个都有它自己的生命周期和 UI。
- Fragment 可以轻松创建动态灵活的 UI 设计，可以适应于不同的屏幕尺寸。从手机到平板电脑。
- Fragment 是一个独立的模块，紧紧地与 Activity 绑定在一起。可以运行中动态地移除、加入、交换等。

- Fragment 提供一个新的方式在不同的 Android 设备上统一 UI。
- Fragment 解决了 Activity 间的切换不流畅的问题，轻量切换。
- Fragment 替代 TabActivity 做导航，性能更好。
- Fragment 4.2 版本中新增了嵌套 Fragment 使用方法，能够生成更好的界面效果。
- Fragment 做局部内容更新更方便，原来为了到达这一点要把多个布局放到一个 Activity 中，现在可以用多个 Fragment 来代替，只有在需要的时候才加载 Fragment，从而提高了性能。

4.5.2　Fragment 应用实例

一个新闻应用可以在屏幕左侧使用一个 Fragment 来展示一个文章的列表，然后在屏幕右侧使用另一个 Fragment 来展示一篇文章，两个 Fragment 并排显示在相同的一个 Activity 中，并且每个 Fragment 都拥有它自己的一套生命周期回调方法，并且处理它们自己的用户输入事件。因此，取代使用一个 Activity 来选择一篇文章而另一个 Activity 来阅读文章的方式，用户可以在同一个 Activity 中选择一篇文章并且阅读，如图 4-53 所示。

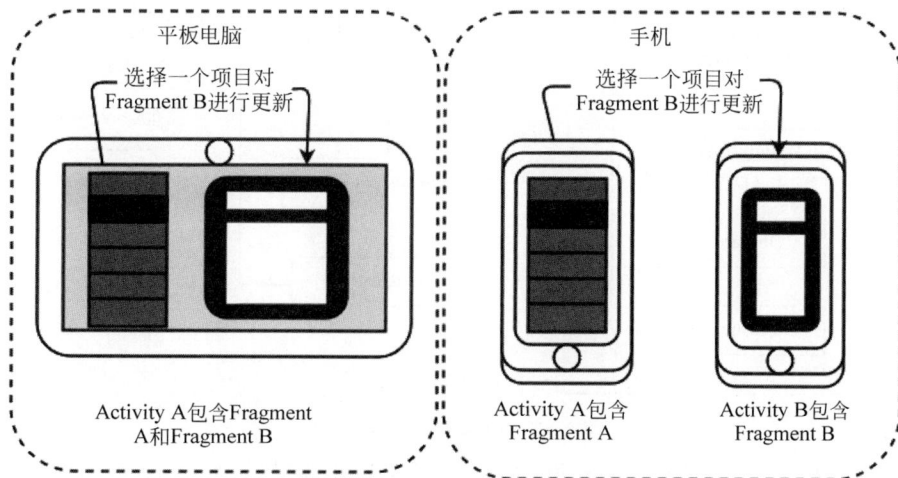

图 4-53　Fragment 示意

Fragment 在应用中应当是一个模块化和可重用的组件，即，因为 Fragment 定义了它自己的布局，以及通过使用它自己的生命周期回调方法定义了它自己的行为，所以可以将 Fragment 包含到多个 Activity 中。这一点特别重要，因为这允许将用户体验适配到不同的屏幕尺寸。举个例子，开发者可能会仅当在屏幕尺寸足够大时，在一个 Activity 中包含多个 Fragment，并且当不属于这种情况时，会启动另一个单独的、使用不同 Fragment 的 Activity。

继续上面的例子，当运行在一个特别大的屏幕时（例如平板电脑），应用可以在 Activity

A 中嵌入两个 Fragment。然而，在一个正常尺寸的屏幕（例如手机）上，没有足够的空间同时供两个 Fragment 使用，因此，Activity A 会仅包含文章列表的 Fragment，而当用户选择一篇文章时，它会启动 Activity B，它包含阅读文章的 Fragment。因此，应用可以同时支持图 4-53 中的两种设计模式。

4.5.3　Fragment 的生命周期

从图 4-54 中可以看到，Fragment 的生命周期和 Activity 很相似，只是多了以下几个方法。

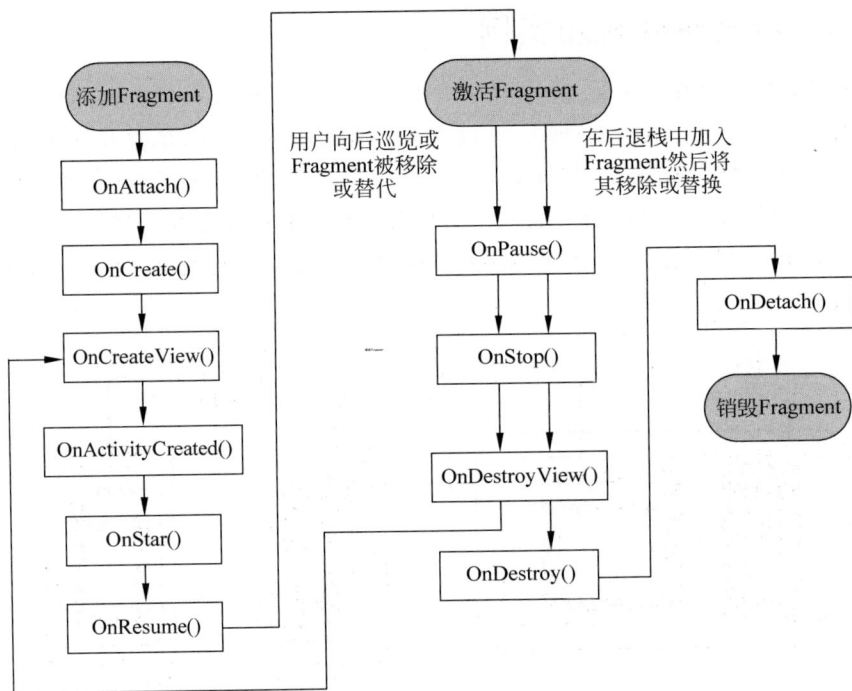

图 4-54　Fragment 生命周期

- onAttach()——在 Fragment 和 Activity 建立关联是调用（Activity 传递到此方法内）。
- onCreateView()——当 Fragment 创建视图时调用。
- onActivityCreated()——在相关联的 Activity 的 onCreate()方法已返回时调用。
- onDestroyView()——当 Fragment 中的视图被移除时调用。
- onDetach()——当 Fragment 和 Activity 取消关联时调用。

可以看图 4-55 中所示的几种操作情况下 Fragment 的生命周期变化。

管理 Fragment 生命周期和 Activity 生命周期很相似，同时 Activity 的生命周期对 Fragment 的生命周期也有一定的影响，如图 4-56 所示。

以下程序表示了 Activity 和 Fragment 的生命周期变化的先后过程：

```
1. 打开界面
   onCreate()->onCreateView()->onActivityCreated()->onStart()->onResume()
2. 按下主屏幕键
   onPause()->onStop()
3. 重新打开界面
   onStart()->onResume()
4. 按后退键
   onPause()->onStop()->onDestroyView()->onDestroy()->onDetach()
```

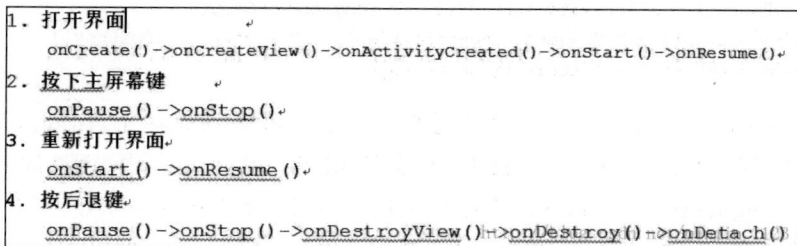

图 4-55 Fragment 的生命周期变化

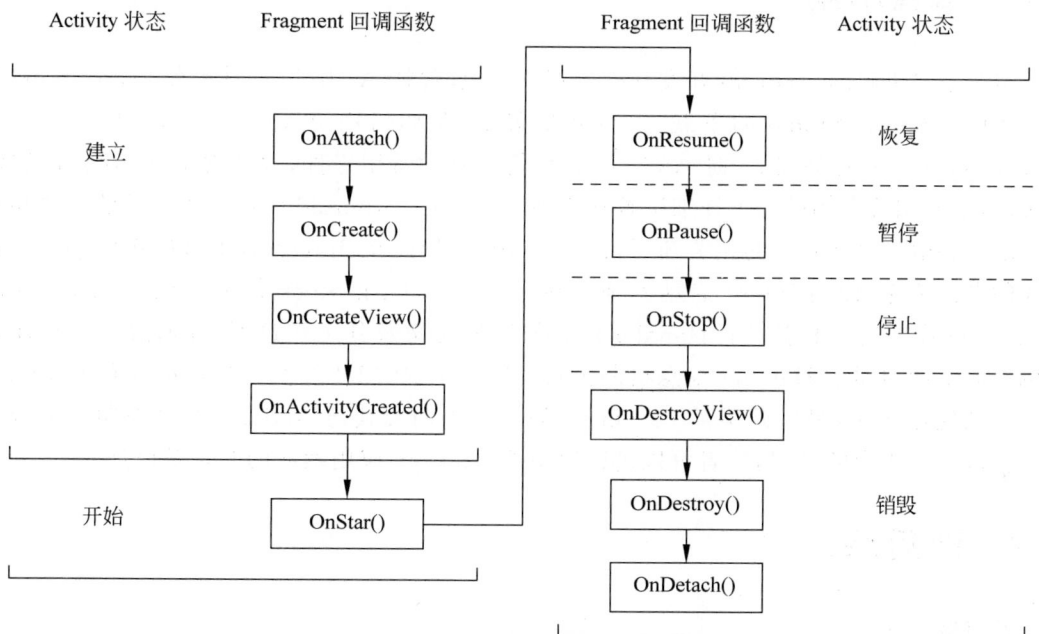

图 4-56 Fragment 与 Activity 的关系

```
//打开界面
Fragment onCreate() -> Fragment onCreateView() -> Activity onCreate()
-> Fragment onActivityCreated() -> Activity onStart()
-> Fragment onStart() -> Activity onResume() -> Fragment onResume()

//按下主屏幕键
Fragment onPause() -> Activity onPause()
-> Fragment onStop() -> Activity onStop()

//重新打开界面
Activity onRestart() -> Activity onStart() -> Fragment onStart()
-> Activity onResume() -> Fragment onResume()

//按后退键
```

```
Fragment onPause() -> Activity onPause() -> Fragment onStop()
-> Activity onStop() -> Fragment onDestroyView() -> Fragment onDestroy()
-> Fragment onDetach() -> Activity onDestroy()
```

Fragment 生命周期与 Activity 生命周期的一个关键区别就在于，Fragment 的生命周期方法是由托管 Activity 而不是操作系统调用的。Activity 中生命周期方法都是 protected，而 Fragment 都是 public，也印证了这一点，因为 Activity 需要调用 Fragment 的那些方法并管理它。

4.6　本章小结

本章主要讲解的 Android 开发基础的相关知识，包括 Android 的体系结构，Android 的开发环境，Android Studio 的下载、安装和配置，以及如何用 Android Studio 开发第一个 Android 程序。在此基础上，对 Android 布局管理器的常用组件，包括常用的 UI 控件和常用布局，结合相关案例进行了详细讲解和介绍，并介绍了 Android 中样式和主题的创建和使用。之后讲解了 Activity 的相关知识，包括 Activity 的简介、Intent 的作用及分类、Acitivity 之间的数据传递、使用 Intent 启动其他应用 Activity、Task Stack 任务栈以及 Activity 的 4 种启动模式。接下来介绍了 Handler 消息机制的含义及其工作过程，并通过一个具体的实例来演示如何通过 Handler 消息机制更新应用程序中的 UI 元素。然后介绍了 Fragment 的概念及应用实例，最后介绍了 Fragment 的生命周期及其与 Activity 生命周期的关键区别。通过本章内容的学习，读者可以进行简单的 Android 应用程序的开发及设计。

4.7　课后练习

编程题

1. 编写一个应用程序，需要实现如下功能：

（1）应用的主 Activity 为考试系统的登录界面，Activity 名和布局名分别为 FirstActivity 和 first_layout，登录界面上有两个文本框，分别为用户名和密码，两个文本编辑框，分别用来输入用户名和密码，密码显示为"."，其中用户名和密码分别为学生的姓名和学号。有两个按钮，分别为"登录"和"返回"，单击"返回"按钮则回到启动器，单击"登录"按钮时，如果密码正确，则进入第二个 Activity；如果密码不正确，则以 Toast 的方式显示"输入的用户名或密码不正确，请重新输入！"。

（2）第二个 Activity 为一个填空题，Activity 名和布局名分别为 SecondActivity 和 second_layout，界面上有一个文本框用来显示题干，文本框中的内容为"Java 标识符由数字、字母、_____和_____组成"。有两个文本编辑框，分别用来输入两个答案。有 1 个按钮，内容为"下一题"用于跳转至第三个 Activity。如果两个文本编辑框输入的值分别为"下画线"和"美元符号"，该题的分值为 20 分，只对一个为 10 分，都不对为 0 分。将本题的分数传递给下一个 Activity,即第三个 Activity。

（3）第三个 Activity 为一个单项选择题,Activity 名和布局名分别为 ThirdActivity 和 third_layout,题干为一个文本框,显示的内容为"下列哪一项不是手机操作系统?",有 4 个单选按钮,分别为 Nexus 4、Windows Phone、Symbian、iOS,如果选中第一个选项则该题的分值为 20 分,否则为 0 分。还有两个按钮:一个为"下一题"用于跳转至第四个 Activity;一个为"上一题"用于跳转至第二个 Activity。将前两题的得分之和传递给下一个 Activity,即第四个 Activity。

（4）第四个 Activity 为一个多项选择题,Activity 名和布局名分别为 FourthActivity 和 fourth_layout,题干为一个文本框,显示的内容为"下列选项中,哪些是合法的标识符?",有 4 个多选按钮,4 个选项分别为 class、_sys_ta、_3_、$ $ $,正确答案为最后 3 项,即 BCD,如果 3 个选项都对,则该题为 60 分,只选对一个选项为 20 分,选对两个为 40 分。还有两个按钮:一个为"下一题"用于跳转至第五个 Activity;一个为"上一题"用于跳转至第三个 Activity。将前 3 题的得分之和传递给下一个 Activity 即第五个 Activity。

（5）第五个 Activity 为评分界面,有两个文本框:第一个文本框显示内容分别为"您本次考试的成绩为:";第二个文本框显示的内容为 3 题的得分之和。还有两个按钮:第一个显示的内容为"再考一次",第二个显示的内容为"退出考试系统"。单击"再考一次"则界面跳转到第二个 Activity,单击"退出考试系统"则退出应用程序返回到模拟器桌主界面。

第5章

HarmonyOS 编程

本章将介绍华为 HarmonyOS 及其编程基础,包括 HarmonyOS 的技术特性和架构,应用 UI 设计、结构、配置、数据管理、权限管理等应用开发基础,以及基于 Java 和 JavaScript 语言的 UI 框架应用开发实战案例讲解。通过本章的学习,读者将深入了解 HarmonyOS 的定位和技术架构,掌握应用开发的基础知识,熟悉 HarmonyOS 应用开发流程,具备华为移动应用开发"1+X"证书(中级)考纲中所要求的 HarmonyOS 应用开发基本技能。

5.1 HarmonyOS 基础

5.1.1 HarmonyOS 概述

HarmonyOS 是华为开发的一款"面向未来"、面向全场景的分布式操作系统。华为定义的全场景,包括移动办公、运动健康、社交通信、媒体娱乐等移动应用场景。在传统的单设备系统能力的基础上,HarmonyOS 提出了基于同一套系统能力、适配多种终端形态的分布式理念,能够支持手机、平板、智能穿戴、智慧屏、车载系统等多种终端设备。

对消费者而言,HarmonyOS 能够将生活场景中的各类终端进行能力整合,可以实现不同的终端设备之间的快速连接、能力互助、资源共享,匹配合适的设备,提供流畅的全场景体验。对应用开发者而言,HarmonyOS 采用了多种分布式技术,使得应用程序的开发实现与不同终端设备的形态差异无关。这能够让开发者聚焦上层业务逻辑,更加便捷、高效地开发应用。对设备开发者而言,HarmonyOS 采用了组件化的设计方案,可以根据设备的资源能力和业务特征进行灵活裁剪,满足不同形态的终端设备对于操作系统的要求。

HarmonyOS 提供了支持多种开发语言的 API,供开发者进行应用开发。支持的开发语言包括 Java、XML(Extensible Markup Language)、C/C++、JS(JavaScript)、CSS(Cascading Style Sheets)和 HML(HarmonyOS Markup Language)。

5.1.2 HarmonyOS 开发基础知识

HarmonyOS 整体遵从分层设计,从下向上依次为:内核层、系统服务层、框架层和应用层。系统功能按照"系统→子系统→功能/模块"逐级展开,在多设备部署场景下,支持根据实际需求裁剪某些非必要的子系统或功能/模块。HarmonyOS 技术架构如图 5-1 所示。

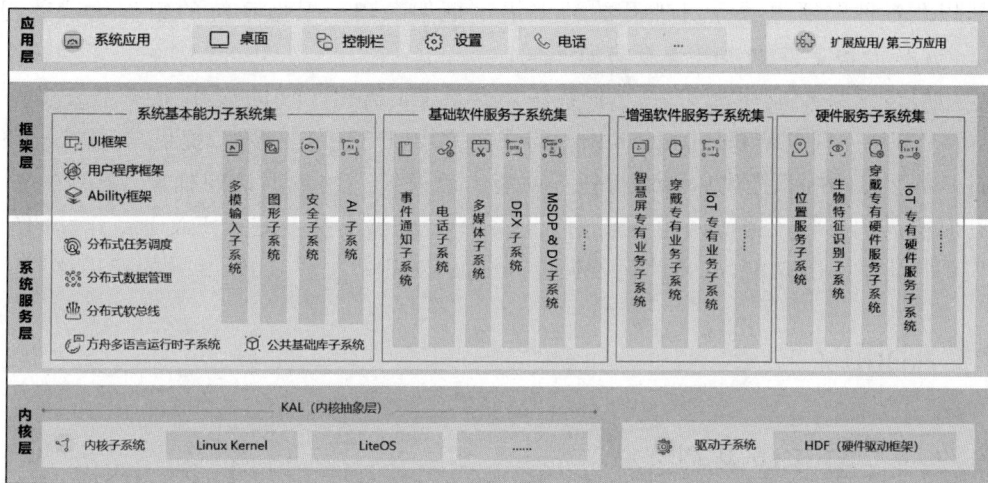

图 5-1　HarmonyOS 技术架构

其中,内核层包括内核子系统和驱动子系统。HarmonyOS 采用多内核设计,支持针对不同资源受限设备选用适合的 OS 内核(即内核子系统)。内核抽象层(Kernel Abstract Layer,KAL)通过屏蔽多内核差异,对上层提供基础的内核能力,包括进程/线程管理、内存管理、文件系统、网络管理和外设管理等。驱动子系统采用硬件驱动框架(HDF),是HarmonyOS 硬件生态开放的基础,提供统一外设访问能力和驱动开发、管理框架。

系统服务层是 HarmonyOS 的核心能力集合,通过框架层对应用程序提供服务。该层包含以下几部分:

(1)系统基本能力子系统集。为分布式应用在 HarmonyOS 多设备上的运行、调度、迁移等操作提供了基础能力,由分布式软总线、分布式数据管理、分布式任务调度、方舟多语言运行时、公共基础库、多模输入、图形、安全、AI 等子系统组成。其中,方舟多语言运行时子系统提供了 C/C++/JS 多语言运行时和基础的系统类库,也为使用方舟编译器静态化的Java 程序(即应用程序或框架层中使用 Java 语言开发的部分)提供运行时子系统。

(2)基础软件服务子系统集。为 HarmonyOS 提供公共的、通用的软件服务,由事件通知、电话、多媒体、DFX(Design For X)、MSDP&DV 等子系统组成。

(3)增强软件服务子系统集。为 HarmonyOS 提供针对不同设备的、差异化的能力增强型软件服务,由智慧屏专有业务、穿戴专有业务、IoT 专有业务等子系统组成。

(4)硬件服务子系统集。为 HarmonyOS 提供硬件服务,由位置服务、生物特征识别、穿戴专有硬件服务、IoT 专有硬件服务等子系统组成。根据不同设备形态的部署环境,基础软件服务子系统集、增强软件服务子系统集、硬件服务子系统集内部可以按子系统粒度裁剪,在每个子系统内部又可以按功能粒度裁剪。

框架层为 HarmonyOS 应用开发提供了 Java/C/C++/JS 等多语言的用户程序框架和 Ability 框架、两种 UI 框架（包括适用于 Java 语言的 Java UI 框架、适用于 JS 语言的 JS UI 框架），以及各种软硬件服务对外开放的多语言框架 API。根据系统的组件化裁剪程度，HarmonyOS 设备支持的 API 也会有所不同。

应用层包括系统应用和第三方非系统应用。HarmonyOS 的应用由一个或多个 FA（Feature Ability）或 PA（Particle Ability）组成。其中，FA 有 UI 界面，提供与用户交互的能力；而 PA 无 UI 界面，提供后台运行任务的能力以及统一的数据访问抽象。FA 在进行用户交互时所需的后台数据访问也需要由对应的 PA 提供支撑。基于 FA/PA 开发的应用，能够实现特定的业务功能，支持跨设备调度与分发，为用户提供一致、高效的应用体验。

5.2 Ability

5.2.1 Ability 基础

Ability 是应用所具备能力的抽象，也是应用程序的重要组成部分。一个应用可以具备多种能力（即可以包含多个 Ability），HarmonyOS 支持应用以 Ability 为单位进行部署。Ability 可以分为 FA（Feature Ability）和 PA（Particle Ability）两种类型，每种类型为开发者提供了不同的模板，以便实现不同的业务功能。

FA 支持 Page Ability（即 Page 模板）。Page 模板是 FA 唯一支持的模板，用于提供与用户交互的能力。一个 Page 实例可以包含一组相关页面，每个页面用一个 AbilitySlice 实例表示。

PA 支持 Service Ability（即 Service 模板）和 Data Ability（即 Data 模板）。Service 模板用于提供后台运行任务的能力，Data 模板用于对外部提供统一的数据访问抽象。

注意：在 HarmonyOS 中，Page Ability、Service Ability、Data Ability 可称为 Page 模板、Service 模板、Data 模板，或简称为 Page、Service、Data。

为避免混淆，PA 仅指 Particle Ability，不可指代 Page Ability。

在配置文件（config.json）中注册 Ability 时，可以通过配置 Ability 元素中的 type 属性来指定 Ability 模板类型。其中，type 的取值可以为 page、service 或 data，分别代表 Page 模板、Service 模板、Data 模板。具体示例如下：

```
{
    "module": {
        ...
        "abilities": [
            {
                ...
                "type": "page"
```

```
              ...
          }
        ]
        ...
      }
      ...
    }
```

5.2.2　Page 与 AbilitySlice

Page 模板（以下简称 Page）是 FA 唯一支持的模板，用于提供与用户交互的能力。一个 Page 可以由一个或多个 AbilitySlice 构成，AbilitySlice 是指应用的单个页面及其控制逻辑的总和。

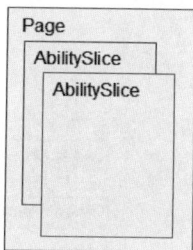

当一个 Page 由多个 AbilitySlice 共同构成时，这些 AbilitySlice 页面提供的业务能力应具有高度相关性。例如，新闻浏览功能可以通过一个 Page 来实现，其中包含了两个 AbilitySlice：一个 AbilitySlice 用于展示新闻列表，另一个 AbilitySlice 用于展示新闻详情。Page 和 AbilitySlice 的关系如图 5-2 所示。

图 5-2　Page 和 AbilitySlice 的关系

相比于桌面场景，移动场景下应用之间的交互更为频繁。通常，单个应用专注于某个方面的能力开发，当它需要其他能力辅助时，会调用其他应用提供的能力。例如，外卖应用提供了联系商家的业务功能入口，当用户在使用该功能时，会跳转到通话应用的拨号页面。与此类似，HarmonyOS 支持不同 Page 之间的跳转，并可以指定跳转到目标 Page 中某个具体的 AbilitySlice。

虽然一个 Page 可以包含多个 AbilitySlice，但是 Page 进入前台时界面默认只展示一个 AbilitySlice。默认展示的 AbilitySlice 是通过 setMainRoute() 方法来指定的。如果需要更改默认展示的 AbilitySlice，则可以通过 addActionRoute() 方法为此 AbilitySlice 配置一条路由规则。此时，当其他 Page 实例期望导航到此 AbilitySlice 时，可以在 Intent 中指定 Action。

系统管理或用户操作等行为均会引起 Page 实例在其生命周期的不同状态之间进行转换。Ability 类提供的回调机制能够让 Page 及时感知外界变化，从而正确地应对状态变化（比如释放资源），这有助于提升应用的性能和稳健性。

Page 生命周期的不同状态转换及其对应的回调，如图 5-3 所示。

以下对 5-3 图中的几个回调进行详细解释。

1. onStart()

当系统首次创建 Page 实例时，触发该回调。对于一个 Page 实例，该回调在其生命周期过程中仅触发一次，Page 在该逻辑后将进入 INACTIVE 状态。开发者必须重写该方法，并

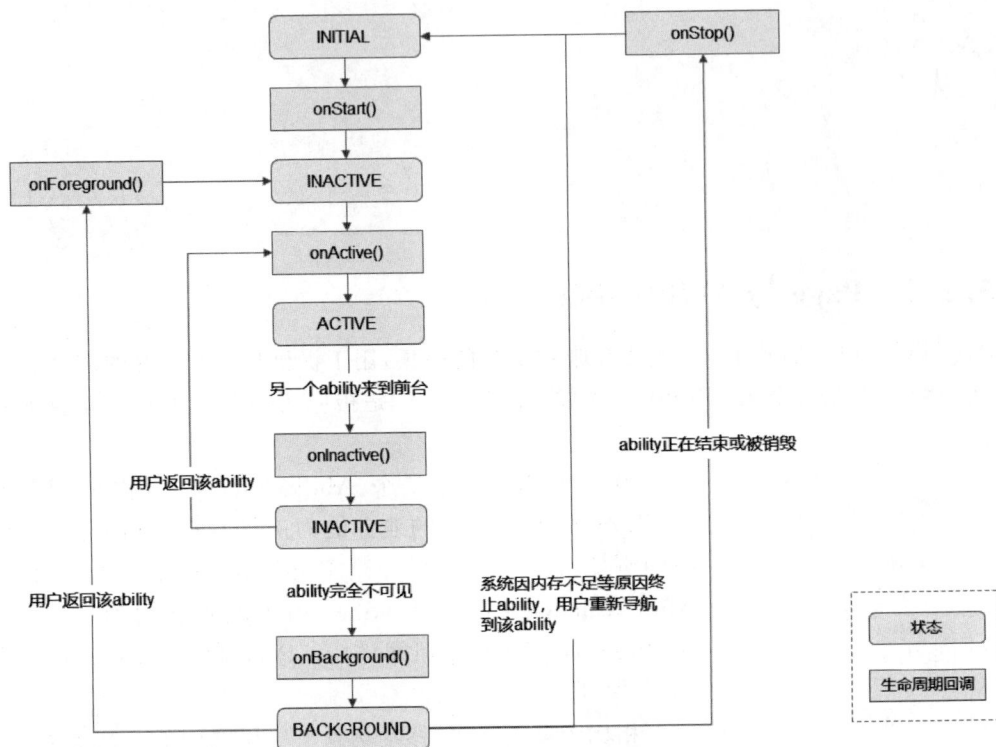

图 5-3　Page 生命周期

在此配置默认展示的 AbilitySlice，代码示例如下：

```
@Override
public void onStart(Intent intent) {
    super.onStart(intent);
    super.setMainRoute(FooSlice.class.getName());
}
```

2. onActive()

Page 会在进入 INACTIVE 状态后来到前台，然后系统调用此回调。Page 在此之后进入 ACTIVE 状态，该状态是应用与用户交互的状态。Page 将保持在此状态，除非某类事件发生导致 Page 失去焦点，比如用户单击返回键或导航到其他 Page。当此类事件发生时，会触发 Page 回到 INACTIVE 状态，系统将调用 onInactive() 回调。此后，Page 可能重新回到 ACTIVE 状态，系统将再次调用 onActive() 回调。因此，开发者通常需要成对实现 onActive() 和 onInactive()，并在 onActive() 中获取在 onInactive() 中被释放的资源。

3. onInactive()

当 Page 失去焦点时，系统将调用此回调，此后 Page 进入 INACTIVE 状态。开发者可以在此回调中实现 Page 失去焦点时应表现的恰当行为。

4. onBackground()

如果 Page 不再对用户可见,那么系统将调用此回调通知开发者用户进行相应的资源释放,此后 Page 进入 BACKGROUND 状态。开发者应该在此回调中释放 Page 不可见时无用的资源,或在此回调中执行较为耗时的状态保存操作。

5. onForeground()

处于 BACKGROUND 状态的 Page 仍然驻留在内存中,当重新回到前台时(比如用户重新导航到此 Page),系统将先调用 onForeground()回调通知开发者,而后 Page 的生命周期状态回到 INACTIVE 状态。开发者应当在此回调中重新申请在 onBackground()中释放的资源,最后 Page 的生命周期状态进一步回到 ACTIVE 状态,系统将通过 onActive()回调通知开发者用户。

6. onStop()

系统将要销毁 Page 时,将会触发此回调函数,通知用户进行系统资源的释放。销毁 Page 的可能原因包括以下几个方面:

(1) 用户通过系统管理能力关闭指定 Page,例如,使用任务管理器关闭 Page。

(2) 用户行为触发 Page 的 terminateAbility()方法调用,例如,使用应用的退出功能。

(3) 配置变更导致系统暂时销毁 Page 并重建。

(4) 系统出于资源管理目的,自动触发对处于 BACKGROUND 状态 Page 的销毁。

AbilitySlice 作为 Page 的组成单元,其生命周期是依托于其所属 Page 生命周期的。AbilitySlice 和 Page 具有相同的生命周期状态和同名的回调,当 Page 生命周期发生变化时,它的 AbilitySlice 也会发生相同的生命周期变化。此外,AbilitySlice 还具有独立于 Page 的生命周期变化,这发生在同一 Page 中的 AbilitySlice 之间导航时,此时 Page 的生命周期状态不会改变。

由于 AbilitySlice 承载具体的页面,开发者必须重写 AbilitySlice 的 onStart()回调,并在此方法中通过 setUIContent()方法设置页面,如下所示:

```
@Override
protected void onStart(Intent intent) {
    super.onStart(intent);
    setUIContent(ResourceTable.Layout_main_layout);
}
```

AbilitySlice 实例创建和管理通常由应用负责,系统仅在特定情况下会创建 AbilitySlice 实例。例如,通过导航启动某个 AbilitySlice 时由系统负责实例化;但是在同一个 Page 中不同的 AbilitySlice 间导航时则由应用负责实例化。

当 AbilitySlice 处于前台且具有焦点时,其生命周期状态随着所属 Page 的生命周期状态的变化而变化。当一个 Page 拥有多个 AbilitySlice 时,例如,MyAbility 下有 FooAbilitySlice 和 BarAbilitySlice,当前 FooAbilitySlice 处于前台并获得焦点,并即将导航到 BarAbilitySlice,在此期间的生命周期状态变化顺序为:

（1）FooAbilitySlice 从 ACTIVE 状态变为 INACTIVE 状态。

（2）BarAbilitySlice 则从 INITIAL 状态首先变为 INACTIVE 状态,然后变为 ACTIVE 状态(假定此前 BarAbilitySlice 未曾启动)。

（3）FooAbilitySlice 从 INACTIVE 状态变为 BACKGROUND 状态。

对应两个 Slice 的生命周期方法回调顺序为：FooAbilitySlice. onInactive（）→ BarAbilitySlice. onStart()→BarAbilitySlice. onActive()→FooAbilitySlice. onBackground()。

在整个流程中,MyAbility 始终处于 ACTIVE 状态。但是,当 Page 被系统销毁时,其所有已实例化的 AbilitySlice 将联动销毁,而不仅是处于前台的 AbilitySlice。

5.3　HarmonyOS UI

应用的 Ability 在屏幕上将显示一个用户界面,该界面用来显示所有可被用户查看和交互的内容。用户界面元素统称为组件,组件根据一定的层级结构进行组合形成布局。组件在未被添加到布局中时,既无法显示也无法交互,因此一个用户界面至少包含一个布局。在 UI 框架中,完整的用户界面是一个布局,用户界面中的一部分也可以是一个布局。

HarmonyOS 提供了 Ability 和 AbilitySlice 两个基础类,一个有界面的 Ability 可以由一个或多个 AbilitySlice 构成,AbilitySlice 主要用于承载单个页面的具体逻辑实现和界面 UI,是应用显示、运行和跳转的最小单元。AbilitySlice 通过 setUIContent 为界面设置布局。组件需要进行组合,并添加到界面的布局中。

组件需要进行组合,并添加到界面的布局中。在 Java UI 框架中,提供了以下两种编写布局的方式。

（1）在代码中创建布局：用代码创建 Component 和 ComponentContainer 对象,为这些对象设置合适的布局参数和属性值,并将 Component 添加到 ComponentContainer 中,从而创建出完整的界面。

（2）在 XML 中声明 UI 布局：按层级结构来描述 Component 和 ComponentContainer 的关系,给组件节点设定合适的布局参数和属性值,代码中可直接加载生成此布局。

这两种方式创建出的布局没有本质差别,在 XML 中声明布局,在加载后同样可在代码中对该布局进行修改,因此在实际开发中,为了方便管理实现 UI 和代码的分离,通常采用 XML 声明布局,在代码中进行加载的方式。以下是创建和加载 XML 布局的示例。

（1）在 DevEco Studio 的 Project 口,打开 entry→ src→ main→ resources→ base,右击 layout 文件夹,选择 New→File,命名为 first_layout. xml,如图 5-4 所示。

（2）打开新创建的 first_layout. xml 布局文件,修改其中的内容,对布局和组件的属性和层级进行描述。

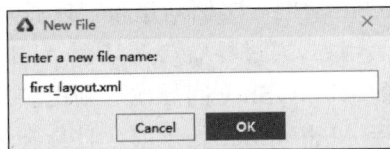

图 5-4　创建 XML 布局

```xml
<?xml version = "1.0" encoding = "utf - 8"?>
< DirectionalLayout
    xmlns:ohos = "http://schemas. huawei. com/res/ohos"
    ohos:width = "match_parent"
    ohos:height = "match_parent"
    ohos:orientation = "vertical"
    ohos:padding = "32">
    < Text
        ohos:id = " $ + id:text"
        ohos:width = "match_content"
        ohos:height = "match_content"
        ohos:layout_alignment = "horizontal_center"
        ohos:text = "My name is Text. "
        ohos:text_size = "25fp"/>
    < Button
        ohos:id = " $ + id:button"
        ohos:margin = "50"
        ohos:width = "match_content"
        ohos:height = "match_content"
        ohos:layout_alignment = "horizontal_center"
        ohos:text = "My name is Button. "
        ohos:text_size = "50"/>
</DirectionalLayout >
```

（3）在代码中加载 XML 布局，并添加为根布局或作为其他布局的子组件（Component）：

```java
package com. example. myapplication. slice;
import com. example. myapplication. ResourceTable;
import ohos. aafwk. ability. AbilitySlice;
import ohos. aafwk. content. Intent;
import ohos. agp. colors. RgbColor;
import ohos. agp. components. * ;
import ohos. agp. components. element. ShapeElement;

public class ExampleAbilitySlice extends AbilitySlice {
    @Override
    public void onStart( Intent intent) {
        super. onStart( intent);
        // 加载 XML 布局作为根布局
        super. setUIContent(ResourceTable. Layout_first_layout);
        Button button = (Button) findComponentById(ResourceTable. Id_button);
        if (button != null) {
            // 设置组件的属性
            ShapeElement background = new ShapeElement();
            background. setRgbColor(new RgbColor(0, 125, 255));
            background. setCornerRadius(25);
            button. setBackground(background);
```

```
    button.setClickedListener(new Component.ClickedListener() {
      @Override
      // 在组件中增加对单击事件的检测
      public void onClick(Component component) {
        // 此处添加按钮被单击需要执行的操作
      }
    });
  }
}
}
```

HarmonyOS 提供了两种 UI 框架，分别是适用于 Java 语言的 Java UI 框架和适用于 JS 语言的 JS UI 框架。Java UI 框架提供了一部分 Component 和 ComponentContainer 的具体子类，即创建用户界面(UI)的各类组件，包括一些常用的组件(比如，文本、按钮、图片、列表等)和常用的布局(比如，DirectionalLayout 和 DependentLayout)。用户可通过组件进行交互操作，并获得响应。所有的 UI 操作都应该在主线程进行设置。JS UI 框架是一种跨设备的高性能 UI 开发框架，支持声明式编程和跨设备多态 UI。JS UI 框架包括应用层(Application)、前端框架层(Framework)、引擎层(Engine)和平台适配层(Porting Layer)。

5.3.1 Text 组件

Text 是用来显示字符串的组件，在界面上显示为一块文本区域。Text 作为一个基本组件，有很多扩展，常见的有后面讲解的按钮组件 Button 及文本编辑组件 TextField。

Text 组件可以按照以下方式在 layout 文件夹下的 xml 文件中创建：

```
< Text
  ohos:id = " $ + id:text"
  ohos:width = "match_content"
  ohos:height = "match_content"
  ohos:text = "Text"/>
```

对 Text 的设置，如背景、字体、颜色等，可以在 layout 文件夹下的 xml 文件中设置。比如，通过以下方式，指定背景配置文件：

```
< Text
...
ohos:background_element = " $ graphic:background_text"/>
```

在上面的代码中，" $ graphic：background_text"设定背景设计文件为 graphic 文件夹下的 background_text.xml 文件，在该文件中可以设定常用的背景，如文本背景、按钮背景等。第一次设置背景时，可以在 Project 窗口打开 entry→src→main→resources→base，右击 graphic 文件夹，选择 New→File，命名为 background_text.xml，在 background_text.xml

中定义背景。以下示例代码在 background_text.xml 中定义了文本背景：

```
<?xml version = "1.0" encoding = "utf - 8"?>
< shape xmlns:ohos = "http://schemas.huawei.com/res/ohos"
  ohos:shape = "rectangle">
  < corners
    ohos:radius = "20"/>
  < solid
    ohos:color = "#878787"/>
</shape >
```

以上代码定义了 Text 背景,其效果如图 5-5 所示。

在 layout 文件夹下的 xml 文件中创建的 Text 内,可以通过以下方式设置字体大小、颜色、风格、字重等属性。

```
< Text
  ohos:id = " $ + id:text"
  ohos:width = "match_content"
  ohos:height = "match_content"
  ohos:text = "Text"
  ohos:text_size = "28fp"
  ohos:text_color = "#0000FF"
  ohos:italic = "true"
  ohos:text_weight = "700"
  ohos:text_font = "serif"
  ohos:left_margin = "15vp"
  ohos:bottom_margin = "15vp"
  ohos:right_padding = "15vp"
  ohos:left_padding = "15vp"
  ohos:background_element = " $ graphic:background_text"/>
```

上述 xml 代码设置 Text 属性后得到的效果如图 5-6 所示。

图 5-5　Text 背景效果　　　　图 5-6　Text 字体大小、颜色、风格、字重设置效果图

5.3.2　Button 组件

Button 是一种常见的组件,单击可以触发对应的操作,通常由文本或图标组成,也可以由图标和文本共同组成。在 xml 文件中创建 Button,可以设置按钮的形状、颜色等。如图 5-7 是一个图标和文本共同组成的按钮效果。

图 5-7　图标＋文本按钮
效果图

为实现如图 5-7 所示的按钮效果，可以在 xml 文件中按以下代码定义按钮：

```
< Button
  ohos:id = " $ + id:button"
  ohos:width = "match_content"
  ohos:height = "match_content"
  ohos:text_size = "27fp"
  ohos:text = "button"
  ohos:background_element = " $ graphic:background_button"
  ohos:left_margin = "15vp"
  ohos:bottom_margin = "15vp"
  ohos:right_padding = "8vp"
  ohos:left_padding = "8vp"
  ohos:element_left = " $ graphic:ic_btn_reload"
/>
```

上述 xml 中引用的背景文件，即 graphic 文件夹下 background_button. xml，其示例如下：

```
<?xml version = "1.0" encoding = "utf - 8"?>
< shape xmlns:ohos = "http://schemas. huawei. com/res/ohos"
  ohos:shape = "rectangle">
  < corners
    ohos:radius = "10"/>
  < solid
    ohos:color = " #007CFD"/>
</shape >
```

按钮的重要作用是当用户单击按钮时，会执行相应的操作或者界面出现相应的变化。实际上用户单击按钮时，Button 对象将收到一个单击事件。开发者可以自定义响应单击事件的方法。例如，通过创建一个 Component. ClickedListener 对象，然后通过调用 setClickedListener 将其分配给按钮。以下是示范 Java 代码：

```
Button button = (Button) findComponentById(ResourceTable. Id_button);
// 为按钮设置单击事件回调
button.setClickedListener(new Component.ClickedListener() {
  public void onClick(Component component) {
    // 此处添加单击按钮后的事件处理逻辑
  }
});
```

按照按钮的形状，按钮可以分为普通按钮、椭圆按钮、胶囊按钮、圆形按钮等。前面演示的 xml 中定义的是普通按钮，和其他按钮的区别在于不需要设置任何形状，只设置文本和背景颜色即可。椭圆按钮的效果如图 5-8 所示。

图 5-8　椭圆按钮效果图

椭圆按钮是通过设置 background_element 来实现的，background_element 的 shape 设置为椭圆（oval），示例如下。

```
< Button
    ohos:width = "150vp"
    ohos:height = "50vp"
    ohos:text_size = "27fp"
    ohos:text = "button"
    ohos:background_element = " $ graphic:oval_button_element"
    ohos:left_margin = "15vp"
    ohos:bottom_margin = "15vp"
    ohos:right_padding = "8vp"
    ohos:left_padding = "8vp"
    ohos:element_left = " $ graphic:ic_btn_reload"
/>
```

其中，" $ graphic：oval_button_element" 是指 graphic 文件夹下的 oval_button_element.xml：

```
<?xml version = "1.0" encoding = "utf - 8"?>
< shape xmlns:ohos = "http://schemas.huawei.com/res/ohos"
    ohos:shape = "oval">
    < solid
        ohos:color = " # 007CFD"/>
</shape >
```

button

图 5-9　胶囊按钮效果图

胶囊按钮的效果如图 5-9 所示。

胶囊按钮是一种常见的按钮，设置按钮背景时将背景设置为矩形，并且设置 ShapeElement 半径 radius，定义如下：

```
< Button
    ohos:id = " $ + id:button"
    ohos:width = "match_content"
    ohos:height = "match_content"
    ohos:text_size = "27fp"
    ohos:text = "button"
    ohos:background_element = " $ graphic:capsule_button_element"
    ohos:left_margin = "15vp"
    ohos:bottom_margin = "15vp"
    ohos:right_padding = "15vp"
    ohos:left_padding = "15vp"
/>
```

" $ graphic：capsule_button_element" 是指 graphic 文件夹下的 capsule_button_ element.xml：

```
<?xml version = "1.0" encoding = "utf - 8"?>
< shape xmlns:ohos = "http://schemas.huawei.com/res/ohos"
  ohos:shape = "rectangle">
  < corners
    ohos:radius = "100"/>
  < solid
    ohos:color = "#007CFD"/>
</shape >
```

圆形按钮的示范效果如图 5-10 所示。

圆形按钮和椭圆按钮的区别在于，圆形按钮组件本身的宽
度和高度应相同，例如：

图 5-10　圆形按钮效果图

```
< Button
  ohos:id = " $ + id:button"
  ohos:width = "50vp"
  ohos:height = "50vp"
  ohos:text_size = "27fp"
  ohos:background_element = " $ graphic:circle_button_element"
  ohos:text = " + "
  ohos:left_margin = "15vp"
  ohos:bottom_margin = "15vp"
  ohos:right_padding = "15vp"
  ohos:left_padding = "15vp"
/>
```

circle_button_element.xml 的内容为：

```
<?xml version = "1.0" encoding = "utf - 8"?>
< shape xmlns:ohos = "http://schemas.huawei.com/res/ohos"
  ohos:shape = "oval">
  < solid
    ohos:color = "#007CFD"/>
</shape >
```

5.3.3　TextField 组件

TextField 是一种文本输入框，可以在 layout 文件夹下的 xml 文件中创建 TextField。

```
< TextField
  ...
  ohos:height = "40vp"
  ohos:width = "200vp"
  ohos:left_padding = "20vp"
/>
```

在应用程序中,可以通过以下代码获取输入框中的内容。

```
< TextField
   ...
   ohos:height = "40vp"
   ohos:width = "200vp"
   ohos:left_padding = "20vp"
/>
```

TextFiled 的设置跟其他组件有类似的地方,比如可以通过 graphic 文件夹下的 xml 文件(例如,background_text_field.xml)设置背景,示范代码如下。

```
<?xml version = "1.0" encoding = "UTF - 8" ?>
< shape xmlns:ohos = "http://schemas.huawei.com/res/ohos"
     ohos:shape = "rectangle">
  < corners
    ohos:radius = "40"/>
  < solid
    ohos:color = " ♯ FFFFFF"/>
</shape >
```

只需要在布局 xml 的 TextField 定义中按以下代码指定背景即可,代码如下所示。

```
<?xml version = "1.0" encoding = "UTF - 8" ?>
< shape xmlns:ohos = "http://schemas.huawei.com/res/ohos"
     ohos:shape = "rectangle">
  < corners
    ohos:radius = "40"/>
  < solid
    ohos:color = " ♯ FFFFFF"/>
</shape >
```

文本框中的提示文字可以按照以下方式设置。

```
< TextField
   ...
   ohos:hint = "Enter phone number or email"
   ohos:text_alignment = "vertical_center"/>      ohos:color = " ♯ FFFFFF"/>
</shape >
```

通过以上 xml 代码对 TextField 的设置,得到文本输入效果如图 5-11 所示。

图 5-11 中的圆圈气泡是文本输入时提示当前输入字符位置的光标,称为 Bubble,该气泡的形状、颜色等可以通过与背景相似的方式进行设置,比如

图 5-11 TextField 文本输入框效果图

在布局 xml 的 TextField 中指定 Bubble 设置文件：

```
< TextField
    …
    ohos:element_cursor_bubble = " $ graphic:ele_cursor_bubble" />
```

具体定义设置的 xml 文件 ele_cursor_bubble. xml 的示例为：

```
<?xml version = "1.0" encoding = "UTF - 8" ?>
< shape xmlns:ohos = "http://schemas.huawei.com/res/ohos"
    ohos:shape = "rectangle">
  < corners
    ohos:radius = "40"/>
  < solid
    ohos:color = " # 6699FF"/>
  < stroke
    ohos:color = " # 0066FF"
    ohos:width = "10"/>
</ shape >
```

按以上方式对 Bubble 进行设置后的效果如图 5-12 所示。

5.3.4 ProgressBar 组件

ProgressBar 用于显示内容或操作的进度，可以在 layout 文件夹下的布局 xml 文件中创建一个 ProgressBar，示例如下：

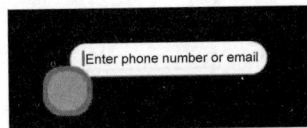

图 5-12　TextField 的自定义 Bubble 设置效果图

```
< ProgressBar
    ohos:progress_width = "10vp"
    ohos:height = "60vp"
    ohos:width = "600vp"
    ohos:max = "100"
    ohos:min = "0"
    ohos:progress = "60"/>
```

默认的 ProgressBar 效果如图 5-13 所示。

ProgressBar 默认是水平进度，也可以设置为垂直的进度条。

```
< ProgressBar
    ohos:orientation = "vertical"
    ohos:top_margin = "20vp"
    ohos:height = "150vp"
    ohos:width = "60vp"
    ohos:progress_width = "10vp"
```

```
ohos:max = "100"
ohos:min = "0"
ohos:progress = "60"/>
```

垂直 ProgressBar 的效果如图 5-14 所示。

图 5-13　ProgressBar 默认效果图

图 5-14　垂直 ProgressBar 效果图

可以通过 xml 或 Java 代码设置 ProgressBar 的初始值,xml 方式为:

```
< ProgressBar
  ...
  ohos:progress = "60"/>
```

Java 方式为:

```
progressBar.setProgressValue(60);
```

图 5-13 和图 5-14 的 ProgressBar 进度条默认颜色为绿色,背景为灰色,可以通过以下代码修改进度条和背景的颜色。

```
< ProgressBar
  ...
  ohos:progress_element = " #FF9900"
  ohos:background_instruct_element = " #FFFFFF" />
```

设置进度条和背景颜色后的效果如图 5-15
所示。

图 5-15　自定义进度条及背景颜色 ProgressBar
效果图

5.3.5　ListContainer 组件

ListContainer 是用来呈现连续、多行数据的组件,包含一系列相同类型的列表项。
ListContainer 的基本使用方法如下:

(1) 在 layout 文件夹下 AbilitySlice 对应的布局文件 page_listcontainer. xml 中创建
ListContainer。

```
< ListContainer
    ohos:id = " $ + id:list_container"
    ohos:height = "200vp"
    ohos:width = "300vp"
    ohos:layout_alignment = "horizontal_center"/>
```

（2）在 layout 文件夹下新建 xml 文件，作为 ListContainer 的子布局。

```
<?xml version = "1.0" encoding = "utf - 8"?>
< DirectionalLayout
    xmlns:ohos = "http://schemas.huawei.com/res/ohos"
    ohos:height = "match_content"
    ohos:width = "match_parent"
    ohos:left_margin = "16vp"
    ohos:right_margin = "16vp"
    ohos:orientation = "vertical">
    < Text
        ohos:id = " $ + id:item_index"
        ohos:height = "match_content"
        ohos:width = "match_content"
        ohos:padding = "4vp"
        ohos:text = "Item0"
        ohos:text_size = "20fp"
        ohos:layout_alignment = "center"/>
</DirectionalLayout >
```

（3）创建 SampleItem.java，作为 ListContainer 的数据包装类。

```
<?xml version = "1.0" encoding = "utf - 8"?>
< DirectionalLayout
    xmlns:ohos = "http://schemas.huawei.com/res/ohos"
    ohos:height = "match_content"
    ohos:width = "match_parent"
    ohos:left_margin = "16vp"
    ohos:right_margin = "16vp"
    ohos:orientation = "vertical">
    < Text
        ohos:id = " $ + id:item_index"
        ohos:height = "match_content"
        ohos:width = "match_content"
        ohos:padding = "4vp"
        ohos:text = "Item0"
        ohos:text_size = "20fp"
        ohos:layout_alignment = "center"/>
</DirectionalLayout >
```

（4）ListContainer 每一行可以为不同的数据，因此需要适配不同的数据结构，使其都能添加到 ListContainer 上。创建 SampleItemProvider.java，继承自 BaseItemProvider。必须重写以下 4 种方法：

① int getCount()——返回填充的表项个数。

② Object getItem(int position)——根据 position 返回对应的数据。

③ long getItemId(int position)——返回某一项的 id。

④ Component getComponent(int position，Component covertComponent，ComponentContainer componentContainer)——根据 position 返回对应的界面组件。

SampleItemProvider.java 的具体代码如下：

```java
import ohos.aafwk.ability.AbilitySlice;
import ohos.agp.components.*;
import java.util.List;
public class SampleItemProvider extends BaseItemProvider{
  private List<SampleItem> list;
  private AbilitySlice slice;
  public SampleItemProvider(List<SampleItem> list, AbilitySlice slice) {
    this.list = list;
    this.slice = slice;
  }
  @Override
  public int getCount() {
    return list == null ? 0 : list.size();
  }
  @Override
  public Object getItem(int position) {
    if (list != null && position > 0 && position < list.size()){
      return list.get(position);
    }
    return null;
  }
  @Override
  public long getItemId(int position) {
    return position;
  }
  @Override
  public Component getComponent(int position, Component convertComponent, ComponentContainer
componentContainer) {
    final Component cpt;
    if (convertComponent == null) {
      cpt = LayoutScatter.getInstance(slice).parse(ResourceTable.Layout_item_sample, null,
false);
    } else {
      cpt = convertComponent;
    }
    SampleItem sampleItem = list.get(position);
    Text text = (Text) cpt.findComponentById(ResourceTable.Id_item_index);
```

```
      text.setText(sampleItem.getName());
      return cpt;
    }
  }
```

（5）在 Java 代码中添加 ListContainer 的数据，并适配其数据结构：

```
@Override
public void onStart(Intent intent) {
  super.onStart(intent);
  super.setUIContent(ResourceTable.Layout_page_listcontainer);
  initListContainer();
}
private void initListContainer() {
  ListContainer listContainer = (ListContainer) findComponentById(ResourceTable.Id_list_
container);
  List < SampleItem > list = getData();
  SampleItemProvider sampleItemProvider = new SampleItemProvider(list,this);
  listContainer.setItemProvider(sampleItemProvider);
}
private ArrayList < SampleItem > getData() {
  ArrayList < SampleItem > list = new ArrayList <>();
  for (int i = 0; i <= 8; i++) {
    list.add(new SampleItem("Item" + i));
  }
  return list;
}
```

5.3.6 线性布局

线性布局（DirectionalLayout）是 HarmonyOS UI 中的一种重要组件布局，用于将一组组件按照水平或者垂直方向排布，能够方便地对齐布局内的组件。该布局和其他布局的组合，可以实现更加丰富的布局方式。

线性布局的排列方向（orientation）分为水平（horizontal）或者垂直（vertical）方向。使用 orientation 设置布局内组件的排列方式，默认为垂直排列。图 5-16 为线性布局中 3 个按钮按水平方向排列的效果图。

图 5-16　线性布局中水平方向排列效果图

如图 5-16 所示的水平方向排列，需要将 orientation 设为 horizontal，示例如下：

```
<?xml version = "1.0" encoding = "utf - 8"?>
< DirectionalLayout
  xmlns:ohos = "http://schemas.huawei.com/res/ohos"
```

```
        ohos:width = "match_parent"
        ohos:height = "match_content"
        ohos:orientation = "horizontal">
    < Button
        ohos:width = "33vp"
        ohos:height = "20vp"
        ohos:left_margin = "13vp"
        ohos:background_element = " $ graphic:color_cyan_element"
        ohos:text = "Button 1"/>
    < Button
        ohos:width = "33vp"
        ohos:height = "20vp"
        ohos:left_margin = "13vp"
        ohos:background_element = " $ graphic:color_cyan_element"
        ohos:text = "Button 2"/>
    < Button
        ohos:width = "33vp"
        ohos:height = "20vp"
        ohos:left_margin = "13vp"
        ohos:background_element = " $ graphic:color_cyan_element"
        ohos:text = "Button 3"/>
</DirectionalLayout >
```

　　线性布局特别要注意的是其子组件只能按照设定的单一方向依次排列,若超过布局本身的大小,则超出布局大小的部分将不会被显示,例如图 5-17 中第三个按钮超出了布局范围,因此只能显示一部分。

图 5-17　线性布局中子组件单一方向排列超出布局范围案例

　　线性布局中的组件使用 layout_alignment 控制自身在布局中的对齐方式,当对齐方式与排列方式方向一致时,对齐方式不会生效,如设置了水平方向的排列方式,则左对齐、右对齐将不会生效。常用的对齐参数见表 5-1。

表 5-1　线性布局的对齐参数

参　　数	作　　用	可搭配排列方式
Left	左对齐	垂直排列
Top	顶部对齐	水平排列
Right	右对齐	垂直排列
Bottom	底部对齐	水平排列
horizontal_center	水平方向居中	垂直排列
vertical_center	垂直方向居中	水平排列
Center	垂直与水平方向都居中	水平/垂直排列

线性布局中的权重（weight）就是按比例来分配组件占用父组件的大小，在水平布局下计算公式为：

父布局可分配宽度＝父布局宽度－所有子组件 width 之和

组件宽度＝组件 weight/所有组件 weight 之和×父布局可分配宽度

在实际使用过程中，建议使用 width＝0 来按比例分配父布局的宽度。

5.3.7 相对布局

相对布局（DependentLayout）也是 HarmonyOS UI 系统里常见的布局，与线性布局相比，拥有更多的排布方式，每个组件可以指定相对于其他同级元素的位置，或者指定相对于父组件的位置。

相对布局的排列方式是相对于其他同级组件或者父组件的位置进行布局。相对于同级组件的位置布局见表 5-2。

表 5-2　相对于同级组件的位置布局

位置布局	描　　述
above	处于同级组件的上侧
below	处于同级组件的下侧
start_of	处于同级组件的起始侧
end_of	处于同级组件的结束侧
left_of	处于同级组件的左侧
right_of	处于同级组件的右侧

以下就同级组件排列中的 end_of 及 below 进行示范解释，其他位置布局以此类推。end_of 是排列在指定同级组件的结束处，示范代码如下：

```xml
<?xml version = "1.0" encoding = "utf - 8"?>
< DependentLayout
  xmlns:ohos = "http://schemas.huawei.com/res/ohos"
  ohos:width = "match_content"
  ohos:height = "match_content"
  ohos:background_element = " $ graphic:color_light_gray_element">
< Text
    ohos:id = " $ + id:text1"
    ohos:width = "match_content"
    ohos:height = "match_content"
    ohos:left_margin = "15vp"
    ohos:top_margin = "15vp"
    ohos:bottom_margin = "15vp"
    ohos:text = "text1"
    ohos:text_size = "20fp"
    ohos:background_element = " $ graphic:color_cyan_element"/>
< Text
    ohos:id = " $ + id:text2"
    ohos:width = "match_content"
    ohos:height = "match_content"
    ohos:left_margin = "15vp"
    ohos:top_margin = "15vp"
    ohos:right_margin = "15vp"
    ohos:bottom_margin = "15vp"
    ohos:text = "end_of text1"
```

```
    ohos:text_size = "20fp"
    ohos:background_element = " $ graphic:color_cyan_element"
    ohos:end_of = " $ id:text1"/>
</DependentLayout >
```

按照以上代码,第二个文本组件 text2 的位置设置在第一个文本组件 text1 的结束处,其位置是依存或相对于第一个文本组件的位置而确定,布局效果如图 5-18 所示。

同样地,如果将上述代码中的"ohos:end_of = " $ id:text1""改为"ohos:below = " $ id:text1"",那么文本组件 text2 的布局将位于用作参照的 text1 的正下方,效果如图 5-19 所示。

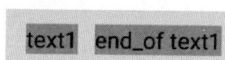

图 5-18　相对布局中 end_of 的示范效果图　　　图 5-19　相对布局中 below 的示范效果图

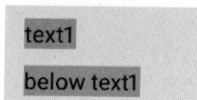

相对布局中,相对于父组件的位置布局见表 5-3。

表 5-3　相对于父组件的位置布局

位置布局	描　　述
align_parent_left	处于父组件的左侧
align_parent_right	处于父组件的右侧
align_parent_start	处于父组件的起始侧
align_parent_end	处于父组件的结束侧
align_parent_top	处于父组件的上侧
align_parent_bottom	处于父组件的下侧
center_in_parent	处于父组件的中间

以上位置布局可以组合,形成处于左上角、左下角、右上角、右下角的布局。

图 5-20 所示文本组件布局是通过设置 align_parent_top、align_parent_left、center_in_parent、align_parent_right、align_parent_bottom 为 true,将 4 个文本组件布局在父组件的左上方、中间、右方和下侧。其中左上方的文本组件,是通过将 align_parent_top 和 align_parent_left 同时设置为 true 实现的。

图 5-20　相对布局中相对于父组件的位置布局案例

实现上述布局的示范代码为:

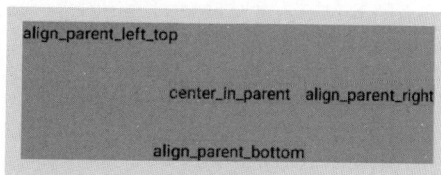

```
<?xml version = "1.0" encoding = "utf - 8"?>
< DependentLayout
```

```
    xmlns:ohos = "http://schemas.huawei.com/res/ohos"
    ohos:width = "300vp"
    ohos:height = "100vp"
    ohos:background_element = " $ graphic:color_background_gray_element">
 < Text
    ohos:id = " $ + id:text6"
    ohos:width = "match_content"
    ohos:height = "match_content"
    ohos:text = "align_parent_right"
    ohos:text_size = "12fp"
    ohos:background_element = " $ graphic:color_cyan_element"
    ohos:align_parent_right = "true"
    ohos:center_in_parent = "true"/>
 < Text
    ohos:id = " $ + id:text7"
    ohos:width = "match_content"
    ohos:height = "match_content"
    ohos:text = "align_parent_bottom"
    ohos:text_size = "12fp"
    ohos:background_element = " $ graphic:color_cyan_element"
    ohos:align_parent_bottom = "true"
    ohos:center_in_parent = "true"/>
 < Text
    ohos:id = " $ + id:text8"
    ohos:width = "match_content"
    ohos:height = "match_content"
    ohos:text = "center_in_parent"
    ohos:text_size = "12fp"
    ohos:background_element = " $ graphic:color_cyan_element"
    ohos:center_in_parent = "true"/>
 < Text
    ohos:id = " $ + id:text9"
    ohos:width = "match_content"
    ohos:height = "match_content"
    ohos:text = "align_parent_left_top"
    ohos:text_size = "12fp"
    ohos:background_element = " $ graphic:color_cyan_element"
    ohos:align_parent_left = "true"
    ohos:align_parent_top = "true"/>
</DependentLayout >
```

5.3.8　网格布局

网格布局（TableLayout）是 HarmonyOS 的常用布局，使用表格的方式来排列组件。TableLayout 提供了组件在表格中对齐和排列接口，可通过如表 5-4 所示的属性设置表格的排列方式、行数和列数以及组件的位置。

表 5-4　**TableLayout 常用属性**

XML 属性	描　　述
alignment_type	设置网格布局中的对齐方式
row_count	设置网格布局中的行数
column_count	设置网格布局中的列数
Orientation	设置网格布局方向

以下是使用网格布局 text 组件的范例。

（1）创建背景 table_text_bg_element. xml：在 Project 窗口打开 entry→src→main→resources→base，右击 graphic 文件夹，选择 New→File，命名为 table_text_bg_element. xml，在 table_text_bg_element. xml 中定义背景：

```xml
<?xml version = "1.0" encoding = "utf - 8"?>
< shape xmlns:ohos = "http://schemas. huawei. com/res/ohos"
    ohos:shape = "rectangle">
  < corners
    ohos:radius = "5vp"/>
  < stroke
    ohos:width = "1vp"
    ohos:color = "gray"/>
  < solid
    ohos:color = "#00BFFF"/>
</shape >
```

（2）打开 entry→src→main→resources→base，右击 layout 文件夹，选择 New→File，命名为 Table_layout. xml，在 xml 文件中创建 TableLayout，添加组件，代码示范如下：

```xml
<?xml version = "1.0" encoding = "utf - 8"?>
< TableLayout
  xmlns:ohos = "http://schemas. huawei. com/res/ohos"
  ohos:height = "match_parent"
  ohos:width = "match_parent"
  ohos:background_element = "#87CEEB"
  ohos:layout_alignment = "horizontal_center"
  ohos:padding = "8vp">

  < Text
    ohos:height = "60vp"
    ohos:width = "60vp"
    ohos:background_element = "$ graphic:table_text_bg_element.xml"
    ohos:margin = "8vp"
    ohos:text = "1"
    ohos:text_alignment = "center"
    ohos:text_size = "20fp"/>
  < Text
```

```
      ohos:height = "60vp"
      ohos:width = "60vp"
      ohos:background_element = " $ graphic:table_text_bg_element.xml"
      ohos:margin = "8vp"
      ohos:text = "2"
      ohos:text_alignment = "center"
      ohos:text_size = "20fp"/>
   < Text
      ohos:height = "60vp"
      ohos:width = "60vp"
      ohos:background_element = " $ graphic:table_text_bg_element.xml"
      ohos:margin = "8vp"
      ohos:text = "3"
      ohos:text_alignment = "center"
      ohos:text_size = "20fp"/>
   < Text
      ohos:height = "60vp"
      ohos:width = "60vp"
      ohos:background_element = " $ graphic:table_text_bg_element.xml"
      ohos:margin = "8vp"
      ohos:text = "4"
      ohos:text_alignment = "center"
      ohos:text_size = "20fp"/>
</TableLayout >
```

上述代码没有指定行数和列数，TableLayout 默认一列多行，因此效果如图 5-21 所示。可以在布局 xml 中加上以下两行代码，指定行数和列数：

```
< TableLayout
   ...
   ohos:row_count = "2"
   ohos:column_count = "2">
```

上述代码指定 TableLayout 的行数（row_count）和列数（colum_count）为 2，得到如图 5-22 所示的效果。

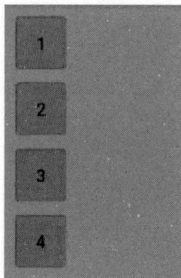

图 5-21 TableLayout 默认布局效果   图 5-22 TableLayout 设置 2 行 2 列后的布局效果

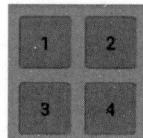

5.3.9　堆叠布局

堆叠布局(StackLayout)直接在屏幕上开辟出一块空白区域,添加到这个布局中的视图都是以层叠的方式显示,而它会把这些视图默认放到这块区域的左上角,第一个添加到布局中视图显示在最底层,最后一个被放在最顶层。上一层的视图会覆盖下一层的视图。

堆叠布局在开发中主要用于以下领域:

(1) 在游戏或视频 App 中添加文本、按钮等组件,方便在游戏或视频界面中显示弹幕信息、操作游戏、发表评论、点赞等。

(2) 在导航 App 中,可以在地图上显示路况信息,行程轨迹等。

(3) 在 App 通过视图切换形成视觉效果,如阅读 App 翻页效果、浮动功能按钮等。

堆叠布局中组件的布局默认在区域的左上角,并且以后创建的组件会在上层,及后来者居上,以下是示范堆叠布局的 xml 代码:

```xml
<?xml version = "1.0" encoding = "utf-8"?>
<StackLayout
    xmlns:ohos = "http://schemas.huawei.com/res/ohos"
    ohos:id = "$ + id:stack_layout"
    ohos:height = "match_parent"
    ohos:width = "match_parent">

    <Text
        ohos:id = "$ + id:text_blue"
        ohos:text_alignment = "bottom|horizontal_center"
        ohos:text_size = "24fp"
        ohos:text = "Layer 1"
        ohos:height = "400vp"
        ohos:width = "400vp"
        ohos:background_element = "#3F56EA" />

    <Text
        ohos:id = "$ + id:text_light_purple"
        ohos:text_alignment = "bottom|horizontal_center"
        ohos:text_size = "24fp"
        ohos:text = "Layer 2"
        ohos:height = "300vp"
        ohos:width = "300vp"
        ohos:background_element = "#00AAEE" />

    <Text
        ohos:id = "$ + id:text_orange"
        ohos:text_alignment = "center"
        ohos:text_size = "24fp"
        ohos:text = "Layer 3"
        ohos:height = "80vp"
        ohos:width = "80vp"
```

```
        ohos:background_element = " # 00BFC9" />

</StackLayout >
```

上述 xml 布局的效果如图 5-23 所示，最后创建的 Text 组件 Layer3 反而在最上层，覆盖了之前创建的 Layer1 和 Layer2。

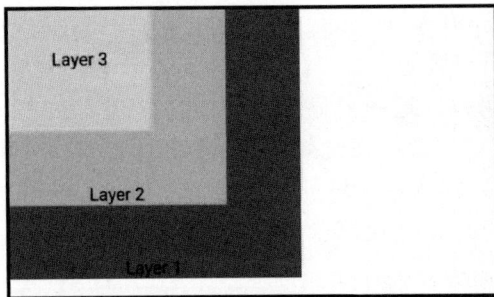

图 5-23　StackLayout 多层视图叠加效果

在实际开发中，通常用程序控制某个视图到最前方，以下 Java 代码通过调用 tackLayout. moveChildToFront(component)方法把指定子组件移到前面显示：

```
ComponentContainer stackLayout = (ComponentContainer) findComponentById(ResourceTable. Id_
stack_layout);
Text textFirst = (Text) findComponentById(ResourceTable. Id_text_blue);
textFirst.setClickedListener(new Component. ClickedListener() {
  @Override
  public void onClick(Component component) {
    stackLayout.moveChildToFront(component);
  }
});
```

5.3.10　Java UI 框架

在 Java UI 框架下，应用中所有的用户界面元素都是由 Component 和 ComponentContainer 对象构成的。Component 是绘制在屏幕上的一个对象，用户能与之交互。ComponentContainer 是一个用于容纳其他 Component 和 ComponentContainer 对象的容器。

Component 提供内容显示，是界面中所有组件的基类，开发者可以给 Component 设置事件处理回调来创建一个可交互的组件。Java UI 框架提供了一些常用的界面元素，也可称之为组件，组件一般直接继承 Component 或它的子类，如 Text、Image 等。

ComponentContainer 作为容器容纳 Component 或 ComponentContainer 对象，并对它们进行布局。Java UI 框架提供了一些标准布局功能的容器，它们继承自

ComponentContainer，一般以 Layout 结尾，如 DirectionalLayout、DependentLayout 等。

Java UI 框架的 component 结构如图 5-24 所示。

Java UI 框架提供了一部分 Component 和 ComponentContainer 的具体子类，即创建用户界面（UI）的各类组件，包括一些常用的组件（比如，文本、按钮、图片、列表等）和常用的布局（比如，DirectionalLayout 和 DependentLayout）。每种布局都根据自身特点提供 LayoutConfig 供子 Component 设定布局属性和参数，通过指定布局属性可以对子 Component 在布局中的显示效果进行约

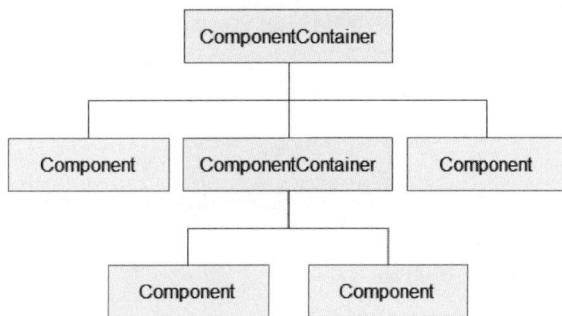

图 5-24　Component 结构

束。例如，width、height 是最基本的布局属性，它们指定了组件的大小。用户可通过组件进行交互操作，并获得响应。所有的 UI 操作都应该在主线程进行设置。

HarmonyOS 提供了 Ability 和 AbilitySlice 两个基础类，一个有界面的 Ability 可以由一个或多个 AbilitySlice 构成，AbilitySlice 主要用于承载单个页面的具体逻辑实现和界面 UI，是应用显示、运行和跳转的最小单元。AbilitySlice 通过 setUIContent 为界面设置布局。

组件需要进行组合，并添加到界面的布局中。在 Java UI 框架中，提供了两种编写布局的方式：

（1）在代码中创建布局。用代码创建 Component 和 ComponentContainer 对象，为这些对象设置合适的布局参数和属性值，并将 Component 添加到 ComponentContainer 中，从而创建出完整的界面。

（2）在 XML 中声明 UI 布局。按层级结构来描述 Component 和 ComponentContainer 的关系，给组件节点设定合适的布局参数和属性值，代码中可直接加载生成此布局。

用这两种方式创建出的布局没有本质差别，在 XML 中声明布局，在加载后同样可在代码中对该布局进行修改。XML 的 UI 布局方式已在前面做过详细解释，这里对 Java 代码创建布局方式进行补充示范讲解。

代码创建布局需要在 AbilitySlice 中分别创建组件和布局，并将它们进行组织关联。首先需要创建组件，包括以下 3 个步骤。

（1）声明组件。

```
Button button = new Button(getContext());
```

（2）设置组件大小。

```
button.setWidth(ComponentContainer.LayoutConfig.MATCH_CONTENT);
button.setHeight(ComponentContainer.LayoutConfig.MATCH_CONTENT);
```

（3）设置组件属性。

```
button.setText("My name is Button.");
button.setTextSize(50);
```

其次，创建并使用布局，包括以下 5 个步骤：

（1）声明布局。

```
DirectionalLayout directionalLayout = new DirectionalLayout(getContext());
```

（2）设置布局大小。

```
directionalLayout.setWidth(ComponentContainer.LayoutConfig.MATCH_PARENT);
directionalLayout.setHeight(ComponentContainer.LayoutConfig.MATCH_PARENT);
```

（3）设置布局属性。

```
directionalLayout.setOrientation(Component.VERTICAL);
```

（4）将组件添加到布局中（视布局需要对组件设置布局属性进行约束）。

```
directionalLayout.addComponent(button);
```

（5）将布局添加到组件树中。

```
setUIContent(directionalLayout);
```

完整示例代码如下：

```
public class ExampleAbilitySlice extends AbilitySlice {
  @Override
  public void onStart(Intent intent) {
    super.onStart(intent);
    // 声明布局
    DirectionalLayout directionalLayout = new DirectionalLayout(getContext());
    // 设置布局大小
    directionalLayout.setWidth(ComponentContainer.LayoutConfig.MATCH_PARENT);
    directionalLayout.setHeight(ComponentContainer.LayoutConfig.MATCH_PARENT);
    directionalLayout.setOrientation(Component.VERTICAL);
    directionalLayout.setPadding(32, 32, 32, 32);
    Text text = new Text(getContext());
    text.setText("My name is Text.");
    text.setTextSize(50);
    text.setId(100);
    // 为组件添加对应布局的布局属性
```

```
        DirectionalLayout.LayoutConfig layoutConfig = new DirectionalLayout.LayoutConfig
    (ComponentContainer.LayoutConfig.MATCH_CONTENT, ComponentContainer.LayoutConfig.MATCH_
    CONTENT);
        layoutConfig.alignment = LayoutAlignment.HORIZONTAL_CENTER;
        text.setLayoutConfig(layoutConfig);
        // 将 Text 组件及 Button 组件添加到布局中
        directionalLayout.addComponent(text);
        Button button = new Button(getContext());
        layoutConfig.setMargins(0, 50, 0, 0);
        button.setLayoutConfig(layoutConfig);
        button.setText("My name is Button.");
        button.setTextSize(50);
        ShapeElement background = new ShapeElement();
        background.setRgbColor(new RgbColor(0, 125, 255));
        background.setCornerRadius(25);
        button.setBackground(background);
        button.setPadding(10, 10, 10, 10);
        button.setClickedListener(new Component.ClickedListener() {
          @Override
          public void onClick(Component component) {
          }
        });
        directionalLayout.addComponent(button);
        // 将布局作为根布局添加到视图树中
        super.setUIContent(directionalLayout);
    }
}
```

上述代码的运行效果如图 5-25 所示。

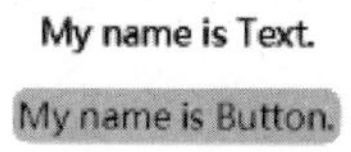

5.3.11　JS UI 框架

My name is Text.

My name is Button.

图 5-25　Java UI 布局案例

JS UI 框架是一种跨设备的高性能 UI 开发框架,采用类 HTML 和 CSS 声明式编程语言作为页面布局和页面样式的开发语言,页面业务逻辑支持 ECMAScript 规范的 JavaScript 语言。JS UI 框架提供的声明式编程,可以让开发者避免编写 UI 状态切换的代码,视图配置信息更加直观。开发框架架构上支持 UI 跨设备显示能力,运行时自动映射到不同设备类型,开发者无感知,从而降低了多设备适配成本。开发框架包含许多核心的控件,如列表、图片和各类容器组件等,针对声明式语法进行了渲染流程的优化。

JS UI 框架包括应用层(Application)、前端框架层(Framework)、引擎层(Engine)和平台适配层(Porting Layer)。应用层表示开发者使用 JS UI 框架开发的 FA 应用,这里的 FA 应用特指 JS FA 应用。前端框架层主要完成前端页面解析,并提供 MVVM(Model-View-ViewModel)开发模式、页面路由机制和自定义组件等能力。引擎层主要提供动画解析、DOM(Document Object Model)树构建、布局计算、渲染命令构建与绘制、事件管理等能力。

平台适配层主要完成对平台层进行抽象，提供抽象接口，可以对接到系统平台。比如，事件对接、渲染管线对接和系统生命周期对接等。整体架构如图 5-26 所示。

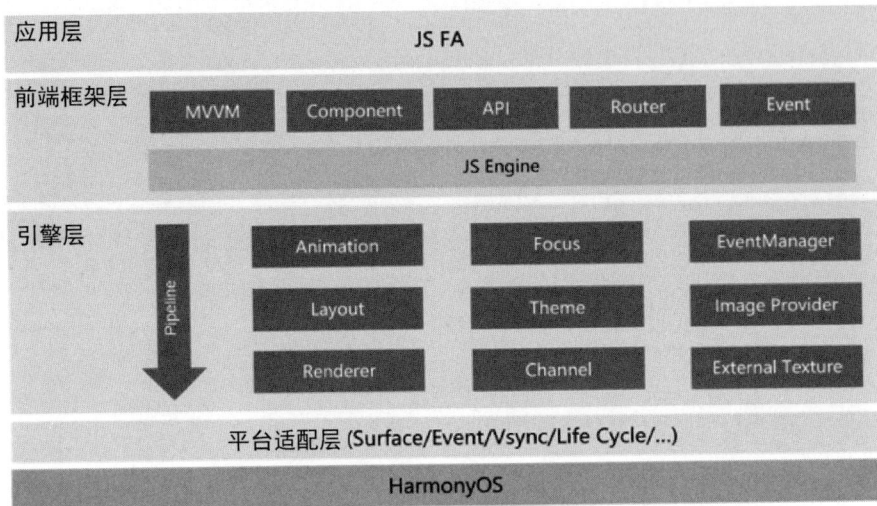

图 5-26　JS UI 框架整体架构

JS UI 框架支持纯 JavaScript 以及 JavaScript 和 Java 混合语言开发。JS FA 指基于 JavaScript 或 JavaScript 和 Java 混合开发的 FA，下面介绍：JS FA 在 HarmonyOS 上运行时需要的基类 AceAbility、加载 JS FA 主体的方法、JS FA 开发文件夹。

AceAbility 类是 JS FA 在 HarmonyOS 上运行环境的基类，继承自 Ability。开发者的应用运行入口类应该从该类派生，代码示例如下：

```
public class MainAbility extends AceAbility {
  @Override
  public void onStart(Intent intent) {
    super.onStart(intent);
  }
  @Override
  public void onStop() {
    super.onStop();
  }
}
```

JS FA 生命周期事件分为应用生命周期和页面生命周期，应用通过 AceAbility 类中 setInstanceName()接口设置该 Ability 的实例资源，并通过 AceAbility 窗口进行显示以及全局应用生命周期管理。

setInstanceName(String name)的参数 name 指实例名称，实例名称与 config.json 文件中 module.js.name 的值对应。若开发者未修改实例名，而使用了默认值 default，则无须调用此接口。若开发者修改了实例名，则需在应用 Ability 实例的 onStart()中调用此接口，并将参数 name 设置为修改后的实例名称。

setInstanceName()接口的使用方法：在 MainAbility 的 onStart()中的 super. onStart()前调用此接口。以 JSComponentName 作为实例名称，代码示例如下：

```
public class MainAbility extends AceAbility {
  @Override
  public void onStart(Intent intent) {
    setInstanceName("JSComponentName"); // config.json 配置文件中 module.js.name 的标签值
    super.onStart(intent);
  }
}
```

如图 5-27 所示，新建工程的 js 文件夹包含以下文件结构：i18n 下存放多语言的 json 文件；pages 文件夹下存放多个页面，每个页面由 hml、css 和 js 文件组成。

main→js→default→i18n→en-US. json：此文件定义了在英文模式下页面显示的变量内容。同理，zh-CN. json 中定义了中文模式下的页面内容。

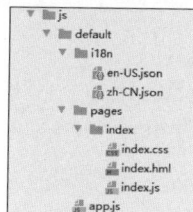

图 5-27　新建工程的 js 文件夹

```
{
  "strings": {
    "hello": "Hello",
    "world": "World"
  }
}
```

main→js→default→pages→index→index. html：此文件定义了 index 页面的布局、index 页面中用到的组件，以及这些组件的层级关系。例如，index. html 文件中包含了一个 text 组件，内容为 Hello World 文本。

```
< div class = "container">
  < text class = "title">
    {{ $ t('strings.hello') }} {{title}}
  </text >
</div >
```

main→js→default→pages→index→index. css：此文件定义了 index 页面的样式。例如，index. css 文件定义了 container 和 title 的样式。

```
.container {
  flex - direction: column;
  justify - content: center;
  align - items: center;
```

```
}
.title {
  font - size: 100px;
}
```

main→js→default→pages→index→index.js：此文件定义了 index 页面的业务逻辑，比如数据绑定、事件处理等。例如，变量 title 赋值为字符串"World"。

```
export default {
  data: {
    title: '',
  },
  onInit() {
    this.title = this. $ t('strings.world');
  },
}
```

5.4　网络和线程

5.4.1　HarmonyOS 网络

HarmonyOS 编程开发涉及的网络连接主要包括无线局域网、蓝牙和 NFC 网络。

无线局域网（Wireless Local Area Networks，WLAN）是通过无线电、红外光信号或者其他技术发送和接收数据的局域网，用户可以通过 WLAN 实现节点之间无物理连接的网络通信。常用于用户携带可移动终端的办公、公众环境中。

蓝牙是短距离无线通信的一种方式，支持蓝牙的两个设备必须配对后才能通信。HarmonyOS 蓝牙主要分为传统蓝牙和低功耗蓝牙（通常称为 Bluetooth Low Energy，简写为 BLE）。传统蓝牙指的是 3.0 版本以下的蓝牙，低功耗蓝牙指的是 4.0 版本以上的蓝牙。

NFC（Near Field Communication，近距离无线通信技术）是一种非接触式识别和互联技术，让移动设备、消费类电子产品、PC 和智能设备之间可以进行近距离无线通信。

以下分别介绍 HarmonyOS 的 WLAN、蓝牙和 NFC 网络开发基础。

1. WLAN

HarmonyOS WLAN 服务系统为用户提供 WLAN 基础功能、P2P（peer-to-peer）功能和 WLAN 消息通知的相应服务，让应用可以通过 WLAN 和其他设备互联互通。WLAN 基础功能由 WifiDevice 提供，其接口说明如表 5-5 所示。

表 5-5 **WifiDevice 接口及说明**

接 口 名	描 述	所 需 权 限
getInstance（Context context)	获取 WLAN 功能管理对象实例,通过该实例调用 WLAN 基本功能 API	无
isWifiActive()	获取当前 WLAN 打开状态	ohos. permission. GET_WIFI_INFO
scan()	发起 WLAN 扫描	ohos. permission. SET _ WIFI _ INFO ohos. permission. LOCATION
getScanInfoList()	获取上次扫描结果	ohos. permission. GET _ WIFI _ INFO ohos. permission. LOCATION
isConnected ()	获取当前 WLAN 连接状态	ohos. permission. GET_WIFI_INFO
getLinkedInfo()	获取当前的 WLAN 连接信息	ohos. permission. GET_WIFI_INFO
getIpInfo()	获取当前连接的 WLAN IP 信息	ohos. permission. GET_WIFI_INFO
getSignalLevel （ int rssi, int band)	通过 RSSI 与频段计算信号格数	无
getCountryCode()	获取设备的国家码	ohos. permission. LOCATION ohos. permission. GET_WIFI_INFO
isFeatureSupported (long featureId)	获取设备是否支持指定的特性	ohos. permission. GET_WIFI_INFO

以下就上述接口,结合常见 WLAN 网络相关开发场景,示范调用接口使用方法。

（1）获取 WLAN 状态:需要调用如下两个接口。

① 调用 WifiDevice 的 getInstance（Context context)接口,获取 WifiDevice 实例,用于管理本机 WLAN 操作。

② 调用 isWifiActive()接口查询 WLAN 是否打开。

示范代码如下:

```
// 获取 WLAN 管理对象
WifiDevice wifiDevice = WifiDevice.getInstance(context);
// 调用获取 WLAN 开关状态接口
boolean isWifiActive = wifiDevice.isWifiActive();   // 若 WLAN 打开,则返回 true,否则返
                                                    // 回 false
```

（2）发起扫描并获取结果:需要调用如下 3 个接口。

① 调用 WifiDevice 的 getInstance（Context context)接口,获取 WifiDevice 实例,用于管理本机 WLAN 操作。

② 调用 scan()接口发起扫描。

③ 调用 getScanInfoList()接口获取扫描结果。

示范代码如下:

```
// 获取 WLAN 管理对象
WifiDevice wifiDevice = WifiDevice.getInstance(context);
```

```
// 调用 WLAN 扫描接口
boolean isScanSuccess = wifiDevice.scan();
// 调用获取扫描结果
List<WifiScanInfo> scanInfos = wifiDevice.getScanInfoList();
```

（3）获取连接态详细信息：需要调用 4 个接口。

① 调用 WifiDevice 的 getInstance（Context context）接口，获取 WifiDevice 实例，用于管理本机 WLAN 操作。

② 调用 isConnected()接口获取当前连接状态。

③ 调用 getLinkedInfo()接口获取连接信息。

④ 调用 getIpInfo()接口获取 IP 信息。

示范代码如下：

```
// 获取 WLAN 管理对象
WifiDevice wifiDevice = WifiDevice.getInstance(context);
// 调用 WLAN 连接状态接口,确定当前设备是否连接 WLAN
boolean isConnected = wifiDevice.isConnected();
if (isConnected) {
  // 获取 WLAN 连接信息
  Optional<WifiLinkedInfo> linkedInfo = wifiDevice.getLinkedInfo();
  // 获取连接信息中的 SSID
  String ssid = linkedInfo.get().getSsid();
  // 获取 WLAN 的 IP 信息
  Optional<IpInfo> ipInfo = wifiDevice.getIpInfo();
  // 获取 IP 信息中的 IP 地址与网关
  int ipAddress = ipInfo.get().getIpAddress();
  int gateway = ipInfo.get().getGateway();
}
```

2. 蓝牙

HarmonyOS 开发中使用到的蓝牙网络功能包括对传统蓝牙和低功耗蓝牙的支持。HarmonyOS 传统蓝牙提供的功能有：

（1）传统蓝牙本机管理。打开和关闭蓝牙、设置和获取本机蓝牙名称、扫描和取消扫描周边蓝牙设备、获取本机蓝牙 profile 对其他设备的连接状态、获取本机蓝牙已配对的蓝牙设备列表。

（2）传统蓝牙远端设备操作。查询远端蓝牙设备名称和 MAC 地址、设备类型和配对状态，以及向远端蓝牙设备发起配对。

HarmonyOS 低功耗蓝牙提供的功能有：

（1）BLE 扫描和广播。根据指定状态获取外围设备、启动或停止 BLE 扫描、广播。

（2）BLE 中心设备与外围设备进行数据交互。BLE 外围设备和中心设备建立 GATT 连接后，中心设备可以查询外围设备支持的各种数据，向外围设备发起数据请求，并向其写入特征值数据。

（3）BLE 外围设备数据管理。BLE 外围设备作为服务端，可以接收来自中心设备（客户端）的 GATT 连接请求，应答来自中心设备的特征值内容读取和写入请求，并向中心设备提供数据。同时外围设备还可以主动向中心设备发送数据。

调用蓝牙的打开接口需要 ohos. permission. USE_BLUETOOTH 权限，调用蓝牙扫描接口需要 ohos. permission. LOCATION 权限和 ohos. permission. DISCOVER_BLUETOOTH 权限。

传统蓝牙本机管理主要是针对蓝牙本机的基本操作，包括打开和关闭蓝牙、设置和获取本机蓝牙名称、扫描和取消扫描周边蓝牙设备、获取本机蓝牙 profile 对其他设备的连接状态、获取本机蓝牙已配对的蓝牙设备列表。蓝牙本机管理类 BluetoothHost 的主要接口如表 5-6 所示。

表 5-6 蓝牙本机管理类 BluetoothHost 接口及说明

接 口 名	功 能 描 述
getDefaultHost(Context context)	获取 BluetoothHost 实例，管理本机蓝牙操作
enableBt()	打开本机蓝牙
disableBt()	关闭本机蓝牙
setLocalName(String name)	设置本机蓝牙名称
getLocalName()	获取本机蓝牙名称
getBtState()	获取本机蓝牙状态
startBtDiscovery()	发起蓝牙设备扫描
cancelBtDiscovery()	取消蓝牙设备扫描
isBtDiscovering()	检查蓝牙是否在扫描设备中
getProfileConnState(int profile)	获取本机蓝牙 profile 对其他设备的连接状态
getPairedDevices()	获取本机蓝牙已配对的蓝牙设备

打开蓝牙的步骤如下：

（1）调用 BluetoothHost 的 getDefaultHost(Context context)接口，获取 BluetoothHost 实例，管理本机蓝牙操作。

（2）调用 enableBt()接口，打开蓝牙。

（3）调用 getBtState()，查询蓝牙是否打开。

示范代码如下：

```
// 获取蓝牙本机管理对象
BluetoothHost bluetoothHost = BluetoothHost.getDefaultHost(context);
// 调用打开接口
bluetoothHost.enableBt();
// 调用获取蓝牙开关状态接口
int state = bluetoothHost.getBtState();
```

蓝牙扫描的步骤：

（1）扫描前要先注册广播 BluetoothRemoteDevice. EVENT_DEVICE_DISCOVERED。

（2）调用 startBtDiscovery()接口开始进行扫描外围设备。

（3）如果想要获取扫描到的设备，则必须在注册广播时继承实现 CommonEventSubscriber 类的 onReceiveEvent(CommonEventData data)方法，并接收 EVENT_DEVICE_DISCOVERED 广播。

示范代码如下：

```
//开始扫描
bluetoothHost.startBtDiscovery();
//接收系统广播
public class MyCommonEventSubscriber extends CommonEventSubscriber {
  @Override
  public void onReceiveEvent(CommonEventData data) {
    if (data == null) {
      return;
    }
    Intent info = data.getIntent();
    if (info == null) {
      return;
    }
    //获取系统广播的 action
    String action = info.getAction();
    //判断是否为扫描到设备的广播
    if (BluetoothRemoteDevice.EVENT_DEVICE_DISCOVERED.equals(action)) {
      IntentParams myParam = info.getParams();
      BluetoothRemoteDevice device = (BluetoothRemoteDevice) myParam.getParam(BluetoothRemoteDevice
.REMOTE_DEVICE_PARAM_DEVICE);
    }
  }
}
```

3. NFC

HarmonyOS 的 NFC 提供的功能有：

（1）NFC 基础查询。在进行 NFC 功能开发之前，开发者应该先确认设备是否支持 NFC 功能、NFC 是否打开等基本信息。

（2）访问安全单元(Secure Element,SE)。SE 可用于保存重要信息，应用可以访问指定 SE，并发送数据到 SE 上。

（3）卡模拟。设备可以模拟卡片，替代卡片完成对应操作，如模拟门禁卡、公交卡等。

（4）NFC 消息通知。通过这个模块，开发者可以获取 NFC 开关状态改变的消息以及 NFC 的场强消息。

以下就 NFC 的基础查询功能和访问安全单元功能进行讲解，其余功能请参考 HarmonyOS 开发文档。

要进行 NFC 功能开发，需要设备支持 NFC 功能，因此需要用到 NFC 的基础查询功能。开发者可以通过 NfcController 类的方法 isNfcAvailable()来确认设备是否支持 NFC 功能。如果设备支持 NFC 功能，可通过 isNfcOpen()来查询 NFC 的开关状态。示例代码如下：

```
// 查询本机是否支持 NFC
if (context != null) {
    NfcController nfcController = NfcController.getInstance(context);
} else {
    return;
}
boolean isAvailable = nfcController.isNfcAvailable();
if (isAvailable) {
    // 调用查询 NFC 是否打开接口,返回值为 NFC 是否是打开的状态
    boolean isOpen = nfcController.isNfcOpen();
}
```

安全单元(Secure Element,SE)可用于保存重要信息,应用或者其他模块可以通过接口完成以下功能:

(1) 获取安全单元的个数和名称。

(2) 判断安全单元是否在位。

(3) 在指定安全单元上打开基础通道。

(4) 在指定安全单元上打开逻辑通道。

(5) 发送 APDU(Application Protocol Data Unit)数据到安全单元上。

访问安全单元的开发步骤为:

(1) 调用 SEService 类的构造函数,创建一个安全单元服务实例,用于访问安全单元。

(2) 调用 isConnected()接口,查询安全单元服务的连接状态。

(3) 调用 getReaders()接口,获取本机的全部安全单元。

(4) 调用 Reader 类的 openSession()接口打开 Session,返回一个打开的 Session 实例。

(5) 调用 Session 类的 openBasicChannel(Aid aid)接口打开基础通道,或者调用 openLogicalChannel(Aid aid)接口打开逻辑通道,返回一个打开通道 Channel 实例。

(6) 调用 Channel 类的 transmit(byte[] command),发送 APDU 到安全单元。

(7) 调用 Channel 类的 closeChannel()接口关闭通道。

(8) 调用 Session 类的 closeSessionChannels()接口关闭 Session 的所有通道。

(9) 调用 Reader 类的 closeSessions()接口关闭安全单元的所有 Session。

(10) 调用 SEService 类的 shutdown()接口关闭安全单元服务。

参考代码为:

```
private static final String ESE = "eSE";
private class AppServiceConnectedCallback implements SEService.OnCallback {
    @Override
    public void serviceConnected() {
        // 应用自实现
    }
}
```

```
// 创建安全单元服务实例
SEService sEService = new SEService(context, new AppServiceConnectedCallback());
// 查询安全单元服务的连接状态
boolean isConnected = sEService.isConnected();
// 获取本机的全部安全单元,并获取指定的安全单元 eSe
Reader[] elements = sEService.getReaders();
Reader eSe = null;
for (int i = 0; i < elements.length; i++) {
  if (ESE.equals(elements[i].getName())) {
    eSe = elements[i];
    break;
  }
}
if (eSe == null) {
  return;
}
// 查询安全单元是否就绪
boolean isPresent = eSe.isSecureElementPresent();
// 打开 Session
Optional < Session > optionalSession = eSe.openSession();
Session session = optionalSession.orElse(null);
if (session == null) {
  return;
}
// 打开通道
if (eSe != null) {
  byte[] aidValue = new byte[]{(byte)0x01, (byte)0x02, (byte)0x03, (byte)0x04, (byte)0x05};
  // 创建 Aid 实例
  Aid aid = new Aid(aidValue, 0, aidValue.length);
  // 打开基础通道
  Optional < Channel > optionalChannel = session.openBasicChannel(aid);
  Channel basicChannel = optionalChannel.orElse(null);
  // 打开逻辑通道
  optionalChannel = session.openLogicalChannel(aid);
  Channel logicalChannel = optionalChannel.orElse(null);
  // 发送指令给安全单元,返回值为安全单元对指令的响应
  byte[] resp = logicalChannel.transmit(new byte[]{(byte)0x00, (byte)0xa4, (byte)0x00,
(byte)0x00, (byte)0x02, (byte)0x00, (byte)0x00});
  // 关闭通道资源
  if (basicChannel.isPresent()) {
    basicChannel.closeChannel();
  }
  if (logicalChannel.isPresent()) {
    logicalChannel.closeChannel();
  }
// 关闭 Session 资源
session.close();
// 关闭安全单元资源
eSe.closeSessions();
// 关闭安全单元服务资源
sEService.shutdown();
```

4. 网络连接管理

Harmony OS 网络管理模块主要提供以下功能：

（1）数据连接管理——网卡绑定，打开 URL，数据链路参数查询。

（2）数据网络管理——指定数据网络传输，获取数据网络状态变更，数据网络状态查询。

（3）流量统计——获取蜂窝网络、所有网卡、指定应用或指定网卡的数据流量统计值。

（4）HTTP 缓存——有效管理 HTTP 缓存，减少数据流量。

（5）创建本地套接字——实现本机不同进程间的通信，目前只支持流式套接字。

以下以使用当前网络打开 URL 链接及进行 Socket 数据传输为例，介绍 Harmony OS 的网络链接管理基本功能，其余功能请参照官网开发文档。

在应用中使用当前网络打开 URL 链接，所使用的接口及说明如表 5-7 所示。

表 5-7　网络管理功能的主要接口及说明

类　　名	接　口　名	功　能　描　述
NetManager	getInstance(Context context)	获取网络管理实例对象
	hasDefaultNet()	查询当前是否有默认可用的数据网络
	getDefaultNet()	获取当前默认的数据网络句柄
	addDefaultNetStatusCallback(NetStatusCallback callback)	获取当前默认的数据网络状态变化
	setAppNet(NetHandle netHandle)	应用绑定该数据网络
NetHandle	openConnection(URL url, Proxy proxy) throws IOException	使用该网络打开一个 URL 链接

打开 URL 链接访问网站的开发步骤如下：

（1）调用 NetManager. getInstance(Context)获取网络管理的实例对象。

（2）调用 NetManager. getDefaultNet()获取默认的数据网络。

（3）调用 NetHandle. openConnection()打开一个 URL。

（4）通过 URL 链接实例访问网站。

具体实现代码如下：

```
NetManager netManager = NetManager.getInstance(null);

if (!netManager.hasDefaultNet()) {
  return;
}
NetHandle netHandle = netManager.getDefaultNet();
// 可以获取网络状态的变化
NetStatusCallback callback = new NetStatusCallback() {
```

```
    // 重写需要获取的网络状态变化的 override 函数
};
netManager.addDefaultNetStatusCallback(callback);
// 通过 openConnection 来获取 URLConnection
HttpURLConnection connection = null;
try {
  String urlString = "EXAMPLE_URL"; // 开发者根据实际情况自定义 EXAMPLE_URL
  URL url = new URL(urlString);

  URLConnection urlConnection = netHandle.openConnection(url,
        java.net.Proxy.NO_PROXY);
  if (urlConnection instanceof HttpURLConnection) {
    connection = (HttpURLConnection) urlConnection;
  }
  connection.setRequestMethod("GET");
  connection.connect();
  // 之后可进行 url 的其他操作
} catch(IOException e) {
  HiLog.error(TAG, "exception happened.");
} finally {
  if (connection != null){
    connection.disconnect();
  }
}
```

在应用中使用当前网络进行 Socket 数据传输，所使用的接口说明如表 5-8 所示。

表 5-8　Socket 数据传输的主要接口及说明

类　名	接　口　名	功　能　描　述
NetManager	getByName(String host)	解析主机名，获取其 IP 地址
	bindSocket(Socket socket)	绑定 Socket 到该数据网络
NetHandle	bindSocket(DatagramSocket socket)	绑定 DatagramSocket 到该数据网络

使用当前网络进行 Socket 数据传输的开发步骤为：

（1）调用 NetManager.getInstance(Context)获取网络管理的实例对象。

（2）调用 NetManager.getDefaultNet()获取默认的数据网络。

（3）调用 NetHandle.bindSocket()绑定网络。

（4）使用 socket 发送数据。

具体示范代码如下：

```
NetManager netManager = NetManager.getInstance(null);


if (!netManager.hasDefaultNet()) {
  return;
```

```
    }
    NetHandle netHandle = netManager.getDefaultNet();

    // 通过 Socket 绑定来进行数据传输
    try {
        InetAddress address = netHandle.getByName("EXAMPLE_URL");      //开发者根据实际情况自定
                                                                        //义 EXAMPLE_URL

        DatagramSocket socket = new DatagramSocket();
        netHandle.bindSocket(socket);
        byte[] buffer = new byte[1024];
        DatagramPacket request = new DatagramPacket(buffer, buffer.length, address, port);
        // buffer 赋值

        // 发送数据
        socket.send(request);
    } catch(IOException e) {
        HiLog.error(TAG, "exception happened.");
    }finally {
        socket.close();
    }
```

5.4.2　HarmonyOS 线程

不同应用在各自独立的进程中运行。当应用以任何形式启动时,系统为其创建进程,该进程将持续运行。当进程完成当前任务处于等待状态,且系统资源不足时,系统自动回收。

在启动应用时,系统会为该应用创建一个称为"主线程"的执行线程。该线程随着应用创建或消失,是应用的核心线程。UI界面的显示和更新等操作都是在主线程上进行的。主线程又称 UI 线程,默认情况下,所有的操作都是在主线程上执行。如果需要执行比较耗时的任务(如下载文件、查询数据库),则可创建其他线程来处理。

如果应用的业务逻辑比较复杂,可能需要创建多个线程来执行多个任务。在这种情况下,代码复杂难以维护,任务与线程的交互也会更加繁杂。要解决此问题,开发者可以使用 TaskDispatcher 来分发不同的任务。TaskDispatcher 具有多种实现,每种实现对应不同的任务分发器。在分发任务时可以指定任务的优先级,由同一个任务分发器分发出的任务具有相同的优先级。

系统提供的任务分发器有 GlobalTaskDispatcher、ParallelTaskDispatcher、SerialTaskDispatcher、SpecTaskDispatcher。

(1) GlobalTaskDispatcher:全局并发任务分发器,由 Ability 执行 getGlobalTaskDispatcher() 获取。适用于任务之间没有联系的情况。一个应用只有一个 GlobalTaskDispatcher,它在程序结束时才被销毁。

(2) ParallelTaskDispatcher:并发任务分发器,由 Ability 执行 createParallelTaskDispatcher() 创建并返回。与 GlobalTaskDispatcher 不同的是,ParallelTaskDispatcher 不具有全局唯一

性,可以创建多个。开发者在创建或销毁 dispatcher 时,需要持有对应的对象引用。

（3）SerialTaskDispatcher：串行任务分发器,由 Ability 执行 createSerialTaskDispatcher（）创建并返回。由该分发器分发的所有任务都是按顺序执行的,但是执行这些任务的线程并不固定。如果要执行并行任务,则应使用 ParallelTaskDispatcher 或者 GlobalTaskDispatcher,而不是创建多个 SerialTaskDispatcher。如果任务之间没有依赖,则应使用 GlobalTaskDispatcher 来实现。它的创建和销毁由开发者自己管理,开发者在使用期间需要持有该对象引用。

（4）SpecTaskDispatcher：专有任务分发器,绑定到专有线程上的任务分发器。目前已有的专有线程是主线程。UITaskDispatcher 和 MainTaskDispatcher 都属于 SpecTaskDispatcher。建议使用 UITaskDispatcher。UITaskDispatcher 是绑定到应用主线程的专有任务分发器,由 Ability 执行 getUITaskDispatcher（）创建并返回。由该分发器分发的所有的任务都是在主线程上按顺序执行,它在应用程序结束时被销毁。MainTaskDispatcher 是由 Ability 执行 getMainTaskDispatcher（）创建并返回。

在开发过程中,开发者经常需要在当前线程中处理下载任务等较为耗时的操作,但是又不希望当前的线程受到阻塞。此时,就可以使用 EventHandler 机制。EventHandler 是 HarmonyOS 用于处理线程间通信的一种机制,可以通过 EventRunner 创建新线程,将耗时的操作放到新线程上执行。这样既不阻塞原来的线程,任务又可以得到合理的处理。比如,主线程使用 EventHandler 创建子线程,子线程做耗时的下载图片操作,下载完成后,子线程通过 EventHandler 通知主线程,主线程再更新 UI。

EventRunner 是一种事件循环器,循环处理从该 EventRunner 创建的新线程的事件队列中获取 InnerEvent 事件或者 Runnable 任务。InnerEvent 是 EventHandler 投递的事件。

EventHandler 是一种用户在当前线程上投递 InnerEvent 事件或者 Runnable 任务到异步线程上处理的机制。每一个 EventHandler 和指定的 EventRunner 所创建的新线程绑定,并且该新线程内部有一个事件队列。EventHandler 可以投递指定的 InnerEvent 事件或 Runnable 任务到这个事件队列。EventRunner 从事件队列里循环地取出事件,如果取出的事件是 InnerEvent 事件,则将在 EventRunner 所在线程执行 processEvent 回调;如果取出的事件是 Runnable 任务,则将在 EventRunner 所在线程执行 Runnable 的 run 回调。一般地,EventHandler 有两个主要作用:

① 在不同线程间分发和处理 InnerEvent 事件或 Runnable 任务;

② 延迟处理 InnerEvent 事件或 Runnable 任务。

EventHandler 的运作机制如图 5-28 所示。

使用 EventHandler 实现线程间通信的主要流程如下:

（1）EventHandler 投递具体的 InnerEvent 事件或者 Runnable 任务到 EventRunner 所创建的线程的事件队列。

（2）EventRunner 循环从事件队列中获取 InnerEvent 事件或者 Runnable 任务。

（3）处理事件或任务。

① 如果 EventRunner 取出的事件为 InnerEvent 事件,则触发 EventHandler 的回调方

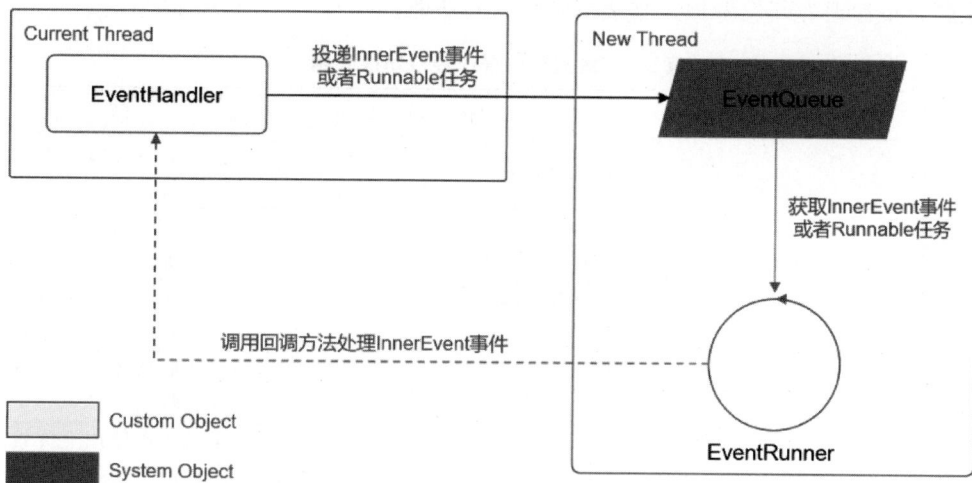

图 5-28 EventHandler 的运作机制

法并触发 EventHandler 的处理方法,在新线程上处理该事件。

② 如果 EventRunner 取出的事件为 Runnable 任务,则 EventRunner 直接在新线程上处理 Runnable 任务。

5.5 数据管理

5.5.1 数据存储管理

本节介绍基于 HarmonyOS 进行存储设备(包含本地存储、SD 卡、U 盘等)的数据存储管理能力的开发,包括获取存储设备列表、获取存储设备视图等。

数据存储管理包括获取存储设备列表,同时也可以按照条件获取对应的存储设备视图信息。设备存储视图是指存储设备的抽象表示,提供了接口访问存储设备的自身信息。用统一的视图结构可以表示各种存储设备,该视图结构的内部属性会因为设备的不同而不同。每个存储设备可以抽象成两部分:一部分是存储设备自身信息区域,一部分是用来真正存放数据的区域。图 5-29 是设备存储视图的样例。

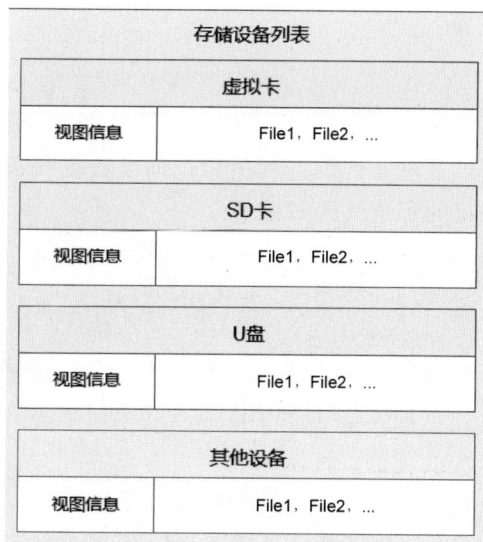

图 5-29 存储设备视图

数据存储管理为开发者提供如表 5-9 所示的功能。

表 5-9　数据存储管理接口功能介绍

功能分类	类　名	接　口　名	描　　述
查询设备视图	ohos. data. usage. DataUsage	getVolumes()	获取当前用户可用的设备列表视图
		getVolume(File file)	获取存储该文件的存储设备视图
		getVolume（Context context，Uri uri）	获取该 URI 对应文件所在的存储设备视图
		getDiskMountedStatus()	获取默认存储设备的挂载状态
		getDiskMountedStatus(File path)	获取存储该文件设备的挂载状态
		isDiskPluggable()	默认存储设备是否为可插拔设备
		isDiskPluggable(File path)	存储该文件的设备是否为可插拔设备
		isDiskEmulated()	默认存储设备是否为虚拟设备
		isDiskEmulated(File path)	存储该文件的设备是否为虚拟设备
查询设备视图属性	ohos. data. usage. Volume	isEmulated()	该设备是否是虚拟存储设备
		isPluggable()	该设备是否支持插拔
		getDescription()	获取设备描述信息
		getState()	获取设备挂载状态
		getVolUuid()	获取设备唯一标识符

以下对查询设备视图和查询设备视图属性的开发案例进行示范说明。调用查询设备视图接口的示范代码如下。

```
// 获取默认存储设备挂载状态
MountState status = DataUsage.getDiskMountedStatus();
// 获取存储设备列表
Optional < List < Volume >> list = DataUsage.getVolumes();
// 默认存储设备是否为可插拔设备
boolean pluggable = DataUsage.isDiskPluggable();
```

查询设备视图属性的步骤如下：

（1）调用查询设备视图接口获取某个设备视图 Volume。

（2）调用 Volume 的接口即可查询视图属性。

示范代码如下：

```
static final HiLogLabel LABEL = new HiLogLabel(HiLog.LOG_APP, 0x00201, "MY_TAG");
// 获取 example.txt 文件所在的存储设备的视图属性
Optional < Volume > volume = DataUsage.getVolume(new File("/sdcard/example.txt"));
volume.ifPresent(theVolume -> {
    HiLog.info(LABEL, "isEmulated: % {public}t", theVolume.isEmulated());
    HiLog.info(LABEL, "isPluggable: % {public}t", theVolume.isPluggable());
    HiLog.info(LABEL, "Description: % {public}s", theVolume.getDescription());
    HiLog.info(LABEL, "Volume UUID: % {public}d", theVolume.getVolUuid());
  }
);
```

5.5.2　数据库操作

HarmonyOS 关系数据库基于 SQLite 组件提供了一套完整的对本地数据库进行管理的机制，对外提供了一系列的增、删、改、查接口，也可以直接运行用户输入的 SQL 语句来满足复杂的场景需要。HarmonyOS 提供的关系数据库功能更加完善，查询效率更高。

HarmonyOS 关系数据库对外提供通用的操作接口，底层使用 SQLite 作为持久化存储引擎，支持 SQLite 具有的所有数据库特性，包括但不限于事务、索引、视图、触发器、外键、参数化查询和预编译 SQL 语句。HarmonyOS 关系数据库运作机制如图 5-30 所示。

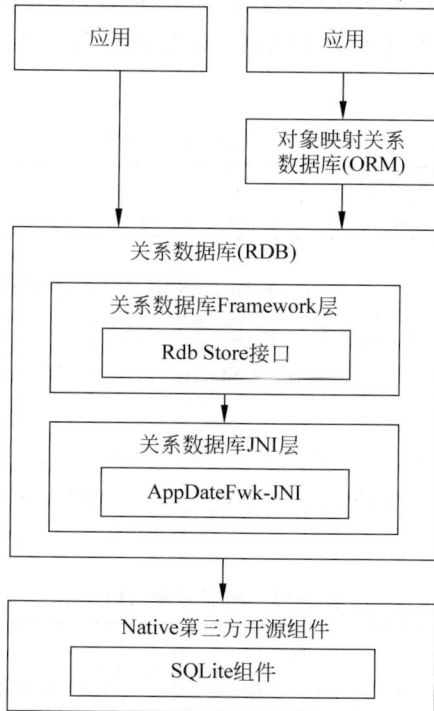

图 5-30　HarmonyOS 关系数据库运作机制

关系数据库是在 SQLite 基础上实现的本地数据操作机制，提供给用户无须编写原生 SQL 语句就能进行数据增、删、改、查的方法，同时也支持原生 SQL 操作。关系数据库提供了数据库创建方式，以及对应的删除接口，涉及的 API 如表 5-10 所示。

表 5-10　数据库创建和删除 API

类　名	接　口　名	描　述
StoreConfig. Builder	public builder()	对数据库进行配置，包括设置数据库名、存储模式、日志模式、同步模式，是否为只读，及对数据库加密
RdbOpenCallback	public abstract void onCreate(RdbStore store)	数据库创建时被回调，可以在该方法中初始化表结构，并添加一些初始化数据
RdbOpenCallback	public abstract void onUpgrade(RdbStore store, int currentVersion, int targetVersion)	数据库升级时被回调
DatabaseHelper	public RdbStore getRdbStore(StoreConfig config, int version, RdbOpenCallback openCallback, ResultSetHook resultSetHook)	根据配置创建或打开数据库
DatabaseHelper	public boolean deleteRdbStore(String name)	删除指定的数据库

关系数据库提供了插入数据的接口，通过 ValuesBucket 输入要存储的数据，通过返回值判断是否插入成功，插入成功时返回最新插入数据所在的行号，失败则返回 −1，如表 5-11 所示。

表 5-11　插入数据 API

类　名	接　口　名	描　述
RdbStore	long insert(String table，ValuesBucket initialValues)	向数据库插入数据

在表 5-11 所示的数据插入接口中，table 是待添加数据的表名。initialValues 是以 ValuesBucket 存储的待插入的数据，它提供一系列 put 方法，如 putString（String columnName，String values）、putDouble（String columnName，double value），用于向 ValuesBucket 中添加数据。

数据库更新可以调用更新接口，传入要更新的数据，并通过 AbsRdbPredicates 指定更新条件。该接口的返回值表示更新操作影响的行数。如果更新失败，则返回 0。数据更新 API 如表 5-12 所示。

表 5-12　数据更新 API

类　名	接　口　名	描　述
RdbStore	int update(ValuesBucket values，AbsRdbPredicates predicates)	更新数据库表中符合谓词指定条件的数据

在如表 5-12 所示的接口中,values 是以 ValuesBucket 存储的要更新的数据。predicates 指定了更新操作的表名和条件。AbsRdbPredicates 的实现类有两个:RdbPredicates 和 RawRdbPredidates。RdbPredicates 支持调用谓词提供的 equalTo 等接口,设置更新条件。RawRdbPredidates 仅支持设置表名、where 条件子句、whereArgs 3 个参数,不支持 equalTo 等接口调用。

关系数据库的删除接口通过 AbsRdbPredicates 指定删除条件,其返回值表示删除的数据行数,可根据此值判断是否删除成功。如果删除失败,则返回 0。数据删除接口如表 5-13 所示。

表 5-13 数据删除 API

类 名	接 口 名	描 述
RdbStore	int delete(AbsRdbPredicates predicates)	删除数据

在如表 5-13 所示的数据删除接口中,predicates 是 Rdb 谓词,指定了删除操作的表名和条件。

如表 5-14 所示,关系数据库提供了两种查询数据的方式。

表 5-14 查询数据 API

类 名	接 口 名	描 述
RdbStore	ResultSet query(AbsRdbPredicates predicates, String[] columns)	查询数据
RdbStore	ResultSet querySql(String sql, String[] sqlArgs)	执行原生查询操作 SQL 语句

(1) 直接调用查询接口。使用该接口,会将包含查询条件的谓词自动拼接成完整的 SQL 语句进行查询操作,无须用户传入原生的 SQL。

(2) 执行原生的用于查询的 SQL 语句。

其中,predicates 是谓词,可以设置查询条件,olumns 规定查询返回的列。执行原生的查询 SQL 语句接口中,sql 是原生用于查询的 sql 语句,sqlArgs 是 sql 语句中占位符参数的值,若 select 语句中没有使用占位符,该参数可以设置为 null。

以下讲解 HarmonyOS 开发中涉及的关系数据库基本操作流程。首先需要创建数据库,其步骤包括:

(1) 配置数据库相关信息,包括数据库的名称、存储模式、是否为只读模式等。

(2) 初始化数据库表结构和相关数据。

(3) 创建数据库。

示例代码如下。

```
StoreConfig config = StoreConfig.newDefaultConfig("RdbStoreTest.db");
private static RdbOpenCallback callback = new RdbOpenCallback() {
    @Override
```

```
    public void onCreate(RdbStore store) {
        store.executeSql("CREATE TABLE IF NOT EXISTS test (id INTEGER PRIMARY KEY AUTOINCREMENT,
name TEXT NOT NULL, age INTEGER, salary REAL, blobType BLOB)");
    }
    @Override
    public void onUpgrade(RdbStore store, int oldVersion, int newVersion) {
    }
};
DatabaseHelper helper = new DatabaseHelper(context);
RdbStore store = helper.getRdbStore(config, 1, callback, null);
```

其次，向数据库里插入数据涉及两个步骤：

（1）构造要插入的数据，以 ValuesBucket 形式存储。

（2）调用关系数据库提供的插入接口。

示例代码如下。

```
ValuesBucket values = new ValuesBucket();
values.putInteger("id", 1);
values.putString("name", "zhangsan");
values.putInteger("age", 18);
values.putDouble("salary", 100.5);
values.putByteArray("blobType", new byte[] {1, 2, 3});
long id = store.insert("test", values);
```

接着演示查询数据，涉及 4 个步骤：

（1）构造用于查询的谓词对象，设置查询条件。

（2）指定查询返回的数据列。

（3）调用查询接口查询数据。

（4）调用结果集接口，遍历返回结果。

示例代码如下。

```
String[] columns = new String[]{"id", "name", "age", "salary"};
RdbPredicates rdbPredicates = new RdbPredicates("test").equalTo("age", 25)
.orderByAsc("salary");
ResultSet resultSet = store.query(rdbPredicates, columns);
resultSet.goToNextRow();
```

Java 版 HarmonyOS 应用开发案例和 JS 版 HarmonyOS 应用开发案例参照配套资源中本章实验手册。

5.6 本章小结

本章介绍了华为 HarmonyOS 的基本技术架构和应用开发基础知识及开发流程，包括 HarmonyOS 系统介绍、UI 组件和布局、基于 Java 及 JS 的 UI 框架、网络连接及线程、数据管理及数据库操作以及综合开发案例解释,涵盖了 HarmonyOS 应用开发所需的基本技术要点。通过本章的基础知识和开发案例的学习,读者将具备华为移动应用开发(中级)对 HarmonyOS 应用开发的能力要求,为进一步深入学习和掌握 HarmonyOS 软硬件开发高级技能打下良好的基础。

5.7　课后练习

一、填空题

1. HarmonyOS 应用开发提供了两种 UI 框架,分别是_____和_____。

2. HarmonyOS 支持应用以 Ability 为单位进行部署。Ability 可以分为_____和_____两种类型,每种类型为开发者提供了不同的模板,以便实现不同的业务功能。

3. _____模板是 FA(Feature Ability)唯一支持的模板,用于提供与用户交互的能力。

4. JS UI 框架包括_____层(Application)、_____层(Framework)、_____层(Engine)和_____层(Porting Layer)。

5. _____是 HarmonyOS UI 中的一种重要组件布局,用于将一组组件按照水平或者垂直方向排布,能够方便地对齐布局内的组件。

6. Java UI 框架下,应用中所有的用户界面元素都是由_____和_____对象构成。

7. HarmonyOS 关系数据库对外提供通用的操作接口,底层使用_____作为持久化存储引擎。

8. 如果应用的业务逻辑比较复杂,可能需要创建多个线程来执行多个任务。这种情况下,代码复杂难以维护,任务与线程的交互也会更加繁杂。要解决此问题,开发者可以使用"_____"来分发不同的任务。

二、选择题

1. 下列选项中,(　　)框架是一种跨设备的高性能 UI 开发框架,支持声明式编程和跨设备多态 UI。

A. Java UI　　　　B. JS UI　　　　C. Python UI　　　　D. C# UI

2. 下列选项中,(　　)是 JavaUI 中常见的布局。(多选题)

A. DirectionalLayout　　　　　　B. DependentLayout

C. StackLayout　　　　　　　　D. _TableLayout

3. 注册 Ability 时,可以通过配置 Ability 元素中的 type 属性来指定 Ability 模板类型,其中,type 的取值可以为(　　)。(多选题)

A. page　　　　B. service　　　　C. data　　　　D. layout

4. HarmonyOS WLAN 服务系统为用户提供(　　)功能。(多选题)

A. WLAN 基础功能　　　　　　B. P2P 功能

C. WLAN 消息通知　　　　　　D. 通过 WLAN 和其他设备互联互通

5. （   ）类是 JS FA 在 HarmonyOS 上运行环境的基类，继承自 Ability，开发者的应用运行入口类应该从该类派生。

　　A. PageAbility　　　B. AceAbility　　　C. DataAbility　　　D. FaAbility

三、编程题

1. 通过 Java UI 分别以"在 XML 中声明 UI 布局"和"在代码中创建布局"两种不同的方式，创建如图 5-31 所示两个界面。并用代码实现单击左图按钮后跳转至右图。

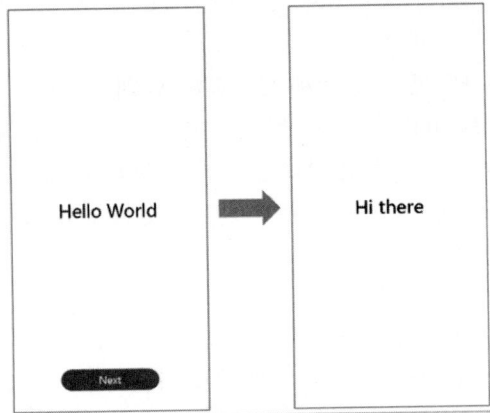

图 5-31　Java UI 布局

2. 在 JS UI 框架下用 div、text、image 组件关联 click 事件，构建一个点赞按钮，单击前的按钮如图 5-32 左边图标，单击后按钮变成右边图标，点赞的个数增加 1。

图 5-32　点赞按钮构建

3. 请解释以下 Harmony OS 开发中对关系数据操作的代码：

```
String[] columns = new String[] {"id", "name", "age", "salary"};
RdbPredicates rdbPredicates = new RdbPredicates("test").equalTo("age", 25)
.orderByAsc("salary"); ResultSet resultSet = store.query(rdbPredicates, columns);
resultSet.goToNextRow();
```

第6章

HMS 应用开发基础

华为移动服务(Huawei Mobile Services,HMS)是华为云服务开放能力的合集,包括华为账号、应用内支付、消息推送、机器学习、统一扫码、近距离通信、安全检测、定位、数字版权、华为地图等多种能力。通过 HMS,用户可以使用移动电话或其他移动设备使用华为应用市场、华为地图服务、华为账号服务、数字版权服务、华为云存储、华为机器学习服务、全景技术服务、应用内支付、广告服务、推送服务、分析服务等。

华为移动服务核心(HMS Core)是指华为终端云服务开放能力合集,包括开发服务、增长服务、盈利服务三大类别,为 Android 或 HarmonyOS 上华为公司的系列应用程序提供支持。通过 HMS Core,开发者可以实现应用高效开发、快速增长、灵活变现,加快开发者为华为终端用户提供精品应用与服务的速度。

简单来说,HMS 是华为在移动端打造的应用生态解决方案,而 HMS Core 就是这个生态繁荣发展的动力源泉。本章将介绍 HMS 以及 HMS Core 相关内容,包括其相关概念和相互关系,对华为 HMS 生态有一定的了解,熟悉 HMS 生态开放能力架构,对 HMS Core 的相关开放能力有一个整体认识,为后续的学习打好基础。

6.1 HMS 生态发展历程

6.1.1 认识 HMS

在进一步介绍 HMS 及其生态前,我们先回顾一下移动互联网和移动应用生态的发展历程:

2000 年底,中国最大的运营商中国移动推出了"移动梦网"业务,包括彩信、游戏等一系列信息服务。这时开始出现了"空中网"等一批依托于梦网平台的服务提供商,用户通过彩信、手机上网等模式开始享受移动互联网服务。

2007 年开始,3G 移动网络开始快速部署,手机上网体验得到了提升。

2012 年开始,具有触摸屏功能的智能手机大规模普及,使得移动上网的需求大幅增加,激发了移动应用的爆发式增长,移动应用生态逐渐形成。

在移动应用生态发展初期，无论是开发者还是用户，都期望有一个统一、便捷的应用分发平台，来帮助他们解决遇到的问题。在此背景下，各智能终端厂商纷纷建立了应用分发平台，如苹果公司带来了 App Store、谷歌公司发布了 Google Play、华为公司推出了华为应用市场等。应用分发平台的推出，有效解决了上述问题。开发者的应用可以直接通过统一的应用分发平台高效分发；而用户可以通过应用分发平台一站式完成应用的查找、安装和升级。应用分发平台成为早期生态平台的雏形，以应用分发平台为中心的生态体系就此形成。

在移动应用生态发展第二阶段，为了吸引更多的开发者，生态平台依托自身终端设备或者平台优势，为开发者提供了大量的开放能力及服务，帮助开发者缩短应用开发周期、提升应用开发效率、支撑应用快速上架，从而确立自身在生态圈中的竞争力。

在移动应用生态发展第三阶段，也就是现阶段，生态平台更加关注的是如何帮助更多的优质应用成长、获利并最终获得商业成功，同时，生态平台也开始出现一些新的变化：

首先，生态平台提供更多精细化运营的能力，帮助开发者更好地运营其 App。如 Google Firebase 和华为 HMS Core 提供的 Analytics 能力，都可以帮助开发者进行用户行为分析、用户洞察及精细化运营，以便开发者及时做出产品策略的调整。

其次，生态平台不断增加新的生态入口，通过多样化的交互方式，让 App 变得更容易触达用户，增加了流量和变现机会。如 Apple 公司的 Siri 助手，让用户通过语音与手机交互快速找到想要的应用；华为公司的"智慧助手"，可以帮助用户一键直达常见应用，享受情景智能服务，快速接收各类资讯。

同时，生态平台的应用类型也在发生变化，如华为公司提供的"快应用"，是一种新型免安装应用。开发者不需要花费高昂的成本去拉动客户下载 App，也无须频繁推送原生应用的升级，这样大大缩短了开发者和用户加入生态体系的时间周期，更易于推广传播。

6.1.2 HMS 生态发展历程

2011 年，华为账号能力构建完毕，并很快在"手机找回""云空间"等手机服务上得以应用。初期的华为账号服务，主要是面向华为自有应用及消费者提供服务的，并未将账号的接入能力开放给广大的开发者。

2011 年年底，华为消息推送 Push 的首个内测 SDK 版本推出后，华为邀请了多个开发者来进行试用。2012 年初，华为 Push 服务的首个正式版本推出，为开发者提供一条稳定、可靠、低时延的消息通道。

2012 年，华为推出了应用内支付的首个 SDK 版本，开发者只需要接入华为应用内支付 SDK，就可以具备多个渠道的支付能力，从而保障了消费者支付时的体验一致性。

2013 年，华为推出了华为账号面向开发者的首个 OpenSDK 版本，开发者的应用只需集成该 SDK，即可快速拥有华为账号服务提供的登录授权功能。随着越来越多的开发者应用接入华为账号，华为又进一步把华为视频、华为音乐、华为阅读、华为主题等一系列的华为自有 App 统一到华为账号体系下，使得华为账号成为整个 HMS 生态的基础能力。

华为账号、华为 Push 和华为应用内支付形成了华为 HMS 生态早期能力开放的"三驾马车"。不过在能力构建初期,这3个服务都是烟囱式发展,能力之间没有太多的复用。随着 HMS 生态的持续开放,华为在 2013 年之后陆续开放了华为游戏服务、华为分析服务等多个能力,这种早期烟囱式的发展方式逐渐暴露出其弊端。因此在 2015 年 HMS 团队对这些开放能力进行了一次系统性重构(见图 6-1),将各个能力公共的部分做了统一的封装,并抽取为公共的 HMS Core,其他的每个能力基于 HMS Core 提供各自轻量级的 SDK。

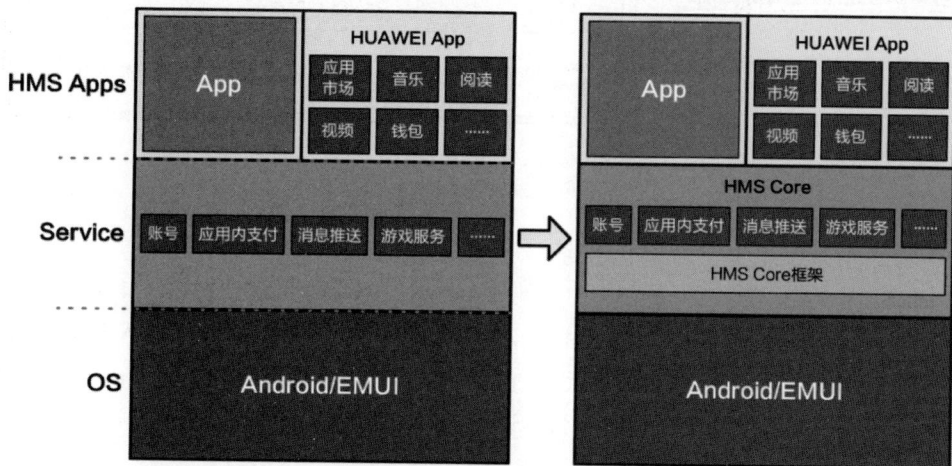

图 6-1　HMS 架构重构

2019 年 8 月,华为移动服务(HMS)在华为开发者大会上被正式预告发布。

2020 年 1 月 15 日,HMS Core 4.0(华为移动核心服务 4.0)正式上线。其中除了运营已久的华为账号、应用内支付、消息推送等能力之外,还新增了开发者迫切需要的一些新能力,包括机器学习、统一扫码、近距离通信、安全检测、定位、数字版权、华为地图等多个服务。除此之外,华为 HMS 生态还提供了相机、AR、VR、HiAI 等一系列系统与芯片级的能力。截至 2020 年 4 月,华为 HMS 生态已经累计开放了 90 项能力及服务,其中 53 项已面向海外开发者发布,HMS 生态已经具备了"芯-端-云"全面助力开发者数字创新的能力。

2020 年 9 月,HMS Core 5.0 正式发布,开放了云、软件、硬件以及芯片积攒的能力,还开放图形、人工智能、媒体、安全、系统、硬件设备等领域的应用。

6.1.3　HMS 能力开放架构

HMS 生态是一个开放的生态,华为通过 HMS Core 全面开放"芯-端-云"能力,使能开发者应用创新,共同加速万物感知、万物互联、万物智能,打造全场景智慧体验。

HMS 开放框架由两部分组成,包括 HMS APPs 层和 HMSCore&Connect,其中后者又可以划分为 HMS Connect 层和 HMS Core 层,以及相应开发、测试的 IDE 工具,如图 6-2所示。

1. HMS Apps 层

本层是 HMS 生态应用,包括华为自有应用(HMS Apps)和开发者应用(App),这些应

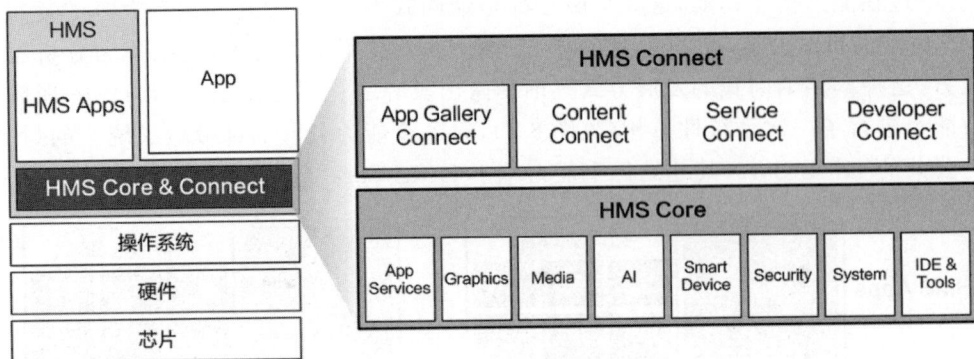

图 6-2　HMS 生态架构

用依托华为终端为用户提供数字化服务。

2．HMS Connect 层

本层包括开发者管理、应用管理和内容及服务的管理，为 App 运营人员提供从加入 HMS 到商业变现的全程端到端管理能力，包括应用市场（App Gallery Connect）、华为内容中心（Content Connect）、华为智慧平台（Service Connect）和华为开发者联盟（Developer Connect）。

3．HMS Core 层

本层包括 HMS 各开放能力和工具，为开发者提供应用领域、系统领域、媒体领域、安全领域等多个领域的开放能力和工具支撑，如 App Services 是应用领域能力开放的集合；Media 是媒体领域能力开放的集合；Graphics 是图像领域开放能力的集合等。

6.2　HMS Core 服务功能及应用场景介绍

从 HMS 的发展历程来看，HMS Core 是各个能力的公共部分的封装，是 HMS 的核心部分，是华为面向开发者提供的开放能力合集，包括账号、支付、Push、地图等核心能力。华为通过 HMS Core 全面开放"芯-端-云"的能力，帮助开发者实现高效开发、快速增长、商业变现，使能开发者创新，助力开发者高效构建精品应用。

HMS Core 从开发、增长和盈利 3 个环节为开发者提供支持。在开发环节，提供账号、定位、机器学习等基础能力，帮助开发者快速构建高质量的移动应用；在增长环节，提供 Push、分析等能力，协助开发者精细化运营；在盈利环节，提供应用内支付、广告等能力，助力开发者实现商业变现。图 6-3 展示了 HMS Core 开放能力框架。

下面通过实例来了解 HMS Core 开放能力框架中的常用服务功能及应用场景介绍。

1．Account Kit：快速登录应用场景

当用户开始体验一个移动 App 时，往往会因为烦琐的注册流程而中途退出，但通过了解用户的身份进而为其提供个性化体验，对于 App 而言又是十分必要的。如何平衡用户体

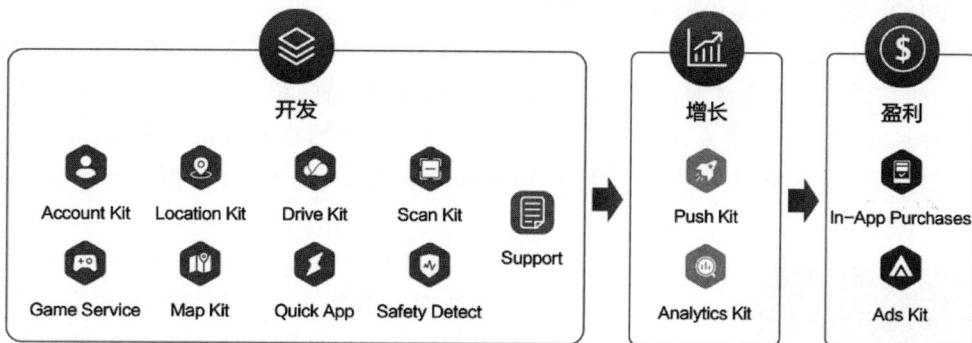

图 6-3 HMS Core 开放能力

验与获取用户之间的这种矛盾？Account Kit(华为账号服务)能帮你解决这个问题,其应用场景如图 6-4 所示。

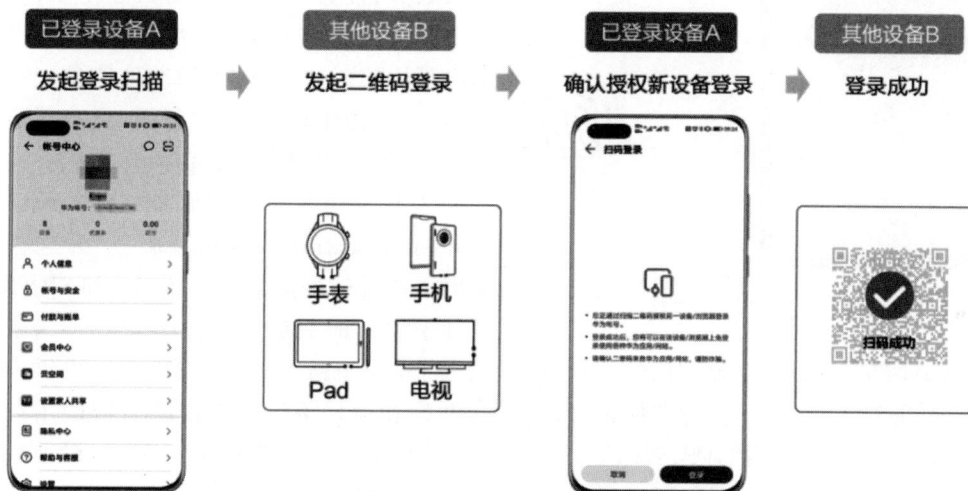

图 6-4 Account Kit 应用场景

Account Kit 在遵循 OAuth 2.0(Open Authorization,开放式授权)和 OpenID Connect (OIDC)等国际标准协议的基础上,为用户提供了简单、安全的登录授权功能,用户只需一键单击授权,就能通过华为账号快速登录应用,避免了烦琐的注册登录操作。

(1) 当用户重启应用时,华为账号默认是自动登录的状态,无须再次授权,这能帮开发者大大降低应用注册和登录环节的用户流失率。

(2) 在账号安全方面,Account Kit 采用双因素身份验证的方式,对数据进行全流程加密,保障了全球范围内账号登录安全和隐私合规。

(3) Account Kit 拥有覆盖全球的海量活跃用户,帮助开发者充分利用华为全场景生态平台的优势,在手机、平板、大屏、车机等各种华为终端设备上进行应用登录。

2．FIDO：线上快速身份验证应用场景

有了账号后，很多 App 在登录或者遇到支付场景时，往往需要进行身份验证，以确保账户或资金的安全。传统方式是通过输入密码来进行身份验证，但是使用密码存在一定的安全风险，并且对于不少用户来说，要牢牢记住密码也是一件困难的事情。那么，有没有一种既安全又便捷的身份验证方式呢？华为 FIDO（Fast Identity Online）服务可以解决这个问题。

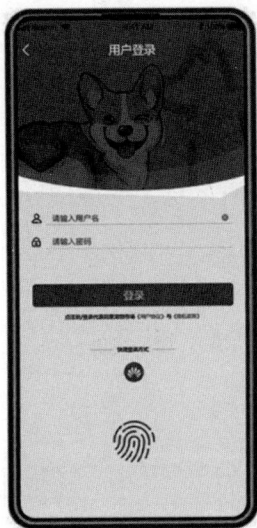

图 6-5　FIDO 应用场景

FIDO 为开发者提供了两个主要特性：线上快速身份验证（FIDO2）和本地生物特征认证（BioAuthn），可以支撑"在线用户身份验证"和"本地身份验证"两类场景（见图 6-5）。

3．Map、Site 和 Location

在电商、快递物流、旅游和社交等场景中，地图服务、位置服务和定位服务是 App 不可缺少的功能。如电商 App，通过定位和地图，用户可快速定位位置、添加地址信息。对于旅游类 App，搜索地点，了解详情，寻找周边的酒店、美食等是用户常用的功能。

华为 Map Kit（地图服务）、Site Kit（位置服务）和 Location Kit（定位服务）为这些 App 提供了基础软件能力。Map Kit 和 Site Kit 都是基于地图的数据为开发者提供服务。Map Kit 提供地图呈现、地图绘制、地图交互、自定义地图样式和路径规划。Site Kit 提供丰富的地点数据，通过周边搜索、关键字搜索、地点详情查询和地理编码等查询能力帮助用户探索世界。Location Kit 采用 GPS、Wi-Fi、基站等多途径的混合定位模式进行定位，精准地获取用户位置信息，提供融合定位、活动识别和地理围栏等功能。

以 3 个场景来举例说明上述 Kit 的组合使用（见图 6-6）。

场景 1：基于 Location 的定位数据，结合 Site Kit 能力可以进行附近地址的搜索。

场景 2：基于 Location 的定位数据，结合 Map Kit 能力可以进行路径规划。

场景 3：基于 Site Kit 的 PoI（Point of Information，关注点）数据，结合 Map Kit 能力进行地图的绘制。

除了这几个场景外，开发者可以基于实际的业务需要来对这些能力进行个性化的组合使用，全面提升应用的服务体验。

4．Safety Detect

今天，用户不仅关注 App 的功能体验，还关注 App 的使用安全。App 所运行的设备是否安全，App 是否会感染病毒，App 是否会被攻击而泄露隐私，这些关注点已变成开发者必须考虑的因素。

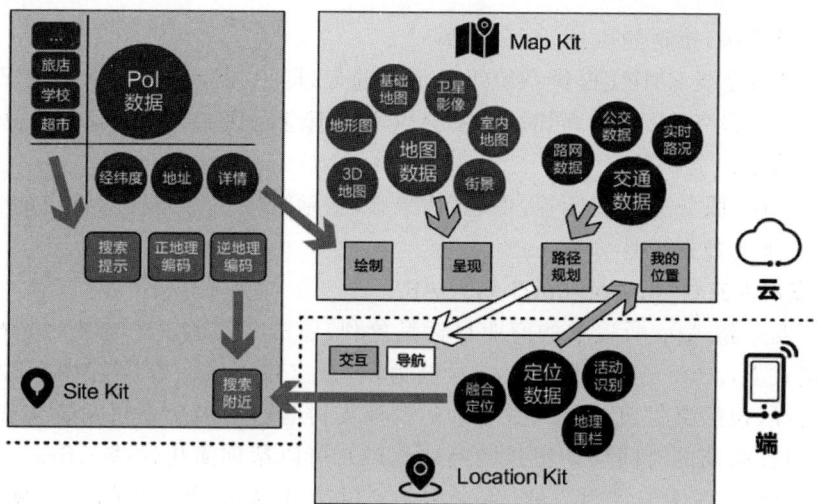

图 6-6　Map、Site 和 Location 应用场景

如何才能做好安全防护，保护用户的数据安全呢？

Safety Detect 覆盖多维度安全检测开放服务，包括系统完整性检测、应用安全检测、恶意 URL 检测和虚假用户检测，助力快速构建应用安全，保护用户数据安全。如图 6-7 所示为 Safety Detect 应用场景。

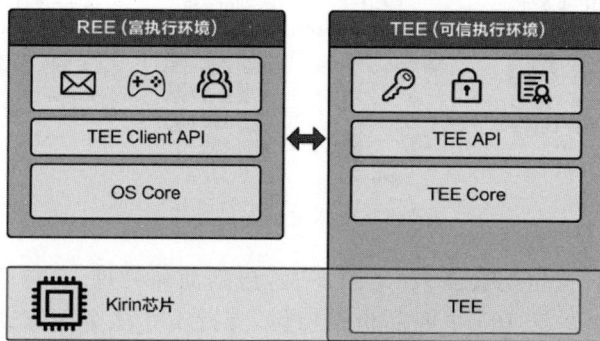

图 6-7　Safe Detect 应用场景

5. 华为 PushKit

通常开发者在运营一款 App 时，需要通过实时消息推送来保持与用户的黏性，进而提升用户的留存率和活跃度，持续做大用户流量。在实际中，针对海量用户群体的消息触达，往往面临两个比较突出的问题：一是如何在较短的时间内触达海量目标用户，实现"推得到"、"推得快"和"推得准"；二是如何根据用户的标签、分组等维度向特定的人群进行消息推送，并准确获得用户使用效果反馈。

针对以上问题，让我们来看看华为 Push 服务是如何解决的。

（1）依托华为全球化的数据中心部署，华为 Push 服务覆盖多达 200 多个国家和地区，推送容量单日百亿级,推送速度达千万级/秒。

（2）基于华为终端 EMUI 提供系统级的消息通道,即使在应用未启动的情况下,消息也可以正常接收并在设备上显示。同时,设备会以实时消息回执的方式来反馈发送状态,实现了对消息发送状态的全掌握。

（3）华为 Push 服务支持按标签、主题、情景智能、地理围栏等方式对特定的受众发送消息,并支持多维度的数据统计分析。

6. 华为应用内支付（In-App Purchase,IAP）

开发者开发一款 App 所追求的商业目标是盈利,通常需要通过广告或付费模式进行变现。在付费模式下,App 需要提供购买支付能力,对接支付系统。在实际中,开发者面临很多支付通道选择,包括支付宝、微信、银联和运营商支付等。与多个支付系统实现对接,存在开发成本高、对接联调的时间周期很长的问题。IAP 可以帮你简化这些工作。

（1）IAP 覆盖全球主流支付方式,聚合多条支付通道,提供全球化的支付服务。主要支付方式包括银行卡支付、DCB（Direct Carrier Billing）、花币支付和第三方支付（见图 6-8）。其中,银行卡支付覆盖 170 多个国家或地区,DCB 支付覆盖超过 47 家运营商,花币支付覆盖全球 70 多个国家或地区,第三方支付支持微信、支付宝、Sofort 和 iDeal 等支付方式。

图 6-8　全球主流支付方式

（2）IAP 提供多种支付配套能力（见图 6-9）,包括商品管理、订单管理和订阅管理。商品管理支持超过 62 种语言、195 个商品价格档位,支持 170 多个国家或地区的本地货币自动定价,可根据国家或地区来调整定价策略。订单管理提供了丰富的订单管理开放接口,能

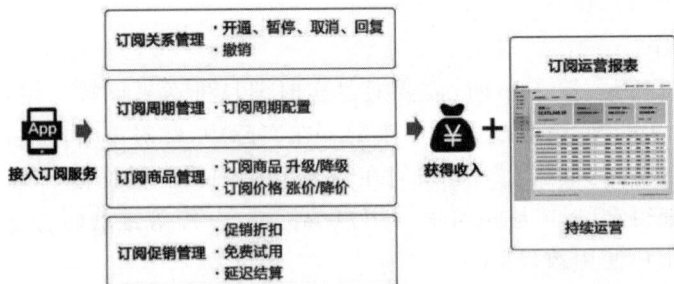

图 6-9　支付配套能力

够记录完整的订单信息,主动查询异常订单并及时补发,实现"零掉单"。订阅服务提供多样化的订阅策略,包括促销折扣、免费试用和延迟结算,支持订阅周期可配置。

6.3　HMS Core 开发准备

6.3.1　HMS Core 开发简介

在 2019 华为开发者大会上,华为消费者业务云服务总裁张平安发表了"全面开放 HMS,构建全场景智慧新生态"的主题演讲,首次面向全球发布 HMS 生态,华为将全面开放 HMS 核心服务,与开发者共筑生态,共同为全球华为终端用户带来全场景智慧体验。

HMS 生态是基于华为终端云服务核心服务框架(HMS Core & Capabilities)和开发者服务,以华为终端用户体验为核心,由华为应用、服务与第三方应用、服务共同形成的智慧移动互联生态。

其中,HMS Core 指华为终端云服务开放能力的合集,包括华为账号、应用内支付、消息通知等能力,开发者只需集成 HMS SDK 即可使用华为的开放能力,并可以快速开发、快速增长、灵活变现,实现一点接入、全球全场景全终端的智慧分发。

据报道,在华为开发者大会 2020 上,华为面向全球正式发布了 HMS Core 5.0,全面开放了华为软件、硬件和云端的各项创新能力,从原来的应用服务领域扩展到了应用服务、图形图像、人工智能、媒体、系统、安全、智能终端 7 个领域。

(1) App Services:华为账号服务、广告服务、分析服务等。

(2) Graphics:计算加速服务、AR Engine、图形计算服务等。

(3) AI:机器学习服务、HUAWEI HiAI Foundation、HUAWEI HiAI Engine 等。

(4) Media:Audio Engine、音频服务、Camera Kit 等。

(5) System:Haptics Kit、hQUIC Kit、Link Turbo Kit 等。

(6) Security:线上快速身份验证服务、安全检测服务、安全能力开放等。

(7) Smart Device:CaaS Kit、Cast+ Kit、DeviceVirtualization Kit 等。

HMS Core 的主要亮点:

(1) 全球分发——170 多个国家或地区,覆盖 6 亿用户。

(2) 节省成本——免费开始、易于上手,从开发到上架,一站式服务体验。

(3) 安全可信——遵循 GAPP、GDPR 及当地法规。

(4) 精准触达——截止到 2020 年一季度,华为全球月活用户已经达到 6.5 亿,多种基于用户行为的推送方式,助力精准营销。

(5) 开发者生态——截止到 2020 年第一季度,已经有 140 多万开发者加入 HMS 生态,同比增长超过 115%;全球接入 HMS Core 的应用数量超过 6 万,同比增长 67%。

6.3.2　HMS Core 开发流程介绍

总体的 HMS Core 开发可以参考图 6-10 中的通用流程。

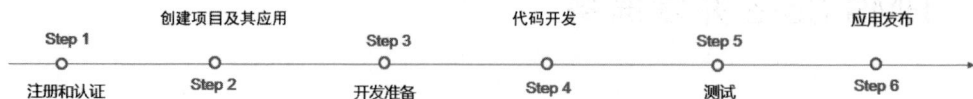

图 6-10　HMS Core 开发流程

（1）注册和认证：注册和认证成为华为开发者联盟的开发者是必要的前提。

（2）创建项目及其应用：在开发者联盟登录后，在管理中心的 AppGallery Connect 中创建项目及其应用。

（3）开发准备。

- 准备好开发环境：需安装 JDK 1.8 及以上版本、Android SDK 21 及以上版本、Android Studio 3.5.3 及以上版本等。
- 在 Android Studio 中创建新工程，其名称和包名等信息需与在第（2）步的 AppGallery Connect 中创建的项目和应用相对应。
- 在该 Android 工程中创建一个新的签名文件，生成签名证书。
- 在该 Android 工程中通过签名文件生成签名证书 SHA256 指纹。
- 给 AppGallery Connect 上对应的应用添加指纹证书。
- 在 Android 工程中集成 HMS Core SDK，包括相关插件和代码库，加入 agconnect-services.json 配置文件等。
- 同步工程，同步成功后即完成了 HMS Core 集成的准备。

（4）代码开发：根据应用需求进行代码开发，可参考开发者联盟网站上相关的示例代码，进行快速开发。

（5）测试：代码开发完成后进行代码测试和 APK 测试。

（6）应用发布：最后发布应用和更新应用。

下面就涉及 HMS 应用开发准备的开发流程进行介绍。

1. 注册和认证

假设开发者已完成开发环境的安装，现需注册华为开发者联盟账号，并实名认证才能享受联盟开放的各类能力和服务，也就是说，注册和认证是华为开发者所有后续工作的前提。

可以登录开发者联盟官网 https://developer.huawei.com/consumer/cn/，单击右上角的"注册"按钮进入注册页面，开发者可以自主选择通过电子邮箱或手机号码注册，只要根据提示即可完成注册。如果已有账号，则单击"登录"按钮，进入登录和注册页面，如图 6-11 所示。

账号注册完后，需要完成实名认证才能享受联盟开放的各类能力和服务，可选择认证成为企业开发者或个人开发者，本文以个人开发者认证为例，具体流程如下：

图 6-11　在官网 https://developer.huawei.com/consumer/cn/登录 *

（1）登录华为开发者联盟官网后，单击页面右上角的"管理中心"进入实名认证页面。

（2）根据实际情况选择个人实名认证或企业实名认证，见图 6-12，本例选择个人实名认证，单击图 6-12 中的"下一步"按钮。

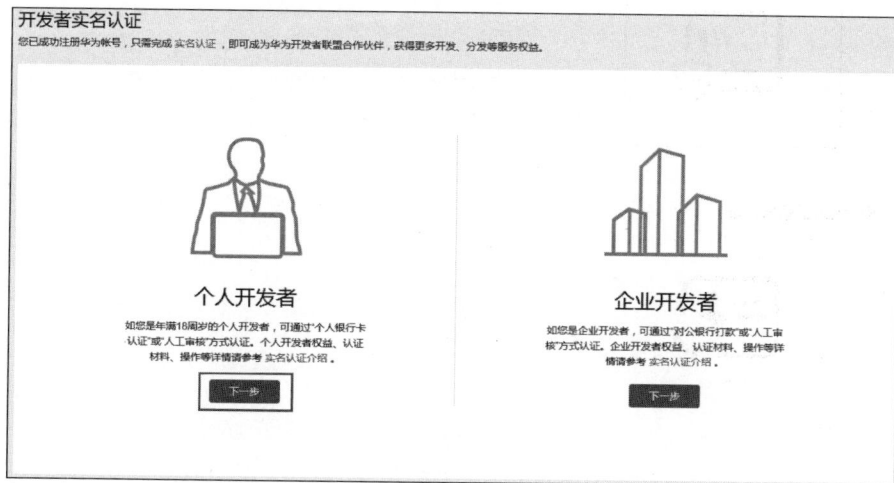

图 6-12　认证类型选择页面

（3）请根据上架应用的敏感性，如图 6-13 所示，如需上架的是敏感应用，请选择"是"，单击"下一步"按钮。如需上架的是非敏感应用，请选择"否"，同样单击"下一步"按钮。进入如图 6-14 所示的界面。

---

* 界面图中的"帐号""帐户""登陆"在正文中统一为"账号""账户""登录"，界面中保留软件原有形式。

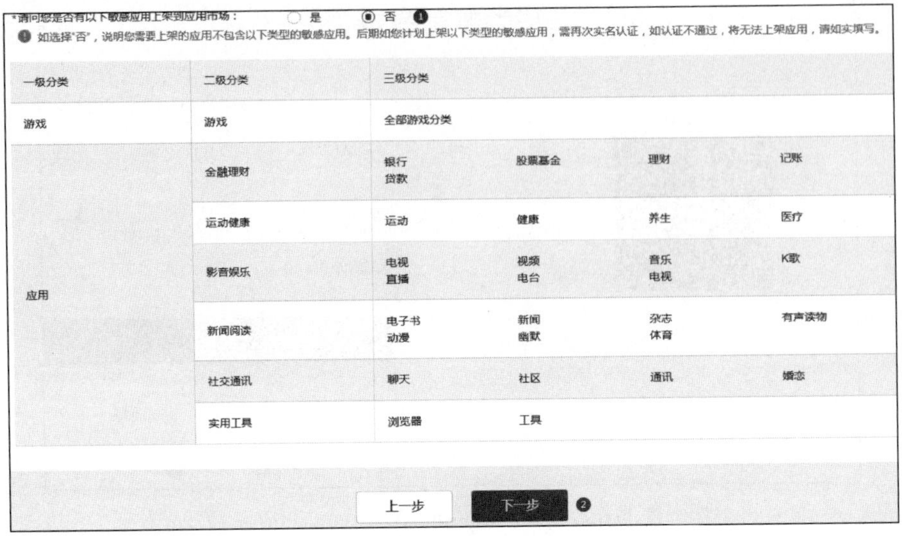

图 6-13　应用敏感性选择

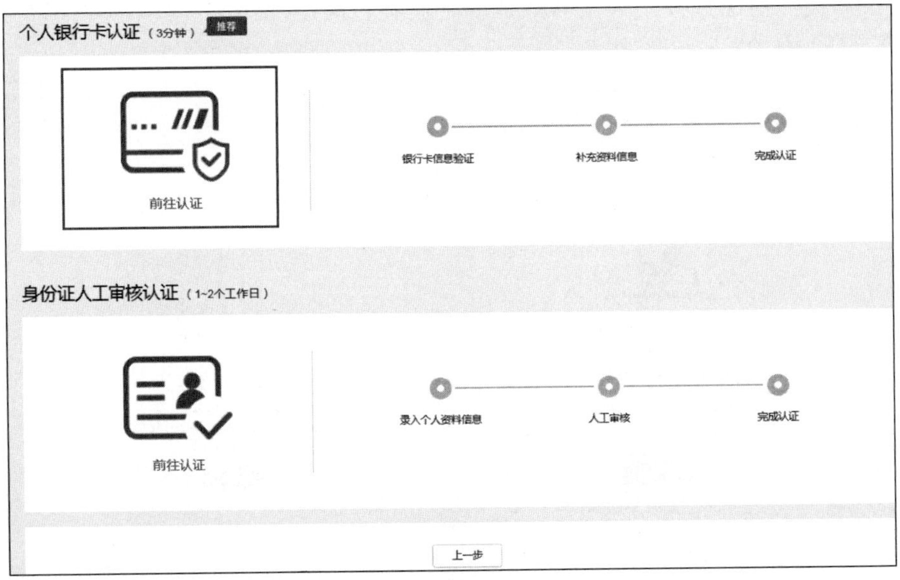

图 6-14　选择认证方式

（4）选择认证方式，如图 6-14 所示，本例推荐个人银行卡认证，单击个人银行卡认证的"前往认证"，进入个人银行卡认证页面（见图 6-15），完善银行卡信息，如所填写的信息正确，则单击"下一步"按钮跳转到完善信息页面，如图 6-16 所示；然后完善个人信息，签署《华为开发者联盟与隐私的声明》和《华为开发者服务协议》，单击"提交"按钮，完成认证。

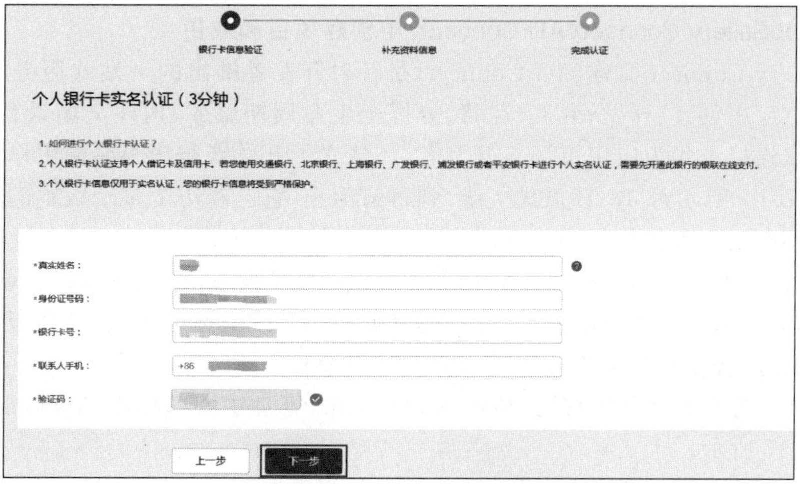

图 6-15　个人银行卡认证页面

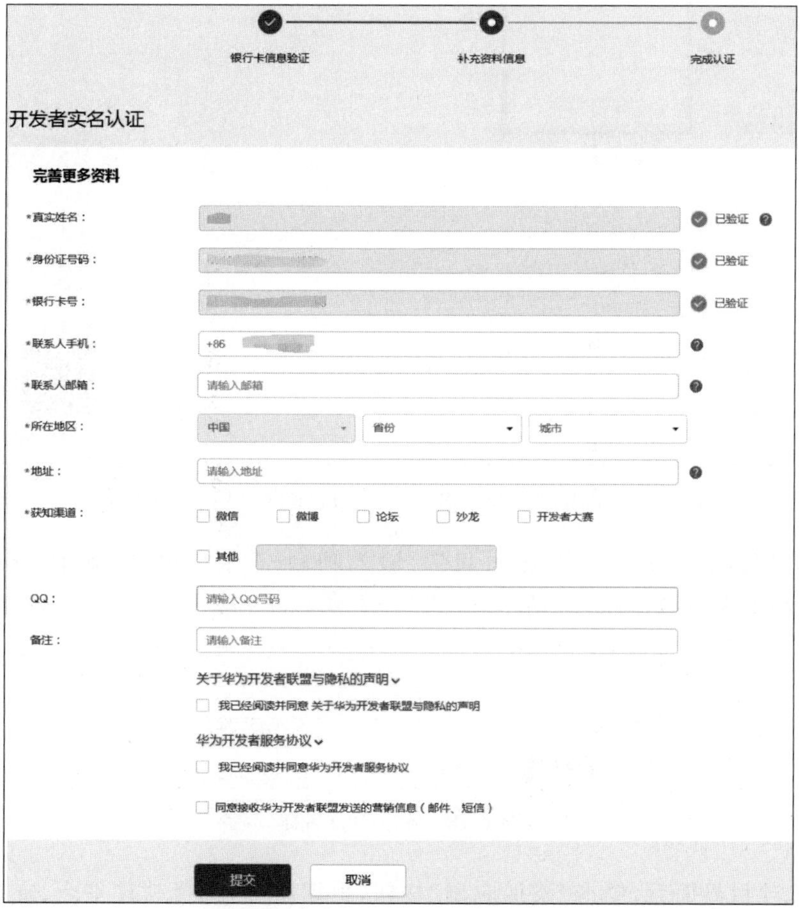

图 6-16　完善个人信息页面

2. 在 AppGallery Connect（AG Connect）中创建项目和应用

AppGallery Connect 简称 AG Connect，是针对开发者推出的一站式服务平台，致力于为开发者提供应用创意、开发、分发、运营、分析全生命周期服务，构建全场景智能化的应用生态。其不仅连接了华为应用市场与开发者，还建立了开发者与华为终端用户之间的联系。这项服务于 2019 年 4 月 18 日正式上线，到目前为止，它已经历了多个版本的迭代，服务功能也一直在不断增强和优化。

也就是说，开发者在 AG Connect 中就能享受一站式服务，获得华为在全球化、质量、安全、工程管理等领域长期积累的能力，能大幅降低应用开发与运维难度，提高版本质量，开放分发和运营服务，轻松获得用户并实现收入的规模增长。

（1）登录华为开发者联盟官网，单击页面右上角"管理中心"，单击 AppGallery Connect 页面，如图 6-17 所示。

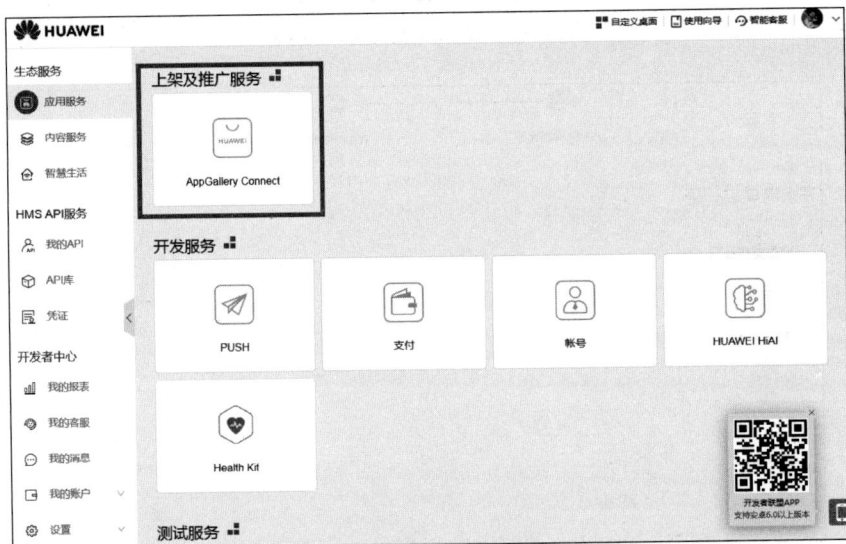

图 6-17　在管理中心页面中单击 AppGallery Connect 页面

（2）单击"我的项目"→"添加项目"，输入项目名称并单击"确认"按钮，此处以 myhmsDemo001 为例，如图 6-18 所示。

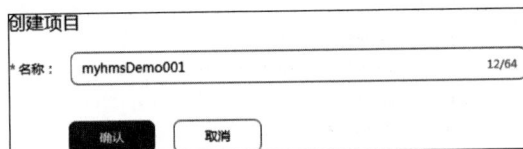

图 6-18　输入项目名称

（3）进入项目界面后，单击"添加应用"按钮，根据实际，选择软件平台、支持设备，设置应用名称、应用分类和默认语言，如图 6-19 所示。

图 6-19 "添加应用"页面

（4）返回"我的项目"页面，查看已建立的项目和应用，至此，便完成了应用和项目的创建。如需删除已建立的项目或应用，可以进入相应的页面，在页面底部选择"删除项目"或"删除应用"按钮即可，如图 6-20 所示。

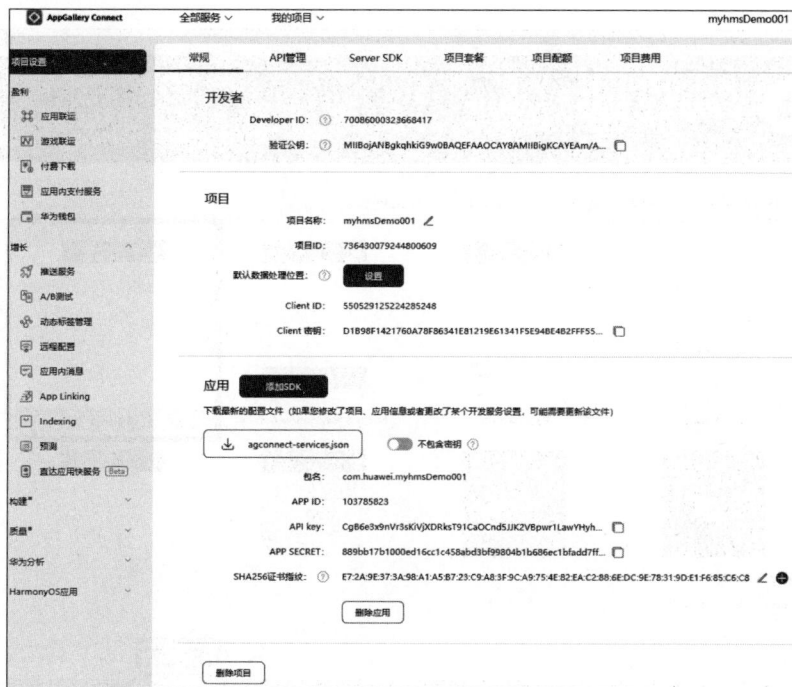

图 6-20 项目和应用概况页面

3．通过 Android Studio 集成 HMS Core SDK

（1）建立一个 Android Studio 的新工程。打开 Android Studio，如果是第一次打开，将呈现如图 6-21 所示的页面，单击 Create New Project，弹出如图 6-22 所示的新建项目页面，在页面中选择 Empty Activity，单击 Next 按钮。

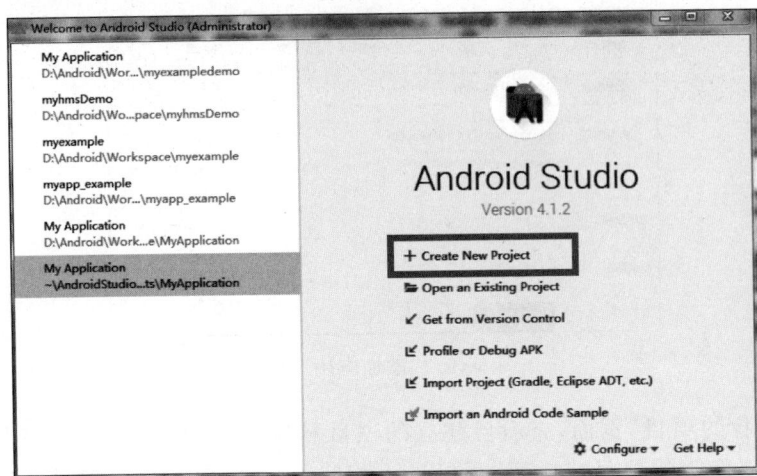

图 6-21 Android studio 新建页面

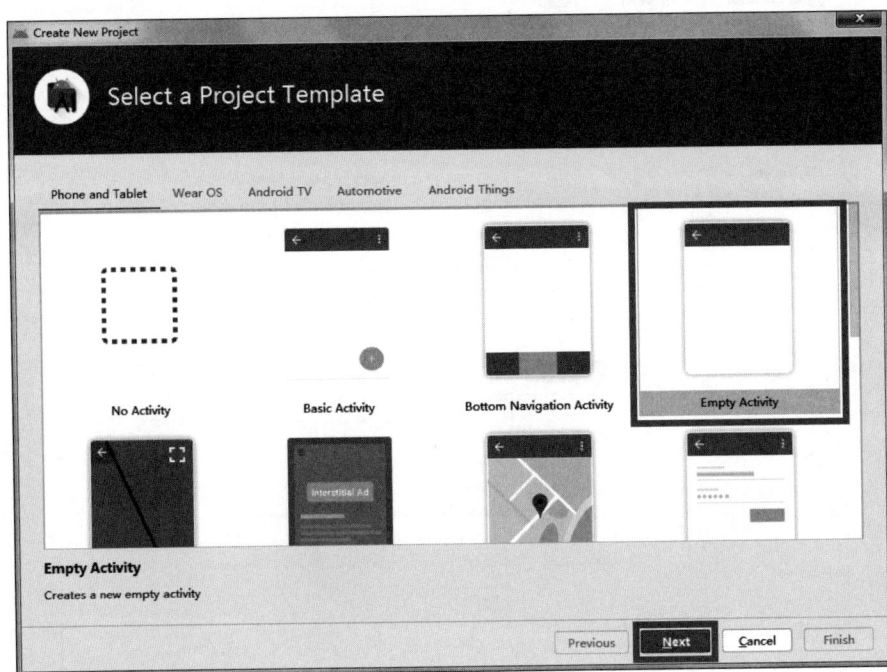

图 6-22 选择 Empty Activity

接着出现 Configure Your Project 页面，如图 6-23 所示，在该页面中填写对应的应用名称、包名（注意：名称和包名与在 AppGallery Connect 上创建的应用名称和包名一致）、本地保存位置、Minimum SDK，然后单击 Finish 按钮，完成对应用的创建。

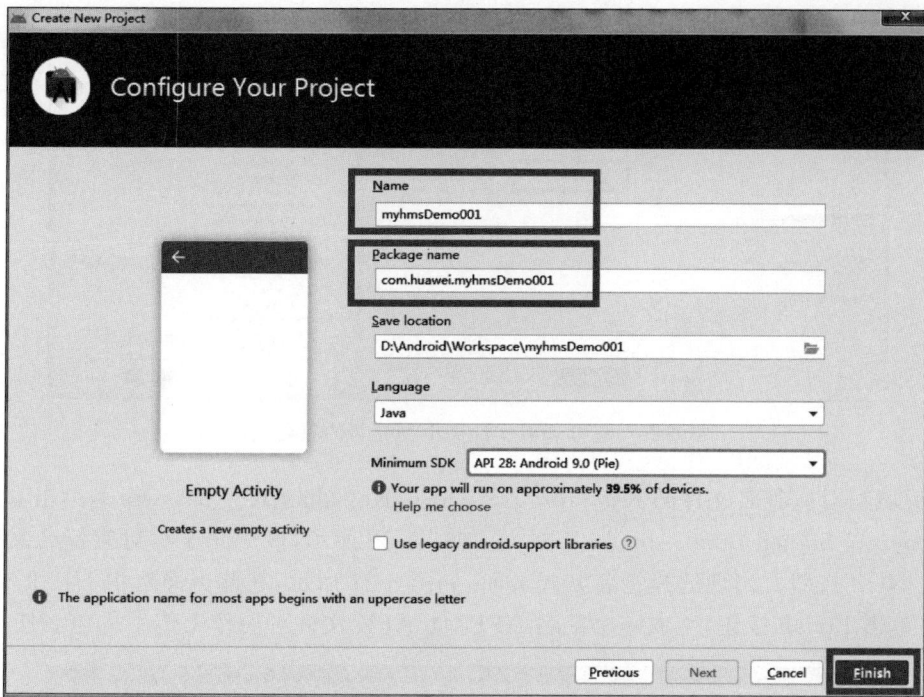

图 6-23　配置项目基本信息

（2）生成签名证书。开发者通过 Android Studio 创建一个新的签名文件，并通过签名文件生成 SHA256 指纹。在新建的 Android Studio 工程的菜单栏中选择 Build→Generate Signed Bundle/APK 选项。

在 Generate Signed Bundle or APK 页面，选择 APK 签名，并单击 Next 按钮，见图 6-24。

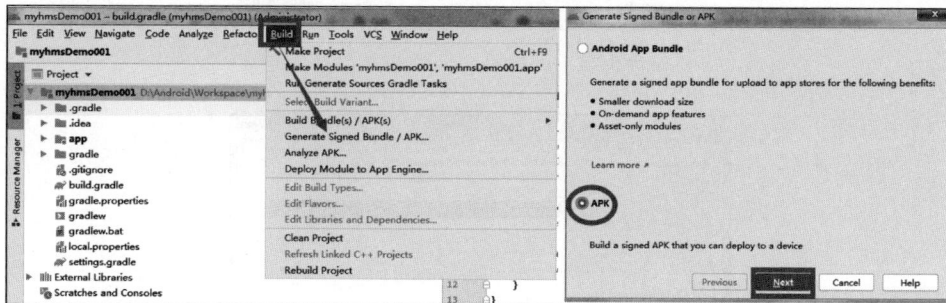

图 6-24　生成签名证书

在填写签名文件信息页面，单击 Create new 按钮，创建一个新的签名文件，选择合适的位置，一般为工程文件夹中的 app 文件夹下，并命名，单击 OK 按钮，如图 6-25 所示。

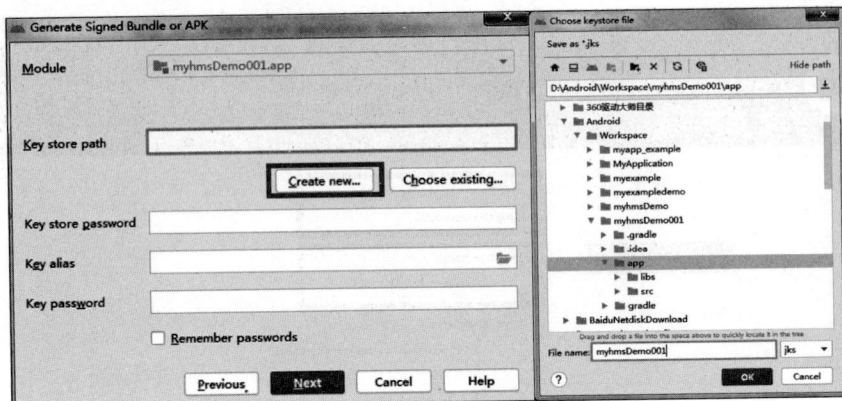

图 6-25　选择 app 文件夹下创建新的签名文件

　　然后填写对应签名文件的 Key store password、Key alias、Key password，单击 OK 按钮进入 Generate Signed Bundle or APK 页面，如图 6-26 所示，该页面显示对应签名文件的信息，单击 Next 按钮。出现选择签名方式页面，如图 6-27 所示，在此页面选中 V1 和 V2 签名选项，并单击 Finish 按钮，生成一个签名 APK（此 APK 文件可用作上传生成包名使用）。

图 6-26　配置签名文件相关信息

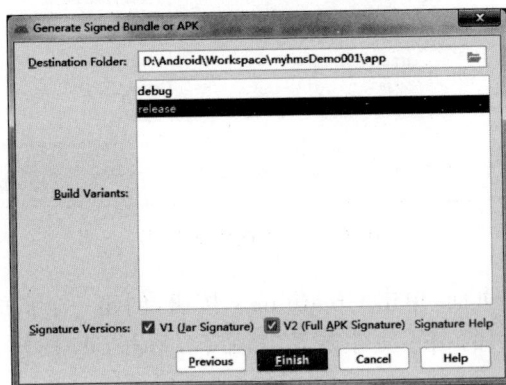

图 6-27　选择签名方式

（3）开发者通过 JDK 的 Keytool 工具以及签名文件，导出 SHA256 指纹。打开 CMD 命令窗口，并进入已安装 JDK 的 bin 文件夹下，运行 keytool 指令，输入第二步生成 jks 文件时设置的密码，并回车，获取 SHA256 证书指纹，如图 6-28 所示。

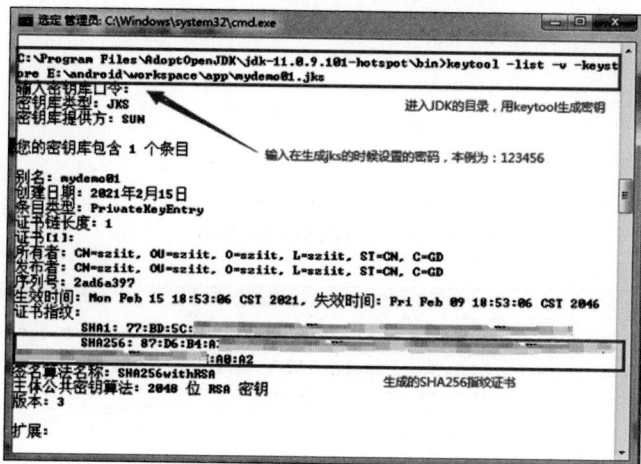

图 6-28 获取 SHA256 证书指纹

（4）在 AppGallery Connect 上添加指纹证书，如图 6-29 所示。

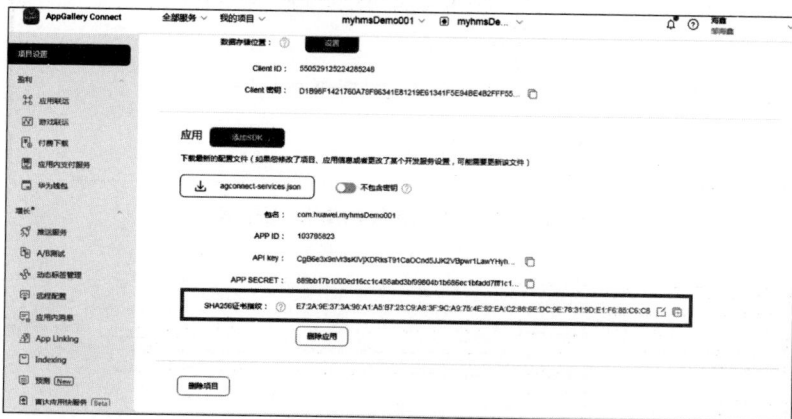

图 6-29 添加指纹证书

（5）AppGallery Connect 上开通 API 服务，可以在项目的应用信息页面选择 API 管理标签，大部分默认是开通的，确认所需 API 服务打开，如图 6-30 所示。

（6）添加配置。在项目级的 build.gradle 文件中添加 Maven 代码库和 agcp 插件，如图 6-31 所示。

在应用级 build.gradle 文件（通常是 app/build.gradle）中，在文件顶部追加一行内容，如图 6-32 所示。

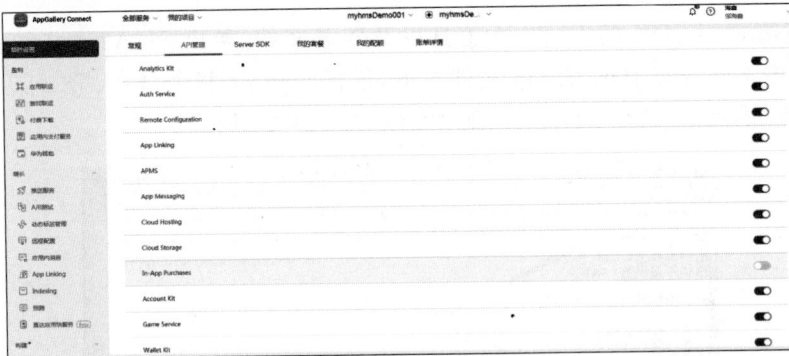

图 6-30　API 管理标签页

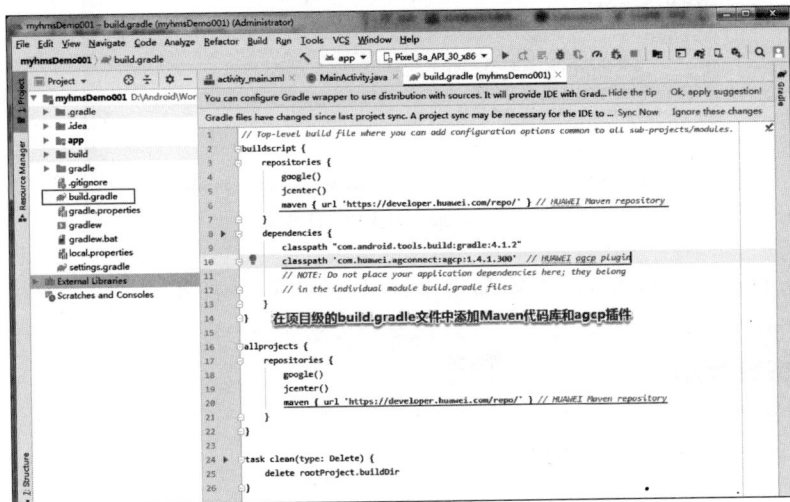

图 6-31　添加 Maven 代码库和 agcp 插件

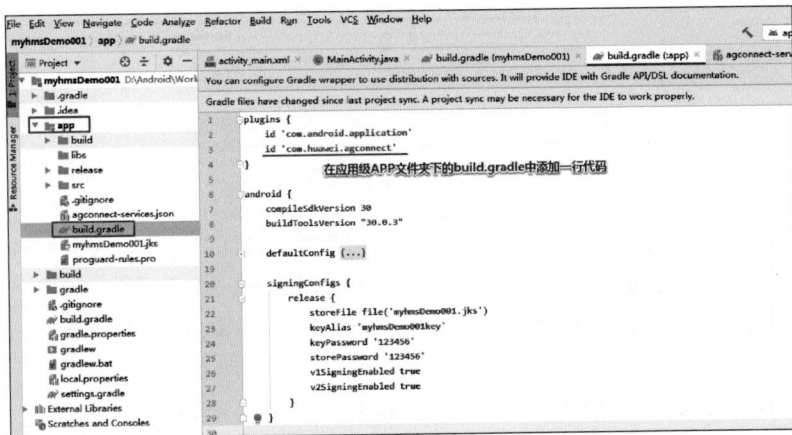

图 6-32　添加 com.huawei.agconnect 配置

从 AppGallery Connect 项目的应用中下载 agconnect-services. json 文件，如图 6-33
所示。

图 6-33　下载 agconnect-services. json 文件

将 agconnect-services. json 文件拖放到应用的 app 文件夹下，如图 6-34 所示。

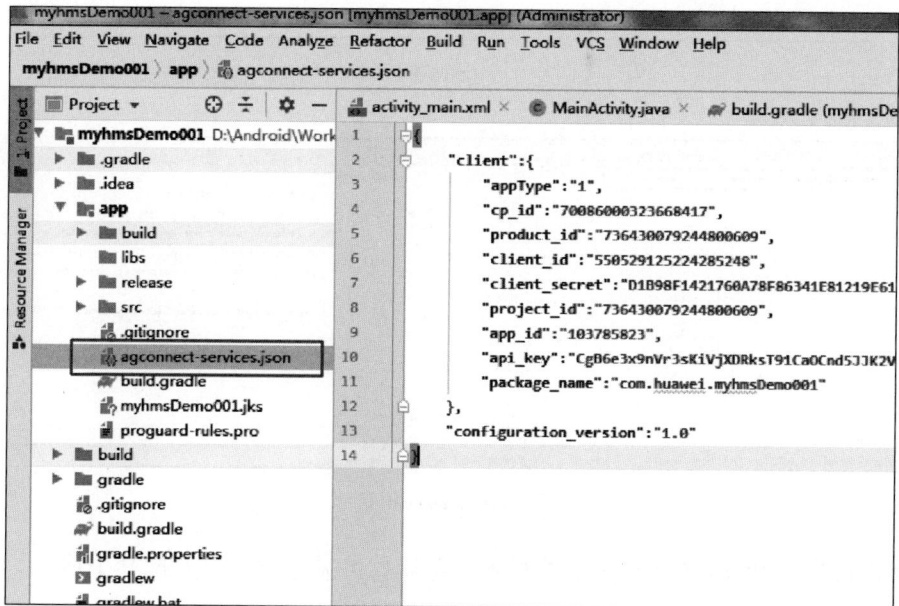

图 6-34　添加 App 文件夹

（7）配置项目签名。

在应用级 App 文件夹中的 build.gradle 文件添加签名配置信息，如图 6-35 所示，然后单击右上角的 Sync Now 同步工程，在工程最下面一栏的 Build 窗口中可以看到相关信息，BUILD SUCCESSFUL 表示同步成功，如图 6-36 所示，至此，便完成了集成准备工作。

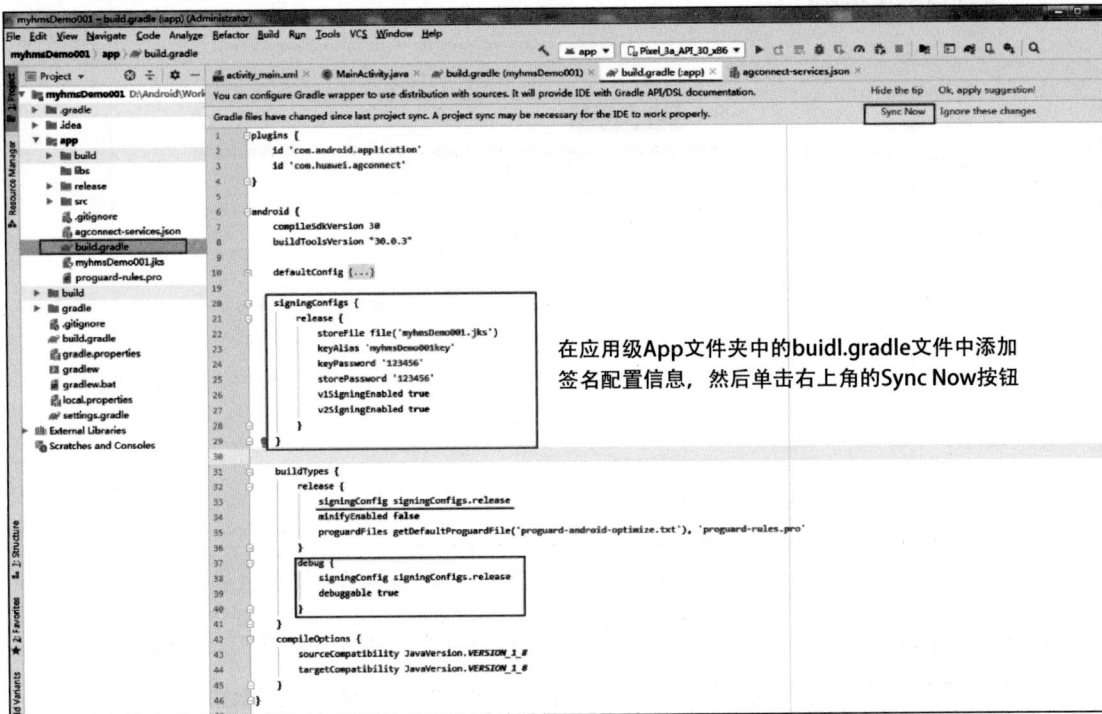

图 6-35　配置项目签名

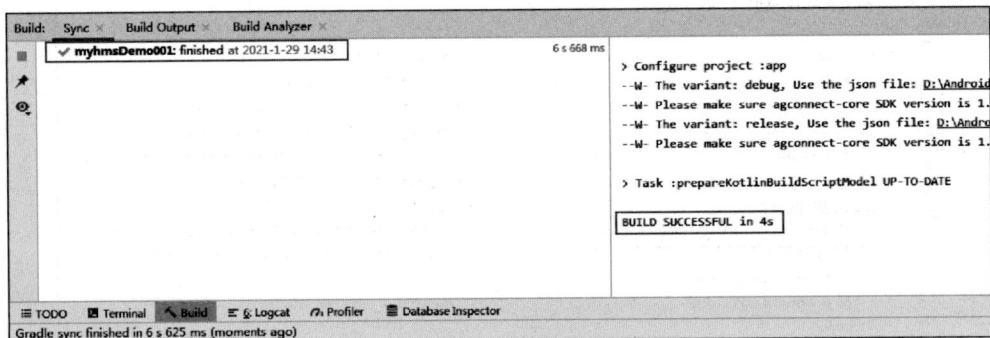

图 6-36　同步项目

接下来的代码开发、测试和应用发布等开发流程参见后续案例及配套手册。

6.4　账号服务集成

6.4.1　华为账号服务简介

通过华为账号可以一键登录应用,通过与华为账号绑定,可以为应用快速引入新用户和登录。华为账号服务(Account Kit)遵循 OAuth 2.0 以及 OpenID Connect 标准规范,具备高安全性的双因素认证能力,验证因子包括密码、手机验证码、邮箱验证码、图片验证码、身份信息等因素,具备极高的安全性,为用户提供数字资产和个人隐私的安全保护能力。在手机、平板电脑、电视等平台上,用户可以通过华为账号快速、便捷地登录 App。

Account Kit 主要包含 3 个部件。

(1) HMS Core APK 中与 Account Kit 相关的部分:承载账号登录、授权等能力。

(2) Account SDK:用于封装 Account Kit 提供的能力,提供接口给开发者 App 使用。

(3) 华为 OAuth Server:华为账号授权服务器,负责管理授权数据,为开发者提供授权和鉴权能力。

App 和 Account Kit 的交互原理如图 6-37 所示。具体交互原理分析如下:

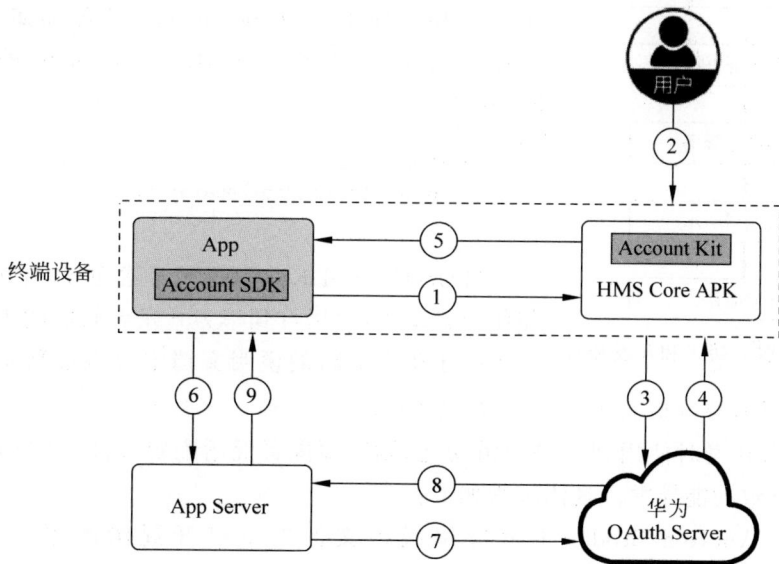

图 6-37　App 和 Account Kit 的交互原理

① App 调用 Account SDK 接口向 HMS Core APK 请求 Authorization Code、ID Token、头像和昵称等信息。

② HMS Core APK 展示华为账号的授权页面,请求获取用户授权。

③④⑤ HMS Core APK 向华为 OAuth Server 请求 Authorization Code 和 ID Token,

并返回给 App。

⑥ App 将 Authorization Code 和 ID Token 传给 App Server，App Server 对 ID Token 进行验证。

⑦⑧ App Server 将 Authorization Code 和 client_secret 传给华为 OAuth Server，获取 AccessToken 和 RefreshToken。

⑨ Access Token 或 ID Token 验证通过后，App Server 生成自己的 Token，返回给 App，完成登录过程。

6.4.2 华为账号服务接入流程

华为账号服务接入流程和 6.3 节介绍的 HMS Core 开发准备流程类似，详细的接入和开发流程如图 6-38 所示。

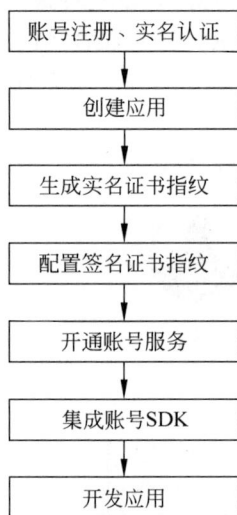

图 6-38 账号服务接入和开发流程

可以看出，华为账号服务前面的步骤直到开通账号服务流程和 6.3 节介绍的流程都是一样的，区别在于集成账号 SDK 这一步，打开 Android Studio 工程 myhmsDemo001 项目（此工程为 6.3 节中创建的工程），增加以下步骤：

首先，打开应用级（App）的 build.gradle 文件，可参见图 6-32 所示界面，在 dependencies 中添加如下编译依赖，其中｛version｝替换为 HMS Core SDK 的版本号，如 5.1.0.301。

```
dependencies{
    implementation 'com.huawei.hms: hwid: {version}'
}
```

HMS Core SDK 的版本号经常更新，在配置依赖时如需使用最新版本号，可到华为开发者联盟的 HMS Core 指南中关于版本更新的说明文档中查看最新版本和历史版本，目前最新版本号为 5.1.0.301(2020-12-26)。

其次，如果开发时使用到代码混淆功能，则需要配置混淆配置文件，以避免 HMS Core SDK 被混淆导致功能异常。具体步骤如下：

（1）打开 Android Studio 工程应用级根文件夹下打开混淆配置文件 proguard-rules.pro。

（2）加入排除 HMS Core SDK 混淆配置脚本：

```
- ignorewarnings
- keepattributes * Annotation *
- keepattributes Exceptions
- keepattributes InnerClasses
- keepattributes Signature
```

```
- keepattributes SourceFile,LineNumberTable
- keep class com. huawei. hianalytics. ** { * ;}
- keep class com. huawei. updatesdk. ** { * ;}
- keep class com. huawei. hms. ** { * ;}
```

（3）如果使用了 AndResGuard，则需要在混淆配置文件中加入 AndResGuard 允许清单：

```
"R.string.hms * ",
"R.string.connect_server_fail_prompt_toast",
"R.string.getting_message_fail_prompt_toast",
"R.string.no_available_network_prompt_toast",
"R.string.third_app_ * ",
"R.string.upsdk_ * ",
"R.layout.hms * ",
"R.layout.upsdk_ * ",
"R.drawable.upsdk * ",
"R.color.upsdk * ",
"R.dimen.upsdk * ",
"R.style.upsdk * ",
"R.string.agc * "
```

最后，Account SDK 需要获取网络状态权限和获取 Wi-Fi 状态权限。需要在 Manifest 文件中添加下面的权限：

```
<!-- check network permissions -->
< uses - permission android:name = "android.permission.ACCESS_NETWORK_STATE" />
<!-- check wifi state -->
< uses - permission android:name = "android.permission.ACCESS_WIFI_STATE" />
```

完成上述操作后，单击 Sync Now 同步工程。至此，华为账号服务（Account Kit）接入准备完成，接下来就可以为 App 增加华为账号相关功能了。

6.4.3 华为账号服务常用接口及功能

华为账号服务主要提供登录账号、静默登录、退出账号和账号取消授权等功能。

1. 登录账号接口及功能

账号支持 Authorization Code 和 ID Token 两种登录模式，Authorization Code 模式仅适用于有自己服务器的应用，ID Token 模式同时适用于单机应用和有自己服务器的应用。

1）Authorization Code 整体流程（见图 6-39）

（1）用户选择账号登录方式登录应用客户端。

（2）应用客户端向账号 SDK 发送请求，获取 Authorization Code。

（3）账号 SDK 向 HMS Core(APK)发送请求，获取 Authorization Code。

（4）HMS Core(APK)向账号服务器发送请求，获取 Authorization Code。

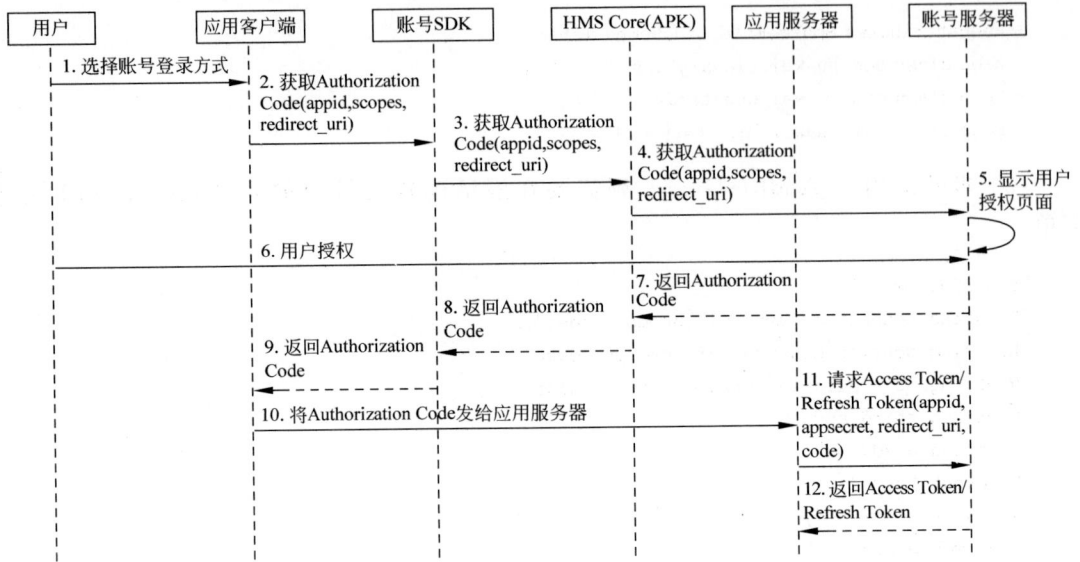

图 6-39　Authorization Code 整体流程

（5）HMS Core(APK)展示账号服务器的用户登录授权界面，界面上会根据登录请求中携带的授权域（scopes）信息，显式告知用户需要授权的内容。

（6）用户允许授权。

（7）账号服务器返回 Authorization Code 信息给 HMS Core(APK)。

（8）HMS Core(APK)返回 Authorization Code 信息给账号 SDK。

（9）账号 SDK 返回 Authorization Code 信息给应用客户端。

（10）应用客户端将获取到的 Authorization Code 信息发给应用服务器。

（11）应用服务器向账号服务器发送请求，获取 Access Token、Refresh Token、ID Token 信息。

（12）账号服务器返回 Access Token、Refresh Token、ID Token 信息。

2）ID Token 模式整体流程（见图 6-40）

（1）用户选择账号登录方式登录应用客户端。

（2）应用客户端调用 setIdToken 请求授权。

（3）账号 SDK 向应用客户端返回响应。

（4）应用客户端调用 AccountAuthManager. getService 方法初始化 AccountAuthService 对象。

（5）应用客户端获取到 AccountAuthService 对象。

（6）应用客户端调用 getSignInIntent 获取登录页面。

（7）账号 SDK 向应用客户端返回登录页面的 Intent 对象。

（8）应用客户端通过 startActivityForResult 方法跳转到登录页面。

（9）账号服务器检查账号登录情况。

（10）账号 SDK 展示账号登录页面。

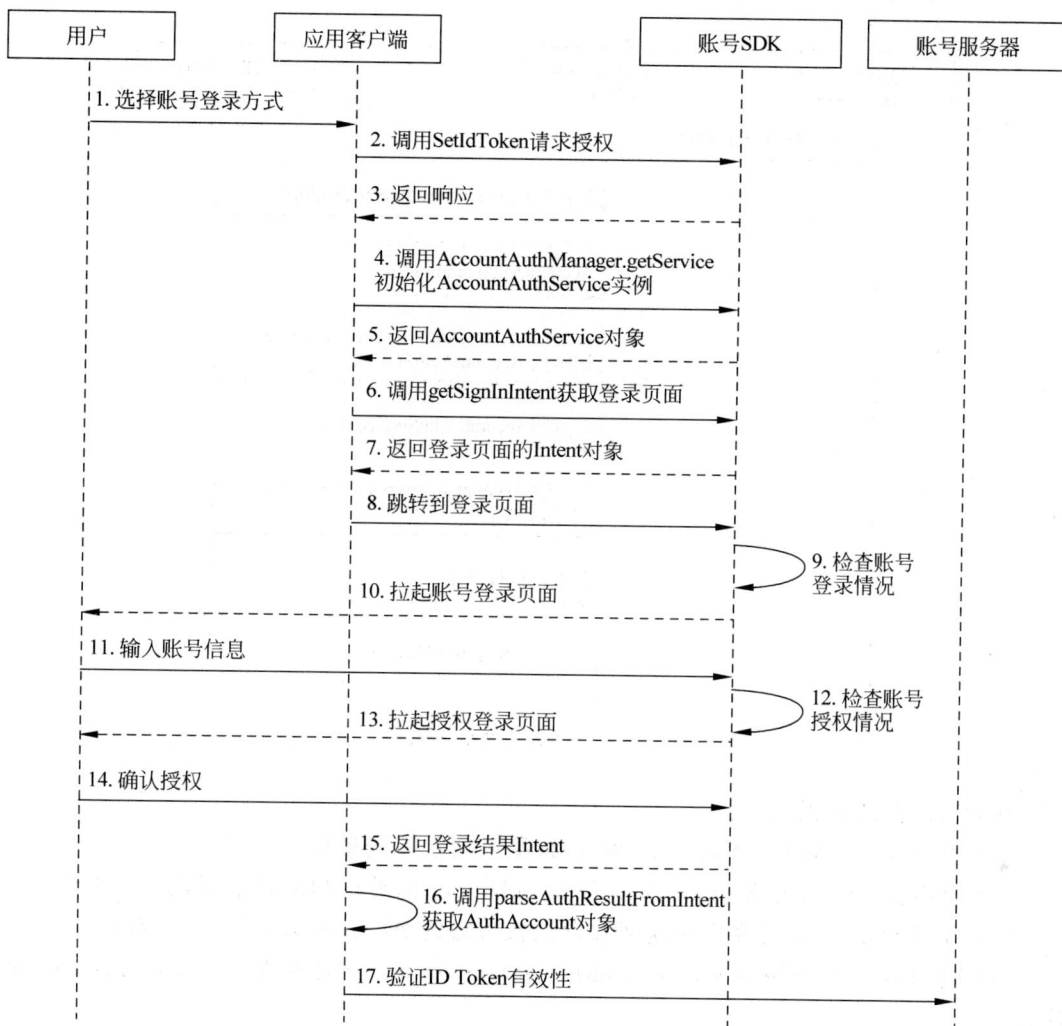

图 6-40 ID Token 整体流程

（11）用户输入账号信息。

（12）账号服务器检查账号授权情况。

（13）账号 SDK 展示授权登录页面。

（14）用户确认授权。

（15）账号 SDK 将授权登录结果返回到应用的 onActivityResult 方法中。

（16）应用客户端调用 parseAuthResultFromIntent 获取 AuthAccount 对象。

（17）应用客户端获取到 ID Token 后，去账号服务器验证 ID Token 的有效性。

2. 静默登录

　　静默登录是指用户首次使用华为账号登录应用后，再次登录时，无须重复授权，自然就不会再出现授权界面了，静默登录整体流程如图 6-41 所示。

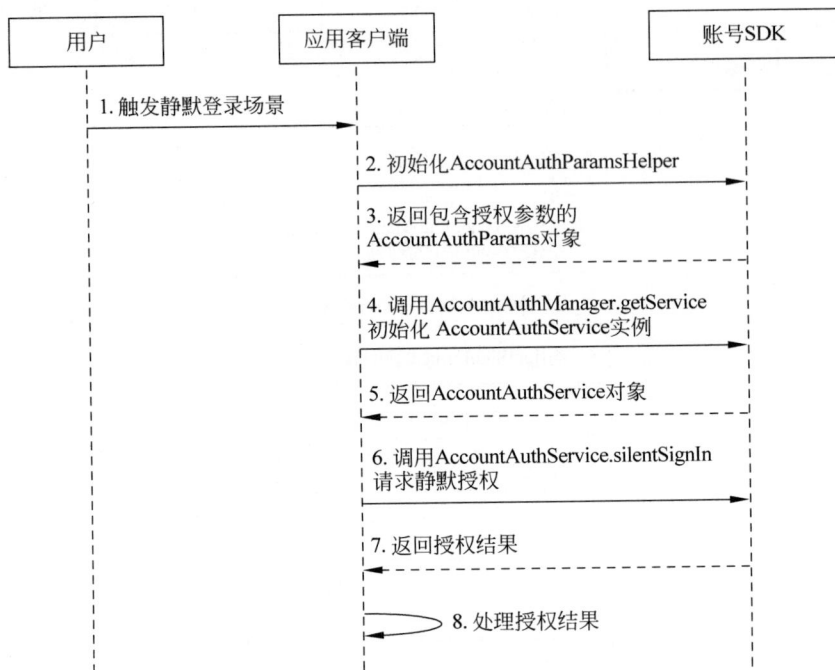

图 6-41　静默登录整体流程

静默登录整体流程如下：

（1）用户进行了触发静默登录的场景，根据应用实际场景自行设定。

（2）应用客户端调用 AccountAuthParamsHelper 的默认构造方法配置鉴权参数。

（3）账号 SDK 向应用客户端返回包含授权参数的 AccountAuthParams 对象。

（4）应用客户端调用 AccountAuthManager. getService 方法初始化 AccountAuthService 对象。

（5）账号 SDK 向应用客户端返回 AccountAuthService 对象。

（6）应用客户端调用 AccountAuthService. silentSignIn 方法向账号 SDK 发起静默登录请求。

（7）账号 SDK 检查用户是否符合静默登录的授权，并向应用客户端返回授权结果。

（8）应用根据授权结果自行确定后续处理。

3. 退出账号

用户在已经登录应用，在应用中执行退出操作。退出账号整体流程：

（1）应用调用 AccountAuthService. signOut 方法向账号 SDK 请求退出账号。

（2）账号 SDK 清除账号登录信息后，向应用返回退出结果。

4. 账号取消授权

用户在已经登录应用并授权，在应用中执行取消授权。账号取消登录整体流程：

（1）应用客户端调用 AccountAuthService. cancelAuthorization 方法向账号 SDK 请求

取消授权。

（2）账号 SDK 清理账号授权信息后，向应用客户端返回取消结果。

常用接口及功能如表 6-1 所示。

表 6-1　华为账号服务常用接口

常用接口	功　　能
AccountAuthParamsHelper. setAuthorizationCode()	请求授权（Authorization Code 模式）
AccountAuthParamsHelper. setIdToken()	请求授权（ID Token 模式）
AccountAuthManager. getService()	初始化 AccountAuthService 对象
AccountAuthService. getSignInIntent()	获取授权页面的 Intent，并拉起账号登录授权页面
onActivityResult()	处理登录结果，登录成功后调用 Token 获取接口，向华为 OAuth 服务器请求获取 ID Token、Access Token、Refresh Token
AccountAuthParamsHelper 默认构造方法	配置静默登录的授权参数
service. signOut()	退出账号
signOutTask. addOnCompleteListener()	signOut 完成后的处理
AccountAuthService. cancelAuthorization()	账号取消授权

6.4.4　华为账号服务接入实战

为帮助开发者以更低成本和更高的开发效率集成 HMS Core 服务，引入 HMS Toolkit。

HMS Toolkit 是一个 IDE 工具插件，提供一套含应用创建、编码和转换、调测、测试和发布的开发工具。借助 HMS Toolkit 工具提升 3 倍以上集成开发效率，基于 Android Studio 增强 HMS Core 集成场景，提供全流程、一站式支持接入 HMS Core 工具链。提供了包括应用创建、编码和转换、功能调测和测试、版本发布等 8 个端到端开发工具，如图 6-42 所示。

图 6-42　HMS Toolkit 工具支持一站式接入 HMS Core

由于篇幅所限，本实战借助 HMS Toolkit，以 ID Token 方式为例进行登录和退出登录。

（1）打开 Android Studio 工程 myhmsDemo001 项目，该工程文件为 6.4.2 节准备好的项目，也可以新建项目，并按照 6.3 节和 6.4.2 节的流程完成准备工作。

（2）安装 HMS Toolkit：在工程文件中，进入 File→Settings→Plugins→Marketplace，

在搜索框中输入 HMS Toolkit,然后单击 Installed 按钮进行安装,如图 6-42 所示。安装完成后,请重启 Android Studio,如图 6-43 所示。

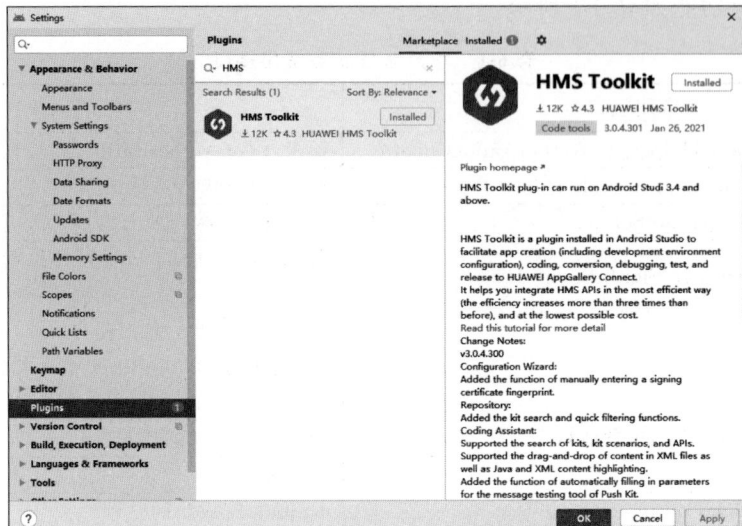

图 6-43　安装 HMS Toolkit

（3）可以发现,重启后菜单栏多了一个 HMS 项,选择 HMS→Coding Assistant,如图 6-44 所示,登录华为账号,登录成功后如图 6-45 所示,登录后暂不管它,回到工程。

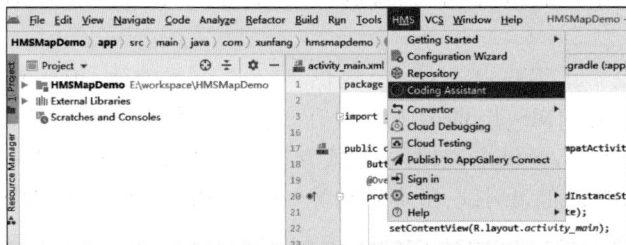

图 6-44　Coding Assistant

图 6-45　登录华为账号

（4）在 Android Studio 中配置 HMS Toolkit 环境。单击菜单栏中的 HMS→Configuration Wizard,浏览器将自动弹出,要求登录开发者账号,在登录授权后,回到工程,可以选择团队名称、对应的工程模块、相应的 Kit 和证书类型,如图 6-46 所示。单击 Start 按钮,HMS Toolkit 将会自动对 Kit 的使用环境进行环境配置检查,包括通用环境配置检查和 Kit 专用环境配置检查。如果全部检查项均通过,如图 6-47 所示,则可以单击 Go to coding assistant 按钮进行对应的接口调用。

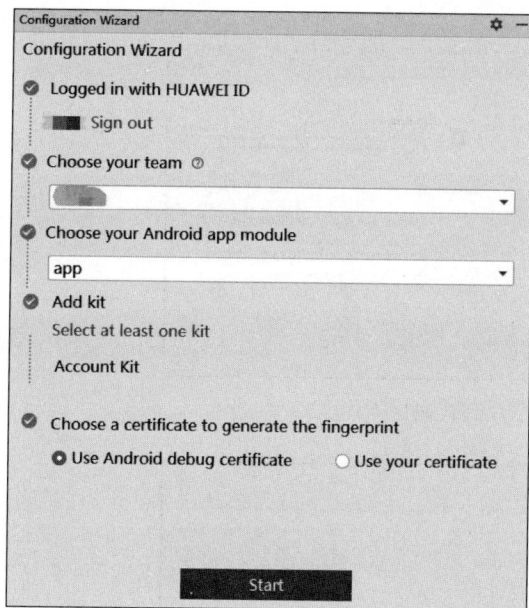

图 6-46 单击 Start 按钮进行自动化配置和检测

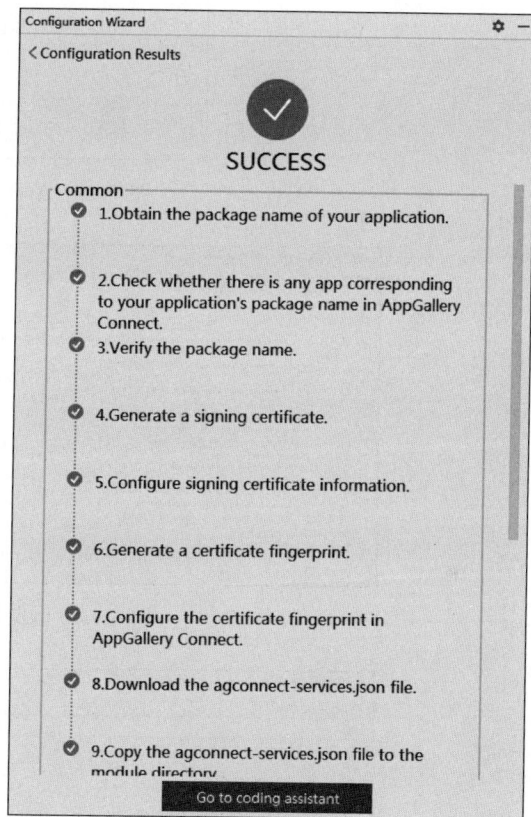

图 6-47 通过检测后单击 Go to coding assistant

（5）Coding Assistant 会在工程右边弹出,在 Kit 列表中单击 Account Kit,整个 Account Kit 的场景如图 6-48 所示。

（6）拖曳场景卡片补齐业务代码:选择要进行开发的场景卡片 Sign In with an ID (Authorization Code),拖曳该卡片到代码区域生成获取 token 的代码,如图 6-49 所示。

（7）当直接拖动场景卡片时,工具会自动生成对应的 Activity 文件和 xml 布局文件,并在 AndroidManifest. xml、工程下的 build. gradle 和模块下的 build. gradle 文件中写入配置信息和工程运行所需要的依赖。如果需要打开该 Activity,需要在代码中主动调用该 Activity,完成后,可以直接在设备中运行应用,如图 6-50 所示。

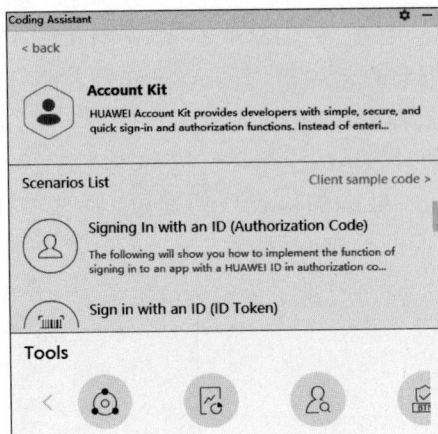

图 6-48　Account Kit 场景列表

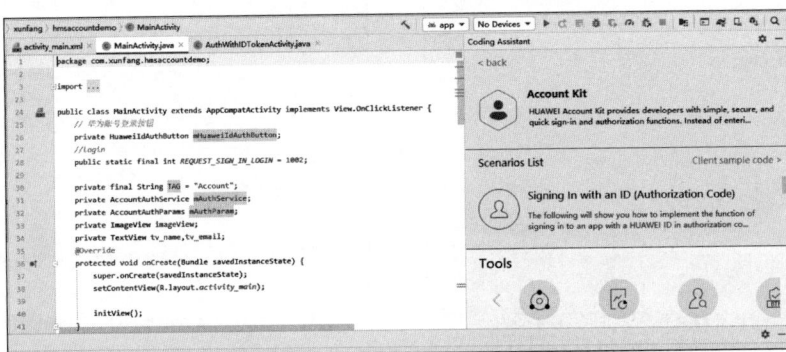

图 6-49　拖曳场景卡片到代码区

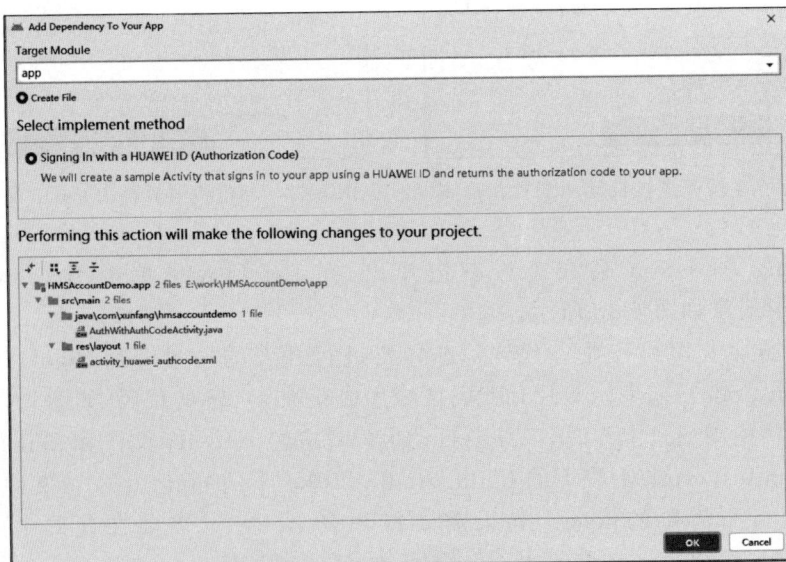

图 6-50　拖曳后自动增加的文件

(8) 接下来进行代码完善。首先展示登录方式图标,在 Activity 的布局文件(例如,activity_main. xml)中添加一个登录按钮和一个退出按钮控件,添加代码如下。

```
< LinearLayout
  android:layout_marginTop = "20dp"
  android:id = "@ + id/huaweibtn"
  android:layout_below = "@id/mess_ll"
  android:layout_width = "wrap_content"
  android:layout_height = "wrap_content"
  android:layout_centerInParent = "true">
  < TextView
    android:layout_width = "wrap_content"
    android:layout_height = "wrap_content"
    android:textSize = "18sp"
    android:text = "华为账号登录:"/>
  < com. huawei. hms. support. hwid. ui. HuaweiIdAuthButton
    android:id = "@ + id/hwid_signin"
    android:layout_marginStart = "20dp"
    android:layout_width = "wrap_content"
    android:layout_height = "wrap_content" />
</LinearLayout >
< LinearLayout
  android:layout_marginTop = "20dp"
  android:layout_below = "@id/huaweibtn"
  android:layout_width = "wrap_content"
  android:layout_height = "wrap_content"
  android:layout_centerInParent = "true">
  < Button
    android:id = "@ + id/outside_btn"
    android:layout_marginStart = "20dp"
    android:layout_width = "wrap_content"
    android:layout_height = "wrap_content"
    android:text = "退出登录"/>
</LinearLayout >
```

(9) 调用 AccountAuthParamsHelper. setIdToken 方法请求授权。

```
AccountAuthParams authParams = new AccountAuthParamsHelper(
                    AccountAuthParams.DEFAULT_AUTH_REQUEST_PARAM)
        .setId()
        .setEmail()
        .setIdToken()
        .setAccessToken()
        .createParams();
```

(10) 调用 AccountAuthManager. getService 方法初始化 AccountAuthService 对象。

```
AccountAuthService service = AccountAuthManager. getService(MainActivity. this, authParams);
```

(11) 调用 AccountAuthService. getSignInIntent 方法并展示账号登录授权页面。

```
startActivityForResult(service. getSignInIntent(), 8888);
```

（12）登录授权完成后在页面的 onActivityResult 中调用 AccountAuthManager
. parseAuthResultFromIntent 方法从登录结果中获取账号信息。登录成功后，应用可根据
authAccount. getAccountFlag 的结果判断当前登录账号的渠道类型。

```java
protected void onActivityResult(int requestCode, int resultCode, @Nullable Intent data) {
    //授权登录结果处理，从 AuthAccount 中获取 ID Token
    super.onActivityResult(requestCode, resultCode, data);
    if (requestCode == 8888) {
        Task < AuthAccount > authAccountTask =
                            AccountAuthManager. parseAuthResultFromIntent(data);
        if (authAccountTask. isSuccessful()) {
            //登录成功，获取用户的账号信息和 ID Token
            AuthAccount authAccount = authAccountTask. getResult();
            Log. i(TAG, "idToken:" + authAccount. getIdToken());
            //获取账号类型，0 表示华为账号、1 表示 AppTouch 账号
            Log. i(TAG, "idToken:" + authAccount. getIdToken() + ";" +
                            authAccount. getOpenId() + ";" +
                    authAccount. getUnionId() + ";" +
                    authAccount. getDisplayName() + ";" +
                    authAccount. getEmail());
                //显示账号的昵称
                tv_name. setText(authAccount. getDisplayName());
                //显示账号的 Email
                tv_email. setText(authAccount. getEmail());
                //显示账号的头像
        Glide. with(this). load(authAccount. getAvatarUri(). toString()). into(imageView);
        Toast. makeText(this,"sign in successfully",Toast. LENGTH_LONG). show();
        } else {
            //登录失败，不需要做处理，打点日志方便定位
            Log. e(TAG, "sign in failed : " + ((ApiException)
                        authAccountTask. getException()). getStatusCode());
                Toast. makeText(this,"sign in failed",Toast. LENGTH_LONG). show();
        }
    }
}
```

（13）账号退出：使用账号登录授权时创建的 AccountAuthService 实例调用 signOut
接口，signOut 完成后的处理。

```java
//账号退出
private void signOut() {
    Task < Void > signOutTask = mAuthService. signOut();
    signOutTask. addOnSuccessListener(new OnSuccessListener < Void >() {
        @Override
        public void onSuccess(Void aVoid) {
            Log. i(TAG, "signOut Success");
            Toast. makeText(MainActivity. this,"signOut success",Toast. LENGTH_LONG). show();
```

```
        //显示账号的昵称
        tv_name.setText("华为账号 name");
        //显示账号的 Email
        tv_email.setText("华为账号 Email");
        imageView.setImageResource(R.mipmap.ic_launcher);
    }
}).addOnFailureListener(new OnFailureListener() {
    @Override
    public void onFailure(Exception e) {
        Log.i(TAG, "signOut fail");
        Toast. makeText ( MainActivity. this," signOut
fail",Toast.LENGTH_LONG).show();
    }
});
}
```

最终在华为手机上运行的结果如图 6-51 所示,单击华为图标进行登录,进入到华为 ID Token 场景,如图 6-52 所示,单击"授权并登录"按钮,登录成功后如图 6-53 所示,单击"退出登录"按钮,成功退出华为账号,如图 6-54 所示。

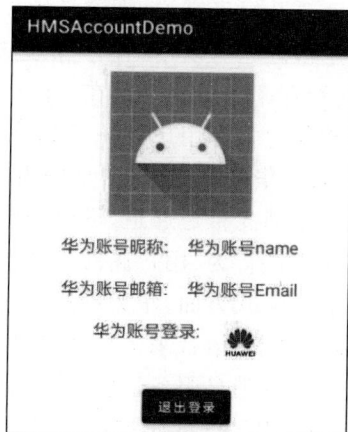

图 6-51　登录界面示例

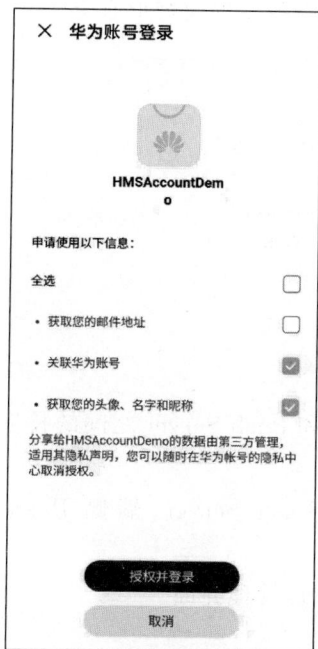

图 6-52　华为账号登录界面

图 6-53　登录成功界面

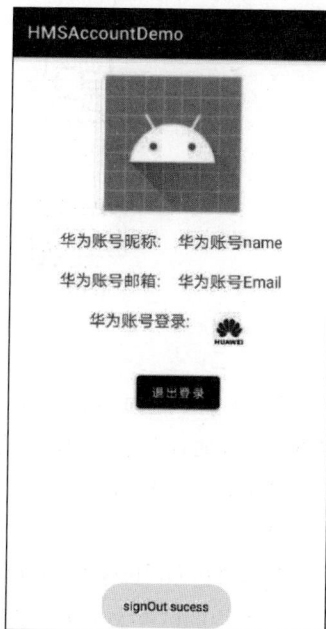

图 6-54　退出账号成功界面

6.5 推送服务集成

6.5.1 华为推送服务简介

对于开发者来说，无论是增加应用曝光，还是拉新促活用户，消息推送都是非常重要的运营手段。它可以帮助用户快速提升用户感知，维持用户与应用的黏性，进而提升用户的转化率、留存率与活跃度。在实际中，消息推送往往面临着消息丢失、失效，吸引力不够或者无法精确触达目标用户等一系列问题。针对这些问题，华为推送服务做了大量的优化工作。Push Kit(华为推送服务)是华为公司为开发者提供的消息推送平台，建立了从云端到终端的大容量消息推送通道，可以帮助开发者进行平稳、快速的消息推送。同时，Push Kit 还支持基于事件行为、用户属性以及自定义方式的推送，确保消息可以准确地推送给目标用户。在消息的形式方面，华为推送消息支持短文本、长文本、大图等多种形式，并且会自动根据终端系统设置的语言来进行消息呈现。通过 Push Kit，开发者可以获得快速稳定、精准高效、形式多样的消息服务，进而构筑良好的用户关系。

Push Kit 概览如图 6-55 所示。在发送端，Push Kit 支持两种推送方式：

(1) 通过 AppGallery Connect 提供的 Push 运营控制台推送；

(2) 通过 Push Server 提供的 API 进行推送。

在接收端，Push Kit 覆盖了 Android 应用、iOS 应用、Web 应用等多种应用形态。

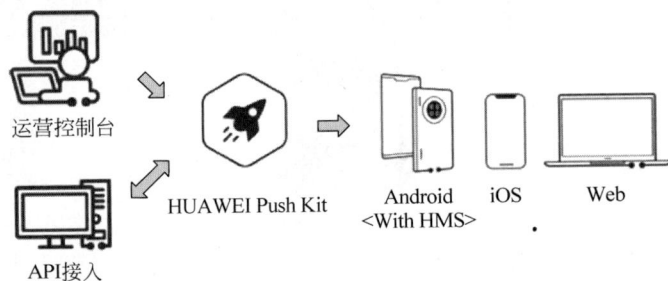

图 6-55 Push Kit 概览

Push Kit 通过内嵌在 EMUI 系统层的 Push 模块，实现设备和 Push Server 之间的长连接通道，从而保证推送服务的在线到达率在 99% 以上。

Push Kit 由 4 个主要部件构成：AppGallery Connect、Push Server、端侧 Push、Push SDK。

(1) AppGallery Connect 为 App 运营人员提供 Push 消息推送管理界面。

(2) Push Server 是华为提供的云侧服务。

(3) 端侧 Push 是推送服务在端侧的统称，包括 HMS Push、NC(Notification Center)和系统 Push。其中，系统 Push 作为内置在 EMUI 系统的组件之一，是实现 Push 功能的核心部件,因此下文中也使用系统 Push 代指端侧 Push。

(4) Push SDK 是由华为提供,由开发者集成到其应用中的端侧 SDK。

在 Push Server 与系统 Push 之间,华为维持了一个长连接的通道,从云侧推送的消息通过该通道可以安全、及时地到达端侧。Push Kit 使用 Push Token 来唯一标识设备上的某个 App 应用,从而帮助开发者精准触达用户,提升活跃度。

说明: HMS Push 在华为设备中负责对 App 调用 Push Kit 的能力进行鉴权,而 Notification Center 是 Push Kit 的统一消息中心,负责展示设备收到的通知消息。

Push Kit 原理图如图 6-56 所示,其中的数字编号表示完成消息推送的一些关键步骤。

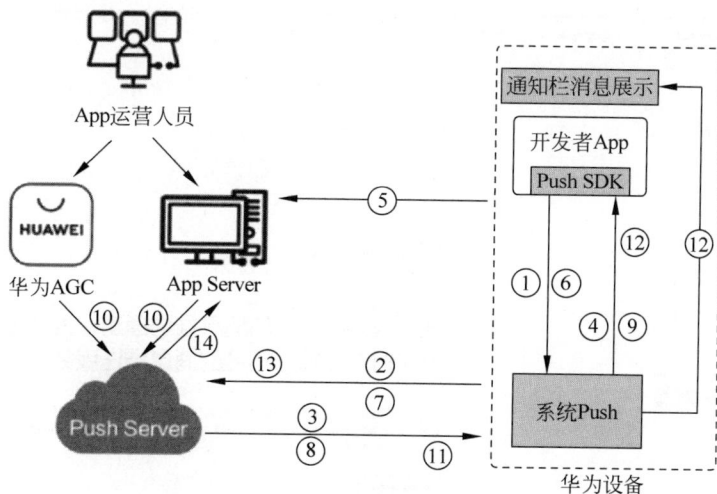

图 6-56　Push Kit 原理

①②③④展示 Push Token 申请过程。开发者的 App 启动时需要调用 Push SDK 申请 Push Token,Push Server 将产生的 Push Token 返回给开发者的 App。

⑤则是 App 将 Push Token 上传到开发者的 App Server,以便在步骤⑩进行消息推送。

⑥⑦⑧⑨展示主题订阅过程。App 调用 Push SDK 订阅主题,Push Server 将主题与 Push Token 绑定后,将订阅结果返回给 App。

⑩⑪⑫展示消息推送过程。App 运营人员通过华为 AppGallery Connect 或开发者的 App Server 端进行消息推送,消息经过 Push Server 到达系统 Push 后,由系统 Push 判断消息类型,如果是"通知栏消息",则直接将消息展示在通知栏;如果是"透传消息",则直接通过 Push SDK 将消息内容传递给 App。

⑬⑭展示消息回执过程。App 将收到的消息结果反馈给 Push Server,Push Server 以回执消息的形式将消息推送结果反馈给开发者的 App Server。

6.5.2　华为推送服务接入流程

本节主要介绍推送服务的接入流程和接入前的准备工作,通过本节的学习,将会了解如何接入 Push Kit。

在接入推送服务之前，应当已经注册成为华为开发者，在 AppGallery Connect 上创建了自己的 App，并为其配置了证书指纹，而且为代码工程配置了混淆脚本。在此基础上，下面介绍剩余的两项准备工作：开通推送服务、集成 Push SDK。

1．开通推送服务

打开 AppGallery Connect 网站"我的应用"中的对应的 App 应用页面，在"我的应用"下拉选项中选择"我的项目"选项，打开左侧"增长"选项区域，单击"推送服务"选项，单击"立即开通"按钮，开通推送服务，如图 6-57 所示。

图 6-57　开通推送服务

此时，服务状态变为"已开通"。单击"配置"标签页，如图 6-58 所示，开通和关闭项目级和应用级的推送服务权益。

2．集成 Push SDK

通过前面章节的学习，相信你已经了解，在集成 Push SDK 之前，需要从 AppGallery Connect 上下载 agconnect-services.json 文件，并将该文件放到项目的 App 级文件夹下，具体方法前面的章节已经介绍过，此处不再赘述。完成这一步骤后，接下来配置对 Push SDK 的依赖。打开项目的 app 级文件夹下的 build.gradle 文件，找到 dependencies 段，在该段最后添加如下代码：

图 6-58　开通推送服务权益

```
implementation 'com.huawei.hms: push: {version}'
```

其中,{version}是 Push SDK 的版本号,最新的版本号可以在华为开发者联盟的开发文档中获取。以 4.0.1.300 版本号为例,在依赖代码块中加入如下代码:

```
dependencies {
  // 配置 Push SDK 的依赖,加入如下代码
  implementation 'com.huawei.hms:push:4.0.1.300'
}
```

集成 SDK 后要在 AndroidManifest. xml 文件的 application 标签下注册自己的 service,继承 HmsMessageService 类并实现其中的方法,此处以 DemoHmsMessageService 类为例介绍(类名自定义)。

该 service 用于接收透传消息、获取 Token。其中,exported 属性需要设置为 false,限制其他应用的组件唤醒该 service。

```
< service
  android:name = ".DemoHmsMessageService"
  android:exported = "false">
  < intent - filter >
    < action android:name = "com.huawei.push.action.MESSAGING_EVENT"/>
  </intent - filter >
</service >
```

在选择编译 APK 前需要配置混淆配置文件，与 6.4.2 节的配置混淆配置脚本一样。配置完成以后，单击右上角的 Sync Now，进行同步。至此，Push Kit 的开发前准备工作就已经全部完成了。

6.5.3　华为推送服务常用 API 介绍

Android 客户端 API、iOS 客户端 API、Web 客户端 API 和服务端 API 的区别：

- Android 客户端 API 是 Android 应用的华为推送服务 API。
- iOS 客户端 API 是 iOS 应用的华为推送服务 API。
- Web 客户端 API 是 Web 应用的华为推送服务 API。
- 服务端 API 是向华为推送服务器发送请求的 API。

本节主要是对 Android 客户端 API 的介绍。

com. huawei. hms. aaid：推送服务提供的包，用于获取设备上应用的匿名标识（AAID）以及接入推送服务所需的 Token 的公开类和方法。该包主要的类是 HmsInstanceId，提供了获取应用的 AAID 的方法以及接入推送服务所需 Token 的获取方法。

com. huawei. hms. aaid. entity：推送服务提供的 AAID 实体类包，该包主要的类是 AAIDResult。在调用 HmsInstanceId 中的 getAAID（）方法请求应用的匿名设备标识（AAID）后获得的 AAID 通过此实体类承载返回，只需调用 AAIDResult 类中的 getId（）方法就可得到该 AAID。

com. huawei. hms. opendevice：获取 ODID（Open Device Identifier）的服务包。主要包括 OpenDeviceClient 接口和 OpenDevice 类。前者提供了获取 ODID 的方法，后者提供了获取 OpenDeviceClient 实现类的实例的方法。

com. huawei. hms. support. api. opendevice：ODID 实体类包，异步任务获取的 ODID 通过本包中的 OdidResult 实体类承载返回。

com. huawei. hms. push：推送服务提供的包，包括公开的类、方法等，常见类如表 6-2 所示。

表 6-2　com. huawei. hms. push 常见的类

类	作　　用
HmsMessaging	提供订阅主题和设置是否显示通知栏消息等方法的类
HmsMessageService	用于接收下行消息和刷新的 Token 的基础类
HmsProfile	提供账号校验功能类
RemoteMessage	透传消息实体类
RemoteMessage. Builder	RemoteMessage 消息实体构建类
RemoteMessage. Notification	RemoteMessage 消息中的通知消息详情类
BaseException	Push SDK 基础异常类

com. huawei. hms. push. plugin. base. proxy：聚合第三方推送 SDK 能力基础包，基本类是 ProxySettings，是聚合能力包中提供的设置基础属性的类。

　　com. huawei. hms. push. plugin. fcm：华为推送服务帮助您聚合 FCM 通道能力的包，其中，FcmPushProxy 是初始化 FCM 推送能力的类。

　　还有 Web 客户端和服务端的 API，由于篇幅所限，请参考开发者联盟网站中关于 API 参考的相关文档。

6.5.4　华为推送服务接入实战

　　华为推送服务接入实战步骤如下：

　　（1）创建项目及应用。

　　（2）创建 Android Studio 工程。

　　（3）生成签名证书。

　　（4）生成签名证书指纹。

　　（5）配置签名证书指纹。

　　（6）添加应用包名并保存配置文件。

　　（7）配置 Maven 仓地址及 AppGallery Connect gradle 插件。

　　（8）在 Android Studio 配置签名文件。上述步骤可参见 6.3 节的相关开发准备。

　　（9）开通推送服务和集成 Push SDK，参见 6.5.2 节华为推送服务接入流程。

　　（10）使用 HMS Toolkit 的 Configuration Wizard 为开发者提供配置向导，借助该工具可将"开发准备"中多个模块的手动操作自动化完成。参见 6.4.4 节的相关步骤，直到 Toolkit 完成检查配置，如果没问题，则单击 Go to coding assistant，如果出现环境配置检查失败项，则根据界面提示并单击 Link 按钮进行手动设置。设置完成后，单击 Retry 按钮重新进行环境配置检查，成功后单击 Go to coding assistant。

　　（11）在 Coding Assistant 卡片中的 Kit 列表中单击 Push Kit，整个 Push Kit 的场景如图 6-59 所示。

　　（12）选择要进行开发的场景卡片，以 Send notification message-Open home pages of corresponding apps 为例，拖曳整个卡片到代码区域生成获取 token 的代码。当直接拖动场景卡片时，工具会自动生成对应的 Activity 文件和 xml 布局文件，并在 AndroidManifest. xml、工程下的 build. gradle 和模块下的 build. gradle 文件中写入配置信息和工程运行所需要的依赖。如果需要打开该 Activity，则需要在代码中主动调用该 Activity，完成后，可以直接在设备中运行应用。主题订阅等其他功能业务介绍、代码调用示例等请参考其他卡片进行开发。

　　（13）完善代码后，可以使用 HMS Toolkit 中的 Cloud Debugging 来进行真机调试：首先，在菜单栏中选择 HMS→Cloud Debugging 或者在工具栏单击，如图 6-60 所示。

　　在远程真机界面，可以根据手机分辨率、Android 版本、EMUI 版本及华为手机系列等条件，筛选出需要远程调试的真机，也可以根据真机的状态 Available Devices 进行筛选。

　　如图 6-61 所示，单击选择的设备，这里选择 Mate 30 Pro，读者可以根据自己的需要选择不同的机型，远程真机连接后的界面如图 6-62 所示。

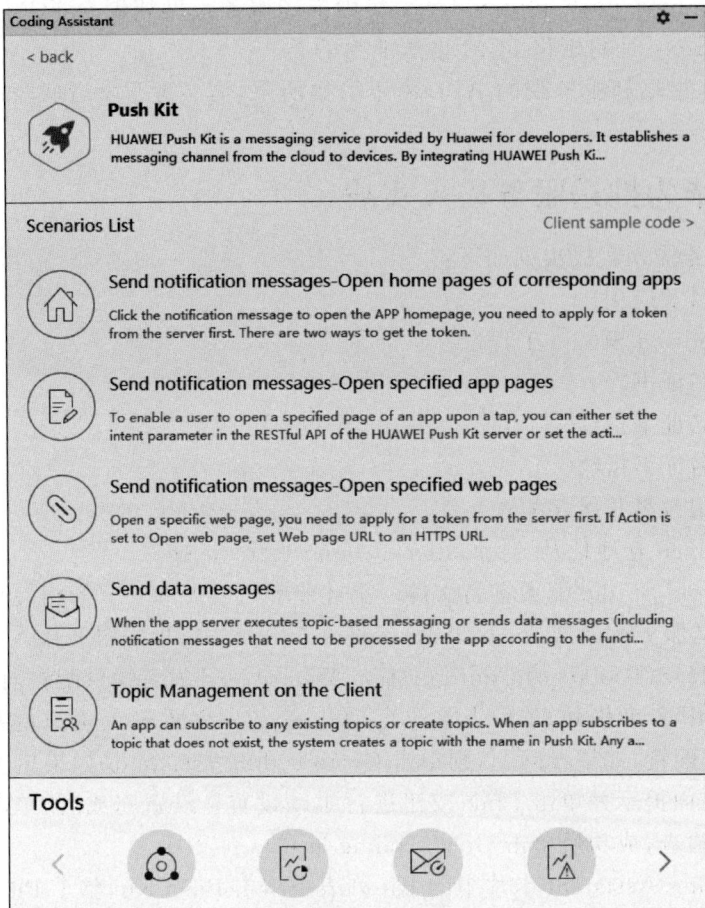

图 6-59　Push Kit 的场景

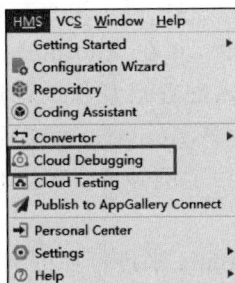

图 6-60　Cloud Debugging 按钮

在菜单栏中单击 Run 按钮或 Debug 按钮,在远程真机中运行或调试 App。

（14）使用工具推送消息。在 Push Kit 卡片的工具栏中,单击 Message Test,如图 6-63 所示,用于测试服务器向手机推送消息。

单击 Get APP ID and APP SECRET,工具会自动从 AppGallery Connect 中读取 APP ID 和 APP SECRET。然后单击 Next 按钮,如图 6-64 所示。

进入 Message Test 参数填写页面,如图 6-65 所示。

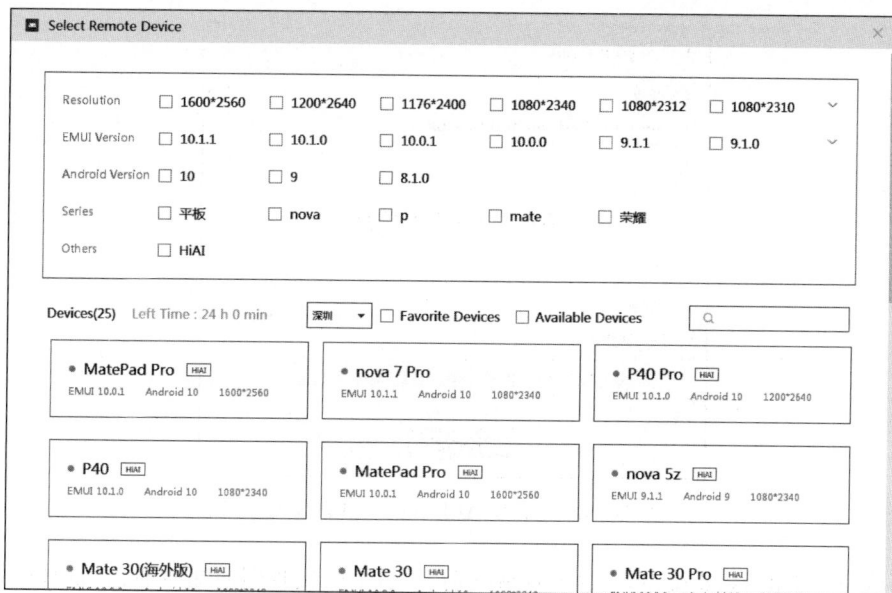

图 6-61　远程真机筛选

图 6-62　远程真机连接界面

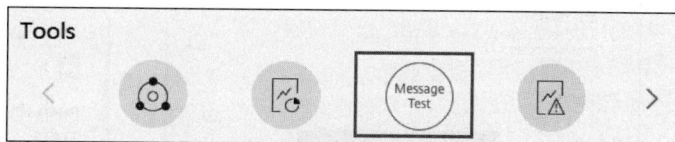

图 6-63　消息推送测试工具

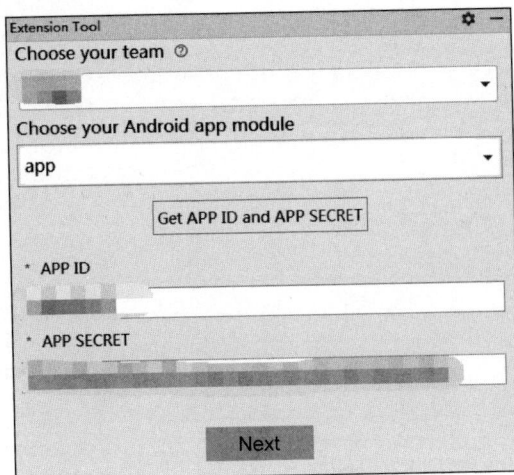

图 6-64　自动获取 APP ID 和 APP SECRET

全部填完后单击 Send 按钮，消息发送成功后，手机上会接收到通知栏消息，如图 6-66 所示。

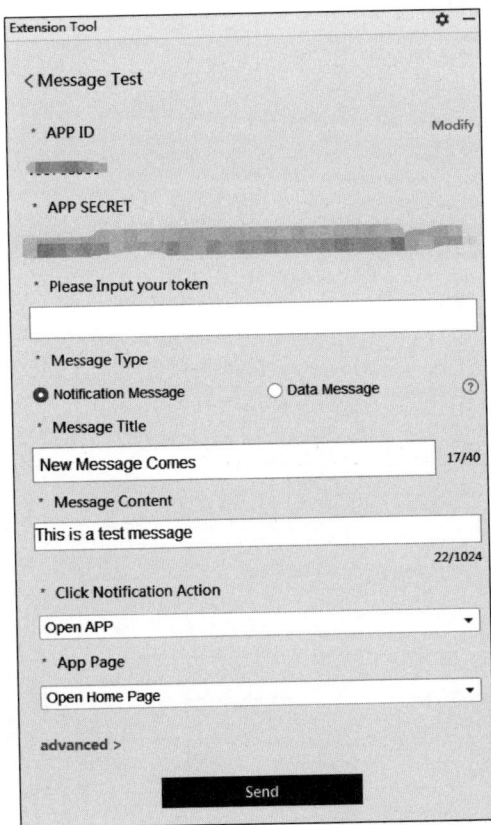

图 6-65　Message Test 参数填写

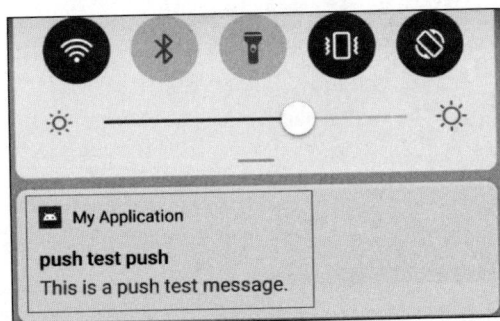

图 6-66　远程真机消息发送成功

6.6　应用内支付集成

6.6.1　华为应用内支付简介

华为 IAP(In-App Purchases,应用内支付)聚合了全球多种支付通道,为用户提供便捷的应用内支付体验。App 通过接入华为 IAP,方便用户在应用内购买各种类型的虚拟商品(包括一次性商品和订阅型商品),帮助应用快速获取收入。本节将介绍如何集成华为 IAP 服务,图 6-67 展示了华为 IAP 服务系统架构。

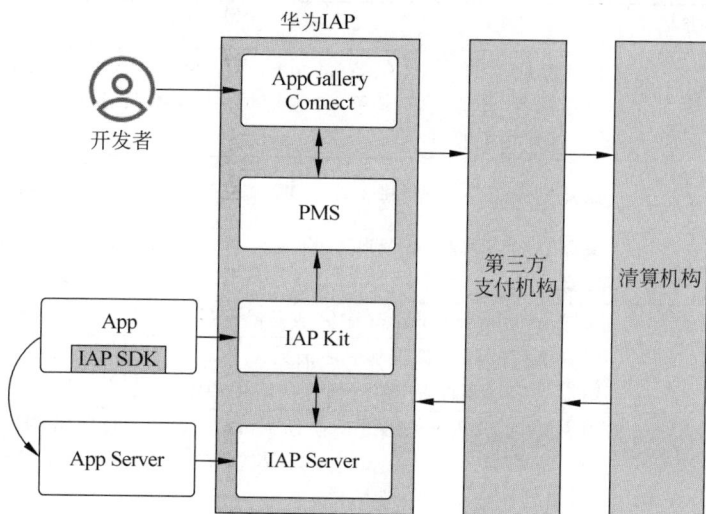

图 6-67　华为 IAP 服务系统架构

华为 IAP 服务包括 IAP SDK、IAP Kit、IAP Server 以及 PMS。

(1) IAP SDK:IAP SDK 提供开发者 App 集成的接口。

(2) IAP Kit:华为 IAP 在端侧的服务,处理端侧支付相关逻辑。

(3) IAP Server:华为 IAP 云侧的服务器,负责服务器侧订单及支付相关数据保存。

(4) PMS:华为 IAP 云侧服务器,负责商品定义与管理。

开发者可以在 AppGallery Connect 上使用华为 IAP 的商品管理系统来托管相关的应用商品。在手机上,应用通过集成 IAP SDK 来调用华为 IAP 提供的多个服务接口,例如,获取商品信息、发起支付、查询支付记录等。如果开发者有自己的 App Server,那么还可以将端侧的数据传递到应用服务侧进行数据签名校验,或者通过调用 IAP Server 的接口,对订购商品进行管理,实现更多功能。

华为 IAP 提供了多种支付方式供用户选择:银行卡、支付宝、微信支付、运营商话费以及华为虚拟币——花币等,其中银行卡支持绝大多数国内主流银行和 VISA、Mastercard 等海外银行卡组织，话费支付支持多个海外大型运营商。为了让用户支付更加简单便捷，华为 IAP 还支持将银行卡、手机号码绑定到用户的华为账号上，用户只需输入支付密码便能完成支付，省去了重复输入银行卡信息、手机号码的麻烦，为用户提供更加便捷的支付体验。当前全球已有 178 个国家和地区支持华为 IAP，具体支持国家和地区列表请查看华为开发者联盟官网文档。

6.6.2　华为应用内支付服务开通及 SDK 集成

集成华为应用内支付服务能力的开发工作按照如表 6-3 所示的流程完成。

表 6-3　集成华为应用内支付开发流程

序号	步　骤	说　　明
1	配置 AppGallery Connect	在开发应用前，需要在 AppGallery Connect 中配置相关信息。包括注册成为开发者、开通商户服务、创建应用、生成签名证书指纹、配置签名证书指纹、打开相关服务
2	集成 HMS Core SDK	在开发应用前，需要将 IAP SDK 集成到自己的开发环境中
3	配置混淆脚本	编译 APK 前需要配置混淆配置文件，避免混淆 HMS Core SDK 导致功能异常
4	配置商品信息	在 AppGallery Connect 中完成商品配置
5	客户端开发	IAP 支持的商品类型包括：消耗型商品、非消耗型商品、订阅型商品。若应用提供消耗型商品，则需额外在应用中添加消耗型商品的补单流程
6	（可选）服务端开发	当需要与 IAP 服务器进行业务调用（如 Order 服务需调用 IAP 服务器提供的验证购买 Token 接口），或仅仅依靠客户端无法处理更加复杂的业务逻辑时，可增加服务端开发阶段
7	开发后自检	华为提供对应用自动检查的能力
8	上架申请	开发完成后需要在 AppGallery Connect 中将应用信息补充完整并提交上架申请

本节主要介绍表 6-3 中步骤 1～步骤 3 的内容，以便为后续开发工作做好准备。

1. 配置 AppGallery Connect

注册成为开发者、开通商户服务、创建应用、生成签名证书指纹、配置签名证书指纹、打开相关服务等，参见 6.3 节。其中，IAP 服务一般是关闭的，如图 6-68 所示，当打开的时候需要先开通商户服务，如图 6-69 所示。

单击图 6-69 中的"商户服务"链接，进入"商户服务"页面，如图 6-70 所示，填写银行相关信息后提交，等待审核。

审核通过后，还需要获取支付验签的公钥，在 AppGallery Connect 中进入具体的项目后，参考图 6-68，在左侧的选择"盈利"选项区域的"应用内支付服务"选项，单击"设置"按钮，可以看到待设置 IAP 状态。如果是首次配置，则会弹出签署华为开发者服务协议框。设置成功后，会显示用于数据签名校验的公钥。

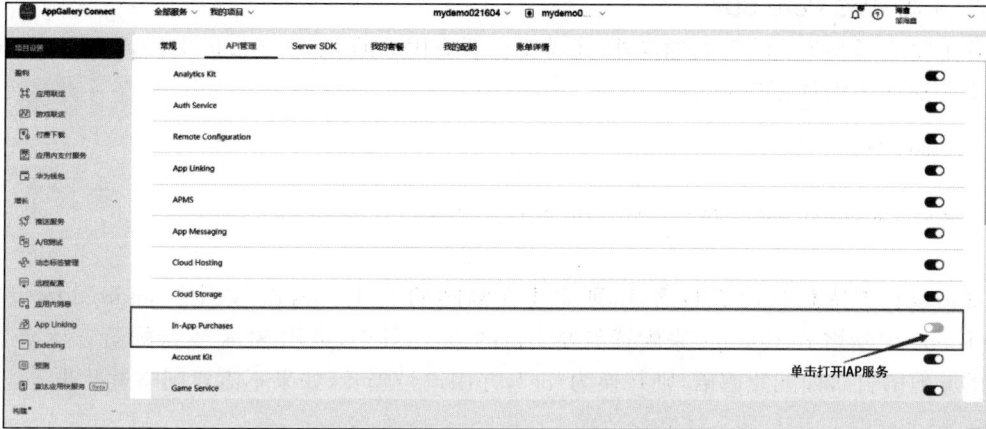

图 6-68　开通 IAP 服务

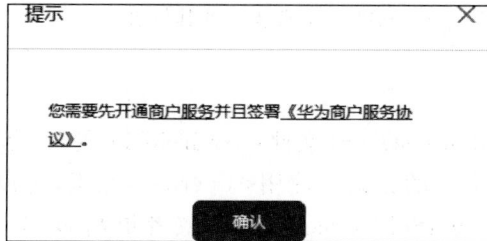

图 6-69　开通商务服务提醒窗口

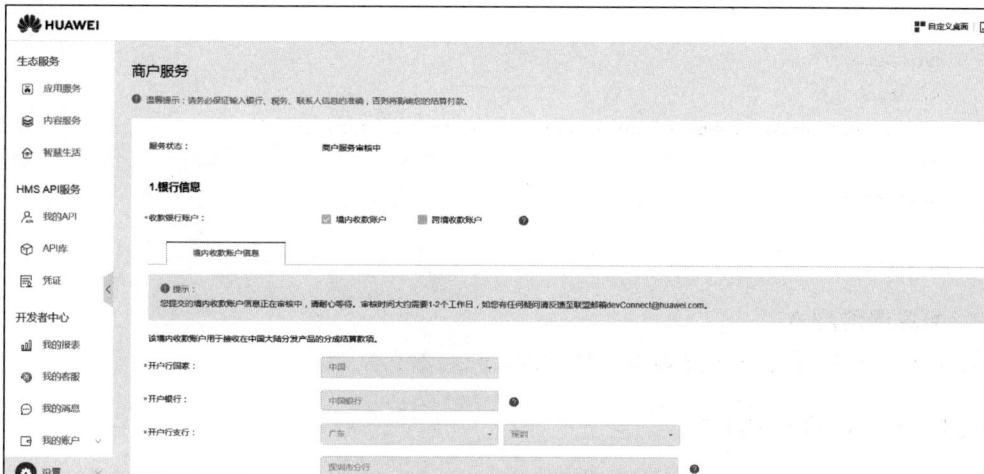

图 6-70　填写银行相关信息

2. 集成 HMS Core SDK

除了完成了 6.3 节的集成配置外，还需要打开应用级的 build. gradle 文件，在 dependencies 闭包中添加如下编译依赖：

```
dependencies{
    …
    implementation 'com.huawei.hms: iap: 5.1.0.300'
    }
```

如需设置支持某些特定的语言，则需要在刚刚的 build. gradle 文件的 android 闭包中的 defaultCofig 中新增 resConfigs 来配置需要支持的语言，其中，请用 SDK 支持的语言替换"需要支持的其他语言"，如配置德语，则替换为"de"，并用逗号隔开，如果不需要则略过此步。

```
android{
    defaultConfig {
        …
        resConfigs "en", "zh-rCN", "需要支持的其他语言"
    }
}
```

接下来配置 AndroidManifest. xml 文件：Android 11 更改了应用查询用户在设备上已安装的其他应用以及与之交互的方式。使用< queries >元素，可以为应用定义一组自身可访问的其他应用。如果 targetSdkVersion 是 30 或者更高版本，需要在 AndroidManifest. xml 中 manifest 标签下添加< queries >元素，使应用可以访问 HMS Core（APK）。

```
< manifest …>
  …
  < queries >
    < intent >
      < action android:name = "com.huawei.hms.core.aidlservice" />
    </ intent >
  </ queries >
  …
</ manifest >
```

3. 配置混淆脚本

与 6.4.2 节配置混淆配置脚本一样，详见 6.4.2 节。

6.6.3 PMS 功能

完成上面的配置后，还需要在 AppGallery Connect 配置对应的商品信息，但在配置商品信息前，有必要了解一下商品管理系统（PMS）。

前面已经提及，PMS 是华为 IAP 服务的一部分，它可以为应用内商品提供本地化语言和货币展示。PMS 为每个国家指定了一个默认币种和一种默认语言，当开发者在

AppGallery Connect 上录入多国语言的商品描述时,只需要录入一种熟悉币种的商品价格即可,PMS 系统将根据实时汇率自动换算出不同国家的货币价格。当用户进行应用内支付时,华为 IAP 会根据用户的归属服务地去查询 PMS,并返回对应国家或地区的本地化商品描述和货币价格,让不同地域的用户都能享受到本地化的支付体验。

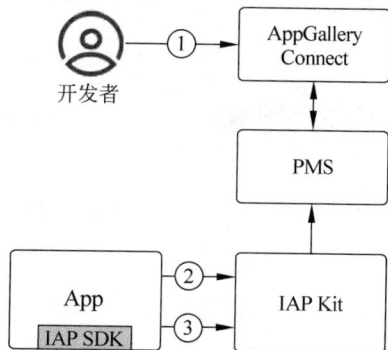

图 6-71　管理支付商品的流程

管理支付商品的流程如图 6-71 所示,具体分析如下:

① 配置商品信息。开发者需要在 AppGallery Connect 上配置商品信息,商品管理系统支持的商品主要分为如下几类。开发者可以根据不同的业务诉求,定义不同类型的商品,如表 6-4 所示。

表 6-4　商品类型

商品定义	描　　述	示　　例
消耗型商品	仅能使用一次,消耗使用后即刻失效,需再次购买	游戏中额外的生命、奖励等
非消耗型商品	一次性购买,永久拥有,无须消耗	游戏中额外的游戏关卡或应用中无时限的高级会员
订阅型商品	用户购买后在一段时间内允许访问增值功能或内容,周期结束后自动续期购买下一期的服务	应用中有时限的高级会员,如视频月度会员等

② 判断是否支持 IAP:App 在展示商品信息之前,需要调用华为 IAP SDK 的接口判断用户是否支持 IAP。

③ 获取商品详情:App 可以通过商品 ID 获取对应的商品详情。

接下来介绍通过 PMS 创建商品并进行相关配置。

1. 配置消耗型商品

消耗型商品会随着用户使用而减少或过期,如果用户需要持续使用商品对应的服务,则需要再次购买该商品。

(1)进入 AppGallery Connect 中对应应用的信息页面。

(2)选择"运营"标签页,在左侧导航栏选择"产品运营"选项区域中的"商品管理"选项,在界面右侧选择"商品列表"标签页,之后单击"添加商品"按钮,如图 6-72 所示。

(3)如果是第一次操作,则自动弹出如图 6-73 所示的提示,先添加支付服务,按照提示完成相关步骤后,显示已经开通成功,如图 6-74 所示,单击返回商品列表,再次单击图 6-72 "添加商品"按钮,进入如图 6-75 所示的界面配置商品信息,配置商品 ID、商品名称和商品价格等项目。

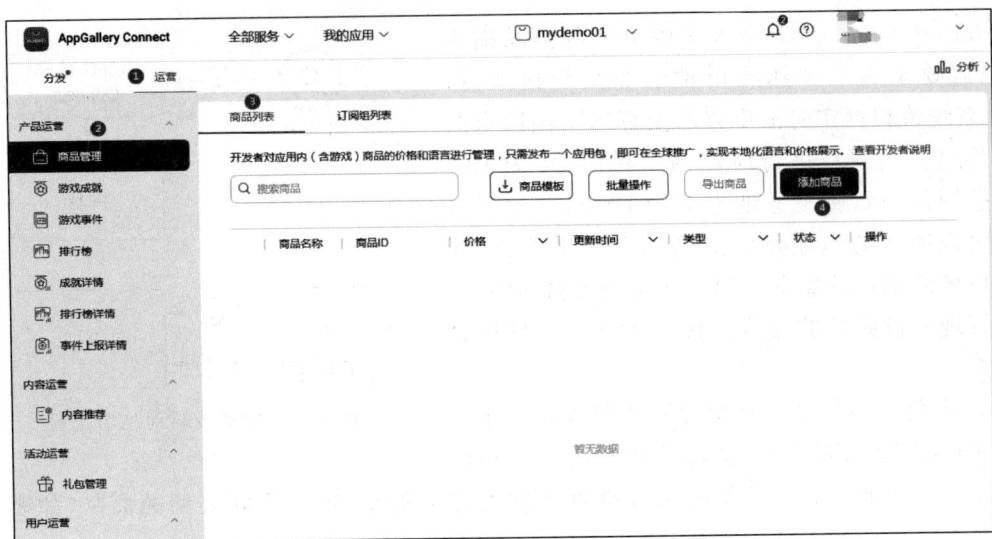

图 6-72　添加商品页面

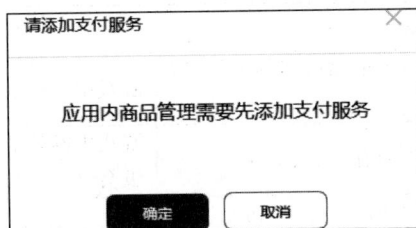

图 6-73　添加支付服务提醒窗口

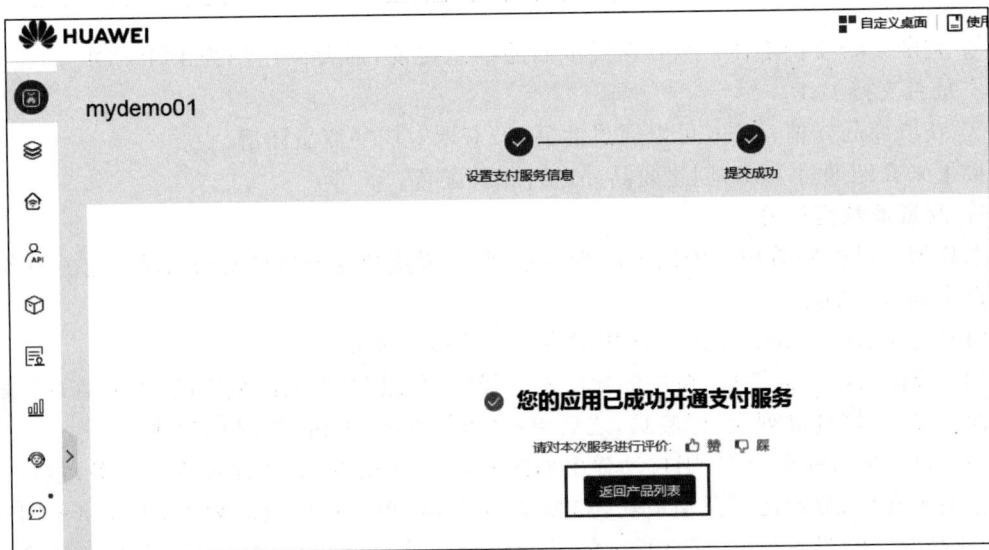

图 6-74　开通支付服务

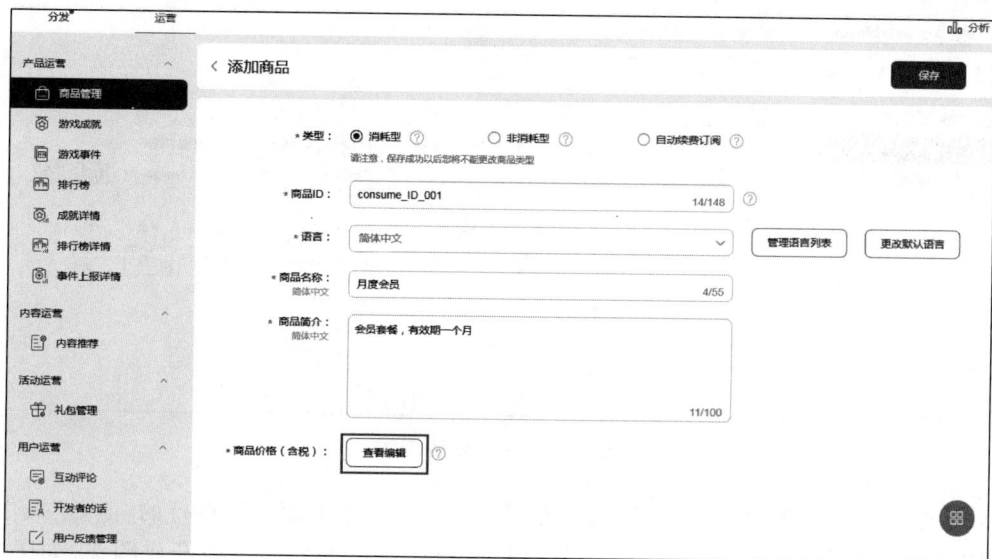

图 6-75　配置商品信息

（4）单击图 6-75 中的"查看编辑"按钮，进入编辑页面，进行商品价格和汇率换算价格的配置后，单击"刷新"按钮，各个国家和地区的价格将同步更新，如图 6-76 所示。

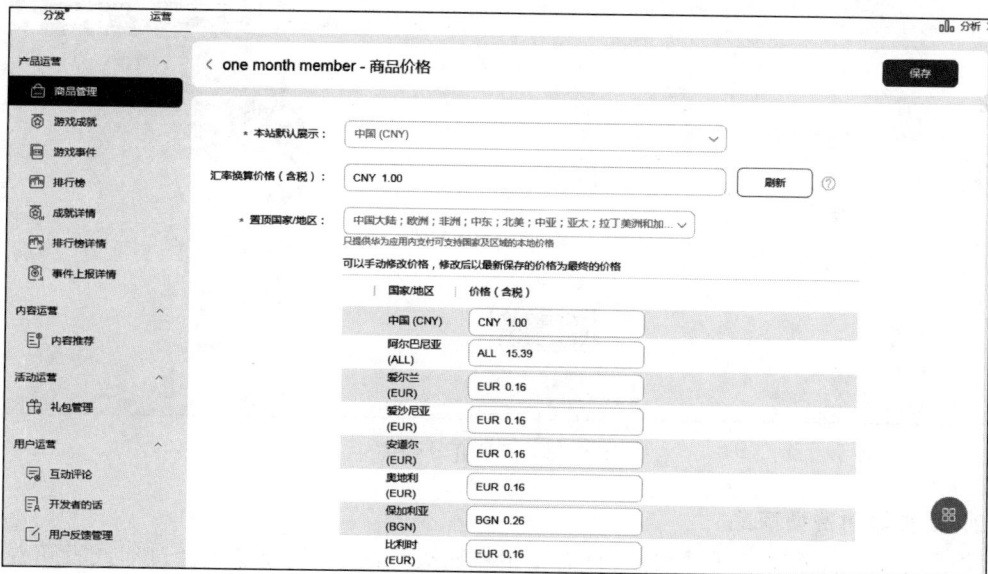

图 6-76　商品价格页面

（5）单击"保存"按钮，在随后弹出的提示框中单击"确定"按钮，完成商品信息的配置。保存后的商品信息如图 6-77 所示。

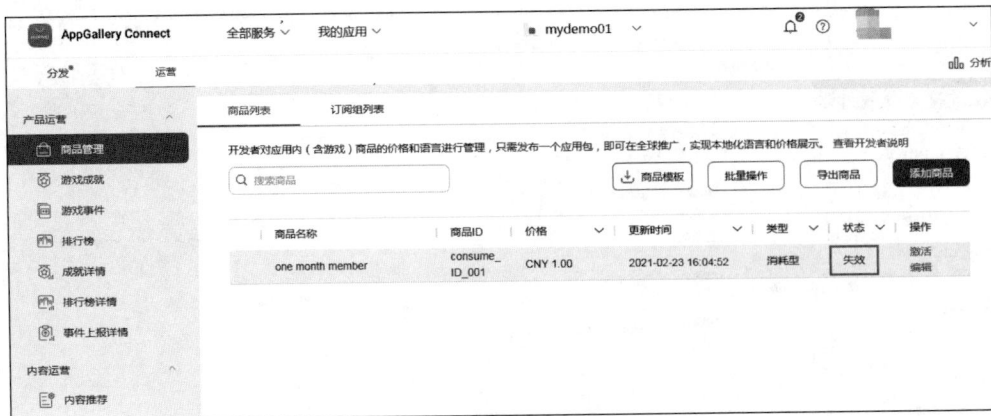

图 6-77　保存商品信息

（6）返回商品列表，此时商品的状态为"失效"状态。单击商品所在行的"激活"操作，在弹出的"激活商品"提示框中单击"确定"按钮，这样生效后的商品将被开放购买，如图 6-78 所示。

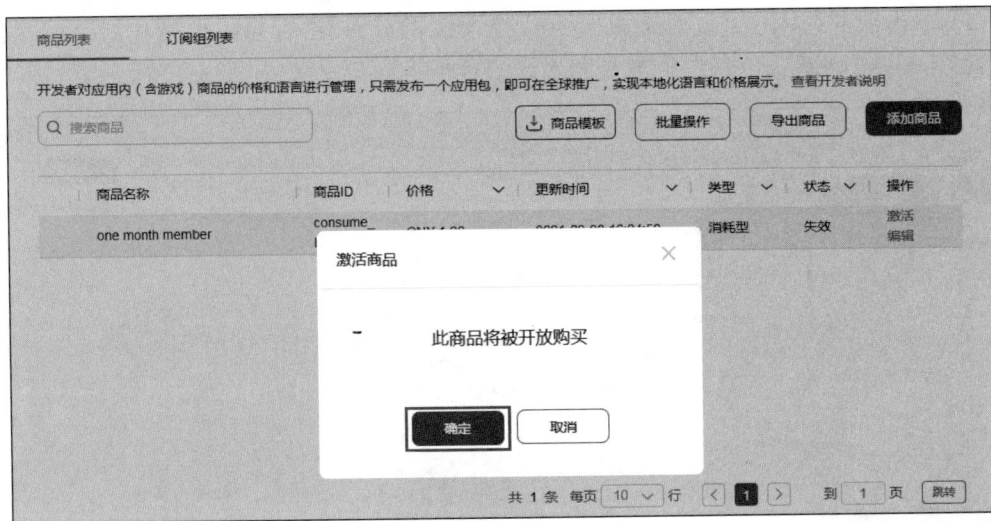

图 6-78　商品开放购买

2. 配置非消费型商品

非消耗型商品无须消耗，因为它只需要用户购买一次，这类商品不会过期或者随着用户使用而减少。开发者可以用这种类型来定义一些用户永久获得型的商品，例如"永久会员"即属于非消耗型商品。

与配置消耗型商品类似，只需要在 AppGallery Connect 的对应应用的信息页面中，选择"运营"标签页，单击"添加商品"，选择"类型"为"非消耗型"即可，如图 6-79 所示。

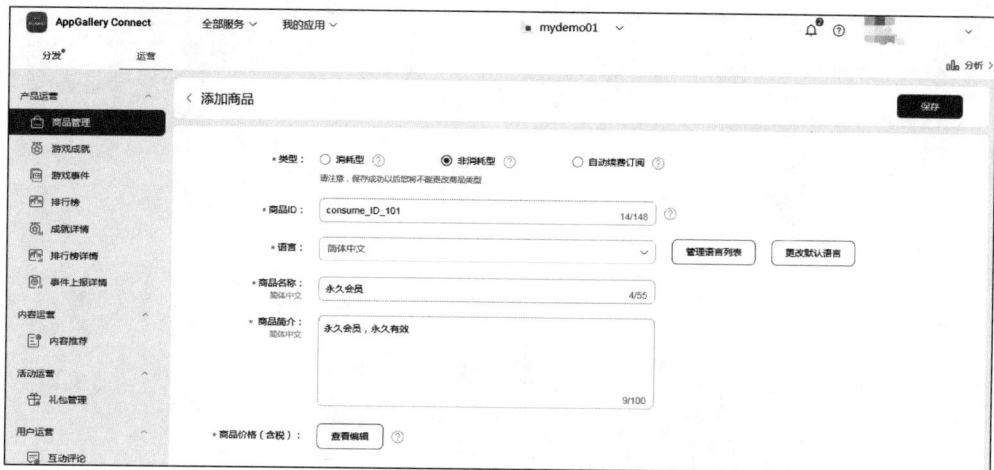

图 6-79　"永久会员"商品配置

"永久会员"商品配置完成后,同样需要在商品列表页激活商品来开放商品购买。

3. 配置订阅型商品

订阅型商品是一种自动续费的商品,会定期从用户的支付账号里续费以保持商品服务的有效性。

订阅型商品是通过"订阅组"来管理维护的。在创建订阅型商品前,需要先创建订阅组,并在创建订阅型商品时指定商品所在的订阅组。订阅组用于承载同类型商品的管理,一个订阅组可以包含多个订阅型商品,且同一个订阅组中只有一个商品处于生效状态。对于那些服务功能大致相同的商品开发需求,可以通过订阅组来快速实现。

(1) 添加用于管理订阅型商品的订阅组,如图 6-80 所示,单击"添加订阅组"新增或者单击已有的订阅组名称修改,此处直接单击名称,在"编辑订阅组"界面修改为"会员订阅",如图 6-81 所示。

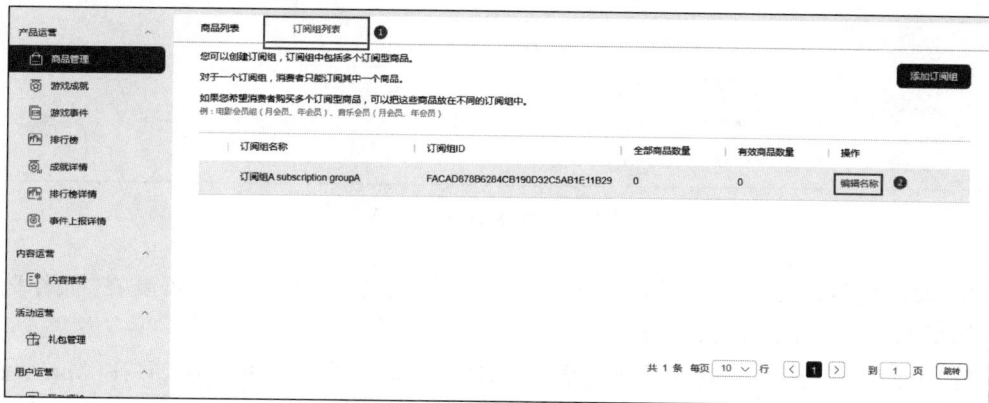

图 6-80　添加订阅组

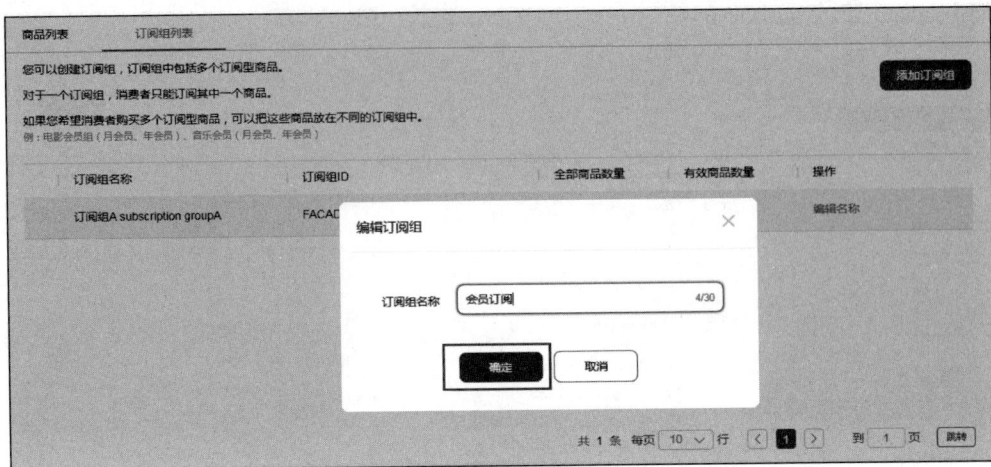

图 6-81　编辑订阅组

（2）添加订阅型商品，同时指定续费周期和商品所属的订阅组，如图 6-82 所示。本例中不使用商品促销，设置订阅续费的周期为一周，续费价格为 1 元。其他的商品信息可参考配置消耗型商品信息的方式。

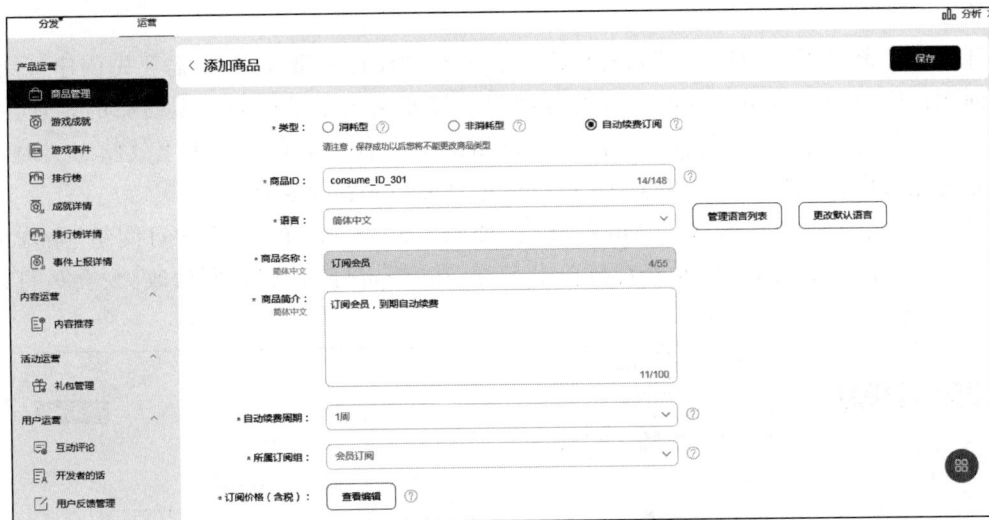

图 6-82　添加订阅型商品

（3）激活商品状态。如图 6-83 所示，商品状态如不是"有效"状态，需要在"操作"栏中进行"激活"，激活后显示状态为"有效"。

通过上面的设置，App 就可以通过华为 IAP 来查询这些商品的详情，并在 App 界面展示出来。其中，订阅型商品还提供了如下两种促销手段用于客户引流：首先是免费试用，设置一个免费时间段，让用户在购买初期免费享受一段时间的商品服务；其次是折扣价格，设

图 6-83 激活商品状态

置一个低于商品原价的价格,让用户在购买初期以低价享受一段时间的商品服务。

6.6.4 购买和使用商品

1. 购买流程

配置完相应的商品并激活后,终端用户即可进行购买和使用商品。如 6.6.3 节所述,商品类型分为消耗型商品、非消耗型商品和订阅型商品,接下来分别介绍其购买流程。

1) 消耗型购买流程(见图 6-84)

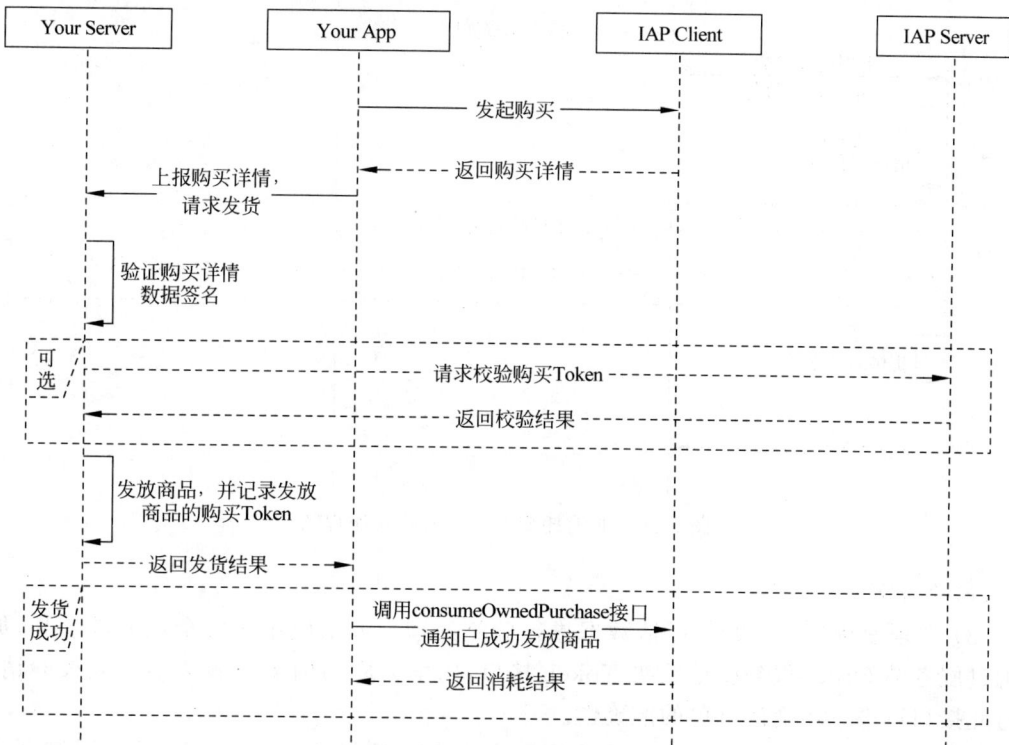

图 6-84 消耗型商品典型购买流程图

（1）用户通过 App 发起购买，IAP Client 将返回购买详情。

（2）请求发货。需要对购买详情数据进行验签处理。如果应用对安全性要求较高，那么可通过服务端 Order 服务验证购买 Token 接口，向华为应用内支付服务器发起校验请求，通过此接口可进一步确认订单的准确性。

（3）发放商品。需要把已发货的 Token 传至服务器，后续即使消耗失败也可以从服务器处获取商品的发货状态，从而避免重复发货的情况。

（4）请务必确保发货成功后进行本步骤调用。发货成功后应用需要使用 consumeOwnedPurchase 接口消耗该商品，以此通知华为应用内支付服务器更新商品的发货状态。发送 consumeOwnedPurchase 请求时，请在请求参数中携带购买数据中的 purchaseToken。应用成功执行消耗之后，华为应用内支付服务器会将相应商品重新设置为可购买状态，用户即可再次购买该商品。也可使用服务端 Order 服务确认购买接口消耗商品，用于替换 IAP 客户端 consumeOwnedPurchase 接口。

2）非消耗型购买流程（见图 6-85）

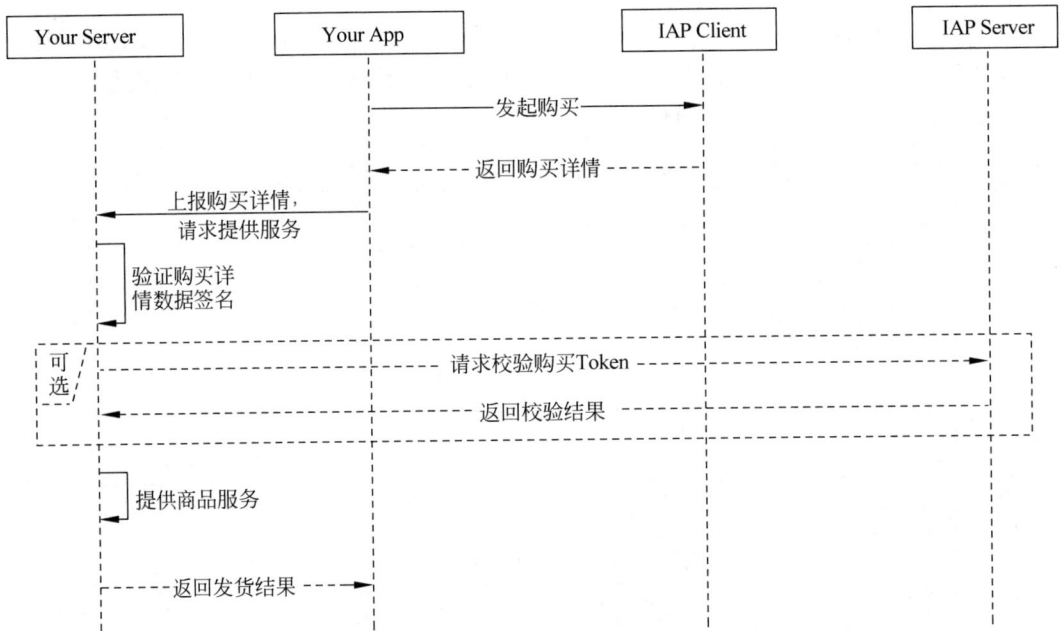

图 6-85　非消耗型商品典型购买流程图

（1）发起购买。

（2）请求发货。应对购买详情数据进行验签处理。如果应用对安全性要求较高，那么可通过服务端 Order 服务验证购买 Token 接口，向华为应用内支付服务器发起校验请求，通过此接口可进一步确认订单的准确性。

（3）发放商品。验签成功之后需通过购买详情数据中的 purchaseState 字段判断商品的购买状态。当购买状态为已购买（purchaseState＝0）时，发放相应商品。

3）订阅型购买流程（见图 6-86）

订阅型购买流程与消耗型购买流程类似，此处不再赘述。

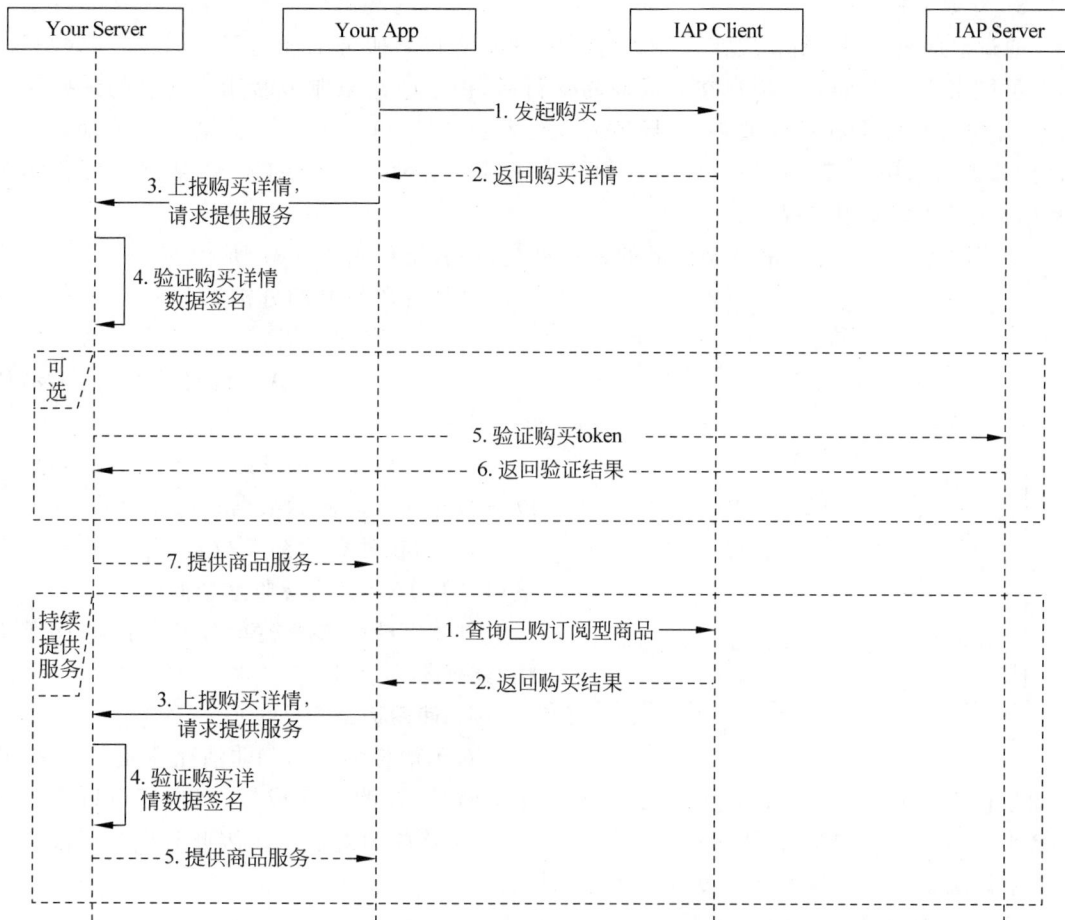

图 6-86　订阅型商品典型购买流程图

2. 购买支付环节

根据上述的商品购买流程，在用户浏览并选择了具体的商品后，将进入购买支付环节。在这个环节中需要提供商品的支付功能，确认交易后的商品权益发放，通过调用消耗接口将用户已接收商品的消息告知 IAP。操作步骤如下：

（1）检查当前用户归属区域是否支持华为 IAP。

（2）获取可以购买的商品信息列表。

（3）App 根据商品 ID 调用 IapClient. createPurchaseIntent()，拉起 IAP 收银台页面。

（4）用户完成交易后，华为 IAP 会将交易结果通过 Activity. setResult()传给开发者 App，App 需要在 onActivityResult()里处理交易数据，如数据签名校验和商品消耗。

（5）针对消耗型商品，将权益发放给用户后，开发者 App 需要调用 IapClient. consume-

OwnedPurchase()接口来通知华为 IAP，该商品已经被开发者应用接收。

具体实战请参考配套的实验手册，限于篇幅，此处不再赘述。

3．补单机制

通过前面的步骤，App 现在已经具备向用户提供 IAP 服务的能力了。但在实际购买过程中可能出现如下场景：用户在完成商品支付后，由于系统限制或者用户自己的误操作行为，应用进程可能会在后台被杀死，导致其无法收到 IAP 返回的支付结果。这样就会产生系统"掉单"，给用户带来损失。针对这种异常场景的处理，华为 IAP 可以帮助开发者实现"补单机制"来保障用户权益。

功能原理如下：针对消耗型商品的补单机制，具体流程如图 6-87 所示。

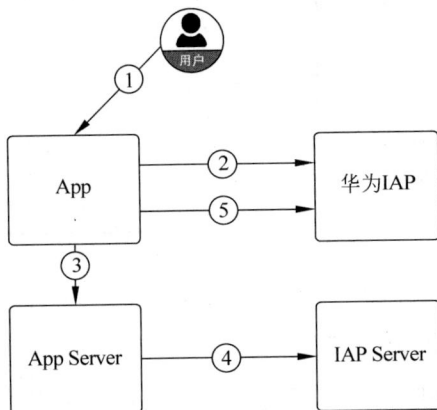

图 6-87　补单机制

具体补单机制的分析如下。

① 重新启动应用。

② App 从 IAP 获取已经购买、尚未消耗的商品信息。

③和④对于查询到的未消耗商品信息，可以在服务侧或端侧做数据有效性校验。

⑤ App 对商品补发权益，并且调用消耗接口告知 IAP 已经接收这个商品了。

具体实战请参考配套的实验手册，限于篇幅，此处不再赘述。

4．使用商品

对于消耗型商品和非消耗商品，购买完成后商品状态一般不会发生改变。但是对于订阅型商品，在购买完成后，用户还可以在华为 IAP 或者 App 内变更该商品的状态，商品状态会直接影响最终服务。因此我们有必要先了解一下订阅型商品的各种状态变迁和生命周期。

1）订阅型商品的续费周期

订阅型商品的续费周期支持 6 种类型：1 周、1 个月、2 个月、3 个月、6 个月和 1 年。当用户购买了订阅型商品后，华为 IAP 会立即进行一次续费让订阅型商品开始生效。经过一个续费周期后，华为 IAP 将自动从用户的支付账号中扣费，以便完成自动续期。如果用户中途取消订阅，则当前周期内商品仍然有效，只是不再进行下一个周期的续费而已。

2）订阅型商品的状态变更

用户可以通过多种方法来改变已购订阅型商品的状态。

（1）自动续期。当用户没有主动修改订阅关系，且扣款账号余额充足时，订阅会自动续期，如图 6-88 所示。华为 IAP 会在订阅型商品过期前 24 小时自动扣费进行续期。

（2）切换订阅。用户在同一个订阅群组中，在不同的订阅型商品间进行切换。切换效果有如下两种生效机制。

对于立即生效机制，以商品 A 切换到商品 B 为例，如图 6-89 所示。

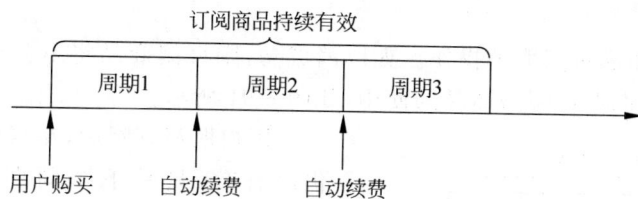

图 6-88　自动续费流程

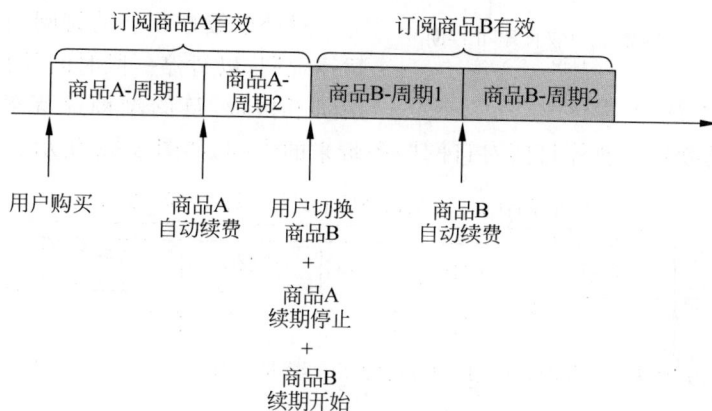

图 6-89　立即生效的切换订阅

　　当用户完成订阅切换后，商品 A 的金额将会按比例退还到初始付款渠道，商品 B 将收取完整价格并立即生效。目前这种切换效果的触发场景为：商品 A 和商品 B 的续费周期相同。

　　对于下个周期生效机制，以商品 A 切换到商品 C 为例，如图 6-90 所示。

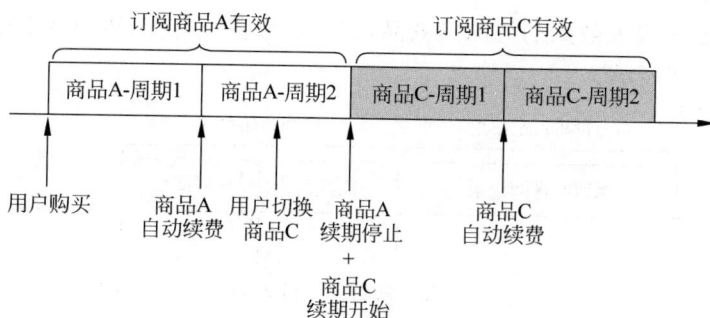

图 6-90　下个周期生效的切换订阅

　　当用户完成订阅切换后，商品 A 会被设置为到期状态，商品 C 为待生效状态，商品 C 会在商品 A 的周期结束后开始扣费并生效。目前这种切换效果的触发场景为：商品 A 的续费周期和商品 C 的续费周期不同。

（3）取消订阅。

对已购订阅型商品进行取消操作。如取消成功,则订阅商品将不会进行下一周期的续费,但不影响当前周期对订阅型商品的使用,如图 6-91 所示。

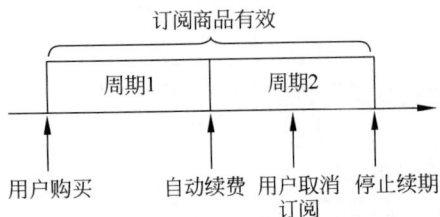

图 6-91　取消订阅

用户取消订阅后,在当前周期结束前订阅仍然有效,只是下个周期不会进行自动续费了。

（4）暂停订阅。

对处于续期状态的订阅型商品,用户可以暂停续期,以暂停一段时间的订阅服务。暂停期间不扣费,订阅型商品无效。暂停期结束后,订阅将会自动续费。暂停订阅对订阅服务带来的影响,如图 6-92 所示。

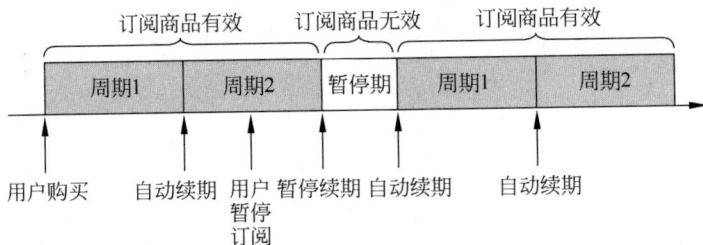

图 6-92　暂停订阅

若用户对订阅型商品设置了暂停,则在当前的订阅周期结束后,订阅型商品会进入暂停期。暂停期间,订阅型商品处于无效状态。暂停结束后,订阅型商品会自动续费并恢复有效的订阅状态,然后进行后续的续费周期。

（5）恢复订阅。

对处于取消状态或失效期的订阅型商品,用户可以恢复订阅,以再次享受订阅型商品对应的服务,如图 6-93 所示。

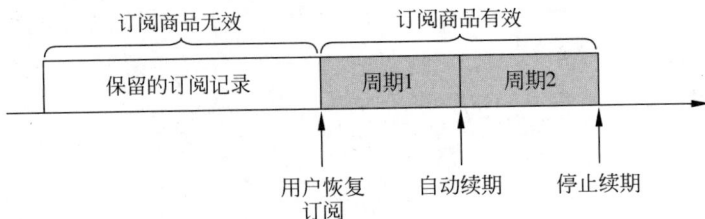

图 6-93　恢复订阅

用户可以在华为 IAP 提供的订阅管理页面中恢复已经失效的订阅型商品,然后让订阅重新进入续订状态。

5．提供商品服务

下面进入提供商品服务环节。用户通过 App 购买会员套餐后，获得了观看视频的商品服务，其业务流程图如图 6-94 所示。

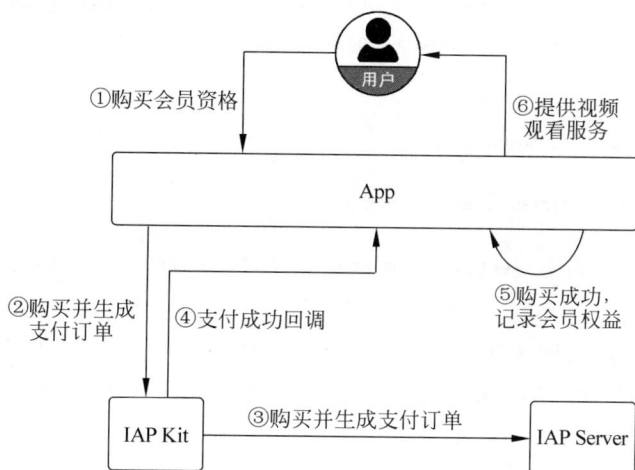

图 6-94　管理支付商品的业务流程

具体业务流程的分析如下。

① 用户购买会员套餐；

② App 调用华为 IAP Kit 生成订单并完成支付；

③ 端侧 IAP Kit 调用 IAP Server 接口完成订单和支付工作；

④ 端侧 IAP Kit 支付完成后回调 App；

⑤ App 记录用户购买成功获得的权益信息，本示例中为可以观看视频；

⑥ 用户可以通过 App 观看视频信息，享受最终的商品服务。

下面具体介绍对每种类型的商品是如何提供服务的。

1）消耗型商品

当用户购买完消耗型商品后，剩余的业务处理逻辑和华为 IAP 无直接关系，需要开发者来处理商品的服务内容。根据"会员套餐"的权益特点，可以定义消耗型商品的权益为"可观看视频的时限"。当用户购买完"月度会员"或者"季度会员"后，App 会更新用户可观看视频的有效期。这里使用 Android 的 SharePreferences 来记录当前用户的数据。打开项目的 MemberRight.java，定义针对普通会员视频权益有效期的获取和更新函数。

```
/* 普通会员有效期时间
 * @param context 上下文
 * @return 时间戳 */
public static long getNormalVideoExpireDate(Context context) {
  return (long) SPUtil.get(context, getCurrentUserId(context), VIDEO_NORMAL_KEY, 0L);
  }
```

```
/* 更新普通会员有效期
 * @param context 上下文
 * @param extension 有效时间段
 */
public static void updateNormalVideoValidDate(Context context, long extension) {
    long videoExpireDate = getNormalVideoExpireDate(context);
  long currentTime = System.currentTimeMillis();
    if (currentTime < videoExpireDate) {
    videoExpireDate += extension;
    } else {
    videoExpireDate = currentTime + extension;
    }
SPUtil.put(context, getCurrentUserId(context), VIDEO_NORMAL_KEY, videoExpire Date);
    }
```

将观看视频的有效期记录在 SharePreferences 里，即可简单地实现对用户权益的管理。用户购买会员商品后，可以在 MemberRight.java 里定义一个函数来统一判断当前是否可以观看视频。

```
/* 是否有权限观看视频
 * @param context 上下文
 * @return boolean
 */
public static boolean isVideoAvailable(Context context) {
    return isVideoAvailableForever(context) || isVideoSubscriptionValid(context)
        || System.currentTimeMillis() < getNormalVideoExpireDate(context);
}
```

在播放视频前，先通过这个函数判断用户是否有权限观看视频。如果没有权限，则引导用户去购买会员。在 VideoPlayAct.java 中的实现逻辑如下。

```
@Override
protected void onCreate(@Nullable Bundle savedInstanceState) {
    super.onCreate(savedInstanceState);
    setContentView(R.layout.videoplay_act);
    if (MemberRight.isVideoAvailable(this)) {
      play();
    } else {
      startActivityForResult(new Intent(this, MemberCenterAct.class), REQ_CODE_ MEMBER_
CENTER);
    }
}
/* 播放视频 */
private void play() {
  // 初始化
    View  initView();
  // 初始化播放
```

```
    initVideoPlay();
}
@Override
protected void onActivityResult(int requestCode, int resultCode, @Nullable
    Intent data) {
        super.onActivityResult(requestCode, resultCode, data);
        if (requestCode == REQ_CODE_MEMBER_CENTER) {
            if (MemberRight.isVideoAvailable(this)) {
                play();
            } else {
                finish();
            }
        }
    }
}
```

2）非消耗型商品

当用户购买完非消耗型商品后，App 可以通过 IapClient. obtainOwnedPurchases（）接口获取到该商品的信息。可以通过这类商品的购买记录来标识该用户可以永久观看视频。同样在 MemberRight. java 里，增加针对"永久会员"的记录和获取函数。

```
/* 判断是否是永久会员
 * @param context 上下文
 * @return Boolean */
public static boolean isVideoAvailableForever(Context context) {
return (boolean) SPUtil.get(context, getCurrentUserId(context), VIDEO_FOREVER_KEY, false);
}
/* 更新永久会员的状态
 * @param context 上下文 */
public static void setVideoAvailableForever(Context context) {
    SPUtil.put(context, getCurrentUserId(context), VIDEO_FOREVER_KEY, true);
}
```

可以看到，通过用标识来记录永久会员的购买记录即可，对于用户观看视频权限的判断，可以参考"消耗型商品"的内容。

3）订阅型商品

订阅型商品和前两种一样，提供服务前需要先判断其订阅关系有效性。在商品购买完成后，获取华为 IAP 的购买详情回调 InAppurchaseData，从返回信息里提取 InApp-purchaseData，再通过 IapClient. obtainOwnedPurchases（）查询已购的订阅型商品。对依赖当期续费情况的业务（如会员服务），如果 InAppurchaseData. subIsvalid＝true，则订阅关系有效，需要为用户提供商品服务。

App 提供的是会员服务，因此可以判断 InAppurchaseData. subIsvalid 是否为真来判断其订阅关系的有效性。打开项目的 PurchasesOperation. java，在里面实现订阅会员的权益发放。

```
/* 更新订阅会员到期时间
 * @param inAppPurchaseData 购买信息 */
public static void updateVideoSubscriptionExpireDate(Context context, InApp
  PurchaseData inAppPurchaseData) {
  if (inAppPurchaseData == null) {
   return;
  }
// 订阅有效
if (inAppPurchaseData.isSubValid()) {
    long expireDate = inAppPurchaseData.getExpirationDate();
    String uuid = inAppPurchaseData.getDeveloperPayload();
    if (TextUtils.isEmpty(uuid)) {
      uuid = getCurrentUserId(context);
    }
    long videoExpireDate = getVideoSubscriptionExpireDate(context);
    if (videoExpireDate < expireDate) {
      SPUtil.put(context, uuid, VIDEO_SUBSCRIPTION_KEY, expireDate);
    }
  }
}
/* 获取订阅会员的有效期截止时间
 * @param context 上下文
 * @return 时间戳 */
public static long getVideoSubscriptionExpireDate(Context context) {
return (long) SPUtil.get(context, getCurrentUserId(context), VIDEO_SUBSCRIPTION_
    KEY, 0L);
  }
```

通过 obtainOwnedPurchases 接口获取订阅关系，然后校验订阅数据的有效性。通过校验后，将 JSON 数据转为 InAppPurchaseData，再将参数传入 updateVideoSubscriptionExpireDate 函数，即可更新订阅会员的权益。通过方法 InAppPurchaseData.isSubValid() 可快速判断当前的订阅关系是否有效，同时记录下订阅的续期时间，以便通过展示续期时间来提醒用户。对于用户观看视频权限的判断，可以参考前面关于"消耗型商品"的介绍。

6. 订阅管理

前面介绍了如何展示非订阅型商品的购买记录，我们还可以借助华为 IAP 提供的订阅管理页面跳转入口，在终端 EMUI 个人"账号中心"，对订阅型商品进行维护。华为 IAP 提供了一个展示当前用户所有订阅商品的订阅管理界面，该用户订阅的商品都可以在这个页面进行管理。如果用户已经购买了一个订阅型商品，App 可以直接跳转到华为 IAP 该订阅型商品的订阅详情页。

App 可以通过 SchemeUrl 进行页面跳转，通过设置 Intent 的 URL，跳转到华为 IAP 的管理订阅页面和订阅详情页。管理订阅页展示的是当前用户所有已订阅的商品列表，订阅详情页展示的是某个订阅商品详情及该商品所在订阅组的其他商品的信息。Intent 设置的 URL 为 pay://com.huawei.hwid.external/subscriptions。表 6-5 为 URL 参数说明。

表 6-5 URL 参数说明

参数	必选(M)/可选(O)	说明
package	O	应用包名
appid	O	注册时分配的 AppID
sku	O	商品 ID。注意：当传入该值时，会跳转到订阅详情页面，否则跳转到管理订阅页面

其中 package 和 appid 都可以在 agconnect-services. json 这个文件里找到，如图 6-95 所示。sku 为“订阅会员”的商品 ID。

```
"agcgw":{
    "websocketbackurl":"connect-ws-drcn.hispace.dbankcloud.cn",
    "backurl":"connect-drcn.dbankcloud.cn",
    "websocketurl":"connect-ws-drcn.hispace.dbankcloud.com",
    "url":"connect-drcn.hispace.hicloud.com"
},
"client":{
    "appType":"1",
    "cp_id":"70086000323668417",
    "product_id":"736430079244800757",
    "client_id":"550559716321800832",
    "client_secret":"57B2A15E6D7E8DEDACAD0B8B2E7D17983B6647FABFCF80F01D5337118947FAAE",
    "project_id":"736430079244800757",
    "app_id":"103786035",
    "api_key":"CgB6e3x94F1074r2V6C87fcd5ts5SQSH85QwSzlekS8QwgZ7TTtsQ1Gyq0gXTOeGfAAbMwY/dhM3Bq0ZwKZv9IJi",
    "package_name":"com.huawei.myhmsDemo002"
},
```

图 6-95 agconnect-services. json 配置文件

当用户成为“订阅会员”后，商城 App 可以展示一个入口，让用户可以直接跳转到订阅会员的详情页。在 MineCenterAct. java 的 initView 里继续新增一个入口，用来管理订阅型商品。

```
findViewById(R. id. sub_manage). setOnClickListener(new View. OnClickListener() {
  @Override
  public void onClick(View view) {
    Intent intent = new Intent(Intent. ACTION_VIEW);
    intent. setData(Uri. parse("pay://com. huawei. hwid. external/subscriptions? package = com.
huawei. hmspetstore&appid = 101778417&sku = subscribeMember01"));
    startActivity(intent);
  }
});
```

现在运行示例项目，可以看到当成功购买了订阅会员后，单击个人中心的“续费管理”按钮，就可以跳转到订阅详情页，如图 6-96 所示。

如果当前用户没有订阅会员套餐，则华为 IAP 会给出未订阅的提示。也可以直接跳转到订阅管理界面，这样就不需要在 URL 里传入参数了，从而避免因为未订阅该商品而展示

图 6-96　订阅详情页

错误提示。这两种情况开发者可以根据实际的业务需求来进行选择。

7．沙盒测试（又称沙箱测试）

App 在开发接入华为 IAP 的过程中，可以通过沙盒测试功能模拟完成商品的购买，而无须进行实际支付。本章将介绍几种类型商品沙盒测试的实际操作。

沙盒测试功能原理描述如下：开发者可以在 AppGallery Connect 中配置测试账号，这些测试账号都是真实的华为账号，并设置允许这些账号执行沙盒测试。除了配置测试账号，还需要配置沙盒测试版本。如果要测试的应用此前没有在 AppGalleryConnect 上架过版本，则需要确保测试应用的 versionCode 大于 0；如果已有上架的版本，则测试应用的 versionCode 需要大于上架应用的 versionCode。

说明：目前沙盒测试功能要求测试设备必须安装 3.0 以上版本的 HMS Core(APK)。

1）测试非订阅型商品支付

发起非订阅型商品购买时，华为 IAP 会检测到该用户为测试用户，跳过实际支付环节，返回支付成功结果，结果中携带 purchaseType 字段。当该字段值为 0 时，标识为沙盒测试购买记录。沙盒测试场景下的购买流程与正式环境的购买流程一致。

2）测试订阅型商品的续订

为了快速测试订阅型商品的续订功能，沙盒环境引入了"时光机"概念。"时光机"仅针对订阅型商品的续期时间，不影响订阅型商品的生效时间，比如订阅周期为 1 周，商品在 3 分钟后发生续期，此时订阅商品有效期延长了 1 周。沙盒环境下的时间转换关系见表 6-6。

表 6-6　沙盒环境的时间转换关系表

实 际 时 限	测试时限/分钟
1 周	3
1 个月	5
2 个月	10
3 个月	15
6 个月	30
12 个月	60

沙盒环境下发起订阅时仍需要用户完成签约或绑卡，但该过程不会真实扣费。由于续期时间大大缩短了，为避免造成大量无用数据，所以在沙盒环境下，自动续期总共持续 6 次。停止续期后，如果你还需要再次续期，需要在订阅管理页，或者调用接口手动进行恢复订阅。随着恢复订阅一次，订阅商品就会再续期一次。

3）实战操作

下面具体来看如何配置沙盒测试账号。

（1）登录 AppGallery Connect 网站，选择"用户与访问"选项，如图 6-97 所示。

图 6-97　选择"用户与访问"选项

（2）在左侧导航栏选择"沙盒测试"→"测试账号"选项，单击"新增"按钮，如图 6-98 所示。

图 6-98　新增测试账号

（3）填写测试账号信息后，单击"确定"按钮。注意，账号必须填写已注册、真实的华为账号，如图 6-99 所示。

配置好测试账号后，确保 APK 版本符合沙盒环境要求，这样再登录测试账号去购买时，就可以进入沙盒测试环境了。为了能更顺利地使用沙盒测试，华为 IAP 还提供了一个沙盒测试的调试接口 isSandboxActivated，可以用来定位

图 6-99　新增沙盒测试账号

当前环境是否满足沙盒测试的约束。如果不满足，可以通过该接口的返回结果知道不满足沙盒测试的原因。在项目的 PurchaseOperation.java 里，添加一个检查沙盒环境的函数。

```java
/* 测试是否是沙盒账号 */
public static void checkSandbox(Context context) {
  IapClient mClient = Iap.getIapClient(context);
    Task < IsSandboxActivatedResult > task = mClient.isSandboxActivated ( new IsSandbox
ActivatedReq());
    task.addOnSuccessListener(new OnSuccessListener < IsSandboxActivatedResult >() {
  @Override
  public void onSuccess(IsSandboxActivatedResult result) {
    Log.i(TAG, "isSandboxActivated success");
    StringBuilder stringBuilder = new StringBuilder();
    stringBuilder.append("errMsg: ").append(result.getErrMsg()).append('\n');
stringBuilder.append("match version limit :").append(result.getIsSandboxApk()).append('\n');
    stringBuilder.append("match user limit : ").append(result.getIsSandboxUser());
    Log.i(TAG, stringBuilder.toString());
  }
}).addOnFailureListener(new OnFailureListener() {
  @Override
  public void onFailure(Exception e) {
    Log.e(TAG, "isSandboxActivated fail");
    if (e instanceof IapApiException) {
      IapApiException apiException = (IapApiException) e;
      int returnCode = apiException.getStatusCode();
      String errMsg = apiException.getMessage();
      Log.e(TAG, "returnCode: " + returnCode + ", errMsg: " + errMsg);
    } else {
      Log.e(TAG, "isSandboxActivated fail, unknown error");
    }
  }
});
}
```

通过接口返回的 IsSandboxActivatedResult，可以清楚地知道当前环境是否满足沙盒测试环境的要求。首先登录一个还没有配置为沙盒测试的华为账号，在会员中心页面的 onCreate 方法暂时添加 IsSandboxActivatedResult 函数的调用，运行项目，从接口返回可以清楚得知当前用户是否为沙盒测试的用户。

现在再次拉起支付，可以看到支付流程已经有了沙盒测试的提示了，如图 6-100 所示。

当使用了沙盒账号发起支付时，可以看到拉起收银台界面时有明确的沙盒环境提示。后

图 6-100　沙盒测试提示

面就可以很方便地使用沙盒环境进行调测了。

6.7　本章小结

　　本章主要介绍了 HMS 应用开发的基础,首先了解了 HMS 生态发展的历程,对 HMS 和 HMS Core 有一个较为深入的了解;其次,通过对 HMS Core 整体的介绍,读者初步了解了 HMS Core 的架构;再次,较为详细地讲解了 HMS 的应用开发准备,为后续的 HMS Core 开放能力集成做好准备;最后通过账号服务集成(Account Kit)、推送服务集成(Push Kit)、应用内支付集成(IAP Kit)等详细讲解了主要应用场景和功能,通过实战帮助读者了解如何实现各个 Kit 的集成。本章还介绍了 HMS Toolkit 工具,该工具可以快速帮助读者完成各个 Kit 开放能力集成。

6.8　课后练习

一、判断题

　　1. 接入华为账号,由于需要隐私保护,接入华为账号后只能获取 openId。（　　）

　　2. openId 当前非固定长度,最大允许长度 256,而 unionId 当前固定长度 46,最大允许长度 64。（　　）

　　3. 调用获取 access token 的接口时,暂时没有次数和频率的限制。（　　）

　　4. AppGallery Connect 中可以配置多个订阅关键事件回调地址。（　　）

　　5. 订阅型商品可以免费提供给用户试用一段时间。（　　）

　　6. 消耗型商品支付了,但是客户端长期没有调用消耗接口,此时华为会自动退款。（　　）

　　7. 已经上线的应用不可以用沙盒支付。（　　）

　　8. 在 App 推出一些优惠活动的时候,App Server 可以调用华为 IAP Server 提供的"延迟结算接口",用户在延迟期内不会被扣款且继续享受已经付费的服务和内容。（　　）

二、问答题

　　1. 退出华为账号和取消账号授权有什么区别?

　　2. 透传消息和通知消息有什么区别?

　　3. 客户端可以在不登录华为账号的情况下通过调用 obtainProductInfo 接口获取商品详情吗?

　　4. 沙盒测试和正式环境测试支付有什么区别?

第 7 章

HMS 应用开发扩展

HMS Core 是华为"芯-端-云"开放能力的合集。在 2020 年 1 月 15 日发布的 HMS Core 4.0 版本中,除了本书介绍的 8 个典型 Kit 外,4.0 版本还包含了 ML Kit、Scan Kit、WisePlay DRM、Ads Kit 等多项服务。2020 年 6 月 29 日,华为发布了 HMS Core 5.0 版本,该版本除了对已有 4.0 版本开放能力做了增强以外,还在图形、媒体等多个领域累计新增了 20 多项功能,以满足全球开发者多元化的业务开发与创新需求。开发者可以通过开发者联盟官方网站查询 HMS Core 最新的开放能力范围,并通过开发者联盟官网文档了解各项服务的使用方法。

在第 6 章介绍 HMS 应用开发的基础上,本章继续介绍 HMS 应用开发的扩展功能,主要包括快应用开发框架、定位服务、机器学习服务、App 和快应用测试上架等内容,进一步学习了解华为 HMS 生态,熟悉 HMS 生态开放能力架构,对 HMS Core 的相关应用开发 Kit 有个整体认识,为后续的学习打好基础。

7.1 快应用开发

7.1.1 快应用介绍

快应用是一种基于行业标准开发的新型免安装应用,其标准由主流手机厂商组成的快应用联盟联合制定。开发者开发一次即可将应用分发到所有支持行业标准的手机运行。华为公司提供的"快应用"是一种新型免安装应用。该类应用无须安装,是即点即用的新型免安装应用,具备和原生 App 相近的能力和体验,占用存储非常小,一般仅有原生应用 1%~5% 的大小。开发者不需要花费高昂的成本去拉动客户下载 App,也无须频繁推送原生应用的升级,这大大缩短了开发者和用户加入生态体系的时间周期,更易于推广传播。快应用中心是运行快应用必备的系统服务,为运行快应用提供所必需的运行环境,可以从华为应用市场进入快应用中心,或是在桌面打开快应用中心进入浏览快应用。

7.1.2 快应用技术架构

一个快应用包含描述项目配置信息的 manifest 文件、放置项目公共资源脚本的 app.ux

文件以及多个描述页面/自定义组件的.ux文件。图7-1标记了快应用的文件夹组织情况。

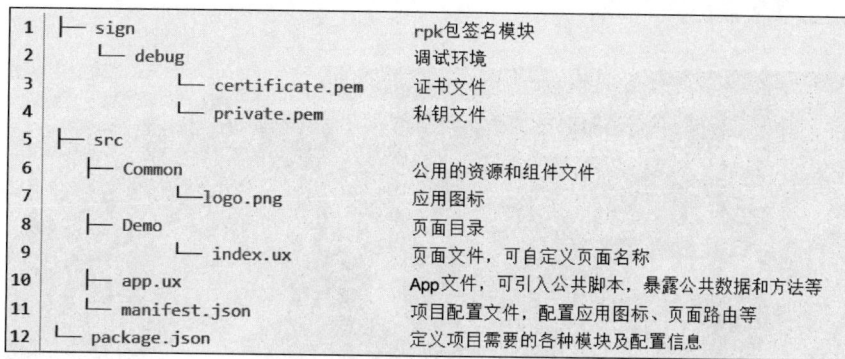

```
1  ├── sign                        rpk包签名模块
2  │   └── debug                   调试环境
3  │         ├── certificate.pem   证书文件
4  │         └── private.pem       私钥文件
5  ├── src
6  │   ├── Common                  公用的资源和组件文件
7  │   │     └── logo.png          应用图标
8  │   ├── Demo                    页面目录
9  │   │     └── index.ux          页面文件,可自定义页面名称
10 │   ├── app.ux                  App文件,可引入公共脚本,暴露公共数据和方法等
11 │   └── manifest.json           项目配置文件,配置应用图标、页面路由等
12 └── package.json                定义项目需要的各种模块及配置信息
```

图 7-1　快应用文件夹组织

文件夹的src文件夹用于存放项目源文件,sign文件夹为签名模块。

快应用的App、页面和自定义组件均通过.ux文件编写,.ux文件由template模板、style样式和script脚本3个部分组成。

7.1.3　快应用开发工具及环境介绍

华为快应用IDE是由华为推出一款针对快应用的集成开发环境,基于快应用厂商联盟标准,提供了快应用开发、构建、调试、测试、发布等能力。快应用开发流程如图7-2所示。

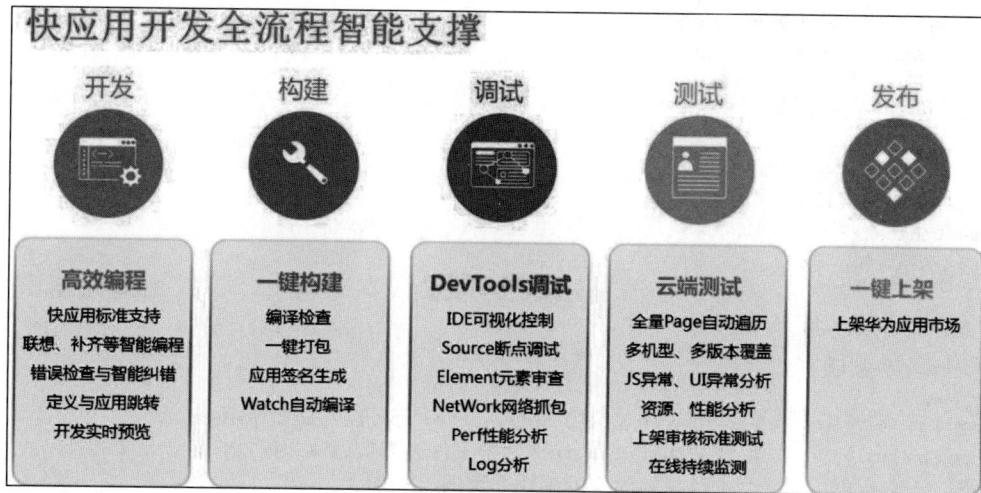

图 7-2　快应用开发流程图

开发工具从准备一台手机、一台PC(运行Windows、苹果操作系统都可以)开始,安装快应用 IDE:http://developer. huawei. com/consumer/cn/service/hms/catalog/fastapp. html? page=fastapp_fastapp_devprepare_install_tool。

安装完成以后，支持启动 IDE 会看到如图 7-3 所示的界面。

图 7-3　快应用 IDE 界面

环境搭建包括多个步骤。

（1）安装 NodeJS。需安装 6.0 以上版本的 NodeJS。

（2）安装 hap-toolkit。

```
// hap － V // 会显示安装版本信息
npm install － g hap － toolkit
```

（3）创建项目工程。

```
hap init projectName
// 增加编译支持
hap update －－ force
cd projectName && npm i
```

（4）生成的文件夹结构。

（5）编译项目。

```
npm run release      ＃ 发布程序包,在/dist/.signed.rpk,注意需要使用 release 签名模块
npm run build        ＃ 生成 build 和 dist 两个文件夹.前者是临时产出,后者是最终产出
npm run watch        ＃ 文件保存时自动编译和调试
```

（6）手动编译项目。

在项目的根文件夹下，运行如下命令进行编译打包，生成 rpk 包。

```
npm run build
```

编译打包成功后，项目根文件夹下会生成两个文件夹：build、dist。

- build：临时产出，包含编译后的页面 js、图片等。
- dist：最终产出，包含.rpk 文件。其实是将 build 文件夹下的资源打包压缩为一个文件，后缀名为.rpk，这个.rpk 文件就是项目编译后的最终产出。

（7）自动编译项目。每次修改源代码文件后，都自动编译项目。

```
npm run watch
```

（8）在 Android 手机上安装调试工具。网址为 https://www.quickapp.cn/docCenter/post/69。

（9）连接手机进行调试。将手机连接的 Wi-Fi 与计算机连接的网络设定在同一局域网和网段，实现相互访问。在项目根文件夹下执行如下命令，启动 HTTP 调试服务器（server 前需要先执行 npm run build）。

```
npm run server
```

开发者可以通过命令行终端或者调试服务器主页看到提供扫描的二维码，通过快应用调试器扫码安装按钮，扫码安装待调试的.rpk 文件，单击快应用调试器中的开始调试按钮，开始调试。打开快应用调试助手扫描即可预览。

7.1.4 快应用开发小案例

本节以开发一个影评的快应用为例介绍快应用的开发过程。

新建一个快应用工程，使用最基础的 HelloWorld 模板，选择菜单"文件"→"新建项目"，输入项目信息即可完成创建，如图 7-4 所示。

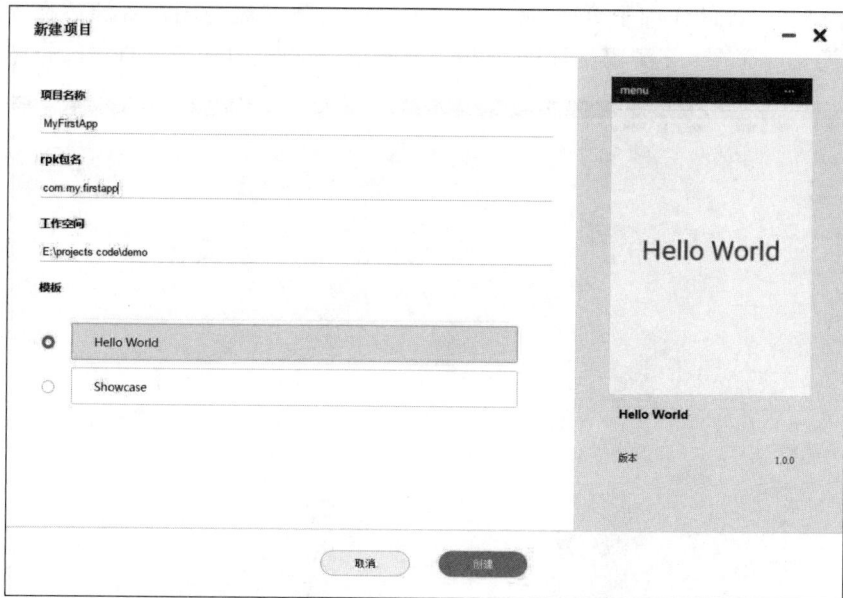

图 7-4 快应用案例新建 Hello World 页面

　　项目创建完成后，可以看到 IDE 的主要功能布局。这是一个典型的常见 IDE 布局结构，包括菜单栏、控制栏、资源管理区、代码编辑区、预览区、控制台区，这些都是开发者比较常见的，如图 7-5 所示，都很容易上手使用。

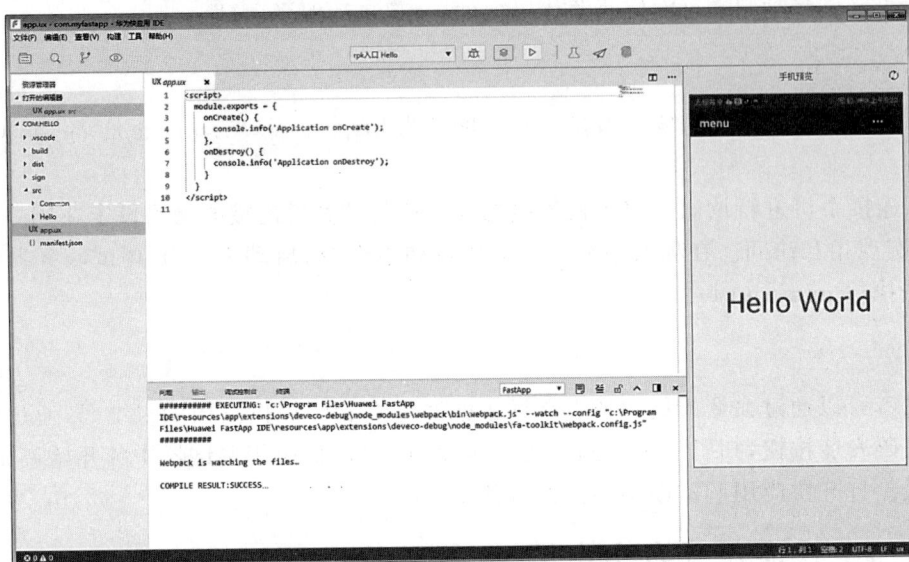

图 7-5　代码编辑页面

　　这里设计了一个简单的影评应用业务逻辑：应用的首页是电影列表，单击进去以后，可以查看到相应影评。首先是首页电影列表的开发，我们直接将模板中的 hello.ux 作为影评首页，然后新增一个影评的详细子页面，命名为 detail.ux。将所需的图片资源放在 Common 文件夹下。影评文本写在.ux 源码文件里，如图 7-6 所示，可以通过资源管理器编辑完成。

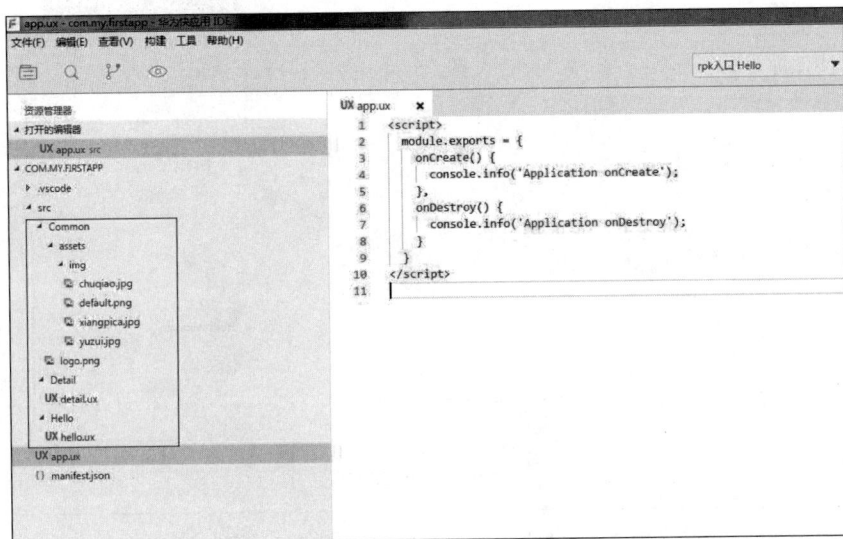

图 7-6　.ux 文件编辑界面

接下来配置页面与路径，参考标准规范，在工程的 manifest.json 文件的 router 和 display 部分添加 detail 页面，把"Hello"改成"影评"，同时添加"详情"，如图 7-7 所示。

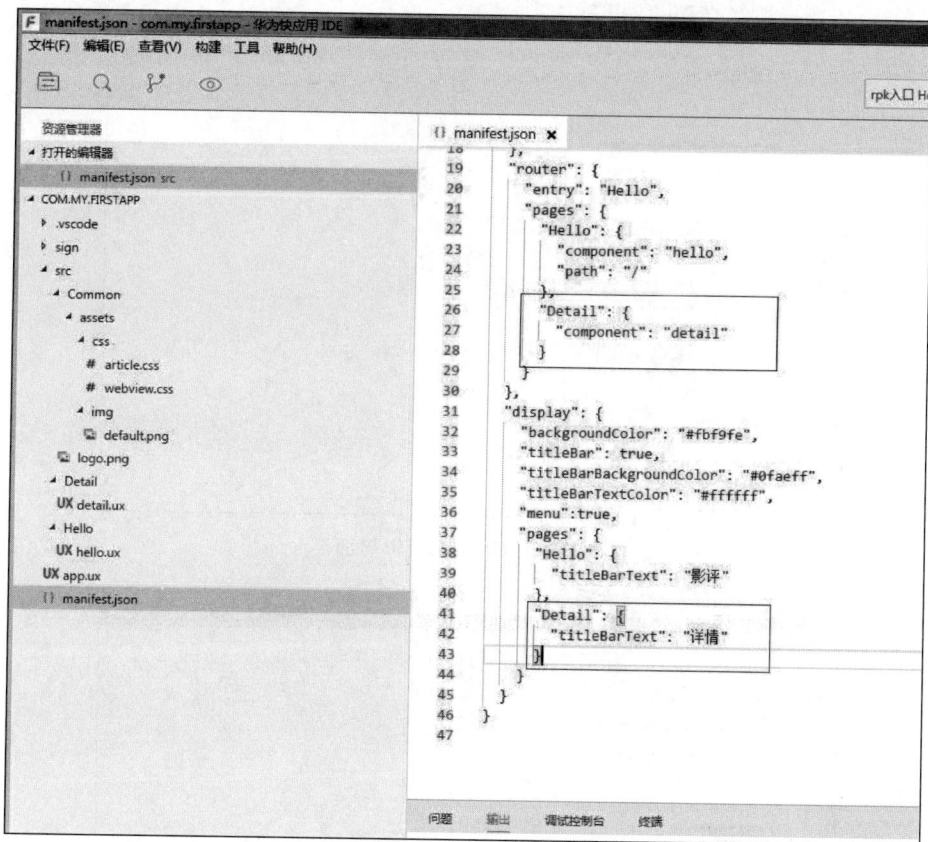

图 7-7　JSON 编辑界面

至此，整个应用的结构已经搭建完成，下面就是具体的编码了，如图 7-8 所示。首页需要展现电影列表，这里使用 List[] 数组，使用快应用的 list 组件循环显示影评的图片 $item.image 和标题 $item.title。goDetail() 函数在单击时跳转到影评详情页 detail.ux。IDE 在编码辅助方面提供了很不错的支持，包括基于快应用标准代码的联想、补齐、语法检测与修改意见、定义与引用跳转等，省去了不少标准语法检查工作。

完成影评列表的首页开发后，下面就是具体影评的详细页面了。detail.ux 作为详情页，这里使用简单 text 组件显示文本，当前也可以做更多的样式，可以添加图片或电影视频片段等。这里直接写几个影评信息，就完成了详情页的开发了，如图 7-9 所示。

接下来就是看运行效果了，单击"预览"按钮，在预览区域就能看到运行效果了，如图 7-10 所示，可以一边写代码，一边看到实时的运行效果。这个功能很实用，也解决了之前没有预览功能，不便于开发的问题。

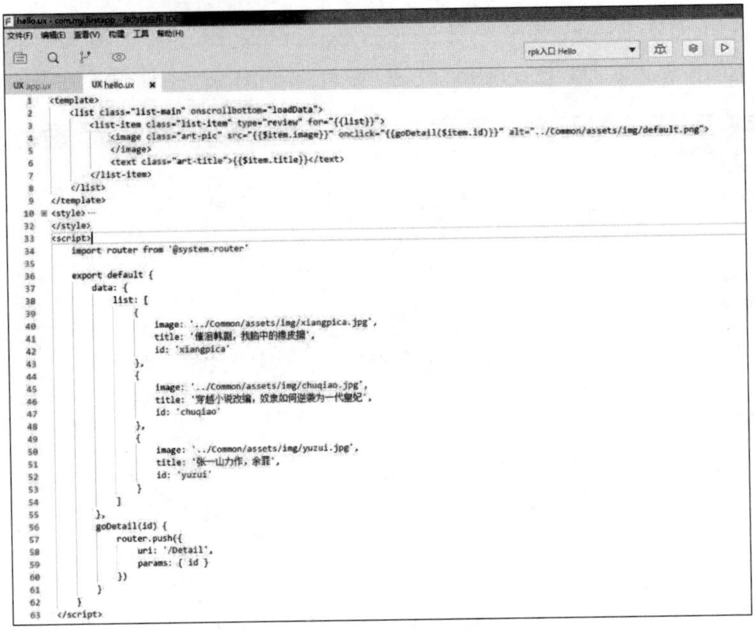

图 7-8　hello. ux 编辑界面

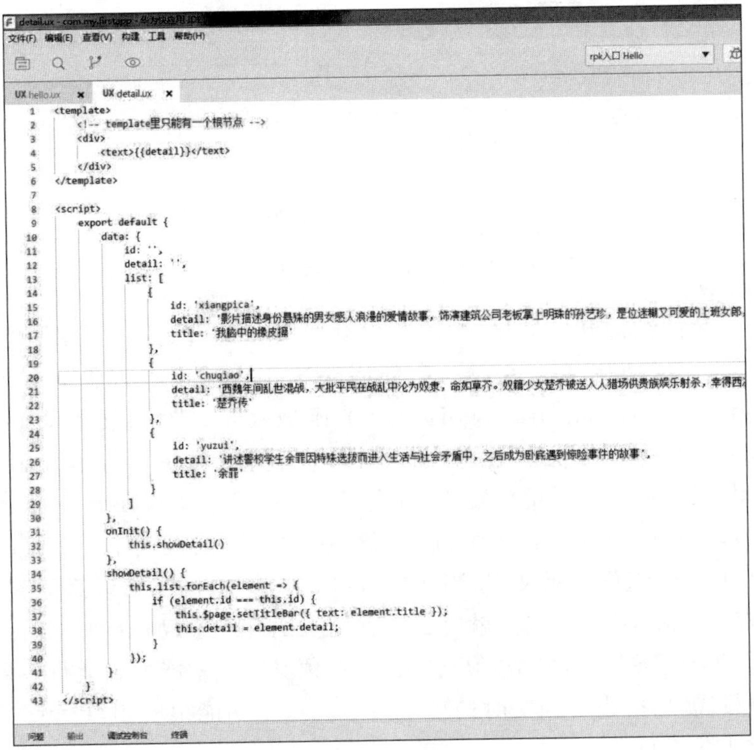

图 7-9　detail. ux 编辑界面

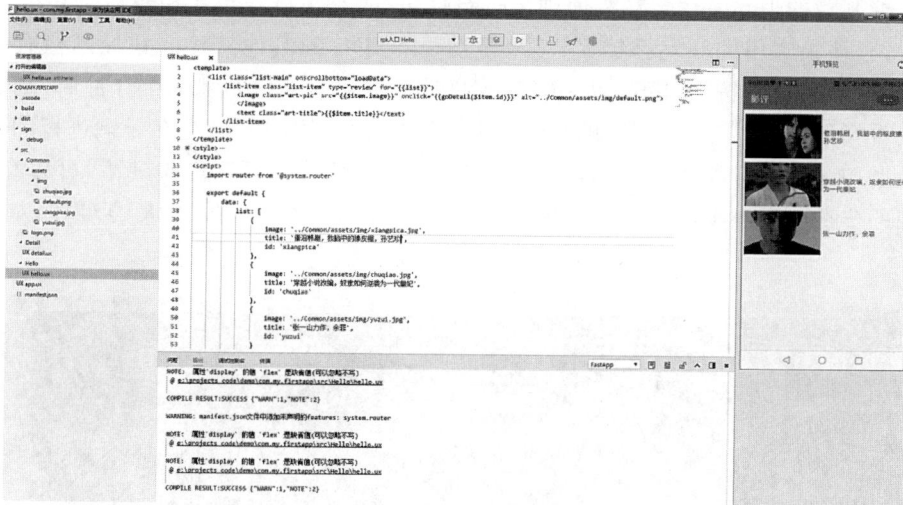

图 7-10　预览页面效果展示

编码已经基本完成了,下面试一下调试功能。快应用 IDE 的调试功能提供了 Source 断点调试、Element 元素审查、NetWork 网络抓包、Log 分析等特性。单击"调试"按钮(快捷键为 F5),启动调试进程,也是典型的 DevTools 方式,比较常用,这里尝试了断点调试与 Inspect。

直接在控制栏,单击"调试"按钮,进入调试界面,如图 7-11 所示。

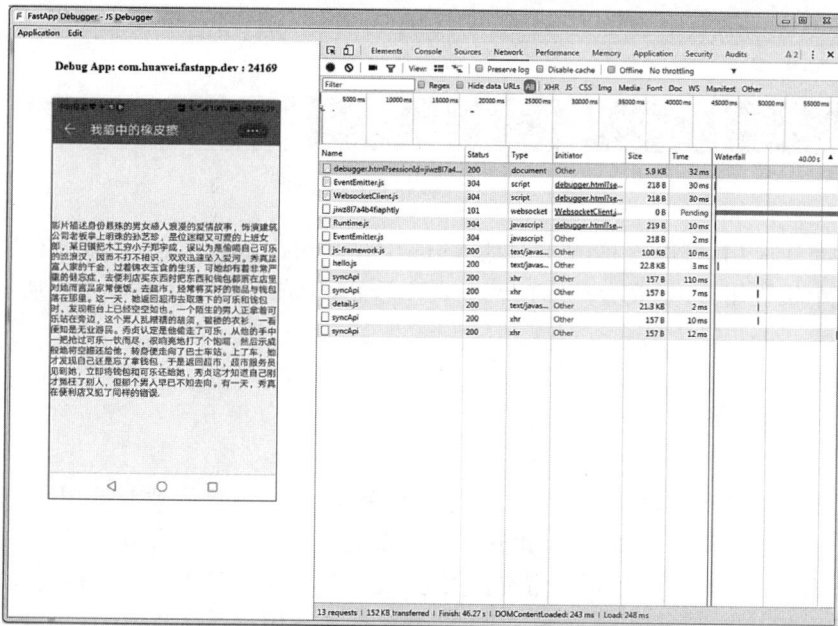

图 7-11　调试界面效果展示

单击控制栏的 Inspect，会在桌面弹出运行框，这时是可以拔出手机继续使用的。

至此，影评快应用的开发已经完成了，再看一下 IDE 的其他特性。在控制栏有一个"测试"按钮。单击"测试"按钮，就可以一键生成自动化测试任务。大概 10 分钟后，测试完成，还可以查看详细的测试报告。从测试报告可以看出，快应用的测试是在云端进行的，覆盖了主流的机型与 Android 版本，测试项也很丰富，每一个测试页面都覆盖到了，可以在报告中看到详细的步骤。这样解决了没有手机覆盖兼容性、测试工作投入大的难题，如图 7-12 所示。

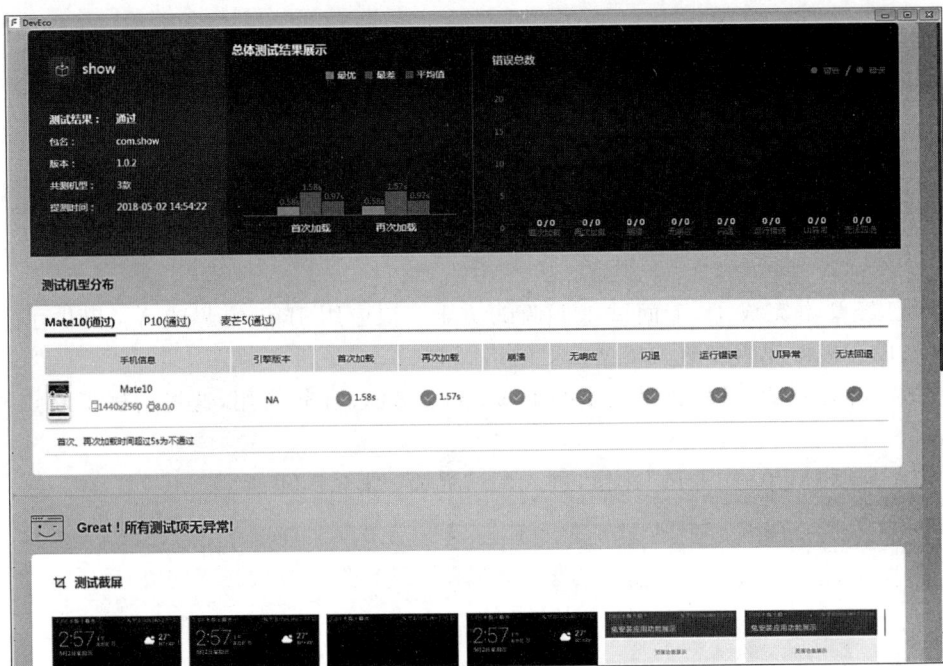

图 7-12　兼容性模拟测试示例

最后发布快应用，可以直接进入网址 https://www.quickapp.cn/，即可在厂商联盟官网上发布这个快应用，绑定完各厂商的开发者账号后，发布一次即可在联盟中所有的手机上上架使用了。

7.2　定位服务

若要开发的产品是运动、生活、出行或者其他品类的应用，则需要获取用户的位置信息，从而为用户提供各类服务。例如，帮助用户记录其运动轨迹，确认当前位置，以及向用户推荐附近的商家等。Location Kit(华为定位服务)是华为公司为开发者提供的定位服务能力，开发者通过集成 Location SDK，就能够快速、精准地获取用户位置信息，帮助开发者构建全球定位服务能力，快速发展全球业务。

7.2.1 功能与架构

在集成之前,先来了解一下 Location Kit 的功能原理。Location Kit 为开发者提供的能力包括融合定位、活动识别、地理围栏和地理编码。

(1)融合定位:结合 GPS(Global Positioning System)、Wi-Fi 和基站位置数据,帮助应用快速获取设备位置信息。

(2)活动识别:通过加速度传感器、蜂窝网络信息、磁力计等手段识别用户运动状态(如行走、跑步、骑车等),便于应用根据用户运动状态来调整为用户提供的服务。

(3)地理围栏:根据应用的需要,设置地理围栏区域,当用户进入(或离开、停留)围栏区域时,Location Kit 会向应用发出通知,以便应用采取相应的动作。

(4)地理编码:为应用提供位置信息和结构化地址信息相互转换的能力。

Location Kit 的整体架构如图 7-13 所示,整体结构分为 3 层:应用层、端侧服务层和云侧服务层。

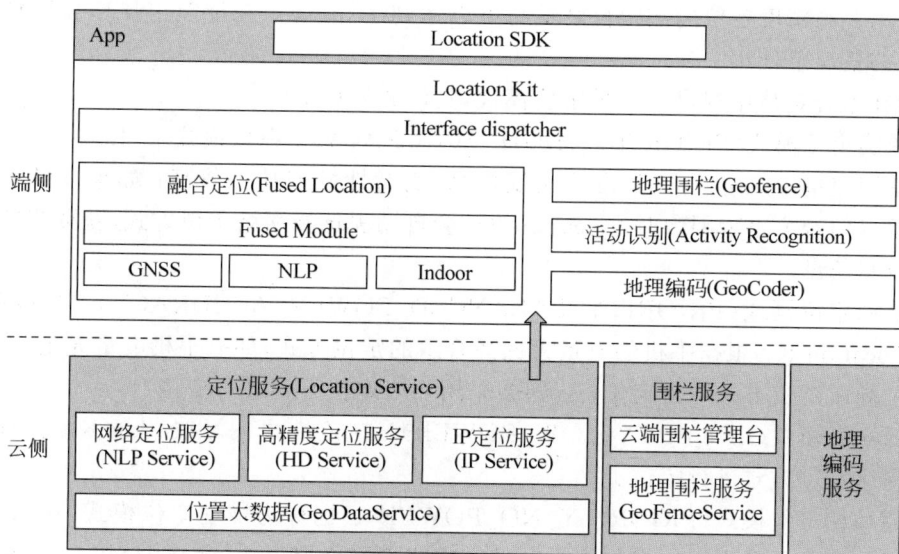

图 7-13　华为定位服务整体架构图

(1)应用层指的是 SDK 层,开发者需要通过集成 Location SDK 来调用 Location Kit 的功能接口,使用华为提供的定位服务能力。

(2)端侧服务层指的是 Location Kit 为开发者提供的端侧服务能力,当前 Location Kit 提供的能力有融合定位、活动识别、地理围栏和地理编码。融合定位包含了多种定位方式,分别是导航卫星定位(Global Navigational Satellite System,GNSS)、网络定位(Network Location Provider,NLP)和室内定位(Indoor)。

(3)云侧服务层指的是 Location Kit 为开发者提供的云侧服务能力,包含云侧定位服务、围栏服务、地理编码服务。其中,云侧定位服务能力主要包含网络定位服务、高精度定位服务、IP 定位服务和位置大数据。

下面分别介绍融合定位、活动识别、地理围栏和地理编码的功能原理。

（1）融合定位。

华为定位服务采用导航卫星定位、基站、Wi-Fi、蓝牙等多途径融合的方式进行定位，整体可以划分为两类定位方式：

① 导航卫星定位。该方式通过获取导航卫星广播的位置信息，从而计算出设备的位置信息。导航卫星定位速度快、定位准，不需要连接网络，但是功耗较高，需要在导航卫星信号覆盖区域使用。

② 网络定位。该方式通过扫描附近基站和 Wi-Fi 信号，获取设备所在位置附近的信号基站 ID 或 Wi-Fi 热点 ID，然后与服务器进行交互，获取当前站点位置信息，再通过计算得到当前设备的位置信息。

此外，华为还提供了结合以上两种方式的高精度定位，利用网络定位方式对卫星导航定位方式的数据进行纠偏，然后返回高精度定位结果，以便开发者在对定位精度要求非常高的场景下使用。高精度定位的测距精度最高可以达到 1cm，需要在导航卫星覆盖区域且网络连接正常的情况下使用。

华为在融合定位中提供了 5 种定位模式，具体介绍如下。

- 准确定位模式（PRIORITY_HIGH_ACCURACY）：在该模式下，Location Kit 优先使用卫星导航定位方式，定位精度较高，实时性好但功耗较高；如果设备不在导航卫星信号覆盖范围内时，Location Kit 会自动去选择网络定位方式，获取当前设备的位置信息。
- 平衡定位模式（PRIORITY_BALANCED_POWER_ACCURACY）：在该模式下，Location Kit 根据手机的电量去选择合适的定位方式，如果手机电量充足，会采用卫星导航定位方式进行定位；否则会采用网络定位方式进行定位。
- 低功耗模式（PRIORITY_LOW_POWER）：在该模式下，Location Kit 会直接采用网络定位方式进行定位。
- 零功耗定位模式（PRIORITY_NO_POWER）：也称为被动定位模式，在该模式下，当前请求不会主动去发起卫星导航定位或者网络定位，只会从 HMS Core 中去获取缓存的位置信息。
- 高精度定位模式（PRIORITY_HD_ACCURACY）：该模式通过卫星导航方式获取位置信息，然后通过网络定位进行纠偏，可实现亚米甚至分米级定位，当前暂只支持 P40 机型。

（2）活动识别。

活动识别是通过终端设备识别用户运动状态的一种能力。Location Kit 的活动识别架构可以分为 3 层，自底向上分别是传感器层、分类算法层、接口层。

华为手机通过加速度传感器、蜂窝网络信息、磁力计等传感器来采集数据，然后对传感器采集到的数据进行计算、分类，调用接口得到用户的运动状态。最后应用通过 SDK 来调用接口获取用户的运动状态。

（3）地理围栏。

地理围栏（Geofence）功能支持开发者用一个虚拟的栅栏围出一个虚拟地理边界，当手机进入、离开或在该区域内活动时，应用就可以接收到围栏事件上报。地理围栏依赖于融合定位能力，开发者下发地理围栏之后，Location Kit 就会查询位置信息，根据位置信息，确认是否上报围栏事件。如图 7-14 所示，如果开发者对某个地点感兴趣，就可以设置该地点为 PoI，然后以 PoI 为圆心，添加监测半径 R，这个圆形区域就是围栏有效区域。

Location Kit 可以监测的围栏状态有进入、退出或者在圆形区域停留一段时间，当用户所在的位置满足监测条件时，就会触发围栏事件上报。

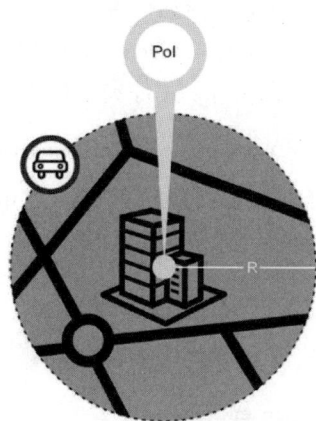

图 7-14 地理围栏示意图

（4）地理编码。

Location Kit 提供的地理编码能力包含地理编码和逆地理编码，两种能力的介绍如下。

- 地理编码。将详细的结构化地址转换为 Location Kit 经纬度坐标，例如，对江苏省南京市雨花台区软件大道 101 号进行地理编码转换后，得到的经纬度信息为（118.777726，31.966673）。
- 逆地理编码。将地理位置的经纬度信息转换为详细结构化的地址。例如，将位置（116.480881，39.989410）进行逆地理编码转换后，得到的结构化地址为：北京市朝阳区阜通东大街 6 号。

Location Kit 为开发者提供了地理编码和逆地理编码服务，但是在 SDK 侧并没有新增接口，只是复用了 Android 原生的 Geocoder 类。对于开发者而言，只需要调用 Geocoder 的 getFromLocation()接口就可以调用 Location Kit 的逆地理编码能力，调用 Geocoder 类的 getFromLocationName()接口就可以调用 Location Kit 的地理编码能力。

7.2.2 开发准备

当用户需要填写送货地址时，可以通过 Location Kit 的融合定位能力，快速、准确地获取用户当前位置信息，自动填入送货地址栏，节省用户的时间。另外，开发者可以根据实地店铺的位置，设置地理围栏区域；当用户进入围栏区域时，向用户推送消息，为实体店吸引客流量。本节将介绍 Location Kit 的接入流程和在正式接入前的一些准备操作，通过本节的学习，开发者将会了解如何接入 Location Kit。

（1）开通定位服务。

华为定位服务包含基础定位服务和高精度定位服务，当前都是免费使用并且默认开启的，无须进行额外操作。

（2）集成 Location SDK。

本节将介绍如何在 App 中集成 Location SDK。在开始集成 Location SDK 之前，需要将 agconnect-services.json 文件从 AppGallery Connect 下载并放到项目的 app 文件夹下。打开项目的 app 文件夹下的 build.gradle 文件，找到 dependencies 闭包，添加以下依赖。

```
implementation 'com.huawei.hms: location: {version}'
```

其中，{version}是 Location SDK 的版本号，最新的版本号可以在华为的 Location Kit 版本更新说明中找到，参考：

https://developer.huawei.com/consumer/cn/doc/development/HMS-Guides/versionUpdatas

集成后的代码如下所示：

```
dependencies{                              // 集成 Location SDK
implementation 'com.huawei.hms: location: 4.0.2.300'
}
```

7.2.3　融合定位功能开发

Location Kit 提供的融合定位能力包含基础定位能力和高精度定位能力，高精度定位能力能够定位到"米"级，甚至"亚米"级。当前只支持华为 P40 机型，后期会逐步支持更多机型，具体支持情况请关注华为开发者联盟网站。基础定位能力能够满足大多数使用场景的需要，具有较高的精准度和实时性。开发者可以通过调用华为定位服务的请求位置更新接口，持续获取用户位置信息，记录用户的运动轨迹。

根据前面的功能设计，我们需要自动获取用户的收货地址。要实现这个功能，首先就需要调用请求位置更新接口，获取用户的位置信息；然后调用逆地理编码能力，将位置信息转换成结构化地址信息，填充到收货地址栏中。

1. 配置定位权限

由于用户位置信息涉及用户隐私，因此必须先取得用户的明确授权，才能够使用 Location Kit 的持续定位功能。与定位功能相关的权限包括粗略定位权限：

```
< uses - permission android:name = "android.permission.ACCESS_COARES_LOCATION"/>
```

与定位功能相关的权限还包括导航卫星定位权限：

```
< uses - permission android:name = "android.permission.ACCESS_FINE_LOCATION"/>
```

以及后台运行权限。当应用运行在 Android Q(API29)或更高版本的目标平台时，如果需要在后台运行，访问设备位置信息，那么还必须声明后台运行权限，具体如下：

```
< uses - permission android:name = "android.permission.ACCESS_BACKGROUND_LOCATION" />
```

考虑 App 在获取用户位置信息时，不需要在后台进行持续定位，开发者只需要在 AndroidManifest.xml 文件中，配置粗略定位权限和导航卫星定位权限即可。

```
< uses - permission android:name = "android.permission.ACCESS_COARES_LOCATION"/>
< uses - permission android:name = "android.permission.ACCESS_FINE_LOCATION"/>
```

在权限声明之后,由于这两个权限都属于危险权限,所以 Android 6.0 以后需要开发者动态申请用户权限。在 MainAct.java 类中动态申请权限的示例如下:

```
private void checkPermission() {     // 动态申请权限
if(ActivityCompat.checkSelfPermission(this,Manifest.permission.ACCESS_FINE_
    LOCATION) != PackageManager.PERMISSION_GRANTED|| ActivityCompat
    .checkSelfPermission(this, Manifest.permission.ACCESS_COARSE_LOCATION) !=
    PackageManager.PERMISSION_GRANTED) {
// 申请权限列表
String[] strings = {Manifest.permission.ACCESS_FINE_LOCATION,
    Manifest.permission.ACCESS_COARSE_LOCATION};
// 动态申请权限
ActivityCompat.requestPermissions(this, strings, 1);}
}
```

2. 实战编码

本节主要介绍如何调用华为定位服务的融合定位能力和逆地理编码能力,实现快速获取用户位置信息,并解析出结构化地址的功能。整体流程如图 7-15 所示。

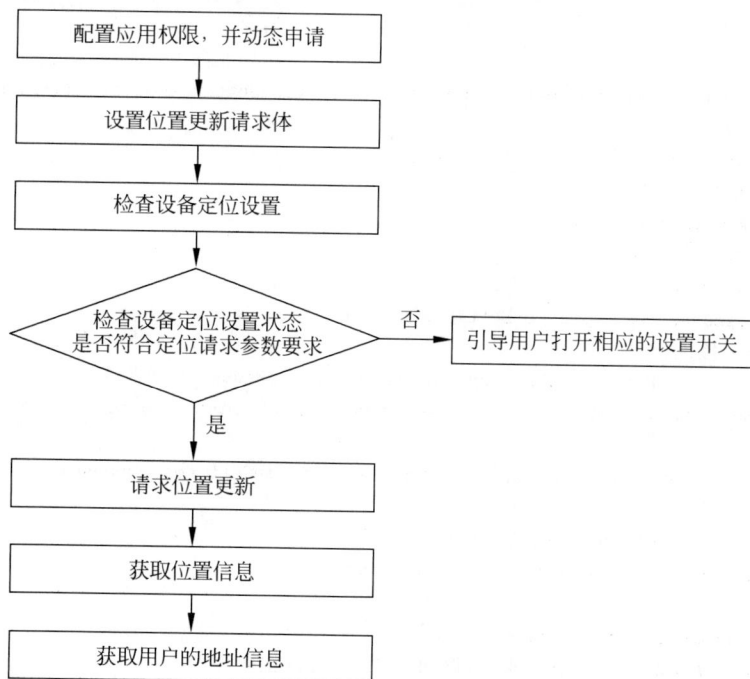

图 7-15　融合定位开发流程图

下面将依次介绍每个步骤如何开发。

首先，构建请求体（LocationRequest）。

在定位功能的 App 中，既要获取较为准确的位置信息，又要满足室内外多场景定位的需要，因此采用基础定位中的导航卫星定位模式，在请求体中将 Priority 字段设置为 PRIORITY_HIGH_ACCURACY，设置位置更新次数为 1 次，其他参数使用默认参数。在 AddressAct.java 类中构建请求体，代码如下：

```
// 创建请求体
private LocationRequest mLocationRequest;
mLocationRequest = new LocationRequest();
// 设置位置更新次数为 1
mLocationRequest.setNumUpdates(1);
// 设置请求定位类型
mLocationRequest.setPriority(LocationRequest.PRIORITY_HIGH_ACCURACY);
```

然后，检查设备的定位设置。

在 AddressAct.java 类中，调用 checkLocationSettings(Location-SettingsRequest)接口检查设备的定位设置，该接口会检查设备的定位开关、蓝牙的开关状态等手机设置项，如果开关状态不满足位置更新请求参数要求，就会弹出引导页面，引导用户操作。在 App 中，只需要在 LocationSettingsRequest 中添加 LocationRequest 请求体，其余参数设置为 false 即可。代码如下：

```
// 创建构造体
LocationSettingsRequest.Builder builder = new LocationSettingsRequest.Builder();
// 添加定位请求
builder.addLocationRequest(mLocationRequest);
// 设置位置信息是否是必选项
builder.setAlwaysShow(false);
// 设置蓝牙是否为必选项
builder.setNeedBle(false);
LocationSettingsRequest locationSettingsRequest = builder.build();
// 检查设备定位设置
settingsClient.checkLocationSettings(locationSettingsRequest)
    .addOnSuccessListener(new OnSuccessListener < LocationSettingsResponse >() {
@Override
public void onSuccess(LocationSettingsResponse locationSettingsResponse) {
// 满足定位条件
Log.i(TAG, "checkLocationSettings successful");
}}).addOnFailureListener(new OnFailureListener() {
@Override
public void onFailure(Exception e) {
    // 如果定位设置不满足条件要求，返回错误码，进行相应处理
    int statusCode = ((ApiException) e).getStatusCode();
    switch (statusCode) {
      case LocationSettingsStatusCodes.RESOLUTION_REQUIRED:
    try
```

```
        {
            ResolvableApiException rae = (ResolvableApiException)e;
            // 调用 startResolutionForResult 可以弹窗提示用户打开相应权限
            rae.startResolutionForResult(AddressAct.this, 0);
    } catch (IntentSender.SendIntentException sie) {
    // 拉起引导页面失败
        Log.e(TAG, "start activity failed");
        }
    break;
    }} });
```

再次，发送位置更新请求。

在发送请求位置更新之前，需要已经完成权限配置、请求体构建、检查定位设置等步骤。在 App 中，调用 requestLocationUpdates(LocationRequest，LocationCallback，Looper) 接口，自定义 LocationCallback 获取回调结果，在 AddressAct.java 类中，实现代码如下：

```
LocationCallback mLocationCallback;
mLocationCallback = new LocationCal
lback() {
@Overrid
    public void onLocationResult(LocationResult locationResult) {
    // 定位结果回调
    if (locationResult != null) {
        Log.i(TAG, "onLocationResult locationResult is not null");
        // 获取位置信息
        List < Location > locations = locationResult.getLocations();
        if (!locations.isEmpty()) {
            // 获取最新的位置信息
            Location location = locations.get(0);
            Log.i(TAG, "Location[Longitude,Latitude,Accuracy]:" +
                location.getLongitude() + "," + location.getLatitude() + "," +
                location.getAccuracy());
            // 逆地理编码获取地址
            final Geocoder geocoder = new Geocoder(AddressAct.this, SIMPLIFIED_CHINESE);
    // 启用子线程调用逆地理编码能力，获取位置信息
    new Thread(() -> {
    try {
        List < Address > addrs = geocoder.getFromLocation(location.getLatitude(),
        location.getLongitude(), 1);
    // 地址信息更新成功之后，利用 handler 更新 UI 界面
        for (Address address : addrs) {
        Message msg = new Message();
        msg.what = GETLOCATIONINFO;
        msg.obj = addrs.get(0).getAddressLine(0);
        handler.sendMessage(msg);
    }
```

```
} catch (IOException e) {
Log.e(TAG, "reverseGeocode wrong " + e.getMessage())}}).start()} }}};
// 发起位置更新请求
fusedLocationProviderClient
.requestLocationUpdates(mLocationRequest, mLocationCallback, Looper.getMainLooper())
  .addOnSuccessListener(new OnSuccessListener < Void >() {
    @Override
    public void onSuccess(Void aVoid) {
      // 接口调用成功的处理
      Log.i(TAG, "onLocationResult onSuccess");
    }});
```

接下来，移除位置更新请求。当不再需要位置更新时，调用 removeLocationUpdates( ) 接口，移除位置更新请求。在 App 中，我们设置了请求位置更新次数，就不需要再次移除位置更新请求了，Location Kit 提供的 SDK 会自动根据回调次数，移除位置更新请求。

最后，进行功能测试。完成上述开发以后，可以单击"获取当前位置"按钮进行功能测试，如果获取地址信息成功，如图 7-16 所示，说明请求位置更新成功。当前位置栏可以进行编辑，如果位置有所偏差，可以人工进行修正，填入正确的位置信息。

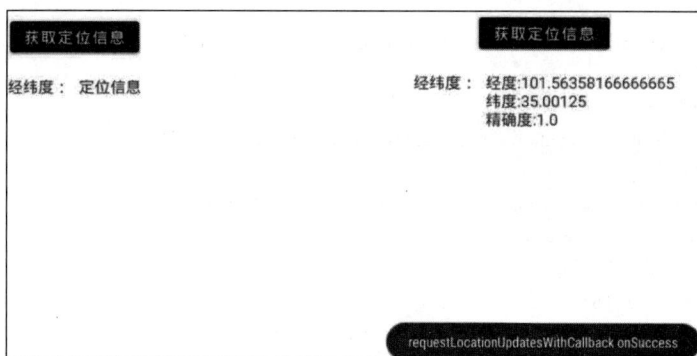

图 7-16 定位结果显示图

7.3 机器学习服务

华为机器学习服务（HUAWEI ML Kit）提供机器学习套件，为开发者使用机器学习能力开发各类应用，提供优质体验。得益于华为长期技术积累，HUAWEI ML Kit 为开发者提供简单易用、服务多样、技术领先的机器学习能力，助力开发者更快、更好地开发各类 AI 应用。

7.3.1 服务介绍

1. 文本类

文本识别：可以识别收据、名片、文档照片等含文字的图片，将其中的文本信息提取出来。

文档识别：可以从含有文档的图片中，比如文章、合同等，能识别出带段落格式的文本信息。

身份证识别：支持从带有身份证信息的图像或视频流中，识别出带格式的文本信息。

银行卡识别：可以快速识别卡号信息，覆盖全球常见卡证类型，包括银联、美国运通、万事达（Mastercard）、Visa、JCB等。

通用卡证识别：针对身份证等任意固定版式的卡证，基于文字识别技术，提供通用的开发框架，帮助开发者自定义后处理逻辑获取所需信息。

表格识别：利用AI技术从输入的图片中识别并返回表格结构信息（包括单元格的行列信息和坐标信息）和表格中的文本信息（包括单元格内的文本内容）。

2．语音语言类

在线文本翻译：支持将源语言文字通过云侧服务器翻译为目标语言文字。

离线文本翻译：支持在下载离线模型后，可以在没有网络的情况下将源语言文字翻译为目标语言文字。

在线语种检测：支持在线检测文本的语种，既支持检测单语种文本，也支持检测混合语种文本。

离线语种检测：可以在没有网络的情况下检测出文本的语种，既支持检测单语种文本，也支持检测混合语种文本。

实时语音识别：支持实时将短语音（时长不超过60秒）转换为文本。

语音合成：支持在线将文字信息转换为语音输出，能够实时输出音频数据，并且提供丰富的音色以及可通过调整音量、语速从而使发音达到更加真实自然的效果。

离线语音合成：支持下载离线模型后，即便在无网络环境下也可以将文字信息转换为语音。

音频文件转写：可以将5小时内的音频文件转换成文字，支持输出标点符号，以及能够生成带有时间戳的文本信息，目前支持中英文的转写。

个性化讲解视频生成：个性化讲解视频生成服务可以根据课件和讲解词自动生成讲解视频，降低视频制作过程中的投入成本，提高制作效率。

实时语音转写：支持将输入的长语音（时长不超过5小时）实时转换为文本，支持输出标点符号，同时可以生成带有时间戳的文本信息。

声音识别：支持通过在线（实时录音）模式检测声音事件，基于检测到的声音事件可以帮助开发者进行后续指令动作。

3．图像类

图片分类：通过对图片中的实体对象添加标注信息，如：人、物、环境、活动、艺术形式等信息，帮助定义图片题材和适用场景等。

对象检测和跟踪：可以对图片中多个对象进行位置信息的跟踪与检测，基于此服务可以实时定位和跟踪对象、对象分类等。

地标识别：可获得输入图片的地标名称、经纬度信息，基于获得的信息，可以为用户创造更加个性化的应用体验。

图像分割：可以将图片中不同元素的内容分割开。

拍照购物：用户通过拍摄商品图片，在预先建立的商品图片库中在线检索同款或相似商品信息，返回相似商品 ID 和相关信息。

图像超分辨率：提供 1x 和 3x 的超分功能，1x 超分去除压缩噪声，3x 超分不仅有效抑制压缩噪声，而且提供 3 倍的放大能力。

文档校正：可以自动识别文档在图片中的位置，根据识别到的位置信息校正拍摄角度，同时支持用户自定义边界点位置进行文档校正，从而拍摄出文档正面图像。

文字图像超分辨率：可以对包含文字内容的图片进行 3 倍放大，同时显著增强图像中文字的清晰度。

场景识别：通过对图片的场景内容进行分类并添加标注信息，如：室外风景、室内场所、建筑物等，辅助理解图像内容。

4．人脸人体类

人脸检测：支持检测人脸 2D 及 3D 轮廓。2D 人脸检测能够识别人脸面部特征，包含表情、年龄、性别、穿戴等信息。3D 人脸检测能够获取人脸关键点坐标信息、3D 投影矩阵信息以及人脸偏转角度等信息。

人体骨骼检测：支持检测人体各部位关键点，能够返回关键点的人体骨骼位置数据，如：头顶、脖子、肩、肘、手腕、髋、膝盖、脚踝等。

活体检测：支持不需要用户配合做动作即可识别业务场景中的用户是否为真人。

手势识别：提供手部关键点识别和手势识别能力，支持检测 21 个手部关键点，返回关键点的位置数据。

人脸比对：人脸比对服务通过识别并提取模板中的人脸特征，将模板人像和人脸图像进行高精度比对，输出相似度值，进而判断两者是否为同一个人。

5．自然语言处理类

文本嵌入：支持输入需要查询的中英文的词或句子，查询对应的向量值，并在此基础上做进一步研究。

6．自定义模型

自定义模型服务可以帮助用户定制新的模型，可以先通过模型开发在应用中快速训练和生成模型。生成后的模型可以随应用一起打包，也可以将其上传到 ML Kit 模型托管平台进行托管，通过 ML Kit SDK 实现模型的下载和更新。最后可以使用 ML Kit SDK，通过此自定义模型进行推理。

端侧推理框架：是机器学习服务推出的便于集成开发运行到端侧设备上的机器学习推理框架，通过引入此推理框架，能够最小成本地定义自己的模型并实现模型推理。

模型开发：提供了迁移学习和模型转换能力，目前已经做好了模型训练的准备工作，方便在应用程序中快速训练和生成新模型，通过此功能进行迁移学习和模型转换，不仅灵活度高,同时也降低了学习成本。

模型部署与推理:机器学习服务支持将模型放在本地集成或通过云端托管模型,可以将模型随应用一起打包,也可以将其上传到 ML Kit 模型托管平台进行托管,通过 ML Kit SDK 实现模型的下载和更新。

预置模型:开发者根据机器学习服务指定的基础模型以重新训练的方式来获取新模型,也是机器学习服务提供的最简单的端到端自定义模型解决方案,当前提供了图片分类和文本分类预置模型。

7.3.2　开发准备

在正式开发应用之前,可以通过 CodeLab 快速体验一个应用的开发过程。

开发环境要求 Android Studio 和 Java JDK 1.8 及以上环境。按照流程来完成客户端的开发工作,完整的开发流程如下:

(1) 配置 AppGallery Connect。在开发应用前,需要在 AppGallery Connect 中配置相关信息,包括注册成为开发者和创建应用。

(2) 开通服务(可选)。使用 ML Kit 云侧服务(端侧服务可不开通)需要开发者在 AppGallery Connect 上打开 ML Kit 服务开关。

(3) 集成 HMS Core SDK。在开发应用前,需要将 HMS Core SDK 集成到开发环境中。

(4) 配置混淆脚本。编译 APK 前需要配置混淆配置文件,避免混淆 HMS Core SDK 导致功能异常。

(5) 添加权限。在 AndroidManifest. xml 文件中配置应用所需权限,详细信息可参见各能力应用开发。

(6) 应用开发。根据业务需求,完成对文本类、语音语言类、图像类、人脸人体类、自然语言处理类服务或自定义模型的开发工作。

(7) 开发后自检。华为提供对应用自动检查的能力。

(8) 上架申请。开发完成后需要在 AppGallery Connect 中将应用信息补充完整并提交上架申请。

如果已有集成第三方移动服务的应用程序,可以使用 HMS Toolkit 提供的 Convertor 工具将第三方移动服务相关的 API 接口自动转换为 HMS Core 相对应的 API 接口,实现快速转换和集成 HMS Core 的能力。绑定完各厂商的开发者账号后,快应用发布一次即可在联盟中所有手机上上架使用了。

7.3.3　文本识别应用开发

文本识别服务可以识别收据、名片、文档照片等含文字的图片,将其中的文本信息提取出来。该服务被广泛应用于印刷、教育、物流等行业。例如,可以在税务相关应用中,使用该服务代替人工信息录入与检测等操作。

该服务可以同时支持端侧和云侧，不过其能识别的文字种类有区别。当调用端侧接口时，可识别中文（简体）、日文、韩文、拉丁语（包括英文、西班牙文、葡萄牙文、意大利文、德文、法文、俄文、特殊字符）。当调用云侧接口时，可以识别中文（简体）、英文、西班牙文、葡萄牙文、意大利文、德文、法文、俄文、日文、韩文、波兰文、芬兰文、挪威文、瑞典文、丹麦文、土耳其文、泰文、阿拉伯文、印地文、印尼文等文字。

该服务支持静态图片识别和动态视频流识别，有同步和异步两种调用方式，通过提供丰富的 API，可帮助开发者快速构建各种文本识别应用。

在职场社交、论坛、商务会见等场景下，相互交换名片是常见的行为，通过该服务可以快速实现对名片中重要信息的结构化识别和录入；在寄快递场景下，通过识别上传的图片，能快速将收件人姓名、电话、收件人地址等重要信息填入对应位置，极大地降低了用户的输入成本，快速、方便，提升产品的易用性。

端侧文本识别主要包括相机或视频画面实时处理，图片中稀疏文本识别等。支持语言主要包括中文（简体）、日文、韩文、拉丁语（包括英文、西班牙文、葡萄牙文、意大利文、德文、法文、俄文、特殊字符）。调用方式支持同步和异步。

在开始端侧文本识别开发工作之前，需要完成必要的开发准备工作，同时请确保工程中已经配置 HMS Core SDK 的 Maven 仓地址，并且完成了本服务的 SDK 集成。

（1）创建文本分析器 MLTextAnalyzer 用于识别图片中的文字，可以通过 MLLocalTextSetting 设置识别的语种，不设置语言默认只能识别拉丁字符。

```
//方式一:使用默认参数配置端侧文本分析器,只能识别拉丁语系文字
    MLTextAnalyzer analyzer =
        MLAnalyzerFactory.getInstance().getLocalTextAnalyzer();
//方式二:使用自定义参数 MLLocalTextSetting 配置端侧文本分析器
  MLLocalTextSetting setting = new MLLocalTextSetting.Factory()
    .setOCRMode(MLLocalTextSetting.OCR_DETECT_MODE)
        // 设置识别语种
    .setLanguage("zh")
    .create();
    MLTextAnalyzer analyzer =
    MLAnalyzerFactory.getInstance().getLocalTextAnalyzer(setting);
```

（2）通过 android.graphics.Bitmap 创建 MLFrame，支持的图片格式包括 jpg、jpeg、png、bmp，建议输入图片长宽比范围为 1∶2～2∶1。

```
// 通过 bitmap 创建 MLFrame,bitmap 为输入的 Bitmap 格式图片数据
    MLFrame frame = MLFrame.fromBitmap(bitmap);
```

（3）将生成的 MLFrame 对象传递给 asyncAnalyseFrame 方法进行文字识别。

```
  Task < MLText > task = analyzer.asyncAnalyseFrame(frame);
task.addOnSuccessListener(new OnSuccessListener < MLText >() {
  @Override
```

```
  public void onSuccess(MLText text) {
    // 识别成功处理
  }
}).addOnFailureListener(new OnFailureListener() {
  @Override
  public void onFailure(Exception e) {
    // 识别失败处理
  }
});
```

示例代码中使用了异步调用方式,本地文本识别还支持 analyseFrame 同步调用方式,识别结果以 MLText.Block 数组提供:

```
Context context = getApplicationContext();
MLTextAnalyzer analyzer =
    new MLTextAnalyzer.Factory(context).setLocalOCRMode(MLLocalTextSetting
    .OCR_DETECT_MODE).setLanguage("zh").create();
SparseArray < MLText.Block > blocks = analyzer.analyseFrame(frame);
```

（4）识别完成,停止分析器,释放识别资源,如图 7-17 所示。

图 7-17　文本识别运行结果截图

7.4　App 和快应用测试上架

华为开发者联盟面向全球开发者提供多渠道的技术支持服务。目前,华为在全球各个区域拥有超过 300 名以上的 HMS 技术支持工程师,为开发者加入 HMS 生态的各环节提供丰富的线上和线下专业技术支持。

开发者可以通过开发者联盟官网"技术支持"版块的智能客服进行自助问题咨询；也可以在官网在线提问，或者发送问题至官方客服邮箱：devConnect@huawei.com 获取支持。同时，华为为全球开发者提供 DigiX Lab 远程测试服务，该服务提供真机设备进行应用的适配验证。目前，华为已在全球部署了五大 DigiX Lab(分别位于俄罗斯、德国、爱尔兰、新加坡和墨西哥)，为开发者提供简单便捷的在线 App 测试服务。开发者可以线下通过 DigiX Lab 参与丰富的活动，与华为 HMS 技术支持工程师面对面交流，共同探索应用创新的灵感并进行开发验证。此外，华为还提供技术推广、开发能力验证等服务，开发者可根据实际需要，进行申请。

7.4.1　华为云测试服务介绍

本节讲解如何使用华为云测试服务对应用进行测试。测试完成以后，将会讲解如何将应用发布到华为应用市场，方便更多的用户下载使用。

云测试服务是华为针对开发者打造的 App 测试平台，包含了云测试和云调试两项服务，可以帮助开发者方便、高效地集成华为开放能力，实现快速验证和交付。

云测试提供了兼容性、稳定性、性能和功耗测试，能够检测出应用在华为手机上的安装、启动、卸载以及运行过程中的崩溃、闪退、黑白边等异常，同时还能够收集 App 运行中性能及功耗的关键指标数据，帮助开发者提前发现并精确定位以解决各种问题。云调试提供了最新、最热的华为机型，让开发者可随时随地了解 App 在华为手机上的运行情况。

云测试服务通过华为开发者联盟对外开放，开发者在开发者联盟管理中心可以方便地找到云测试服务的入口。使用账号登录华为开发者联盟，进入管理中心，单击右上角"自定义桌面"按钮，如图 7-18 所示。

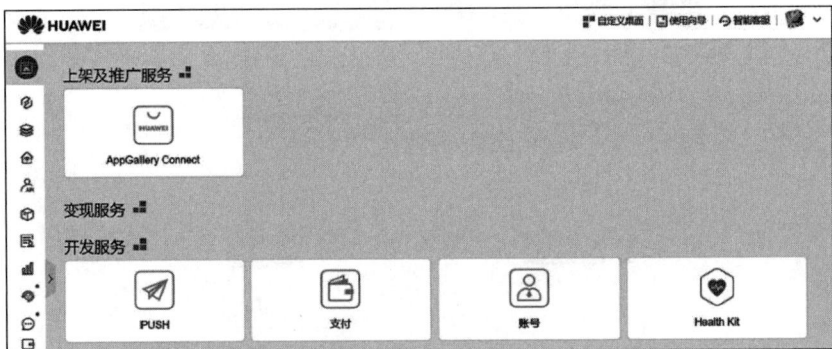

图 7-18　管理中心

在测试服务中找到"云测试"和"云调试"并选中，如图 7-19 所示。

关闭自定义桌面，返回管理中心。单击左侧导航栏的"应用服务"选项，在测试服务中可以看到"云测试"和"云调试"选项，如图 7-20 所示。单击相应选项，即可进入系统。下面以前面介绍的 App 为例，详细介绍如何使用云测试和云调试。

云测试致力于为移动应用开发者提供便捷的一站式移动应用测试服务，解决广大开发

图 7-19　管理中心自定义桌面

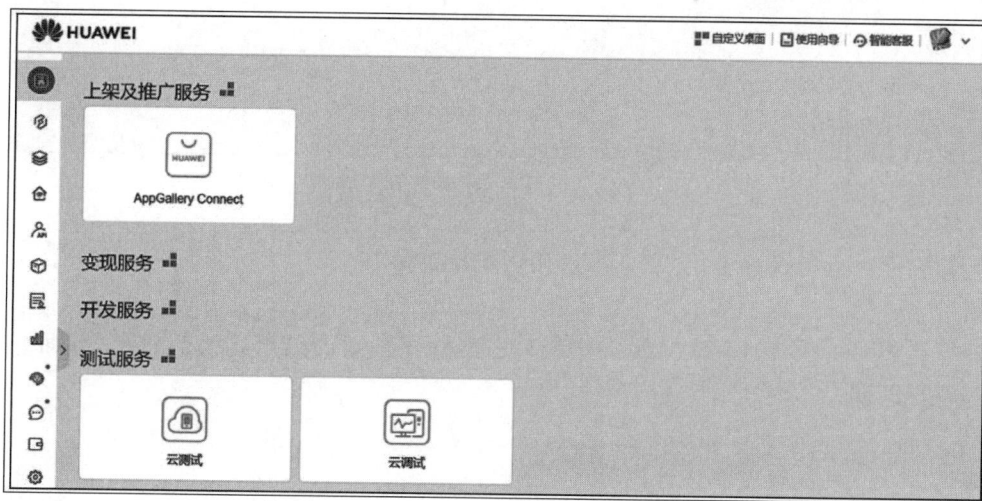

图 7-20　加入测试服务后的管理中心

者在移动应用开发、测试过程中面临的成本、技术和效率问题。

　　在管理中心单击左侧导航栏的"应用服务"选项,下拉页面滚动条,在测试服务处找到
"云测试"选项,单击并进入"云测试"页面后即可创建不同的测试任务。若之前未创建过云
测试任务,则会直接打开创建云测试任务页面;若之前已创建过测试任务,则单击右上角的
"创建测试"按钮即可打开创建云测试任务页面,如图 7-21 所示。

　　下面将详细介绍如何使用云测试服务对 App 进行兼容性、稳定性、性能和功耗测试。

　　(1)兼容性测试。

　　兼容性测试可快速在真机上验证应用的兼容性,包含首次安装、再次安装、启动、崩溃、
无响应、闪退、运行错误、UI 异常、黑白屏、无法回退、卸载等检查项,各项检测定义如下:

　　首次安装——应用下载后首次不能正常安装。

　　再次安装——应用卸载后,不能再次正常安装。

　　启动——启动后无响应,不能进入应用首页。

　　崩溃——运行过程中出现类似"××应用已停止运行"弹窗。

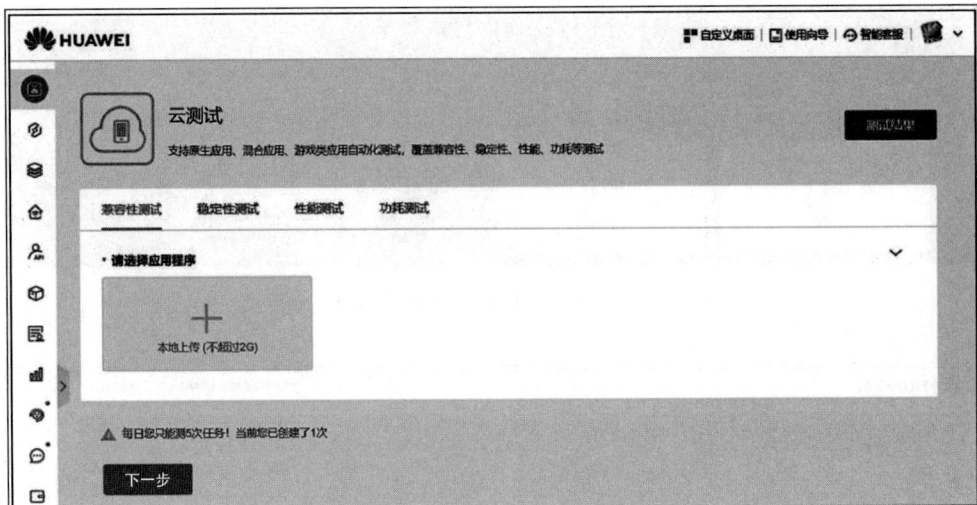

图 7-21　创建云测试任务

无响应——运行过程中出现"××应用无响应"弹窗。

闪退——运行过程中某个操作导致非正常退出到桌面。

运行错误——运行过程中某个操作产生了不符合预期的结果，可能是应用界面或后台逻辑不符合预期。

UI 异常——页面控件显示不完全。

黑白屏——页面存在非设计的黑屏、白屏。

无法回退——应用进入某个页面后无法退出该页面且无法退出应用（只能强杀进程关闭）。

卸载——应用无法卸载或卸载出现残留。

下面将介绍如何创建"兼容性测试"任务，对 App 进行兼容性测试。

首先，在创建云测试任务页面中单击"兼容性测试"标签页，单击"本地上传"选项，上传基本应用的 APK。

其次，单击"下一步"按钮，进入选择机型页面，可按照手机品牌和 Android 版本过滤测试机型。

再次，选择完测试机型以后，单击"确定"按钮，提交测试任务。测试任务提交成功以后，会弹出提示提交成功的对话框。

然后，单击"前往测试报告"按钮，进入测试报告查看页面。

最后，等待测试完成，单击"查看"按钮，即可查看详细的测试报告。兼容性测试报告中呈现了应用在华为手机上运行中出现的首次、再次安装及卸载失败的问题，以及检测出的启动失败、崩溃、无响应、闪退等问题，如图 7-22 所示。

如果想查看某款机型的详细报告，单击该款手机右侧的图标，进入测试报告详情页面，查看测试过程的截图。还可以获取性能数据及 Logcat 日志，包括启动耗时、CPU 占用率、

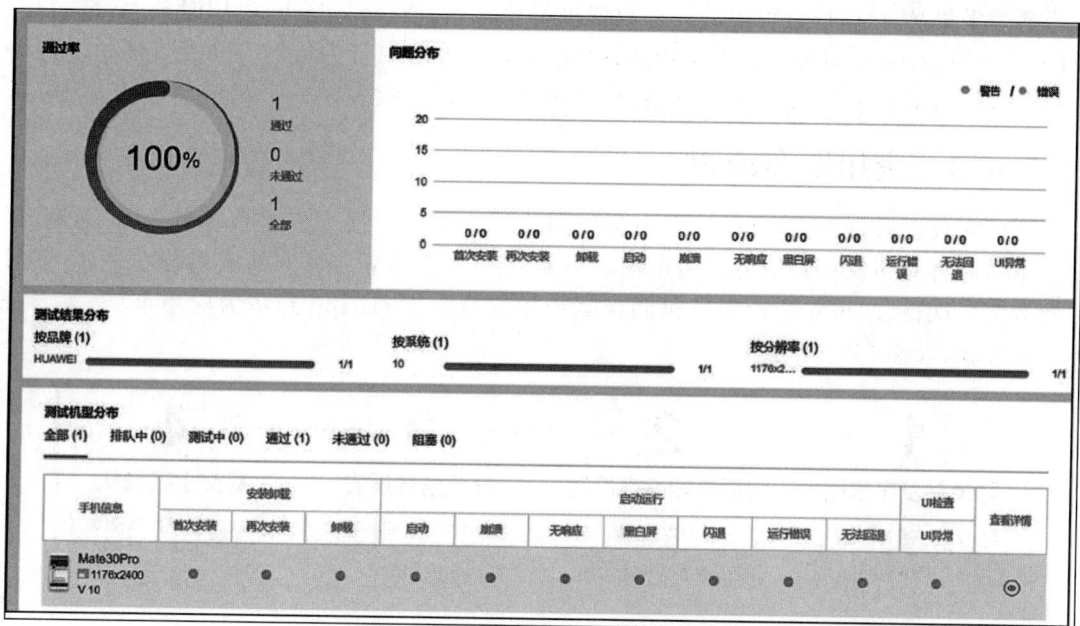

图 7-22　测试报告详情页面

内存占用率、流量消耗、电量消耗等。异常描述和异常信息为空则表示测试通过。

（2）稳定性测试。

稳定性测试提供了遍历测试和随机测试，能够测试应用在华为手机上的内存泄漏、内存越界、冻屏、崩溃等稳定性问题。稳定性测试的创建步骤和兼容性测试类似，这里不再详细阐述。不同点是在创建稳定性测试任务时，需要指定测试时长。

稳定性测试报告中列出了测试过程中采集到的 Crash（崩溃）、ANR（无响应）、Native crash（错误数）以及 Leak（资源泄漏数）等。如果单个检测项的问题数量超过 10 个，那么稳定性测试就不会通过。

（3）性能测试。

性能测试会采集应用的性能数据，如 CPU、内存、耗电量、流量等关键指标。性能测试的创建步骤和兼容性测试类似，不同点是在创建性能测试任务时，需要指定应用的分类。应用的分类对某些检测项的评估结果有影响，比如帧率，游戏应用与非游戏应用的帧率评估标准不同。性能测试报告中将呈现测试过程中收集到的冷热启动时长、帧率以及 App 对内存和 CPU 的占用数据等。

（4）功耗测试。

功耗测试会检测功耗的各项关键指标。功耗测试的创建步骤和兼容性测试类似，这里不再详细阐述。不同点是在创建功耗测试任务时需要选择应用的分类。因为应用分类会影响某些检测项的评估结果，如音频占用检测对音频、视频类应用的评估标准与其他应用不同。

通过采集 App 运行过程中的耗电数据进行检测，包含 wakelock、占用时长、屏幕占用、WLAN 占用、音频占用等资源占用检测，以及 Alarm 占用等行为检测。开发者通过功耗测试报告可以清晰地了解 App 的功耗情况，可参考功耗测试报告。

7.4.2　应用发布流程

测试完成以后，就可以将应用发布到华为应用市场了。接下来将以基础 App 为例，详细介绍如何将应用发布到华为应用市场。华为应用市场是华为官方的应用分发平台，通过开发者实名认证、四重安全检测等机制保障应用安全。发布 App 到华为应用市场，主要分为 4 个步骤，如图 7-23 所示。

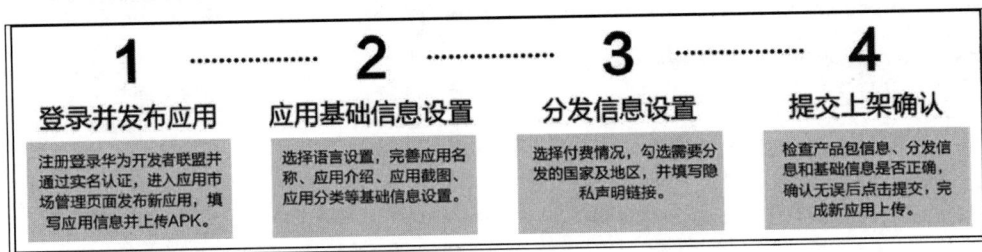

图 7-23　发布 App 到华为应用市场流程图

本节将重点介绍如何完善应用的信息并发布上架。应用基础信息设置包含应用介绍、应用图标等，设置方法如下，参考图 7-24。

（1）登录华为开发者联盟，并进入 AppGallery Connect 页面。

（2）单击"我的应用"按钮，在应用列表中找到 App，单击应用名称，进入"应用信息"页面，选择兼容的设备。

（3）单击"语言"选项区域的"管理语言列表"按钮，选择语言。当前系统支持中文、英文、日语等 78 种语言。

（4）在"语言选择"下拉列表框中选择各语言并完善其对应的信息。

（5）完善基础信息：应用介绍、应用一句话简介、应用图标、应用截图和视频以及应用分类。

（6）应用信息填写完毕后，单击"保存"按钮。

应用信息填写完成后，还应继续设置分发信息，包含分发的国家和地区、内容分级等，设置方法如下。

（1）单击"版本信息"导航栏下的"准备提交"按钮，在软件版本文件夹下单击"软件包管理"按钮，上传需要发布的 APK，如图 7-25 所示。

（2）设置"付费情况"和"应用内资费类型"。

（3）单击"管理国家及地区"按钮，选择分发的国家及地区。

（4）单击"分级"按钮，根据年龄分级标准选择合适的分级。

（5）填写隐私政策网址及版权信息，上传应用版权证书或代理证书。

软件包管理

文件名称	类型	版本 (版本号)	上传时间	操作
∨ HMSTextReco...	APK	1.0 (1)	2021-08-17 17:27:26	删除　下载

共1条　　10 ∨　　< **1** >　　前往 1

选取　　上传　　取消

应用上架
　📄 应用信息
　📝 版本信息
　　● 准备提交
　⊕ 版本/升级

服务
　📋 预约申请
　📅 爆屏计划
　🖇 申请加入AppTouch...
　📄 应用签名
　📦 资源包预下载申请

记录查询
　📄 版本历史记录
　📊 应用信用记录

应用信息
此信息用于这个应用在应用市场客户端部分展示，任何更改将在提交版本信息后生效

兼容设备
* 兼容设备：□ 手机　□ 平板 ⑦　□ PC ⑦

可本地化基础信息
正确填写应用多语言信息，有助于增加应用在应用市场曝光。1、如果您没有为各语言版本添加本地化图片文件，则系统将使用默认语言版本的图片文件。2、输入的标示，不支持htm标签。

* 语言：简体中文 - 默认　　　　　　∨　　管理语言列表
简体中文 - 默认

* 应用名称：HMSTextRecognitionDemo　　22/64 ⑦
简体中文 - 默认

* 应用介绍：应用介绍字数应限制为8000字以内

应用上架
　📄 应用信息
　📝 版本信息
　　● 1.0 正在审核
　⊕ 版本/升级

服务
　📋 预约申请
　📅 爆屏计划
　🖇 申请加入AppTouch...
　📄 应用签名
　📦 资源包预下载申请

记录查询
　📄 版本历史记录
　📊 应用信用记录

✓ 您的应用已提交审核，预计审核需要3~5个工作日，请耐心等待，谢谢。点击返回提交详情

为提升您应用的下载量，邀请您集成并使用如下服务：

选择全球范围发布（无法检测）您的应用；
集成更多华为AG Connect开发服务（认证服务，远程配置）
集成更多华为HMS Core服务（无法检测，立即查看）

检测依赖于应用安装包已提交且集成HMS SDK 3.0.1版本以上

立即加入爆屏计划，为您提供更多扶持资源

推广资源：我们为您提供爆屏流量券，以兑换华为应用市场、开放平台、云空间、视频、音乐、Huawei Pay等专区流量资源。
联合营销：我们为您提供立体式联合营销的资源及平台，实现品牌的联合曝光，共同放大声量。
云资源：华为云提供丰富的扶持云资源，将通过云主机、数据库及通用产品的无门槛代金券形式，使您享受到实实在在的云资源优惠。

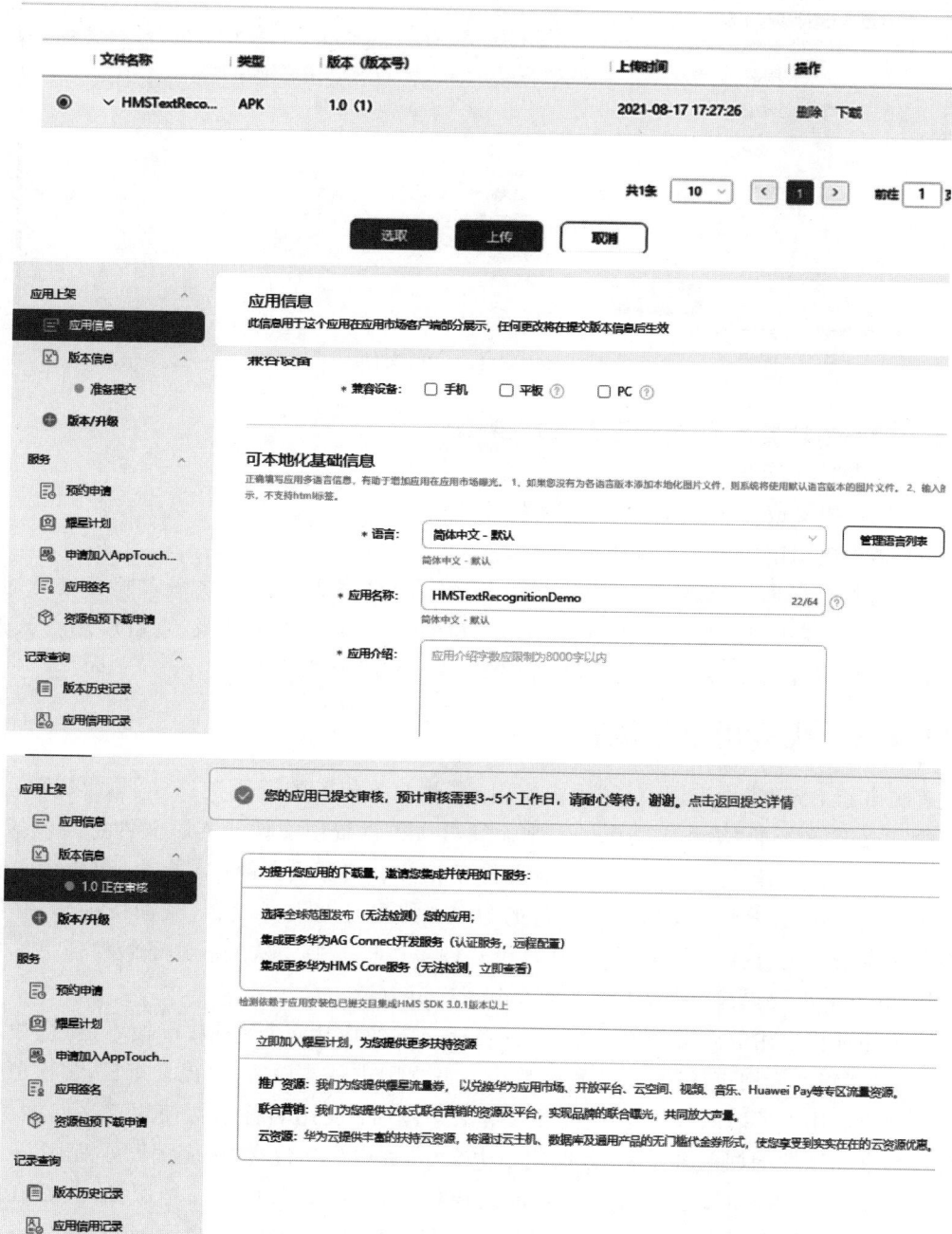

图 7-24　APK 文本识别文件上架步骤

（6）填写应用审核信息及上架时间，设置是否与"家人共享"。

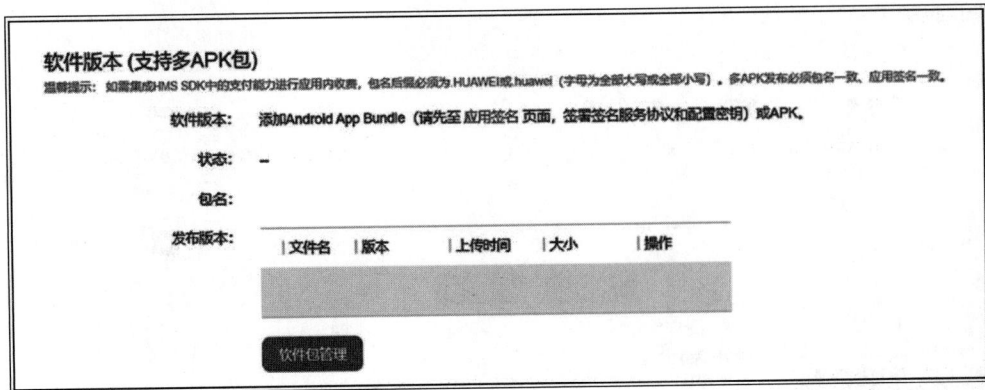

图 7-25　上传 APK 文件

完成审核信息之后，需要提交应用的上架确认：

（1）单击"提交审核"按钮。

（2）应用提交成功后，应用状态更新为正在审核。

（3）华为应用市场将完成审核。

如果应用被驳回，那么华为应用市场审核人员将会发送邮件至联系人邮箱进行通知；审核通过以后，就可以在华为应用市场搜到发布的 App 了。关于升级、查看应用等其他华为应用市场的操作可以参考应用市场的应用创建与管理指导文档。

7.4.3　快应用上架流程

首次申请上架"华为应用市场"的快应用，需要准备相关的资质文件。但如果该应用有对应的 App 已经上架"华为应用市场"，则无须再次提供资质文件。资质文件主要包括：参考"应用分类示例"，确定快应用所属分类并准备相关版权资质文件；需提交《免责函》，包括APPID/应用包名；需要提交审核 rpk 包的包名；如果是个人开发者，需加按手印，并同时准备手持身份证正、反两面的照片；《计算机软件著作权证书》或《App 电子版权证书》，由于申请周期较长，需要提前准备，并通过官方申请通道申请。

为了保证快应用的质量，华为会对开发者提交的快应用进行审核，审核不通过，快应用将无法上架"华为应用市场"。请开发者严格参考规则进行自检后，再提交审核，多次驳回将严重影响快应用上架时间。快应用上架规则主要包括：应用名称请勿使用广义归纳类、普遍且不具有识别性的词汇来命名，建议使用中文，名称中请勿包含"快应用""小程序"；包名中建议不要包含"demo"；含账号注册功能的应用，需同时提供账号注销服务，包括在线销户功能或销户客服联系方式等；首次申请上架"华为应用市场"的快应用，须提前准备相关资质文件；如果快应用在"华为应用市场"有对应的 App，快应用的分类必须与 App 分类保持一致；快应用菜单中，创建桌面快捷方式的菜单项请勿描述为"保存桌面"，建议描述为"添加到桌面"；在快应用 A 中不允许下载原生应用 A，如果需要下载必须工具，使用 pkg

.install()接口引导到华为应用市场下载；包含收费功能的应用，应用中必须提供人工客服联系信息，并提供首次免费体验的功能；提交快应用时，在备注信息中需提供可验证收费功能的测试账号；使用华为快应用加载器运行应用，确保没有"很抱歉，出现错误"的提示；已经安装华为快应用加载器，并对本地加载待上架的 rpk 包进行自检；应用界面不存在影响用户体验的问题。

提交审核步骤与 App 类似，具体包括：

（1）登录 AppGallery Connect 网站，选择"我的应用"。

（2）单击待提交的应用。

（3）进入"应用信息"页面，填写应用的基本信息，填写完毕后，单击右上角的"保存"按钮。注意：应用截图和视频：截图中请勿包含非华为手机信息。应用分类：如果之前有对应的 App 上架"华为应用市场"，此处分类请与 App 的分类保持一致，如图 7-26 所示。

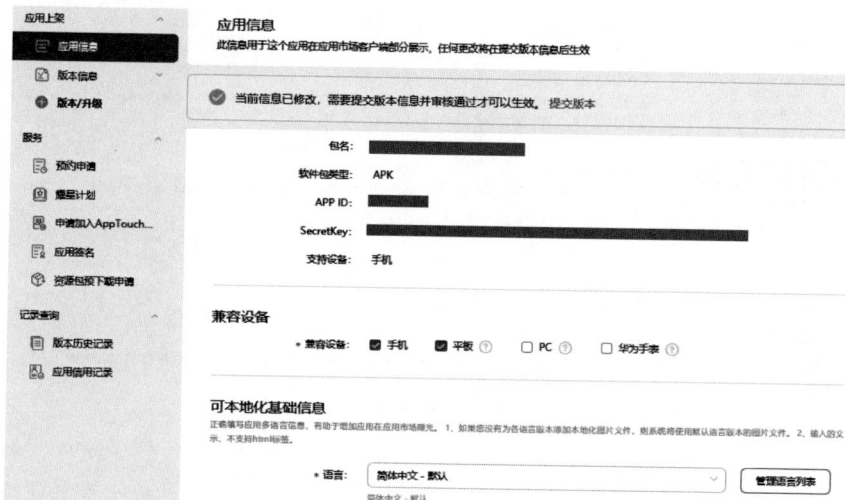

图 7-26　"应用信息"页面

（4）在左侧导航栏选择"版本信息"→"准备提交"，出现如图 7-27 所示页面。

图 7-27　"准备提交"页面

（5）在"国家或地区"区域，选择快应用上架后需要分发的地区。

（6）如果在全网发布前，需要邀请部分用户进行版本测试，选择"是"可将版本发布为开放式测试版本，详细内容参见"开发式测试"。

（7）在"软件版本"区域，单击"软件包管理"，选择待提交审核的 rpk 包。

（8）选择待审核的 rpk 包。

（9）在"版权信息"区域，上传相关资质文件。

（10）完善应用的其他申请信息，例如，"应用内资费""隐私声明""上架时间"等，完成后单击右上角的"保存"按钮。

（11）所有信息确认无误后，单击右上角的"提交审核"按钮。

待审核通过，版本全网发布后，可以采用分阶段发布，实现先向一定比例用户发布更新版本，如图 7-28 所示。

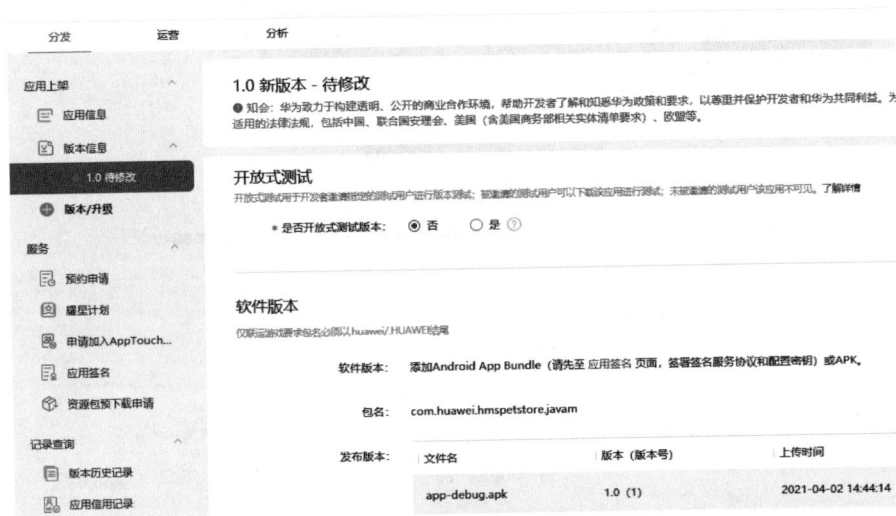

图 7-28　快应用的测试及版本页面

对于已经发布并使用的快应用，可以查看其用户报表，方法如下：

（1）登录 AppGallery Connect 网站，选择"应用分析"。

（2）单击需要查询的快应用。

（3）单击"分发分析"标签页，单击左侧导航"快应用用户报表"。

（4）选择起始时间和结束时间，但时间跨度不能超过 31 天。也可单击"上月""本周""本月"快速切换时间。单击"下载表格"，可将统计数据以 Excel 形式下载。

7.5　本章小结

阅读完本章以后，你学会了如何利用云测试对应用进行兼容性测试、稳定性测试、性能测试和功耗测试，以及如何利用云调试服务解决开发过程中机型不足的问题，同时还了解了将应用发布到华为应用市场的流程。

因为篇幅有限,本书只介绍了部分 HMS 的能力,后续我们将为大家带来更多 HMS 能力的介绍,全方位覆盖开发、分发和变现等场景。华为 HMS 将与广大开发者一道,携手共建高品质的应用,为全球用户创造极致的数字生活体验。践行致远,未来可期。让我们一起探索和创造更美好的数字生活!

7.6　课后练习

一、选择题

1. 在"快应用"中,用来放置项目公共资源脚本的文件是(　　)。

    A. app. ux　　　　　B. index. ux　　　　C. manifest. json　　D. logo. png

2. 在"快应用"项目根文件夹下执行(　　)命令,启动 HTTP 调试服务器。

    A. npm run watch　　　　　　　　B. npm run server

    C. npm run build　　　　　　　　D. npm run release

3. Location Kit 定位功能没有融合以下(　　)信息。

    A. GPS　　　　　　B. WiFi　　　　　　C. 蓝牙　　　　　　D. 基站

4. Location Kit 为开发者提供了逆地理编码服务,复用了 Android 原生的 Geocoder 类,调用函数接口是(　　)。

    A. getFromLocation　　　　　　　B. getFromLocationName

    C. AndroidManifest　　　　　　　D. LocationRequest

5. 机器学习 Kit 中,将生成的 MLFrame 对象传递给(　　)方法进行文字识别。

    A. getLocalTextAnalyzer　　　　　B. asyncAnalyseFrame

    C. setLocalOCRMode　　　　　　　D. MLLocalTextSetting

二、判断题

1. 快应用生成的安装文件是. apk 格式的。　　　　　　　　　　　　　(　　)

2. Location Kit 中,调用 getlastlocation 可获得当前经纬度。　　　　　(　　)

3. 在机器学习服务的文本检测案例中,创建 MLFrame 对象用于分析器检测图片。

　　　　　　　　　　　　　　　　　　　　　　　　　　　　　　　(　　)

4. 在云测试的性能测试中,游戏应用与非游戏应用的帧率评估标准相同。(　　)

5. 快应用上架审核时,如果该快应用有对应的 App(apk)已经在"华为应用市场"上架,则无须再次提供资质文件。　　　　　　　　　　　　　　　　　　　(　　)

三、问答题

1. 快应用环境搭建包括哪几个主要步骤?

2. 请简述 Location Kit 中的"地理围栏"原理。

3. 请简述机器学习 Kit 中的文本识别开发的主要步骤。

第 8 章

综合实践开发项目案例详解

本章将介绍 HMS Core 综合开发应用案例,整合前面各章知识点,通过实际代码解释全面介绍华为账号服务(Account Kit)、应用内支付服务(IAP Kit)、消息推送服务(Push Kit)和定位服务(Location Kit)等多个能力的集成和使用方法,提高读者的综合应用开发实战能力。

8.1 项目需求描述

设计一个面向宠物主人作为服务对象的在线 Android 应用"宠物商城",为用户提供在线浏览宠物商场、观看宠物视频等收费会员制服务。下面简单介绍宠物商城 App 的功能规划。

(1) 账号注册:支持用户名和密码注册。

(2) 系统登录:支持用户名密码登录、指纹登录和第三方账号登录。

(3) 个人中心设置:用户登录进入个人中心后,可以设置收货地址,并设定指纹登录。

(4) 浏览附近宠物商店:支持宠物商店详细地址查看、周边搜索以及路线搜索等。

(5) 购买会员资格:支持会员商品查看、会员商品购买和购买订单查看。

(6) 观看宠物视频:支持浏览视频列表和视频播放。

(7) 消息推送:可以接收开发者向用户推送的信息。

宠物商城 App 的用例视图如图 8-1 所示。

8.2 项目架构设计

本项目以 Android Studio 作为开发平台,以 Java 作为主要开发语言,通过 Android Studio 安装集成华为 HMS Toolkit 插件进行 HMS 各项功能开发和云端远程真机调试。项目基本功能架构遵循图 8-1 的用例视图进行设计,App 的主体 UI 和功能框架包含了首页、宠物视频功能模块、登录功能模块、账号注册模块、个人中心功能模块和设置功能模块。

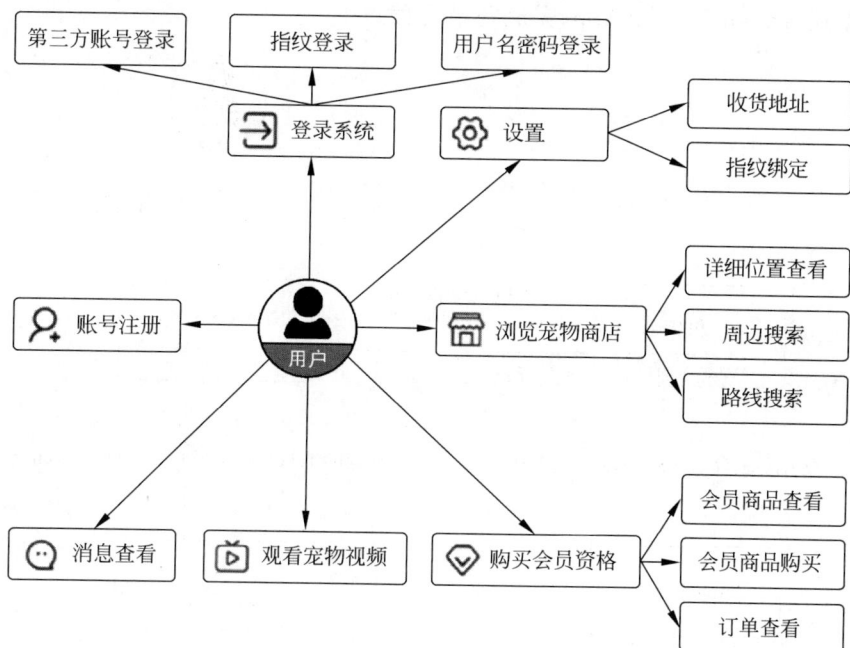

图 8-1 宠物商城 App 用例视图

用户账号管理和登录功能除了通过 Android 开发本身实现本地用户登录以外,还通过集成 HMS 华为账号服务 Account Kit 来实现华为账号的无缝接入。华为账号接入的开发流程如图 8-2 所示。

华为账号的登录业务流程如图 8-3 所示,其步骤如下:

① App 向 HMS Core APK 发起授权请求,获取 ID Token、头像及昵称等信息。

② HMS Core APK 拉起登录授权界面,显示并告知用户所需授权的内容。

③ 用户授权后,HMS Core APK 向华为 OAuth 服务器请求 ID Token。

④ HMS Core APK 收到并解释 ID Token,获取头像、昵称等信息。

⑤ 将上述头像、昵称信息发回给 App。

⑥ (可选)App 上传 ID Token 到 App Server。

⑦ (可选)App Server 验证 ID Token,获取用户信息,如有必要则生成自己的 Token。

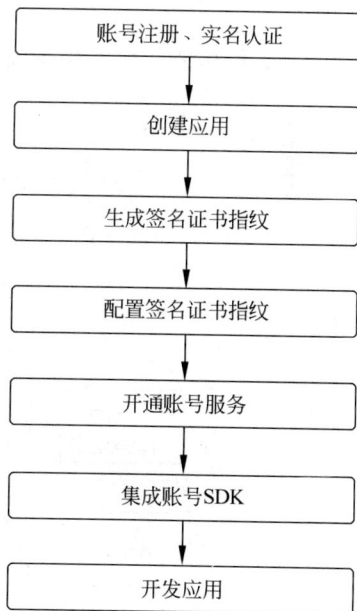

图 8-2 华为账号接入流程

⑧ 将上述 Token 返回给 App，完成登录流程。

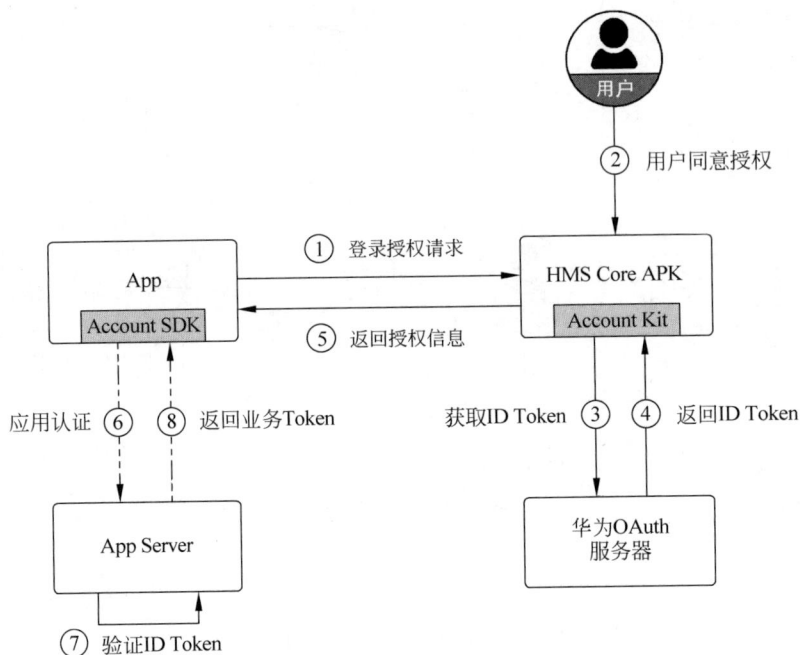

图 8-3　华为账号登录认证业务流程

商品的支付功能集成了华为支付服务 IAP Kit，华为 IAP 服务架构如图 8-4 所示。

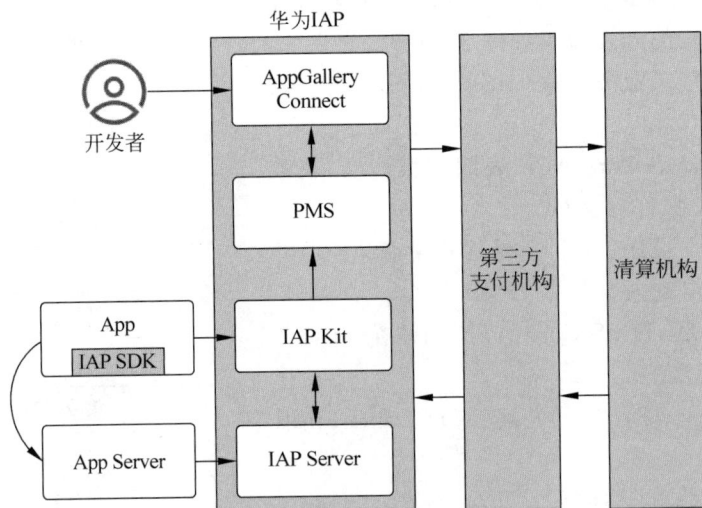

图 8-4　华为 IAP 服务架构

　　其他 HMS 开发相关功能模块如消息推送功能集成了 Push Kit、用户设置地址时用到的定位功能集成了 Location Kit，其详细介绍可以参照本书第 8 章对应内容。另外，宠物商店位置查看功能集成了 Site Kit,指纹验证功能集成了 FIDO Kit,感兴趣的读者可以参考华为官方开发文档(网站地址为 https://developer. huawei. com/consumer/cn/hms)去进一步理解项目中相关模块的源代码。

8.3 项目的实现

8.3.1 开发环境和准备工作

本项目使用 Android Studio 作为基本开发平台,开发语言采用 Java,HMS Core 相关开发使用了华为的 HMS Toolkit 插件。在 Android Studio 中安装 HMS Toolkit 插件有两种方式:一种是通过 Android Studio 的 File→Settings→Plugins→MarketPlace,搜索 HMS,选择安装,如图 8-5 所示。

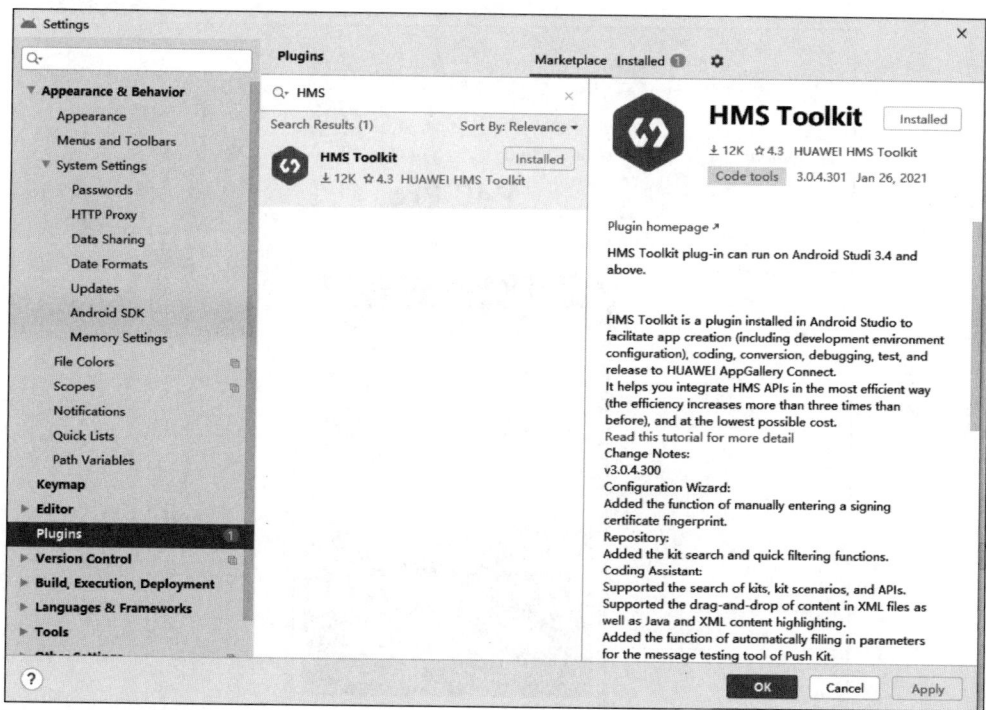

图 8-5 在线安装 HMS Toolkit 插件

安装完成之后重启 Android Studio,菜单中会出现 HMS,若事先已经注册并实名认证为华为开发者账号,则可以使用 HMS Toolkit 的各项功能。

在某些网络环境,Android Studio 可能无法在线安装插件的情况下,HMS Toolkit 也可以通过华为官网下载并解压缩到电脑本地磁盘,通过选择 Install from Disk 从本地导入 HMS Toolkit 插件,如图 8-6 所示。

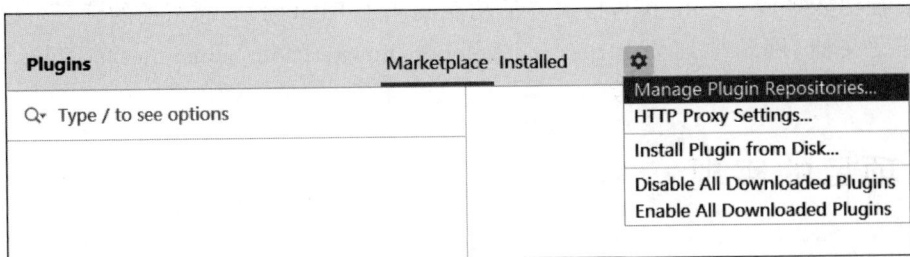

图 8-6　离线安装 HMS Toolkit 插件

　　HMS Toolkit 提供了一套高效集成 HMS Core 应用的创建、编码和转换、调测、测试和发布的开发工具。图 8-7 为使用 HMS Toolkit 远程真机调试功能选择云端模拟华为 P40 Pro 手机运行本项目的截图，通过该功能，读者无须拥有华为手机也可以进行云端真机运行和调试本书介绍的 HMS 相关项目代码。

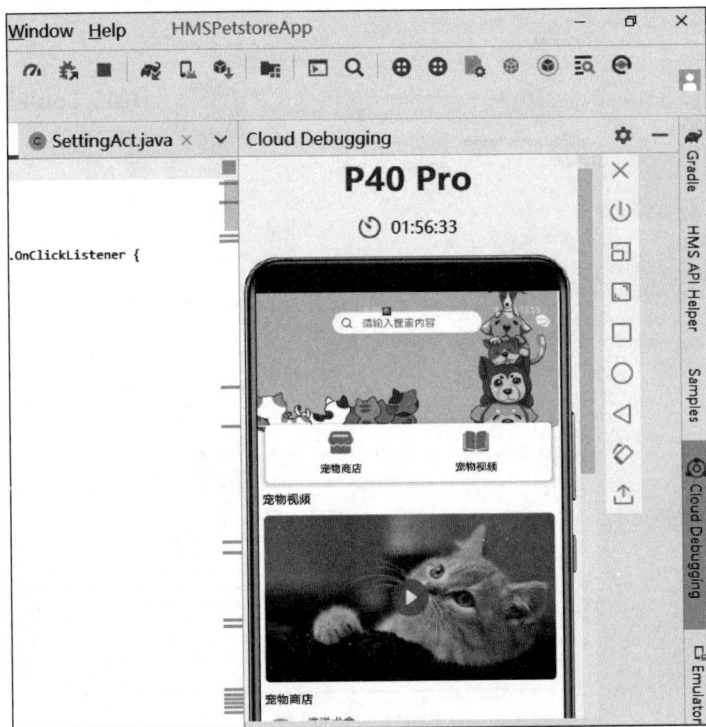

图 8-7　HMS Toolkit 远程真机调试功能

　　上述开发环境准备好了以后，就可以打开 Android Studio 新建 HMSPetStore App 项目，具体创建项目的过程在前面 Android 和 HMS 章节已有详细描述，本节主要针对 App 项目结构和关键代码进行详细介绍，程序的编译和调试过程的细节，请参考本书配套实验手册及程序源代码。

8.3.2 基本功能模块开发

为了提高代码的可读性和可扩展性,宠物商城 App 的项目结构设计如图 8-8 所示,包含几个包:bean、common、constant、network、ui、util 和 view。

上述 7 个包所对应的功能如表 8-1 所示。

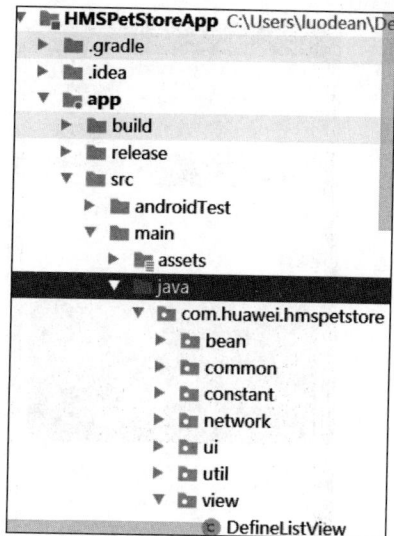

图 8-8 宠物商城 App 文件夹结构

表 8-1 宠物商城 App 子包功能列表

包 名	功能描述
bean	数据结构类
common	公共类
constant	常量类
network	网络请求类
ui	App 的页面,比如个人中心等页面
util	工具类
vew	自定义 View

1. 首页模块

本项目在 uibao 下新建了名为 main 的子包,首页的 Activity 为 MainAct.java,对应的布局文件为 main_act.xml。

首页的布局主要由三大块组成。

(1) 首页布局的上方是一个 ImageView,用于展示宠物商城 App 的背景图。

(2) ImageView 的下方是一个横向布局的 LinearLayout,LinearLayout 内部是两个 TextView,分别作为宠物商店和宠物视频的入口。

(3) LinearLayout 的左下方是一个 ImageView,作为个人中心的入口,展示一些用户信息。

详细的布局代码可以参考 main_act.xml,运行效果如图 8-9 所示。

2. 宠物视频功能模块

单击首页的“宠物视频”按钮,会跳转到视频播放页面。在“宠物视频”页面,用户可以观看宠物相关的视频,了解宠物动态。在 ui 包下新建一个名为 petvideo 的软件包,宠物视频页面相关的代码全部放在这个软件包中。宠物视频页面对应的 Activity 为 PetVideoAct.java,布局文件为 petvideo_act.xml。

宠物视频页面的布局主要由两大块组成,效果图如图 8-10 所示。

(1) 页面的上方是一个 ImageView 和一个 TextView,分别用于显示返回按钮和宠物视频页面的标题。

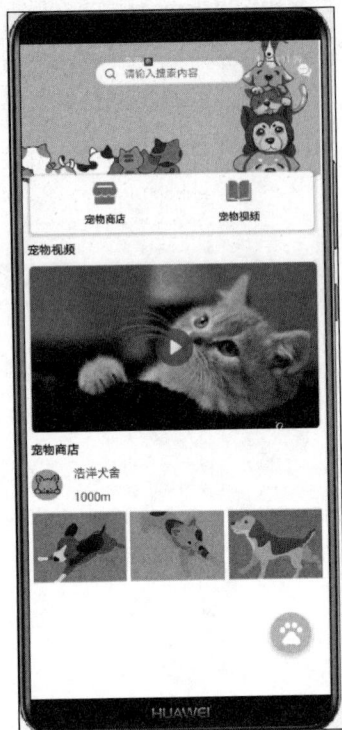

图 8-9　宠物商城 App 首页

图 8-10　宠物商城 App 视频播放页面

（2）下方是一个 RecyclerView，用于展示宠物视频。

3．登录功能模块

在 ui 包下新建一个名为 login 的软件包，接着新建一个名为 LoginAct 的 Activity，布局文件名为 login_act. xml。

登录页面的布局主要由四大块组成。

（1）页面上方是两个 ImageView 和一个 TextView，分别用于显示返回按钮、宠物商城 logo 图和登录页面的标题。

（2）logo 图的下方是两个 EditText，用于输入用户名和密码。

（3）密码输入框的右下方是一个 TextView，作为注册功能的入口。

（4）"注册"按钮的下面是一个 Button，作为登录按钮。

详细的布局代码可以参考 login_act. xml。

4．账号注册功能模块

登录 App 之前，需要先完成账号注册功能模块的开发。在 login 包下新建一个名为 RegisterAct 的 Activity，对应的布局文件为 register_act. xml。注册页面和登录页面比较相似，主要也由三大块组成，如图 8-11 所示。

（1）页面上方也是两个 ImageView 和一个 TextView，分别用于显示返回按钮、宠物商城 logo 图和注册页面的标题。

（2）logo 图的下方是 3 个 EditText，分别用于输入用户名、密码和再次输入密码。

（3）再次输入密码框的下方是一个 Button，作为注册按钮。

详细的布局代码可以参考 register_act.xml。

宠物商城 App 是一个教学性质的 App，为了简单起见，将用户名和密码直接保存在 SharedPreferences 里面。注册完成以后，会跳转到登录页面。

5. 个人中心功能模块

首页、登录页面和注册页面开发完成后，还需要开发一个页面来展示登录用户的信息。在 ui 包下新建一个 mine 包，并在 mine 包下面创建一个名为 MineCenterAct 的 Activity，布局文件名为 mine_act.xml，作为页面开发的准备工作。

图 8-11　用户注册界面

个人中心页面比较简单，主要由两块组成。

图 8-12　账号注册页面

（1）页面上方是一个 RelativeLayout，其中包含了两个 ImageView 和一个 TextView，分别用于显示返回按钮、设置按钮和个人中心页面的标题。

（2）RelativeLayout 的下面是一个横向布局的 LinearLayout，其中包含了一个 ImageView 和一个 TextView，分别用于显示用户的头像和登录状态。详细的布局代码可以参考 mine_act.xml 文件。

6. 设置功能模块

为 App 添加设置页面，当单击“设置”按钮的时候，可以跳转到设置页面。设置页面主要用于展示详细的用户个人信息。在 ui 包下新建一个 setting 包，并在 setting 包下面新建一个名为 SettingAct 的 Activity，布局文件的名字为 setting_act.xml。

设置页面的布局主要由两块组成，效果如图 8-12 所示。

（1）设置页面的上方是一个 RealtiveLayout，其中包含了一个 ImageView 和一个 TextView，分别用于展示返回按钮和设置页面的标题。

（2）下方是一个 Scrollview，Scrollview 中是一个纵向布局的 LinearLayout，这个 LinearLayout 中又包

含了两个横向的 LinearLayout 和一个 Button，分别用于展示头像、用户名和退出登录按钮。

详细的布局代码可以参考 setting_act. xml。

8.3.3 集成 Account Kit

Account Kit 开发已在第 7 章进行了详细介绍，在本项目中，为了提升用户体验，使用了"静默登录"来避免重复授权。默登录是指用户首次使用华为账号登录应用后，再次登录时，无须重复授权，自然就不会再出现授权界面了。静默登录的具体业务流程分析如下。

（1）App 调用 HuaweiIdAuthService. silentSignIn 方法向 HMS Core APK 发起静默登录请求。

（2）HMS Core APK 会先判断缓存中的 Access Token 是否过期，如果没有过期，则直接返回缓存中的授权结果。如果 Access Token 已过期，那么 HMS Core APK 会向华为 OAuth 服务器请求静默登录。

（3）华为 OAuth 服务器判断是否符合静默登录的条件，返回授权结果给 HMS Core APK。

（4）HMS Core APK 将授权结果返回给 App，App 处理授权结果。

以下讲解如何使用静默登录模式登录华为账号，给用户带来更好的体验。

（1）打开 LoginAct. java，在其中创建 silentSignIn 方法，代码如下所示。

```
private void silentSignIn() {
  // 配置授权参数
  HuaweiIdAuthParams authParams = new HuaweiIdAuthParamsHelper(HuaweiIdAuthParams. DEFAULT_
AUTH_REQUEST_PARAM)
    . createParams();
  // 初始化 HuaweiIdAuthService 对象
  mAuthService = HuaweiIdAuthManager. getService(LoginAct. this, authParams);
  // 发起静默登录请求
  Task < AuthHuaweiId > task = mAuthService. silentSignIn();
  // 处理授权成功的登录结果
  task. addOnSuccessListener(new OnSuccessListener < AuthHuaweiId >() {
    @Override
    public void onSuccess(AuthHuaweiId authHuaweiId) {
  // 已经授权
      onHuaweiIdLoginSuccess(authHuaweiId, false);
      Log. d(TAG, authHuaweiId. getDisplayName() + " silent signIn success ");
    }
  });
  // 处理授权失败的登录结果
  task. addOnFailureListener(new OnFailureListener() {
    @Override
    public void onFailure(Exception e) {
      if (e instanceof ApiException) {
        ApiException apiException = (ApiException) e;
        if (apiException. getStatusCode() == 2002) {
```

```
            // 未授权,调用 onHuaweiIdLogin 方法拉起授权界面,让用户授权
            onHuaweiIdLogin();
        }
      }
    }
  });
}
```

上面这段代码完成了如下操作。

① 构造华为账号静默登录参数。

② 获取发起华为账号静默登录请求的 HuaweiIdAuthService 实例,发起静默登录请求。

③ 处理授权结果。如果授权成功,获取用户的华为账号信息并保存;如果授权失败,可能是用户之前未进行过登录授权,可根据需要确定是否要调用 HuaweiIdAuthService 的 getSignInIntent( ) 方法显示拉起登录授权页面。这里调用了 4.3.2 节创建的 onHuaweiIdLogin( )方法,显示拉起授权页面,让用户授权,完成登录。

（2）在华为账号登录按钮添加 onClick 方法中,调用 silentSignIn( )方法,如下所示。

```
@Override
public void onClick(View view) {
  switch(view.getId()) {
    case R.id.hwid_signin:
    // 华为账号登录
    silentSignIn();
    break;
    default:
    break;
  }
    }
```

同样地,在 SettingAct.java 中通过定义 huaweiSignOut( )方法实现华为账号的退出登录,具体的定义调用方法请参考源代码。

8.3.4　集成 IAP Kit

应用内支付功能的开通,IAP Kit 的配置,使用 PMS 创建商品等操作过程已在本书第 7 章做过详细讲解,这里介绍 App 内实现购买商品的关键代码。

用户浏览并选择了具体的商品后,将进入购买支付环节。在这个环节中需要提供商品的支付功能,确认交易后的商品权益发放,通过调用消耗接口将用户已接收商品的消息告知 IAP。具体的操作步骤如下。

（1）检查当前用户归属区域是否支持华为 IAP。

（2）获取可以购买的商品信息列表。

（3）App 根据商品 ID，调用 IapClient.createPurchaseIntent（），拉起 IAP 收银台页面。

（4）用户完成交易后，华为 IAP 会将交易结果通过 Activity.setResult（）传给开发者 App，App 需要在 onActivityResult（）里处理交易数据，如数据签名校验和商品消耗。

（5）针对消耗型商品，将权益发放给用户后，开发者 App 需要调用 IapClient.consume-OwnedPurchase（）接口来通知华为 IAP，该商品已经被开发者应用接收。

下面以消耗型商品举例，完成购买商品的全流程。

通过接口 IapClient.obtainProductInfo（）可以获取商品信息，该接口每次可以获取一种类型商品的信息。如果配置了多种商品类型，则每种商品类型要分别调用一次 obtainProductInfo（）接口。华为 IAP 会根据当前用户的华为账号所在服务地，返回对应国家或者地区的商品描述和货币价格。商品查询的对应代码在项目的 MemberCenterAct.java 里，以下是关键代码。

```java
private void loadProducts() {
    // 商品查询结果回调监听
    OnUpdateProductListListener updateProductListListener = new OnUpdateProduct
ListListener(3, refreshHandler);
    // 消耗型商品请求
    ProductInfoReq consumeProductInfoReq = new ProductInfoReq();
    consumeProductInfoReq.setPriceType(IapClient.PriceType.IN_APP_CONSUMABLE);
    consumeProductInfoReq.setProductIds(CONSUMABLE_PRODUCT_LIST);
    // 非消耗型商品请求
    ProductInfoReq nonCousumableProductInfoReq = new ProductInfoReq();
    nonCousumableProductInfoReq.setPriceType(IapClient.PriceType.IN_APP_NONCON SUMABLE);
    nonCousumableProductInfoReq.setProductIds(NON_CONSUMABLE_PRODUCT_LIST);
    // 订阅型商品请求
    ProductInfoReq subscriptionProductInfoReq = new ProductInfoReq();
    subscriptionProductInfoReq.setPriceType(IapClient.PriceType.IN_APP_SUBSCRI PTION);
    subscriptionProductInfoReq.setProductIds(SUBSCRIPTION_PRODUCT_LIST);
    // 查询商品信息
    getProducts(consumeProductInfoReq, updateProductListListener);
    getProducts(nonCousumableProductInfoReq, updateProductListListener);
    getProducts(subscriptionProductInfoReq, updateProductListListener);
}
```

以下是调用 obtainProductInfo（）接口的代码。

```java
private void getProducts(ProductInfoReq productInfoReq, OnUpdateProductListListener
    productListListener) {
    IapClient mClient = Iap.getIapClient(this);
    Task < ProductInfoResult > task = mClient.obtainProductInfo(productInfoReq);
    task.addOnSuccessListener(new OnSuccessListener < ProductInfoResult >() {
        @Override
        public void onSuccess(ProductInfoResult result) {
            // 查询商品成功
```

```
        productListListener.onUpdate(productInfoReq.getPriceType(), result);
      }
    }).addOnFailureListener(new OnFailureListener() {
      @Override
      public void onFailure(Exception e) {
        // 查询商品失败
        productListListener.onFail(e);
      }
    });
}
```

当用户单击"立即购买"按钮的时候,发起对指定商品的购买。以下是购买函数代码。

```
private void buy(final int type, String product
  Id) {
  // 构造购买请求
  PurchaseIntentReq req = new PurchaseIntentReq();
  req.setProductId(productId);
  req.setPriceType(type);
  req.setDeveloperPayload(MemberRight.getCurrentUserId(
this));
  IapClient mClient = Iap.getIapClient(this);
  Task < PurchaseIntentResult > task = mClient.createPurchaseIntent(req);
  task.addOnSuccessListener(new OnSuccessListener < PurchaseIntentResult >() {
    @Override
    public void onSuccess(PurchaseIntentResult result) {
      if (result != null && result.getStatus() != null) {
        // 拉起 IAP 页面
        boolean success = startResolution(MemberCenterAct.this, result.getStatus(),
getRequestCode(type));
        if (success) {
          return;
        }
      }
      refreshHandler.sendEmptyMessage(REQUEST_FAIL_WHAT);
    }
  }).addOnFailureListener(new OnFailureListener() {
    @Override
    public void onFailure(Exception e) {
      Log.e(TAG, "buy fail, exception: " + e.getMessage());
      refreshHandler.sendEmptyMessage(REQUEST_FAIL_WHAT);
    }
  });
}
```

在收到 createPurchaseIntent()接口的成功返回值后,通过 startResolution()方法拉起 IAP 的收银页面。

```
private static boolean startResolution(Activity activity, Status status, int reqCode) {
    if (status.hasResolution()) {
        try {
            status.startResolutionForResult
                (activity, reqCode);
            return true;
        } catch (IntentSender.SendIntentException exp) {
            Log.i(TAG, "startResolution fail, "
                + exp.getMessage());
        }
    } else {
        Log.i(TAG, "startResolution , intent
            is null");
    }
    return false;
}
```

图 8-13 IAP 收银支付台

现在运行示例项目，单击选中商品，就可以成功拉起 IAP 的界面了。界面如图 8-13 所示，选择一种支付方式进行支付，完成后，支付结果会通过 Activity.setResult()返回给宠物商城 App 来做进一步处理。

当用户完成商品支付后，开发者 App 需要处理华为 IAP 返回的支付数据，根据支付结果做对应的处理。具体实现方式请参考项目的 MemberCenterAct.java 中的代码，在 onActivityResult 接收华为 IAP 返回的支付数据，接着通过 parsePurchaseResultInfoFromIntent 方法来解析 Intent 数据，就可以得到支付结果对象 PurchaseResultInfo。最后通过调用 PurchaseResultInfogetReturnCode()方法来获取支付结果状态码，通过 getInAppPurchaseData() 方法获取支付数据，再结合业务逻辑做进一步处理。

开发者 App 通过 onActivityResult 判断用户购买的商品类型，从而对不同商品类型的支付结果采用不同的处理逻辑。之后根据支付结果返回的状态码，判断支付状态。如果支付成功，就可以进一步获取支付结果的数据，在对数据有效性校验后，进行权益发放（权益发放函数在 PurchasesOperation.java 文件中）并调用消耗接口进行消耗。

8.3.5 集成 Push Kit

Push Kit 的基本用法包括开通推送服务和集成 Push SDK 在第 7 章已有详细介绍，本节以宠物商城 App 为例，重点介绍获取 Push Token 和订阅主题的实现方式。

获取 Push Token 是向 App 推送消息的前提条件，需要在 App 创建时就发起获取

Token 请求。因此,在应用的首页 MainAct. java 的 onCreate 方法中发起获取 Token 的请求。具体代码如下,先在 MainAct. java 中调用初始化操作,并发起获取 Token 请求。

```
@Override
protected void onCreate(Bundle savedInstanceState) {
    super. onCreate(savedInstanceState);
    setContentView(R. layout. activity_main);
    // 调用初始化操作
    PushService. init(MainActivity. this);
}
```

为了使代码更为简洁,与 Push SDK 交互的代码集中编写在了 PushService. java 中,并在 PushService. java 中的 init()方法中调用 getToken()方法。

```
public static void init(final Context context) {
    // 发起 Token 请求
    getToken(context);
    }private static void getToken(final Context context){
    // 因为耗时较长,启动子线程来执行
    new Thread() {
        @Override
        public void run() {
// getToken 方法存在获取失败的可能,如证书指纹没有在 AppGallery Connect 配置
//(错误码 6003),此时会抛 ApiException 异常,错误信息在 Exception 的 message 中
            try {
                // 从 app 目录下的 agconnect - services. json 文件中读取
                // app_id 字段,用于应用的证书指纹校验
                String appId = AGConnectServicesConfig. fromContext(context).
                    getString("client/app_id");
                String pushToken = HmsInstanceId. getInstance(context). get
                    Token(appId, "HCM");
                // pushToken 有可能为空,这种情况下 Push Token 是 Push SDK 通过
                // App 覆写的 onNewToken 方法的 Token 参数传递给 App 的
                if(!TextUtils. isEmpty(pushToken)) {
                    // 在 EMUI10.0 及以上版本的手机上 pushToken 非空,
                    // 日志打印获取到的 Push Token
                    Log. i(TAG, "Push Token:" + pushToken);
                    // 将 Token 上传到 App Server
                    uploadToken(pushToken);
                }
            } catch (Exception e) {
                Log. e(TAG,"getToken failed, Exception: " + e. toString());
            }
        }
    }. start();
}
```

继续在 PushService. java 中实现订阅主题的功能,包括发起主题订阅、监听订阅结果以

及订阅结果的处理。

```java
public static void subscribe(final Context context, final String topic) {
    // 防止重复订阅,如果重复订阅则中止流程
    if (isSubscribed(context, topic)) {
        return;
    }
    // 单独创建子线程,防止在主线程被调用时而出现 ANR(应用程序无响应)
    new Thread() {
        @Override
        public void run() {
        // 订阅过程有可能出现异常,此情况下需要捕获异常,方便问题定位
            try {
            // 订阅主题,同时添加监听器,实现回调方法 OnComplete
            HmsMessaging.getInstance(context).subscribe(topic)
            .addOnCompleteListener(new OnCompleteListener<Void>() {
                @Override
                public void onComplete(Task<Void> task) {
                    boolean isSuccessful = task.isSuccessful();
                    Log.i(TAG, "subscribe " + topic + (isSuccessful ? "success" :
                      "failed, Exception: " + task.getException().toString()));
                    // 将订阅的主题持久化
                    if (isSuccessful) {
                        PushSharedPreferences.saveTopic(context, topic);
                    }
                }
            });
            } catch (Exception e) {
                Log.e(TAG, "subscribe " + topic + " failed, Exception: " + e.toString());
            }
        }
    }.start();
}
```

这里将业务逻辑设计为用户在单击"宠物商店""宠物视频"以及购买会员时,触发主题订阅。当用户单击"宠物商店"按钮时,触发订阅 PetStore 主题,代码如下:

```java
// 为按钮添加监听,并实现 OnClick 方法
findViewById(R.id.main_petStore).setOnClickListener(
  new View.OnClickListener() {
    @Override
    public void onClick(View v) {
        // 如果用户已经登录,且单击了按钮,触发订阅
        if (LoginUtil.isLogin(MainAct.this)) {
            // 调用上面的 Subscribe 方法订阅 PetStore 主题
            PushService.subscribe(MainAct.
              this, PushConst.TOPIC_STORE);
        }
```

```
      // 无论订阅是否成功,都触发跳转
      if (LoginUtil.loginCheck(MainAct.this)) {
        startActivity(new Intent(MainAct.this, PetStoreSearchActivity.class));
      }
    }
});
```

用户单击"宠物视频"按钮时,触发订阅 PetVedio 主题,在用户购买会员成功时,触发订阅 VIP 主题,代码与上述代码相似。

8.3.6　集成 Location Kit

本节主要介绍如何调用华为定位服务的融合定位能力和逆地理编码能力,实现快速获取用户位置信息,并解析出结构化地址的功能。下面将依次介绍每个步骤如何开发。

(1) 构建请求体(LocationRequest)。在宠物商城 App 中,我们既要获取较为准确的位置信息,又要满足室内外多场景定位的需要,因此采用基础定位中的导航卫星定位模式,在请求体中将 Priority 字段设置为 PRIORITY_HIGH_ACCURACY,设置位置更新次数为 1 次,其他参数使用默认参数。在 AddressAct.java 类中构建请求体,代码如下:

```
// 创建请求体
private LocationRequest mLocationRequest;
mLocationRequest = new LocationRequest();
// 设置位置更新次数为 1
mLocationRequest.setNumUpdates(1);
// 设置请求定位类型
mLocationRequest.setPriority(LocationRequest.PRIORITY_HIGH_ACCURACY);
```

(2) 检查设备的定位设置。在 AddressAct.java 类中,调用 checkLocationSettings (Location-SettingsRequest)接口检查设备的定位设置,该接口会检查设备的定位开关、蓝牙的开关状态等手机设置项,如果开关状态不满足位置更新请求参数的要求,就会弹出引导页面,引导用户操作。在宠物商城 App 中,只需要在 LocationSettingsRequest 中添加 LocationRequest 请求体,其余参数设置为 false 即可,代码如下:

```
// 创建构造体
LocationSettingsRequest.Builder builder = new LocationSettingsRequest.Builder();
// 添加定位请求
builder.addLocationRequest(mLocationRequest);
// 设置位置信息是否是必选项
builder.setAlwaysShow(false);
// 设置蓝牙是否为必选项
builder.setNeedBle(false);
LocationSettingsRequest locationSettingsRequest = builder.build();
  // 检查设备定位设置
settingsClient.checkLocationSettings(locationSettingsRequest)
```

```
    .addOnSuccessListener(new OnSuccessListener < LocationSettingsResponse >() {
@Override
public void onSuccess(LocationSettingsResponse locationSettingsResponse) {
// 满足定位条件
Log.i(TAG, "checkLocationSettings successful");
}}).addOnFailureListener(new OnFailureListener() {
@Override
public void onFailure(Exception e) {
    // 如果定位设置不满足条件要求,返回错误码,进行相应处理
    int statusCode = ((ApiException) e).getStatusCode();
    switch (statusCode) {
    case LocationSettingsStatusCodes.RESOLUTION_REQUIRED:
    try {
        ResolvableApiException rae = (ResolvableApiException) e;
        // 调用 startResolutionForResult 可以弹窗提示用户打开相应权限
rae.startResolutionForResult(AddressAct.this, 0);} catch
(IntentSender.SendIntentException sie) {
    // 拉起引导页面失败
    Log.e(TAG, "start activity failed");
    }
break;
}} });
```

（3）发送位置更新请求。在发送请求位置更新之前,需要已经完成权限配置、请求体构建、检查定位设置等步骤。在宠物商城 App 中,调用 requestLocationUpdates (LocationRequest,LocationCallback,Looper)接口,自定义 LocationCallback 获取回调结果,在 AddressAct.java 类中,实现代码如下:

```
LocationCallback mLocationCallback;
mLocationCallback = new LocationCallback() {
@Overrid
  public void onLocationResult(LocationResult locationResult) {
  // 定位结果回调
  if (locationResult != null) {
    Log.i(TAG, "onLocationResult locationResult is not null");
    // 获取位置信息
    List < Location > locations = locationResult.getLocations();
    if (!locations.isEmpty()) {
      // 获取最新的位置信息
      Location location = locations.get(0);
      Log.i(TAG, "Location\[Longitude,Latitude,Accuracy\]:" +
        location.getLongitude() + "," + location.getLatitude() + "," +
        location.getAccuracy());
      // 逆地理编码获取地址
      final Geocoder geocoder = new Geocoder(AddressAct.this, SIMPLIFIED_CHINESE);
  // 启用子线程调用逆地理编码能力,获取位置信息
  new Thread(() -> {
```

```
try {
  List < Address > addrs = geocoder.getFromLocation(location.getLatitude(),
    location.getLongitude(), 1);
// 地址信息更新成功之后,利用 handler 更新 UI 界面
  for (Address address : addrs) {
    Message msg = new Message();
    msg.what = GETLOCATIONINFO;
    msg.obj = addrs.get(0).getAddressLine(0);
    handler.sendMessage(msg);
  }
} catch (IOException e) {
  Log.e(TAG, "reverseGeocode wrong " + e.getMessage())}}).start()} }}
};
// 发起位置更新请求
fusedLocationProviderClient
.requestLocationUpdates(mLocationRequest, mLocationCallback, Looper.getMainLooper())
  .addOnSuccessListener(new OnSuccessListener < Void >() {
    @Override
    public void onSuccess(Void aVoid) {
      // 接口调用成功的处理
      Log.i(TAG, "onLocationResult onSuccess");
    }});
```

（4）移除位置更新请求。当不再需要位置更新时,调用 removeLocationUpdates()接口,移除位置更新请求。在宠物商城 App 中,我们设置了请求位置更新次数,就不需要再次移除位置更新请求了,Location Kit 提供的 SDK 会自动根据回调次数,移除位置更新请求。

（5）功能测试。完成上述开发以后,可以单击"获取当前位置"按钮进行功能测试,如果获取地址信息成功,如图 8-14 所示,说明请求位置更新成功。

8.4 项目发布

华为应用市场是华为官方的应用分发平台,通过开发者实名认证、四重安全检测等机制保障应用安全。发布 App 到华为应用市场,主要分为 4 个步骤,如图 8-15 所示。

登录和发布应用在前面章节已经介绍,应用基础信息设置包含应用介绍、应用图标等,设置方法如下:

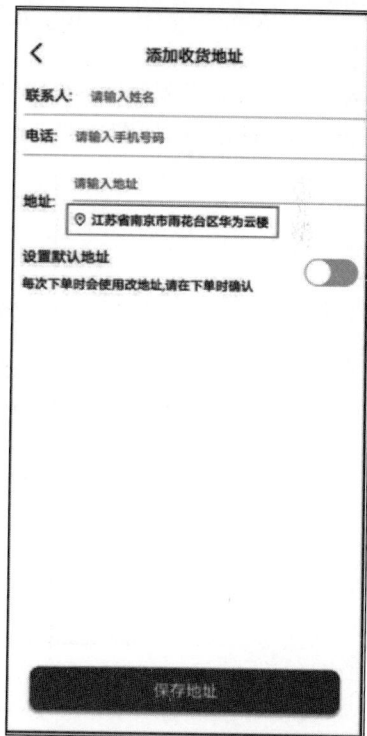

图 8-14　显示定位结果

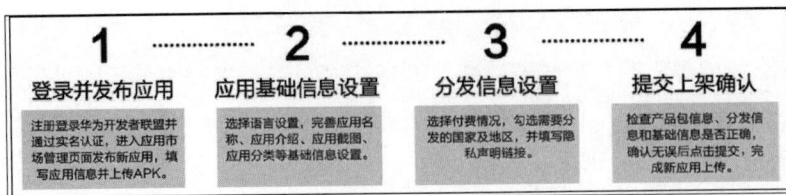

图 8-15　应用发布流程

（1）登录华为开发者联盟，并进入 AppGallery Connect 页面。

（2）单击"我的应用"按钮，在应用列表中找到宠物商城 App，单击应用名称，进入"应用信息"页面，选择兼容的设备，如图 8-16 所示。

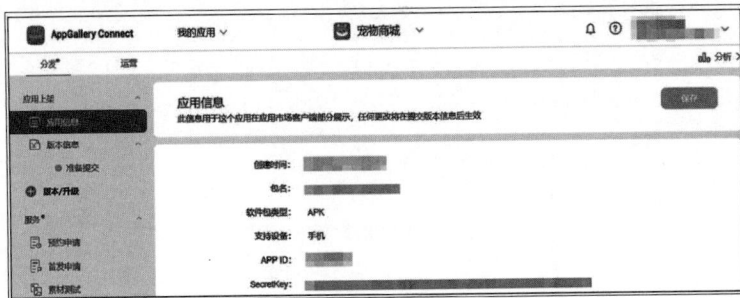

图 8-16　宠物商城 App 版本信息页面

（3）单击"语言"选项区域的"管理语言列表"按钮，选择语言。当前系统支持中文、英文、日语等 78 种语言，如图 8-17 所示。

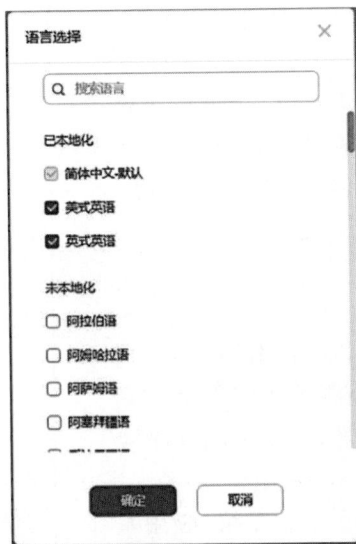

图 8-17　"选择语言"界面

（4）在"语言选择"下拉列表框中选择各语言并完善其对应的信息。

（5）完善基础信息：应用介绍、应用一句话简介、应用图标、应用截图和视频以及应用分类。

（6）应用信息填写完毕后，单击"保存"按钮。

应用信息填写完成后，还应继续设置分发信息，包含分发的国家和地区、内容分级等，设置方法如下：

（1）单击"版本信息"导航栏下的"准备提交"按钮，在软件版本文件夹下单击"软件包管理"按钮，上传需要发布的 APK 文件，如图 8-18 所示。

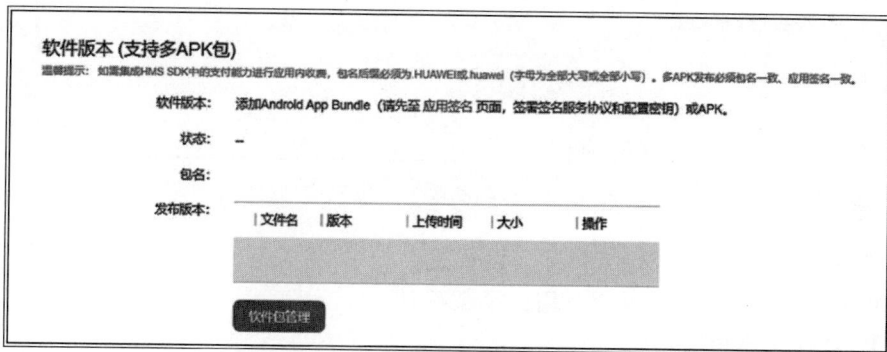

图 8-18　上传 APK 文件

（2）设置"付费情况"和"应用内资费类型"。

（3）单击"管理国家及地区"按钮，选择分发的国家及地区。

（4）单击"分级"按钮，根据年龄分级标准选择合适的分级，如图 8-19 所示。

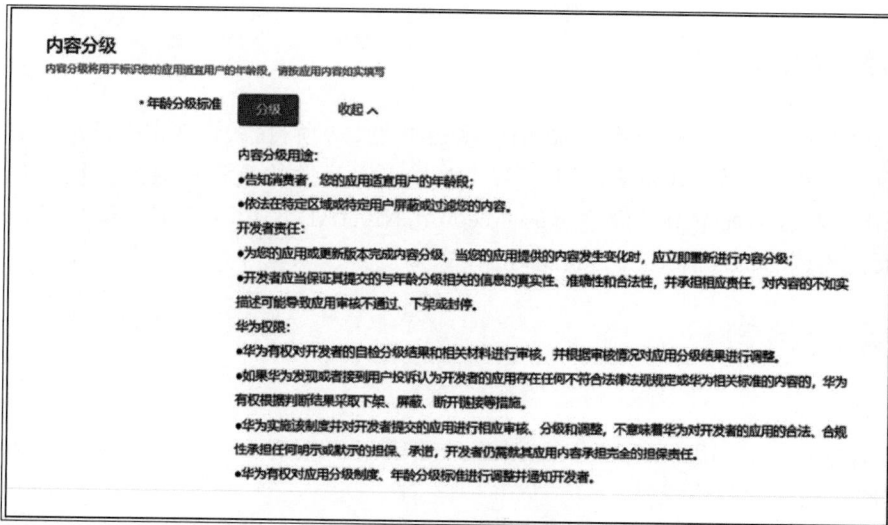

图 8-19　应用分级选择界面

（5）填写隐私政策网址及版权信息，上传应用版权证书或代理证书，如图 8-20 所示。

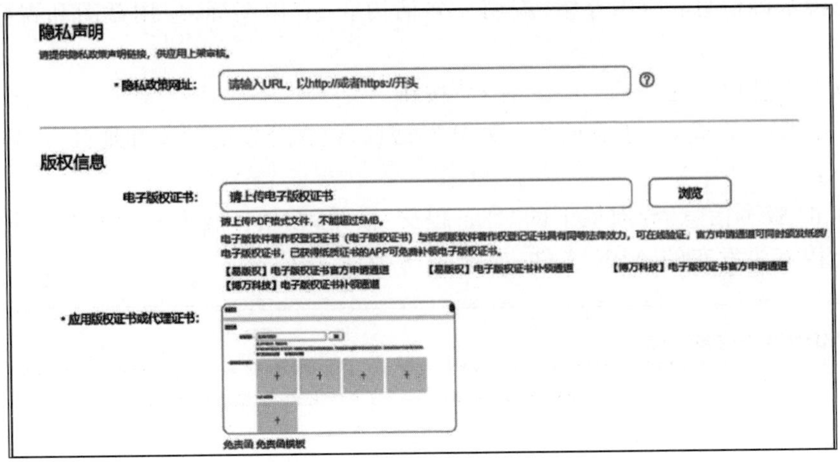

图 8-20　写隐私政策及版权信息

（6）填写应用审核信息及上架时间，设置是否与"家人共享"。

完成审核信息之后，需要提交应用的上架确认。

（1）单击"提交审核"按钮。

（2）应用提交成功后，应用状态更新为正在审核。

（3）华为应用市场将完成审核。

如果应用被驳回，那么华为应用市场审核人员将会发送邮件至联系人邮箱进行通知；审核通过以后，就可以在华为应用市场搜到发布的 App 了。关于升级、查看应用等其他华为应用市场的操作可以参考应用市场的应用创建与管理指导文档。

8.5　本章小结

本章详细解释综合案例宠物商城 App 项目开发，从项目需求、架构、开发工具的准备、代码的实现，到程序上架，让读者全面了解 HMS 应用开发的流程。通过关键代码的讲解，进一步深化和融合前面章节已经学习的 Account Kit、IAP Kit、Push Kit 和 Location Kit 等知识，全面提高读者的综合应用实战能力。

8.6　课后练习

问答题

1. 综合案例中，使用 HMS Account Kit 时，采用了静默登录方式，请解释这种方式，并找出实现此功能的代码位置。

2. 解释应用内支付功能、消息推送功能及定位功能以及这些功能在综合应用宠物商城 App 中的作用，并找出相关代码。